高等职业教育土建类"教、学、做"理实一体化特色教材

工 程 监 理

主 编 慕 欣 束 兵 程国慧

中国水利水电出版社

www.waterpub.com.cn

·北京·

内 容 提 要

本书是安徽省地方技能型高水平大学建设项目重点建设专业——市政工程技术专业教材，是以具体工作项目为载体、以工作过程为导向进行编写的。本书内容共分为 8 个学习项目，主要包括建设工程监理实务运作概论，建设工程监理招投标与合同管理，施工前期监理准备，实施施工期日常监理中的工程质量控制、工程进度控制、工程投资控制，结束期监理——工程信息管理，以及建设工程安全监理等内容。

本书具有较强的实用性、通用性和借鉴性，可以作为高职高专院校建筑工程技术、市政工程技术、工程建设监理、工程造价、给水排水等专业的教材，也可供土木建筑类其他专业、中职学校相关专业的师生及工程建设与管理相关专业工程技术人员阅读和参考。

图书在版编目（ＣＩＰ）数据

工程监理 / 慕欣，束兵，程国慧主编． -- 北京：
中国水利水电出版社，2017.1
高等职业教育土建类"教、学、做"理实一体化特色
教材
ISBN 978-7-5170-5141-1

Ⅰ．①工… Ⅱ．①慕… ②束… ③程… Ⅲ．①建筑工
程－监理工作－高等职业教育－教材 Ⅳ．①TU712

中国版本图书馆CIP数据核字(2017)第007279号

书　　名	高等职业教育土建类"教、学、做"理实一体化特色教材 **工程监理** GONGCHENG JIANLI	
作　　者	主编　慕欣　束兵　程国慧	
出版发行	中国水利水电出版社 （北京市海淀区玉渊潭南路 1 号 D 座　100038） 网址：www. waterpub. com. cn E-mail：sales@waterpub. com. cn 电话：（010）68367658（营销中心）	
经　　售	北京科水图书销售中心（零售） 电话：（010）88383994、63202643、68545874 全国各地新华书店和相关出版物销售网点	
排　　版	中国水利水电出版社微机排版中心	
印　　刷	三河市鑫金马印装有限公司	
规　　格	184mm×260mm　16 开本　20 印张　499 千字	
版　　次	2017 年 1 月第 1 版　2017 年 1 月第 1 次印刷	
印　　数	0001—2800 册	
定　　价	**49.00 元**	

　　本书是安徽省地方技能型高水平大学建设项目重点建设专业——市政工程技术专业建设与课程改革的重要成果，是"教、学、做"理实一体化特色教材，是以具体工作项目为载体、以工作过程为导向进行编写的。

　　本书编写依据新规范、新标准，对基本概念、基本内容、基本方法的阐述力求简明扼要、条理清晰、图文结合、易懂易记。

　　工程建设监理的内容非常丰富，涉及的知识面很广。如何在有限的篇幅内将有关问题表述清楚，是编者努力的方向。在编写过程中，我们将现行有关建设监理制度的法律、法规与监理工作实践结合，系统地介绍我国的监理制度及建设监理的实际运作方法。

　　本书分为8个学习项目，编写人员及编写分工如下：学习项目1由安徽水利水电职业技术学院慕欣、安徽省第二建筑工程公司龙姗姗编写；学习项目2由安徽省·水利部淮河水利委员会水利科学研究院（安徽省建筑工程质量监督检测站）束兵编写；学习项目3由合肥市工程建设监理有限公司余小梅编写；学习项目4由安徽水利水电职业技术学院孔定娥编写；学习项目5由安徽水利水电职业技术学院胡腾飞编写；学习项目6由安徽水利水电职业技术学院孙希、孙梅编写；学习项目7由安徽省第二建筑工程公司张露编写；学习项目8由安徽立方建设管理有限责任公司程国慧、安徽水利水电职业技术学院赵慧敏编写。

　　本书在编写的过程中，参考和引用了有关文献，谨在此向文献的作者致以衷心的感谢！也向关心、支持本教材编写工作的所有同志们表示谢意！

　　限于作者水平，书中难免会出现错误及不妥之处，恳请广大读者和专家批评指正。

编者

2016 年 12 月

前言

学习项目 1 建设工程监理实务概论

【项目描述】

1. 工程概况

（1）工程名称：某开发区环海中路污水管道及路面恢复工程和污水总控室工程。

（2）建设地址：某开发区。

（3）建设单位：某经济开发区城市建设管理局。

（4）建设规模：环海中路污水管道及路面恢复工程，道路全长 1675m，工程内容包括挖土方、管道安装、回填土方、道路恢复；污水总控室，建筑面积 3380m²。

（5）项目投资：计划投资约 14612830.35 元。

2. 施工工期

计划开工日期为 2010 年 5 月 15 日，竣工日期为 2010 年 10 月 30 日。

3. 工程质量

工程达到国家现行合格标准。

4. 人员组成

参照某市建〔2008〕23 号《关于进一步规范我市建筑市场有关行为的通知》文件，监理部人员组成见表 1.1。

表 1.1　　　　　　　　　　　　　监 理 部 人 员 组 成

执 业 资 格	专 业	岗 位	人 员 配 额
国家级注册监理工程师	市政公用	总监理工程师	1人（不允许外聘、返聘）
国家级注册监理工程师	市政公用	总监代表	1人（不允许外聘、返聘）
国家级注册监理工程师	市政公用		1人（不允许外聘、返聘）
省级监理工程师	道路、公路		1人（不允许外聘、返聘）
	给排水		1人（不允许外聘、返聘）
国家注册造价工程师或省级造价员		造价	1人
监理员	结构、土建	试验	1人
		测量	1人
		土建	1人
		安全	1人
		资料	1人
合　　计			11人

【学习目标】　通过学习，能够理解建设工程监理的基本概念、建设工程监理的相关法律法规、建设程序和工程管理制度、建设工程项目管理原理、监理工程师和工程监理企业、建设工程目标控制、建设工程监理组织及建设工程监理大纲的编制。

学习情境 1.1 建设工程监理概述

【情境描述】 自 1988 年实施建设工程监理制度以来，对于加快我国工程建设管理方式向社会化、专业化方向发展、促进工程建设管理水平和投资效益的提高发挥了重要作用。

1.1.1 建设工程监理的涵义及性质

1.1.1.1 建设工程监理的产生与发展

1. 国外建设工程监理概况

建设工程监理制度在国际上已有较长的发展历史，在西方发达国家已经形成了一套较为完善的工程监理体系和运行机制，可以说，建设工程监理已经成为建设领域中的一项国际惯例。世界银行、亚洲开发银行等国际金融机构和发达国家政府贷款的工程建设项目，都把建设工程监理作为贷款条件之一。

建设工程监理制度的起源可以追溯到工业革命发生以前的 16 世纪。那时，随着社会对房屋建造技术要求的不断提高，建筑师队伍出现了专业分工。其中有一部分建筑师专门向社会传授技艺，为工程建设单位提供技术咨询，解答疑难问题，或受聘监督管理施工等，建设工程监理制度出现了萌芽。18 世纪 60 年代的英国工业革命，大大促进了整个欧洲大陆城市化和工业化的发展进程，国家大兴土木，建筑业空前繁荣，然而工程建设项目的建设单位却越来越感到单靠自己的监督管理来实现建设工程高品质的要求是很困难的，建设工程监理的必要性开始为人们所认识。19 世纪初，随着建设领域商品经济关系的日趋复杂，为了明确工程建设项目的建设单位、设计者、施工者之间的责任界限，维护各方的经济利益并加快工程进度，英国政府于 1830 年以法律手段推出了总合同制度。这项制度要求每个建设项目要由一个施工单位进行总包，这样就引发了招标、投标方式的出现，同时也促进了建设工程监理制度的发展。

自 20 世纪 50 年代末起，随着科学技术的飞速发展，工业和国防建设以及人民生活水平不断提高，需要建设大量的大型、巨型工程，如航天工程、大型水利工程、核电站、大型钢铁公司、石油化工企业和新城市开发等。对于这些投资巨大、技术复杂的工程建设项目，无论是投资者还是建设者，都不能承担由于投资不当或项目组织管理失误而带来的巨大损失。因此，项目建设单位在投资前要聘请有经验的咨询人员进行投资机会论证和项目可行性研究，在此基础上再进行决策。并且在工程建设项目的设计、实施等阶段，还要进行全面的工程监理，以保证实现其投资目的。

近年来，西方发达国家的建设工程监理制度正逐步向法律化、程序化发展，在西方国家的工程建设领域中已形成工程建设项目的建设单位、施工单位和监理单位三足鼎立的基本格局。进入 20 世纪 80 年代以后，建设工程监理制在国际上得到了较大的发展，一些发展中国家也开始效仿发达国家的做法，结合本国实际，设立或引进工程监理机构，对工程建设项目实行监理。目前，在国际上建设工程监理制度已成为工程建设必须遵循的制度。

2. 我国建设工程监理制度的产生

我国工程建设已有几千年的历史，但现代意义上的建设工程监理制度的建立则是从 1988 年开始的。

在改革开放以前，我国工程建设项目的投资由国家拨付，施工任务由行政部门向施工企业直接下达。当时的建设单位、设计单位和施工单位都是完成国家建设任务的执行者，都对上级行政主管部门负责，相互之间缺少相互监督的职责。政府对工程建设活动采取单向的行政监督管理，在工程建设的实施过程中，对工程质量的保证主要依靠施工单位的自我管理。

20 世纪 70 年代末，我国进入改革开放时期，工程建设活动也逐步市场化。为适应这一形势的需要，从 1983 年开始，我国开始实行政府对工程质量的监督制度，全国各地及国务院各部门都成立了专业质量监督部门和各级质量检测机构，代表政府对工程建设质量进行监督和检测。各级质量监督部门在不断进行自身建设的基础上，认真履行职责、积极开展工作，在促进企业质量保证体系的建立、预防工程质量事故、保证工程质量上发挥了重大作用。从此，我国的建设工程监督由原来的单向监督向政府专业质量监督转变，由仅靠企业自检自评向第三方认证和企业内部保证相结合转变。这种转变使我国建设工程监督向前迈进了一大步。

20 世纪 80 年代中期，随着我国改革开放的逐步深入和不断扩大，"三资"工程建设项目在我国逐步增多，加之国际金融机构向我国贷款的工程建设项目都要求实行招标投标制、承发包合同制和建设工程监理制，使得国外专业化、社会化的监理公司、咨询公司、管理公司的专家们开始出现在我国"三资"工程和国际贷款工程项目建设的管理队伍中。他们按照国际惯例，以接收建设单位委托与授权的方式，对工程建设进行管理，显示出高速度、高效率、高质量的管理优势，对我国传统的政府专业监督体制造成了冲击，引发了我国工程建设管理者的深入思考。

1985 年 12 月，我国召开了基本建设管理体制改革会议，这次会议对我国传统的工程建设管理体制作了深刻的分析与总结，指出了我国传统的工程建设管理体制的弊端，肯定了必须对其进行改革的思路，并指明了改革的方向与目标，为实行建设工程监理制奠定了思想基础。1988 年 7 月，建设部（现更名为住房和城乡建设部，简称住建部）在征求了有关部门和专家意见的基础上，发布了《关于开展建设监理工作的通知》，接着又在一些行业部门和城市开展了建设工程监理试点工作，并颁发了一系列有关建设工程监理的法规，使建设工程监理制度在我国建设领域得到了迅速发展。

我国的建设工程监理自 1988 年推行以来，大致经过了三个阶段：工程监理试点阶段（1988—1993 年）、工程监理稳步推行阶段（1993—1995 年）和工程监理全面推行阶段（1996 年至今）。1995 年 12 月，建设部在北京召开了第六次全国建设监理工作会议。会上建设部和国家计委（现更名为国家发展和改革委员会，简称国家发改委）联合颁布了 107 号文件即《建设工程监理规定》。这次会议总结了我国建设工程监理工作的成绩和经验，对今后的监理工作进行了全面的部署。这次会议的召开标志着我国建设工程监理工作已进入全面推行的新阶段。但是，由于建设监理制度在我国起步晚、基础差，有的单位对实行建设工程监理制度的必要性还缺乏足够的认识，一些应当实行工程监理的项目没有实行工程监理，并且有些监理单位的行为不规范，没有起到建设工程监理应当起到的公正监督作用。针对这些情况，为使我国已经起步的建设工程监理制度得以完善和规范，适应建筑业改革和发展的需要，并将其纳入法制化的轨道，1997 年 12 月全国人民代表大会通过了《中华人民共和国建筑法》（简称《建筑法》），将建设工程监理相关内容列入其中，这是以法律形式在我国推行建设工程监理制度的重大举措。

1.1.1.2 建设工程监理的涵义及性质

1. 建设工程监理的涵义

监理的内涵十分丰富，但最基本的意思是指执行者为了使某项活动达到一定要求，依据这项活动应遵守的准则，对从事这项活动的人或组织的行为进行监督管理。监理包括监督、控制、咨询、指导、服务等功能。

建设工程监理是指工程监理单位受建设单位委托，根据法律法规、工程建设标准、勘察设计文件及合同，在施工阶段对建设工程质量、造价、进度、安全进行控制，对合同、信息进行管理，对工程建设相关方的关系进行协调，并履行建设工程安全生产管理法定职责的服务活动。与国际上一般的工程项目管理咨询服务不同，建设工程监理是一项具有中国特色的工程建设管理制度，目前的工程监理不仅定位于工程施工阶段，而且法律法规将工程质量、安全生产管理方面的责任赋予工程监理单位。

建设工程监理的内涵需要从以下几方面理解：

（1）建设工程监理行为主体。《建筑法》第三十一条明确规定，实行监理的工程，由建设单位委托具有相应资质条件的工程监理单位实施监理。建设工程监理应当由具有相应资质的工程监理单位实施，实施工程监理的行为主体是工程监理单位。

建设工程监理不同于政府主管部门的监督管理。后者属于行政性监督管理，其行为主体是政府主管部门。同样，建设单位自行管理、工程总承包单位或施工总承包单位对分包单位的监督管理都不是工程监理。

（2）建设工程监理实施前提。《建筑法》第三十一条明确规定，建设单位与其委托的工程监理单位应当以书面形式订立建设工程监理合同。也就是说，建设工程监理的实施需要建设单位的委托和授权。工程监理单位只有与建设单位以书面形式订立建设工程监理合同，明确监理工作的范围、内容、服务期限和酬金，以及双方的义务、违约责任后，才能在规定的范围内实施监理。工程监理单位在委托监理的工程中拥有一定管理权限，是建设单位授权的结果。

（3）建设工程监理实施依据。建设工程监理实施依据包括法律法规、工程建设标准、勘察设计文件及合同。

1）法律法规。包括《建筑法》《中华人民共和国合同法》（简称《合同法》）、《中华人民共和国招标投标法》（简称《招标投标法》）、《建设工程质量管理条例》《建设工程安全生产管理条例》《招标投标法实施条例》等法律法规，以及《工程监理企业资质管理规定》《注册监理工程师管理规定》《建设工程监理范围和规模标准规定》等部门规章和地方性法规等。

2）工程建设标准。包括有关工程技术标准、规范、规程以及《建设工程监理规范》（GB/T 50319—2013）、《建设工程监理与相关服务收费标准》等。

3）勘察设计文件及合同。包括批准的初步设计文件、施工图设计文件，建设工程监理合同以及与所监理工程相关的施工合同、材料设备采购合同等。

（4）建设工程监理实施范围。目前，建设工程监理定位于工程施工阶段，工程监理单位受建设单位委托，按照建设工程监理合同约定，在工程勘察、设计、保修等阶段提供的服务活动均为相关服务。工程监理单位可以拓展自身的经营范围，为建设单位提供包括建设工程项目策划决策和建设实施全过程的项目管理服务。

（5）建设工程监理基本职责。建设工程监理是一项具有中国特色的工程建设管理制度。工程监理单位的基本职责是在建设单位委托授权范围内，通过合同管理和信息管理，以及协调工程建设相关方的关系，控制建设工程质量、造价和进度三大目标，即"三控两管一协调"。此外，还需履行建设工程安全生产管理的法定职责，这是《建设工程安全生产管理条例》赋予工程监理单位的社会责任。

2. 建设工程监理的性质

在工程建设中，建设工程监理既不同于承建单位的承建活动，也不同于政府的监督管理活动，它具有一系列独特的性质。

（1）服务性。监理单位是在接受业主（建设单位）委托的基础上，对工程建设活动实施监理。其工作的实质是为业主提供技术、经济、法律等方面的服务。监理单位在工作中既不直接参加工程的承建活动，也不对工程进行投资，而是接受业主的委托，对工程建设活动进行监督管理，所收取的监理费是提供服务的报酬。业主是监理的委托方，也是监理单位的客户和服务对象；监理单位是监理的受托方，负责处理业主委托的事务。业主和监理单位之间要订立监理委托合同（即建设工程监理合同），以明确双方的权利和义务关系。

需要指明的是，监理单位和承建单位是监理与被监理的关系，它们之间不存在合同关系；监理单位受业主的委托对承建单位进行监督管理，不存在监理单位为承建单位服务的问题；在工程建设中，监理单位为承建单位提供的技术支持是指导、控制和纠正的性质，不是服务性质。

（2）独立性。建设监理的独立性主要体现在以下两个方面：

1）监理单位虽然接受业主的委托，为业主提供服务，但它并不是业主的附属物，而是一个独立的法人单位，要在建设工程监理合同规定的范围内依法独立地行使职权和开展工作。监理单位和业主在合同中的地位是平等的，监理合同一经订立，在授权范围内，业主不得随意干预监理单位的正常工作。

2）建设工程监理必须独立于承建活动，监理人员不得与承建单位发生经营性的隶属关系。监理单位及其人员不得在经济利益上和承建单位及其人员有关系。

所以，监理单位是建设活动中独立于业主和承建单位即甲、乙双方以外的第三方中介组织。

（3）公正性。保持建设工程监理独立性的主要目的，是为了保证建设工程监理的公正性。工程建设的监理依据，不仅有业主的意图，还有法律、法规和技术标准等。监理单位不仅要对业主负责，还要对法律、法规和技术标准负责。当业主和承建单位发生矛盾时，监理单位要站在公正的立场上，以法律、法规、技术标准、建设合同为依据，公平地维护业主和承建单位的合法权益。建设工程监理的公正性，并不排斥其服务性，监理单位必须在法律、规范、合同允许的范围内努力实现业主的意愿。

（4）科学性。在工程建设管理的发展过程中，建设工程监理能逐步成为一项专门业务，是因为它具有高技术、高智能的性质，有严密的科学性和相对的独立性，是其他工作所不能代替的。从技术角度上讲，建设工程监理涉及设计、施工、材料、设备等多方面技术，必须按照相应的科学规律办事，才能实现监理的目的；从业务范围上讲，建设工程监理不仅涉及技术，还涉及经济、法律等多方面的问题，要求监理人员具备相应的知识和能力；从服务性质方面讲，监理单位只有提供高技术、高智能的服务，才能吸引业主委托授权，成为一类独立的中介组织；从社会效益方面讲，工程建设是关系国计民生的大事，维系着人民的生命财产安全，牵涉到公众利益，监理人员必须以科学的态度和方法，以及高度的责任感来完成这项任务。

综上所述，建设工程监理必须严格遵循工程建设的科学规律，坚持科学性的原则，提供高技术、高智能的服务，才能被社会所接受。所以，监理单位应该是知识密集型、技术密集型的组织；监理人员要具备相当的学历，丰富的工程建设实践经验，综合的技术、经济、法律方面的知识和能力，并经权威机构考核认证，注册登记。

3. 建设工程监理的任务

工程建设各个阶段的监理，都是围绕质量、工期、投资和合同管理展开的。所以，建设工程监理的任务可以概括为通过建设工程合同的管理和现场各方面的协调工作，实现质量、工期和投资的有效控制，达到建设工程顺利而高效进行的目的。从建设工程监理的具体业务上看，还可以把建设工程监理的任务总结为"三控制""两管理"和"一协调"："三控制"即质量、投资和工期控制，"两管理"即合同管理和信息管理，"一协调"即工程建设过程中各种矛盾和问题的协调。

（1）建设工程质量控制。建设工程的质量是业主最关心的问题之一，也是建设工程监理的主要任务之一。建设工程质量包括工程本身的质量和建设过程中各项活动的质量。建设工程监理的任务，就是要通过各种手段控制建设中与质量有关的各种活动和工程质量形成的过程，使其达到标准、规范和业主的要求，实现建设工程的预期功能。工程的质量取决于建设活动的质量，作为建设活动的主要承担者——承建单位，首先应该对质量进行严格自控，监理单位作为监督管理方，从另一个角度对工程质量实施控制。

工程质量控制的主要内容：按照 ISO 9000 质量管理体系的要求和全面质量管理的原理建立质量保证体系；对建设工程质量的各类因素进行控制；按照国家技术标准、规范对工程质量进行检查和评定；运用数理统计方法对工程质量的形成过程进行统计分析和质量成本分析等。

（2）建设工程工期控制。建设工程工期控制也称为建设工程进度控制。控制的主要目的是要保证建设工程在合理的工期内完成。建设工程是一项复杂的系统工程，受到多种因素的影响，工期往往难以控制。如果建设工程的工期无法有效控制，导致工期延误，不仅会影响投资效益的正常发挥，还会引起投资失控，这是一个令投资者十分伤脑筋的问题。建设工程监理就是要通过科学的方法，协调建设中各方面的关系，解决影响工期的各种矛盾，有效地控制工期。

建设工程工期控制的主要内容有：运用网络计划技术等科学的计划方法编排工程进度，合理安排建设中的各类资源；对工程进度计划的实施过程进行检查、监督、调整，及时纠正偏差，保证工程按计划进行；正确处理不可避免的工程延期中的各种问题，尽量降低工程延期带来的损失。

（3）建设工程投资控制。建设工程投资的多少，始终是每一位业主最关心的问题，对建设工程投资的控制也是建设工程监理的主要任务之一。由于建设工程的可变因素较多，在建设过程中投资数额完全不变化是不可能的，关键是如何控制。建设工程监理对工程造价形成差异的各个环节进行严密监控，及时处理影响工程造价的各种问题，把投资控制在合理的范围内。

建设工程投资的主要内容有：正确进行投资决策，正确估算投资数额；控制设计标准，做好设计概算；认真组织施工招标、投标，准确编制施工图预算；严格控制施工过程中的工程变更，及时办理有关手续；正确处理工程索赔事件，避免不必要的损失；认真审核工程量，按进度拨付工程款；搜集、整理施工中的各种变更资料，正确办理工程结算。

（4）建设工程合同管理。质量、工期、投资三方面的控制是建设工程监理的最终目的，而建设工程合同管理是实现这些目的的重要手段。建设工程是一个由多方行为主体共同参与的系统，这些行为主体通过合同联系在一起。合同是工程建设得以顺利实施的纽带和基础，也是建设工程监理的主要依据。监理单位在实施监理时必须以相应阶段的建设工程合同为依据，监督管理工程建设中的各项活动，促使承建单位和业主全面履行合同，通过合同的履行实现建设工程监理的目的。

建设工程合同管理的主要内容有：选择适当的标准合同条件，协助业主和承建方协商合同的具体条款；为合同履行创造条件，促使双方正确、全面地履行合同；对双方履行合同提供咨询，协调合同履行中的矛盾和问题；正确处理合同变更，协助办理有关手续。

（5）建设工程信息管理。建设工程信息管理是监理组织在实施监理的过程中，监理人员对所需的信息进行的收集、整理、处理、存储、传递、应用等一系列工作的总称。

信息管理的目的是通过有组织的信息流通，使决策者能及时、准确地获得相应的信息，以便作出科学的决策。

监理的主要任务就是进行目标控制，而控制的基础是信息，只有在信息的支持下才能实施有效的控制。

建设工程信息管理的主要内容如下：

1）明确建设项目监理工作信息流程。

2）建立建设项目信息编码系统。

3）建设项目信息的收集。

4）建设项目信息的处理。

（6）工程建设过程中各种矛盾和问题的协调。建设工程监理协调贯穿于工程建设项目的整个过程之中，它是做好工程建设监理工作的一个重要内容。做好协调工作不仅需要监理人员具备较好的专业技术水平，较高的理论素质，较强的政治责任心；同时，还需要具备较高的组织协调能力、协调方法和技巧。它是衡量监理人员综合素质的一个比较全面的检验标准。

建设工程监理协调的主要内容如下：

1）勘察单位、设计单位、施工单位之间的协调。

2）施工单位和材料、设备供应单位之间的协调。

3）承建单位和业主之间的协调。

4）承建单位和政府及有关管理机构之间的协调。

5）业主和政府及有关管理机构之间的协调。

1.1.1.3　建设工程监理的意义

实施建设工程监理制，是工程建设管理方式的重大改革，是工程建设管理和国际惯例接轨、步入现代化的标志，对于提高工程质量、加快工程进度、降低工程造价、维护市场秩序、提高工程建设管理水平，都具有重要意义。

1. 有利于提高工程质量

工程质量取决于工程建设过程中各个环节的工作质量，包括工程建设准备、工程勘察设计、工程施工、后期服务等。在传统的工程建设管理模式中，由于没有实行建设工程监理，建设工程的监督管理工作停留在低水平的层次上，缺乏科学性。在传统的建设工程管理模式下，工程质量主要依靠建设工程各环节实施者的工作来实现，一旦实施者的工作出现失误，又没有专业人员监督把关，工程质量事故就难以避免。实施建设工程监理后，由监理工程师对建设过程进行监督管理，使工程质量多了一道保险。由于监理工程师都是各方面的专业人员，他们在技术上对建设过程进行把关，对提高工程质量无疑是具有重要意义的。

2. 有利于加快工程进度

工程项目建设的进度受到各方面因素的影响。有甲方的原因，也有乙方的原因；有自然因素的影响，也有社会因素的影响。必须对参与工程建设的各方进行有效地协调，才能保证工程进度按计划进行。没有实行建设工程监理以前，工程建设中的协调工作通常由业主自行解决，甲、乙双方经常因为工程进度问题发生矛盾，互相推诿，无法分清责任，难以保证合同工期。实行建设工程监理后，监理工程师以第三方的身份出现，站在公正的立场上，以工程合同为依据处理建设中的各种问题，协调各方关系，确保合同工期的实现，从而推动了工期进度的加快。

3. 有利于降低工程造价

工程项目在建设过程中，经常因为各种原因导致造价提高，甚至失控。究其原因，主要是工程变更引起的。工程变更在工程建设中一般难以避免，这种变更往往会引起造价的波动。在没有实行建设工程监理的情况下，业主由于专业知识能力上的限制，很难正确地估计工程变更带来的价格变化，从而导致造价失控。实行建设工程监理后，监理工程师有责任对每一次工程变更进行论证，测算对工程造价的影响并通知业主。对于不合理的变更或业主无法接受的价格变动，要阻止或提出修改意见，使工程造价始终处在控制之中。另外，监理工程师在保证工程质量的前提下，还可以对设计和施工方案提出有利于降低工程成本的修改意见，从而降低工程造价。

4. 有利于维护市场秩序，提高工程建设管理水平

从市场经济角度上讲，建设工程监理是一种中介行为。中介机构参与市场活动，有利于维护市场秩序和商品交易的正常进行。对于一般的简单商品而言，中介机构的意义并不大，买卖双方可以顺利完成交易。但对于建设工程这样一种复杂的商品交易活动，离开了中介机构的参与，则难以维持正常的市场秩序。因为对于业主来说，不可能都是建设工程方面的专家，在没有中介机构参与的情况下，只能凭经验和感觉进行工程建设管理；对承建单位来说，由于没有专业的监督管理，也很难规范自己的行为。在这样一种状况下，建筑市场的秩序是很难维持的。业主和承建单位都可能因为担心利益受损，向对方提出不合理的要求，以保护自己的利益，也容易出现欺诈行为。建设工程监理的出现，相当于在业主和承建单位之间搭起一座桥梁，协助双方规范地完成工程建设这一复杂的商品交易活动，实现各自的目的。毫无疑问，实施建设工程监理，对于建立正常的市场秩序，维护业主和承建单位双方的利益，都是大有益处的。

从建设工程管理角度上讲，建设工程监理实现了建设工程监督管理工作的专门化。这既是工程建设管理现代化的标志，也是国际惯例的要求。实施建设工程监理，意味着建设工程

监督管理成为一种专门职业，这对于提高工程建设的管理水平有重要意义。一方面，业主再没有必要组建强大的建设管理队伍，只要把监督管理业务委托给监理单位即可，此时业主的注意力集中在投资决策上，这样既可以减少资源浪费，又可以提高管理水平和投资效益；另一方面，承建方是和专家们打交道，这既可以提高自身的水平，又可以维护自身的利益，规范自己的行为。建设工程监理成为一种市场行为，监理单位为了取得业主的信任，占领市场，也必须努力提高自身的素质，加强管理，从而使工程建设管理的整体水平得到提高。

1.1.2　建设工程监理的法律地位和责任

1.1.2.1　建设工程监理的法律地位

自建设工程监理制度实施以来，有关法律、行政法规、部门规章等逐步明确了建设工程监理的法律地位。

1. 明确了强制实施监理的工程范围

《建筑法》第三十条规定：“国家推行建筑工程监理制度。国务院可以规定实行强制监理的建筑工程范围。”《建设工程质量管理条例》第十二条规定，五类工程必须实行监理，具体如下：①国家重点建设工程；②大中型公用事业工程；③成片开发建设的住宅小区工程；④利用外国政府或者国际组织贷款、援助资金的工程；⑤国家规定必须实行监理的其他工程。

《建设工程监理范围和规模标准规定》（建设部令第 86 号）又进一步细化了必须实行监理的工程范围和规模标准，具体内容如下：

（1）国家重点建设工程。是指依据《国家重点建设项目管理办法》所确定的对国民经济和社会发展有重大影响的骨干项目。

（2）大中型公用事业工程。是指项目总投资额在 3000 万元以上的下列工程项目：

1）供水、供电、供气、供热等市政工程项目。

2）科技、教育、文化等项目。

3）体育、旅游、商业等项目。

4）卫生、社会福利等项目。

5）其他公用事业项目。

（3）成片开发建设的住宅小区工程。建筑面积在 5 万 m² 以上的住宅建设工程必须实行监理；5 万 m² 以下的住宅建设工程，可以实行监理，具体范围和规模标准，由省、自治区、直辖市人民政府建设行政主管部门规定。

为了保证住宅质量，对高层住宅及地基、结构复杂的多层住宅应当实行监理。

（4）利用外国政府或者国际组织贷款、援助资金的工程，内容包括以下几方面：

1）使用世界银行、亚洲开发银行等国际组织贷款资金的项目。

2）使用国外政府及其机构贷款资金的项目。

3）使用国际组织或者国外政府援助资金的项目。

（5）国家规定必须实行监理的其他工程，具体内容如下：

1）项目总投资在 3000 万元以上关系社会公共利益、公众安全的下列基础设施项目：①煤炭、石油、化工、天然气、电力、新能源等项目；②铁路、公路、管道、水运、民航以及其他交通运输业等项目；③邮政、电信枢纽、通信、信息网络等项目；④防洪、灌溉、排涝、发电、引（供）水、滩涂治理、水资源保护、水土保持等水利建设项目；⑤道路、桥梁、地铁和轻轨交通、污水排放及处理、垃圾处理、地下管道、公共停车场等城市基础设施项目；⑥生态环境保护项目；⑦其他基础设施项目。

2）学校、影剧院、体育场馆项目。

2. 明确了建设单位委托工程监理单位的职责

《建筑法》第三十一条规定："实行监理的建筑工程，由建设单位委托具有相应资质条件的工程监理单位监理。建设单位与其委托的工程监理单位应当订立书面委托监理合同。"

《建设工程质量管理条例》第十二条也规定："实行监理的建设工程，建设单位应当委托具有相应资质等级的工程监理单位进行监理，也可以委托具有工程监理相应资质等级并与被监理工程的施工承包单位没有隶属关系或者其他利害关系的该工程的设计单位进行监理。"

3. 明确了工程监理单位的职责

《建筑法》第三十四条规定："工程监理单位应当在其资质等级许可的监理范围内，承担工程监理业务。"

《建设工程质量管理条例》第三十七条规定："工程监理单位应当选派具备相应资格的总监理工程师和监理工程师进驻施工现场。""未经监理工程师签字，建筑材料、建筑构配件和设备不得在工程上使用或者安装，施工单位不得进行下一道工序的施工。未经总监理工程师签字，建设单位不拨付工程款，不进行竣工验收。"

《建设工程安全生产管理条例》第十四条规定："工程监理单位应当审查施工组织设计中的安全技术措施或者专项施工方案是否符合工程建设强制性标准。""工程监理单位在实施监理过程中，发现存在安全事故隐患的，应当要求施工单位整改，情况严重的，应当要求施工单位暂时停止施工，并及时报告建设单位。施工单位拒不整改或者不停止施工的，工程监理单位应当及时向有关主管部门报告。"

4. 明确了监理人员的职责

《建筑法》第三十二条规定："工程监理人员认为工程施工不符合工程设计要求、施工技术标准和合同约定的，有权要求建筑施工企业改正。""工程监理人员发现工程设计不符合建筑工程质量标准或者合同约定的质量要求的，应当报告建设单位要求设计单位改正。"

《建设工程质量管理条例》第三十八条规定："监理工程师应当按照工程监理规范的要求，采取旁站、巡视和平行检验等形式，对建设工程实施监理。"

1.1.2.2　工程监理单位及监理工程师的法律责任

1. 工程监理单位的法律责任

（1）《建筑法》第三十五条规定："工程监理单位不按照委托监理合同的约定履行监理义务，对应当监督检查的项目不检查或者不按照规定检查，给建设单位造成损失的，应当承担相应的赔偿责任。"《建筑法》第六十九条规定："工程监理单位与建设单位或者建筑施工企业串通，弄虚作假、降低工程质量的，责令改正，处以罚款，降低资质等级或者吊销资质证书；有违法所得的，予以没收；造成损失的，承担连带赔偿责任；构成犯罪的，依法追究刑事责任。""工程监理单位转让监理业务的，责令改正，没收违法所得，可以责令停业整顿，降低资质等级；情节严重的，吊销资质证书。"

（2）《建设工程质量管理条例》第六十条和第六十一条规定："工程监理单位有下列行为的，责令停止违法行为或改正，处合同约定的监理酬金1倍以上2倍以下的罚款，可以责令停业整顿，降低资质等级；情节严重的，吊销资质证书：①超越本单位资质等级承揽工程的；②允许其他单位或者个人以本单位名义承揽工程的。"

《建设工程质量管理条例》第六十二条规定："工程监理单位转让工程监理业务的，责令改正，没收违法所得，处合同约定的监理酬金 25％以上 50％以下的罚款；可以责令停业整顿，降低资质等级；情节严重的，吊销资质证书。"

《建设工程质量管理条例》第六十七条规定："工程监理单位有下列行为之一的，责令改正，处 50 万以上 100 万以下的罚款，降低资质等级或者吊销资质证书；有违法所得的，予以没收；造成损失的，承担连带赔偿责任：①与建设单位或者施工单位串通，弄虚作假，降低工程质量的；②将不合格的建设工程、建筑材料、建筑构配件和设备按照合格签字的。"

《建设工程质量管理条例》第六十八条规定："工程监理单位与被监理工程的施工承包单位以及建筑材料、建筑构配件和设备供应单位有隶属关系或者其他利害关系承担该项建设工程的监理业务的，责令改正，处以 5 万元以上 10 万元以下的罚款，降低资质等级或者吊销资质证书；有违法所得的，予以没收。"

（3）《建设工程安全生产管理条例》第五十七条规定："工程监理单位有下列行为之一的，责令限期改正；逾期未改正的，责令停业整顿，并处 10 万元以上 30 万元以下的罚款；情节严重的，降低资质等级，直至吊销资质证书；造成重大安全事故，构成犯罪的，对直接责任人员，依照刑法有关规定追究刑事责任；造成损失的，依法承担赔偿责任：①未对施工组织设计中的安全技术措施或者专项施工方案进行审查的；②发现安全事故隐患未及时要求施工单位整改或者暂时停止施工的；③施工单位拒不整改或者不停止施工，未及时向有关主管部门报告的；④未依照法律、法规和工程建设强制性标准实施监理的。"

（4）《中华人民共和国刑法》第一百三十七条规定："工程监理单位违反国家规定，降低工程质量标准，造成重大安全事故的，对直接责任人员，处五年以下有期徒刑或者拘役，并处罚金；后果特别严重的，处五年以上十年以下有期徒刑，并处罚金。"

2. 监理工程师的法律责任

工程监理单位是订立工程监理合同的当事人。监理工程师一般要受聘于工程监理单位，代表工程监理单位从事建设监理工作。工程监理单位在履行工程监理合同时，是由具体的监理工程师来实现的，因此，如果监理工程师出现工作过错，其行为将被视为工程监理单位违约，应承担相应的违约责任。工程监理单位在承担违约赔偿责任后，有权在企业内部向有过错行为的监理工程师追偿损失。因此，由监理工程师个人过失引发的合同违约行为，监理工程师必然要与工程监理单位承担一定的连带责任。

《建设工程质量管理条例》第七十二条规定："监理工程师因过错造成质量事故的，责令停止执业 1 年；造成重大质量事故的，吊销执业资格证书，5 年内不予注册；情节特别恶劣的，终身不予注册。《建设工程质量管理条例》第七十四条规定，工程监理单位违反国家规定，降低工程质量标准，造成重大安全事故，构成犯罪的，对直接责任人员依法追究刑事责任。"

《建设工程安全生产管理条例》第五十八条规定："注册监理工程师未执行法律、法规和工程建设强制性标准的，责令停止执业 3 个月以上 1 年以下；情节严重的，吊销执业资格证书，5 年内不予注册；造成重大安全事故的，终身不予注册；构成犯罪的，依照刑法有关规定追究刑事责任。"

学习情境 1.2　工程建设程序及建设工程监理相关制度

【情境描述】　工程建设程序是指建设工程从策划、决策、设计、施工，到竣工验收、投入生产或交付使用的整个建设过程中，各项工作必须遵循的先后顺序。工程建设程序是建设工程策划决策和建设实施过程客观规律的反映，也是建设工程科学决策和顺利实施的重要保证。

1.2.1　工程建设程序

工程建设程序是指基本建设过程中各项工作必须遵循的先后顺序。这个顺序不是任意安排的，而是由基本建设进程，即固定资产和生产能力的建造及形成过程的规律所决定的。从基本建设的客观规律、工程特点、协作关系、工作内容来看，在多层次、多交叉、多关系、多要求的时间和空间里组织好建设，必须使项目建设中各阶段和各环节的工作相互衔接。

概括地讲，我国基本建设程序的主要阶段是项目建议书阶段、可行性研究报告阶段、设计工作阶段、建设准备阶段、建设实施阶段、竣工验收阶段和项目后评价阶段。

1.2.1.1　项目建议书阶段（包括立项评估）

项目建议书是由投资者对准备建设的项目提出的大体轮廓性设想和建议，主要是为确定拟建项目是否有必要建设，是否具备建设的条件，是否需再作进一步的研究论证工作提供依据。国家规定，项目建议书经批准后，可以进行详细的可行性研究工作，但不表明项目非上不可，项目建议书还不是项目的最终决策。项目建议书的内容，视项目的情况不同而有繁有简，一般应包括以下几个方面：

(1) 建设项目提出的必要性和依据。

(2) 产品方案、拟建规模和建设地点的初步设想。

(3) 资源情况、建设条件、协作关系等的初步分析。

(4) 投资估算和资金筹措设想。

(5) 经济效益和社会效益的估计。

项目建议书按要求编制完成后，按照建设总规模和限额的划分审批权限报批项目建议书。现行规定，凡属大中型或限额以上项目的项目建议书，首先要报送归口主管部门，同时抄送国家发展和改革委员会。归口主管部门先进行初审，初审通过后报国家发展和改革委员会，由国家发展和改革委员会从建设规模、生产力总布局、资源优化配置及资金供应可能、外部协作条件等方面进行综合平衡，并委托有资格的工程咨询单位评估后审批。其中，总投资超过2亿元的项目经国家发展和改革委员会审查后报国务院审批，凡归口主管部门初审未通过的项目，国家发展和改革委员会不予审批。凡属小型和限额以下项目（3000万元以下）的项目建议书，按项目隶属关系报部门或地方发展和改革委员会审批。

1.2.1.2　可行性研究报告阶段

项目建议书经批准后即可着手进行可行性研究，即对项目在技术上是否可行和经济上是否合理进行科学的分析和论证。国家规定，凡是经可行性研究后未通过的项目，不得进行下一步工作。可行性研究报告的基本内容如下：

(1) 项目提出的背景和依据。

(2) 建设规模、建设方案、市场预测和确定的依据。

（3）技术工艺、主要设备、建设标准。

（4）资源、原材料和燃料供应、动力、运输、供水等协作条件。

（5）建设地点、平面布置方案、占地面积。

（6）项目设计方案、协作配套工程。

（7）环保、防震等要求。

（8）劳动定员和人员培训。

（9）建设工期和实施进度。

（10）投资估算和资金筹措方式。

（11）经济效益和社会效益。

1.2.1.3　设计工作阶段

设计是对拟建工程的实施在技术上和经济上进行全面而详尽的安排，是基本建设计划的具体化，是整个工程的决定性环节，是组织施工的依据。它直接关系着工程质量和将来的使用效果。可行性研究报告经批准的建设项目应通过招标、投标择优选择设计单位，按照批准的可行性研究报告内容和要求进行设计、编制文件。根据建设项目的不同情况，设计过程一般划分为初步设计和施工图设计两个阶段。初步设计是设计的第一阶段，它根据批准的可行性研究报告和必须准备的设计基础资料，对设计对象进行通盘研究，阐明在指定的地点、时间和投资控制数额内，拟建工程在技术上的可行性和经济上的合理性；通过对设计对象作出的基本技术规定，编制项目总概算。根据国家规定，如果初步设计提出的总概算超过可行性研究报告确定的总投资估算的 10% 以上或其他主要指标需要变更时，要重新报批可行性研究报告。

承担项目设计的单位的设计水平必须与项目大小和复杂程度相一致。按现行规定，工程设计单位分为甲、乙、丙、丁四级，各行业对本行业设计单位的分级标准和允许承担的设计任务范围有明确的规定，低等级的设计单位不得越级承担工程项目的设计任务。初步设计由投资计划的管理方组织审批，其中大中型和限额以上项目要报国家发展和改革委员会备案。初步设计文件经批准后，总平面布置、主要工艺过程、主要设备、建筑面积、建筑结构、总概算等不得随意修改、变更。

1.2.1.4　建设准备阶段

1. 预备项目

初步设计已经批准或正在组织审批的项目，可列为预备项目。预备项目在进行建设准备过程中的投资活动，不计算建设工期。

2. 建设准备的内容

项目在开工建设之前要切实做好各项准备工作，建设准备的主要工作内容包括以下几个方面：

（1）征地、拆迁和场地平整。

（2）完成施工用水、点、路等工程。

（3）组织设备、材料订货。

（4）准备必要的施工图纸。

（5）组织施工招标、投标，择优选定施工单位。

3．报批开工报告

按规定进行建设准备并在具备了各项开工条件以后，建设单位要求批准新项目开工建设时，需向主管部门提出申请。项目在报批新开工前，必须由审计机关对项目的有关内容进行审计证明。审计机关主要是对项目的资金来源是否正当，项目开工前的各项支出是否符合国家的有关规定，资金是否存入专业银行进行审计。建设单位在向审计机关申请审计时，应提供资金的来源及其存入专业银行的凭证、财务计划等有关资料。国家规定，新开工的项目还必须具备按施工顺序，至少三个月以上的工程施工图纸，否则不能开工建设。

1．2．1．5　建设实施阶段

建设实施阶段是基本建设程序中的关键阶段，是对酝酿筹备已久的项目具体付诸实施，使之尽快建成让投资发挥效益的关键环节，在这个阶段中建设单位起着至关重要的作用，对工程进度、质量、费用的管理和控制的责任重大。

1．2．1．6　竣工验收阶段

竣工验收阶段是工程建设过程的最后一个环节，是全面考核基本建设成果、检验设计和工程质量的重要步骤。

1．申报验收的准备工作

建设单位应认真准备做好竣工验收的准备工作，主要有以下几个方面：

（1）整理技术资料。各有关单位（包括设计、施工单位）应将技术资料进行系统整理，由建设单位分类、立卷后，交使用单位统一保管。技术资料主要包括土建方面、安装方面及其他各种有关的文件、合同等。

（2）绘制竣工图纸。竣工图纸与其他资料一样，是建设单位已交使用单位的重要资料。竣工图必须准备、完整，符合归档要求，方能交工验收。

（3）编制竣工决算。建设单位必须及时认真清理所有财产、物资和未用完或应收回的资金，编制工程竣工决算，报主管部门审查。竣工决算是反映建设项目实际造价和投资效益的文件，是办理交付、使用新增固定资产的依据。

2．竣工验收的程序和组织

按国家现行规定，建设项目的验收阶段根据项目规模的大小和复杂程度可分为初步验收和竣工验收两个阶段进行。规模较大、较复杂的建设项目（工程）应先进行初验，然后进行全部建设项目（工程）的竣工验收。规模较小、较简单的项目（工程），可以一次性进行全部项目（工程）的竣工验收。建设项目（工程）全部完成，经过各单项工程的验收，符合设计要求并具备竣工图表、竣工决算、工程总结等必要文件资料，由项目主管部门或建设单位向负责验收的单位提出竣工验收申请报告。

1．2．1．7　项目后评价阶段

这一阶段主要是总结项目建设成功或失误的经验教训，供以后的项目决策借鉴；同时，也可为决策和建设中的各种失误找出原因，明确责任；还可对项目投入生产或使用后存在的问题提出解决办法，弥补项目决策和建设中的缺陷。

1．2．2　建设工程监理的相关制度

根据法律、法规的规定，我国已形成了相互关联、相互支持的建设工程监理制度体系。

1．2．2．1　项目法人责任制

为了建立投资约束机制，规范建设单位的行为，建设工程应当按照政企分开的原则组建项目法人，实行项目法人责任制，即由项目法人对项目的策划、资金筹措、建设实施、生产经营、债务偿还和资产的保值、增值，实行全过程负责的制度。

1. 项目法人责任制是实行建设工程监理制的必要条件

项目法人责任制，执行"谁投资，谁决策，谁承担风险"的市场经济基本原则，项目法人为了做好决策，尽量避免承担风险，也就为建设工程监理提供了社会需求和发展空间。

2. 建设工程监理制是实行项目法人责任制的基本保障

建设单位在工程监理企业的协助下，做好投资控制、进度控制、质量控制、合同管理、组织协调等工作，就为在计划目标内实现建设项目提供了基本保证。

1.2.2.2　建设工程施工许可制

建设工程开工前，建设单位应当按照国家有关规定向工程所在地的县级以上人民政府建设行政主管部门申请领取施工许可证，其条件之一是有保证工程质量和安全的具体措施。《建设工程质量管理条例》进一步明确了应按照国家有关规定办理工程质量监督手续。

1.2.2.3　从业资格与资质制度

从事建设活动的建筑施工企业、勘察单位、设计单位和工程监理单位，应当具备下列条件：

（1）有符合国家规定的注册资本。

（2）有与其从事的建设活动相适应的具有法定执业资格的专业技术人员。

（3）有从事相关建设活动所应有的技术装备。

（4）法律、行政法规规定的其他条件。

1.2.2.4　建设工程招标投标制

《招标投标法》规定，下列工程建设项目包括项目的勘察、监理及与工程建设有关的重要设备、材料等的采购必须进行招标：

（1）大型基础设施、公用事业等关系社会公共利益、公众安全的项目。

（2）全部或部分使用国有资金投资或国家融资的项目。

（3）使用国际组织或外国政府贷款、援助资金的项目。

1.2.2.5　建设工程监理制

国家推行建设工程监理制度，国务院对实行强制监理的建设工程的范围作了如下规定：建设工程监理应当依照法律、行政法规及有关的技术标准、设计文件和工程承包合同，对承包单位在施工质量、建设工期和建设资金使用等方面，代表建设单位实施监督。工程监理人员认为工程施工不合工程设计要求、施工技术标准和合同约定的，有权要求建筑施工企业改正；工程监理人员认为工程设计不符合建筑工程质量标准或合同约定的质量要求的，应当报告建设单位，要求设计单改正。

1.2.2.6　合同管理制

建设工程的勘察设计、施工、设备材料采购和工程监理都要依法签订合同，明确质量要求、履约担保和违约处罚条款。违约方要承担相应的法律责任。

1.2.2.7　安全生产责任制

所有的工程建设单位都必须遵守《中华人民共和国安全生产法》、《建设工程安全生产管理条例》等有关安全生产的法律、法规和规章，加强安全生产管理，坚持"安全第一、预防为主、综合治理"的安全生产基本方针，建立健全安全生产责任制度，完善安全生产条件，确保安全生产。

1. 2. 2. 8　工程质量责任制

从事工程建设活动的所有单位都要为自己的建筑行为，以及该行为的结果负责，并接受相应的监督。

1. 工程质量保修制

建设工程承包单位在向建设单位提交工程竣工验收报告时，应当向建设单位出具质量保修书。质量保修书中应当明确建设工程的保修范围、保修期限和保修责任。

2. 工程竣工验收制

建设工程项目建成后，必须按国家有关规定进行严格的竣工验收，竣工验收合格后，方可交付使用。对未经验收或验收不合格就交付使用的，要追究项目法定代表人的责任；造成重大损失的，要追究其法律责任。

3. 建设工程质量备案制

工程竣工验收合格后，建设单位应当向工程所在地的县级以上地方人民政府建设行政主管部门备案。提交工程竣工验收报告，勘察、设计、施工、工程监理等单位分别签署的质量合格文件，法律、行政法规规定的应当由规划、公安消防、环保等部门出具保修书及备案机关认为需要提供的有关资料。

4. 建设工程质量终身责任制

建设、勘察、设计、施工、工程监理现在该单位工作期间违反国家有关建项目法定代表人以及勘察、设计、工程质量负终身责任，如发生重大工程事故，不管到哪工作，担任什么职务，都要追究其相应的行政和法律责任。

1. 2. 2. 9　项目决策咨询评估制

国家大中型项目和基础设施项目，必须严格实行项目决策咨询评估制度。若研究报告未经有资质的咨询机构和专家的评估论证，有关审批部门不予审批；建议书也要经过评估论证，咨询机构要对其出具的评估论证意见承担责任。

1. 2. 2. 10　工程设计审查制

工程项目设计在完成初步设计文件后，须经政府建设主管部门组织，对工程项目内容所涉及的行业及主管部门依据有关法律、法规进行初步设计的会审，会审后由建设主管部门下达设计批准文件，之后方可进行施工图设计。施工图设计文件完成后报送具备资质的施工图设计审查机构，依据国家设计标准、规范的强制性条款进行审查签证后才能用于工程上。

学习情境 1. 3　建设工程监理相关法律、法规、规范

【情境描述】　建设工程监理相关法律、行政法规及标准是建设工程监理的法律依据和工作指南。此外，有关工程监理的部门规章和规范性文件，以及地方性法规、地方政府规章及规范性文件、行业标准和地方标准等，也是建设工程监理的法律依据和工作指南。

1. 3. 1　法律

建设工程法律是由全国人民代表大会及其常务委员会通过的规范建设活动的法律规范，以国家主席令的形式予以公布。与建设工程监理密切相关的法律有《建筑法》《招标投标法》和《合同法》。

1.3.1.1　《建筑法》主要内容

《建筑法》是我国工程建设领域的一部大法，以建筑市场管理为中心，以建筑工程质量和安全管理为重点，主要包括建筑许可、建筑工程发包与承包、建筑工程监理、建筑安全生产管理和建筑工程质量管理等方面内容。

1. 建筑许可

建筑许可包括建筑工程施工许可和从业资格两个方面：

（1）建筑工程施工许可。建筑工程施工许可是建设行政主管部门根据建设单位的申请，依法对建筑工程所应具备的施工条件进行审查，对符合规定条件者准许其开设施工并颁发施工许可证的一种管理制度。

1）施工许可证的申领。建筑工程开工前，建设单位应当按照国家有关规定向工程所在地县级以上人民政府建设主管部门申请领取施工许可证。按照国务院规定的权限和程序批准开工报告的建筑工程，不再领取施工许可证。建设单位申请领取施工许可证，应当具备下列条件：①已经办理该建筑工程用地批准手续；②在城市规划区的建筑工程，已经取得规划许可证；③需要拆迁的，其拆迁进度符合施工要求；④已经确定建筑施工企业；⑤有满足施工需要的施工图纸及技术资料；⑥有保证工程质量和安全的具体措施；⑦建设资金已经落实；⑧法律、行政法规规定的其他条件。

2）施工许可证的有效期。具体规定有以下两方面：①建设单位应当自领取施工许可证之日起 3 个月内开工。因故不能按期开工的，应当向发证机关申请延期；延期以两次为限，每次不超过 3 个月。既不开工又不申请延期或者超过延期时限的，施工许可证自行废止。②在建的建筑工程因故中止施工的，建设单位应当自中止施工之日起 1 个月内，应当向发证机关报告，并按照规定做好建筑工程的维护管理工作。建筑工程恢复施工时，应当向发证机关报告。中止施工满 1 年的工程恢复施工前，建设单位应当报发证机关核验施工许可证。

（2）从业资格。从业资格包括工程建设参与单位资质和专业技术人员执业资格方面。

1）工程建设参与单位资质要求。从事建筑活动的建筑施工企业、勘察单位、设计和工程监理单位，应当具备下列条件：①有符合国家规定的注册资本；②有与其从事的建筑活动相适应的具有法定执业资格的专业技术人员；③有从事相关建筑活动所应有的技术装备；④法律、行政法规规定的其他条件。

从事建筑活动的建筑施工企业、勘察单位、设计单位和工程监理单位，按照其拥有的注册资本、专业技术人员、技术装备和已完成的建筑工程业绩等资质条件，划分为不同的资质等级，经资质审查合格，取得相应等级的资质证书后，方可在其资质等级许可的范围内从事建筑活动。

2）专业技术人员执业资格要求。从事建筑活动的专业技术人员，应当依法取得相应的执业资格证书，并在执业资格证书许可的范围内从事建筑活动，如注册建筑师、注册结构工程师、注册监理工程师、注册造价工程师、注册建造师等。

2. 建筑工程发包与承包

建筑工程的发包单位与承包单位应当依法订立书面合同，明确双方的权利和义务。发包单位和承包单位应当全面履行合同约定的义务。不按照合同约定履行义务的，依法承担违约责任。建筑工程造价应当按照国家有关规定，由发包单位与承包单位在合同中约定。发包单位应当按照合同的约定，及时拨付工程款项。

（1）建筑工程发包。建筑工程实行招标发包的，发包单位应当将建筑工程发包给依法中标的承包单位。建筑工程实行直接发包的，发包单位应当将建筑工程发包给具有相应资质条件的承包单位。

提倡对建筑工程实行总承包，禁止将建筑工程肢解发包。建筑工程的发包单位可以将建筑工程的勘察、设计、施工、设备采购一并发包给一个工程总承包单位，也可以将工程勘察、设计、施工、设备采购的一项或者多项发包给一个工程总承包单位。但是，不得将应当由一个承包单位完成的建筑工程肢解成若干部分发包给几个承包单位。

按照合同约定，建筑材料、建筑构配件和设备由工程承包单位采购的，发包单位不得指定承包单位购入用于工程的建筑材料、建筑构配件和设备或者指定生产商、供应商。

（2）建筑工程承包。承包建筑工程的单位应当持有依法取得的资质证书，并在其资质等级许可的业务范围内承揽工程。禁止建筑施工企业超越本企业资质等级许可的业务范围或者以任何形式用其他建筑施工企业的名义承揽工程。禁止建筑施工企业以任何形式允许其他单位或者个人使用本企业的资质证书、营业执照，以本企业的名义承揽工程。

1）联合体承包。大型建筑工程或者结构复杂的建筑工程，可以由两个以上的承包单位联合共同承包。两个以上不同资质等级的单位实行联合共同承包的，应当按照资质等级低的单位的业务许可范围承揽工程。共同承包的各方对承包合同的履行承担连带责任。

2）禁止转包。禁止承包单位将其承包的全部建筑工程转包给他人，禁止承包单位将其承包的全部建筑工程肢解以后以分包的名义分别转包给他人。

3）分包。建筑工程总承包单位可以将承包工程中的部分工程发包给具有相应资质条件的分包单位；但是，除总承包合同中约定的分包外，必须经建设单位认可。施工总承包的，建筑工程主体结构的施工必须由总承包单位来完成。建筑工程总承包单位按照合同的约定对建设单位负责；分包单位按照分包合同的约定对总包单位负责。总包单位和分包单位就分包工程对建设单位承担连带责任。禁止总承包单位将工程分包给不具备相应资质条件的单位。禁止分包单位将其承包的工程再分包。

3. 建筑工程安全生产管理

建筑工程安全生产管理必须坚持安全第一、预防为主的方针，建立健全安全生产的责任制度和群防群治制度。

（1）建设单位的安全生产管理。建设单位应当向建筑施工企业提供与施工现场相关的地下管线资料，建筑施工企业应当采取措施加以保护。

有下列情形之一的，建设单位应当按照我国有关规定办理审批手续：

1）需要临时占用规划批准范围以外场地的。

2）可能损坏道路、管线、电力、邮电通讯等公共设施的。

3）需要临时停水、停电、中断道路交通的。

4）需要进行爆破作业的。

5）法律、法规规定需要办理报批手续的其他情形。

（2）建筑施工企业的安全生产管理。建筑施工企业必须依法加强对建筑安全生产的管理，执行安全生产责任制度，采取有效措施，防止伤亡和其他安全生产事故的发生。

1）施工现场安全管理。施工现场安全由建筑施工企业负责。实行施工总承包的，由总承包单位负责，分包单位向总承包单位负责。

2）安全生产教育培训。建筑施工企业应当建立健全劳动安全生产教育培训制度，加强对职工安全生产的教育培训；未经安全生产教育培训的人员，不得上岗作业。

3）安全生产防护。建筑施工企业和作业人员在施工过程中，应当遵守有关安全生产的法律、法规和建筑行业安全规章、规程，不得违章指挥或违章作业。作业人员有权对影响人身健康的作业程序和作业条件提出修改意见，有权获得安全生产所需要的防护用品。作业人员对危及生命安全和人身健康的行为有权提出批评、检举和控告。

4）工伤保险和意外伤害保险。建筑施工企业应当依法为职工参加工伤保险缴纳工伤保险费。鼓励企业为从事危险作业的职工办理意外保险，支付保险费。

5）装修工程施工安全。涉及建筑主体和承重结构变动的装修工程，建设单位应当在施工前委托设计单位或者具有相应资质等级条件的设计单位提出设计方案，没有设计方案的，不得开工。

6）房屋拆除安全。房屋拆除应当由具备保证安全条件的建筑施工单位承担，由建筑施工单位负责人对安全负责。

7）施工安全事故处理。施工中发生事故时，建筑施工企业应当采取紧急措施减少人员伤亡和事故损失，并按照国家有关规定及时向有关部门报告。

4．建筑工程质量管理

国家对从事建筑活动的单位推行质量体系认证制度。从事建筑活动的单位根据自愿原则可以向国务院产品质量监督管理部门或者国务院产品质量监督管理部门授权的部门认可的认证机构申请质量体系认证。经认证合格的，由认证机构颁发质量体系认证。

建筑工程实行总承包的，工程质量由工程总承包单位负责，总承包单位将工程分包给其他单位的，应当对分包工程的质量与分包单位承担连带责任。分包单位应当接受承包单位的质量管理。

（1）建设单位的工程质量管理。建设单位不得以任何理由，要求建筑设计或者施工企业在工程设计或者施工作业中，违反法律、行政法规和建筑工程质量、安全标准，降低工程质量。

（2）勘察、设计单位的工程质量管理。建筑工程的勘察、设计单位必须对其设计的质量负责。勘察、设计文件应当符合有关法律、行政法规的规定和建筑工程质量、安全标准、建筑工程勘察、设计技术规范以及合同的约定。设计文件选用的建筑材料、建筑构配件和设备，应当注明其规格、型号、性能等技术指标，其质量要求必须符合国家规定的标准。

建筑设计单位对设计文件选用的建筑材料、建筑构配件和设备，不得指定生产厂、供应商。

（3）施工单位的工程质量管理。建筑施工企业对工程的施工质量负责。建筑施工企业必须按照工程设计图纸和施工技术标准施工，不得偷工减料。工程设计的修改由原设计单位负责，建筑施工企业不得擅自修改工程设计。

建筑施工企业必须按照工程设计要求、施工技术标准和合同的约定，对建筑材料、建筑构配件和设备进行检验，不合格的不得使用。

建筑工程竣工时，屋顶、墙面不得留有渗漏、开裂等质量缺陷；对已发现的质量缺陷，建筑施工企业应当修复。

1.3.1.2 《招标投标法》主要内容

《招标投标法》围绕招标和投标活动的各个环节，明确了招标方式、招投标程序及有关各方的职责和义务，主要包括招标、投标、开标、评标和中标等方面的内容。

任何单位和个人不得将依法必须进行招标的项目化整为零或者以其他任何方式规避招标，必须依法招标的项目，其招标投标活动不受地区或者部门的限制，任何单位和个人不得违法限制或者排斥本地区、本系统以外的法人或者其他组织参加投标，不得以任何方式非法干涉招标投标活动。

1. 招标

（1）招标方式。招标方式分为公开招标和邀请招标。公开招标是指招标人以招标公告的方式邀请不特定的法人或者其他组织投标。邀请招标是指招标人以投标邀请书的方式邀请特定的法人或者其他组织投标。

1）招标人采用公开招标方式的，应当发布招标公告。依法必须进行招标的项目，应当通过国家指定的报刊、信息网络或者媒介发布招标公告。

2）招标人采用邀请招标方式的，应当向3个以上具备承担招标项目的能力、资信良好的特定法人或者其他组织发出投标邀请书。

招标公告或投标邀请书应当载明招标人的名称和地址、招标项目的性质、数量、实施地点和时间以及获取招标文件的办法等事项。招标人不得以不合理的条件限制或者排斥潜在投标人，不得对潜在投标人实行歧视待遇。

（2）招标文件。招标人应当根据招标项目的特点和需要编制招标文件。招标文件应当包括招标项目的技术要求、对招标人资格审查的标准、投标报价要求和评标标准等所有实质性要求和条件以及拟签订合同的主要条款。招标项目需要划分标段、确定工期的，招标人应当合理划分标段、确定工期，并在招标文件中载明。

招标文件不得要求或者标明特定的生产供应者以及含有倾向或者排斥潜在投标人的其他内容。招标人不得向他人透露已获取招标文件的潜在投标人的名称、数量及可能影响公平竞争的有关招标投标的其他情况。

招标人对已发出的招标文件进行必要的澄清或者修改的，应当在投标文件截止时间至少15日前，以书面形式通知所有招标文件收受人。该澄清或者修改的内容为招标文件的组成部分。

（3）其他规定。招标人根据招标项目的具体情况，可以组织潜在投标人踏勘项目现场。招标人设有标底的，标底必须保密。招标人应当确定投标人编制投标文件所需要的合理时间。依法必须进行招标的项目，自招标文件开始发出之日起至投标人提交投标文件截止之日止，最短不得少于20日。

2. 投标

投标人应当具备承担招标项目的能力。国家有关规定对投标人资格条件或者招标文件对投标人资格条件有规定的，投标人应当具备规定的资格条件。

（1）投标文件。

1）投标文件的内容。投标人应当按照招标文件的要求编制投标文件。投标人应当对招标文件提出的实质性要求和条件作出响应。建设施工项目的投标文件应当包括拟派出的项目负责人与主要技术人员的简历、业绩和拟用于完成招标项目的机械设备等内容。

根据招标文件载明的项目实际情况，投标人拟在中标后将中标项目的非主体非关键部分工程进行分包的，应当在投标文件中载明。投标人在招标文件要求提交投标文件的截止时间前，可以补充、修改或者撤回已提交的投标文件，并书面通知招标人。补充、修改的内容为投标文件的组成部分。

2）投标文件的送达。投标人应当在招标文件要求提交投标文件截止时间前，将投标文件送达投标地点。招标人收到投标文件后，应当签收保存，不得开启。投标人少于3个的，招标人应当依照《招标投标法》重新招标。

在招标文件要求提交投标文件的截止时间后送达的投标文件，招标人应当拒收。

（2）联合体投标。两个以上法人或者其他组织可以组成一个联合体，以一个投标人的身份共同投标。联合体各方应具备承担招标项目的相应能力。国家有关规定或者招标文件对投标人资格条件有规定的，联合体各方均应当具备规定的相应资格条件。由同一专业的单位组成的联合体，按照资质等级较低的单位确定资质等级。

联合体各方应当签订共同投标协议，明确约定各方拟承担的工作和责任，并将共同投标协议连同投标文件一并提交给招标人。联合体中标的，联合体各方应当共同与招标人签订合同，就中标项目向招标人承担连带责任。

招标人不得强制投标人组成联合体共同投标，不得限制投标人之间的竞争。

（3）其他规定。投标人不得相互串通投标报价，不得排挤其他投标人的公平竞争、损害招标人或其他投标人的合法权益。投标人不得与招标人串通投标，损害国家利益、社会公共利益或者他人的合法权益。投标人不得以低于成本的报价竞标，也不得以他人名义投标或者以其他方式弄虚作假，骗取中标。禁止投标人以向招标人或评标委员会成员行贿的手段谋取中标。

3. 开标、评标和中标

（1）开标。开标应当在招标人的主持下，在招标文件确定的提交投标文件截止时间的同一时间公开进行。开标地点应当为招标文件中预先确定的地点。开标应邀请所有投标人参加。开标时，由投标人或者其推选的代表检查投标文件的密封情况，也可以由招标人委托的公证机构检查并公证。经确认无误后，由工作人员当众拆封，宣读投标人名称、投标价格和投标文件的其他主要内容。

招标人在招标文件要求提交投标文件的截止时间前收到的所有投标文件，开标时都应当当众予以拆封、宣读。开标过程应当记录，并存档备查。

（2）评标。评标由招标人依法组建的评标委员会负责。

1）评标委员会的组成。依法必须进行招标的项目，其评标委员会由招标人的代表和有关技术、经济等方面的专家组成，成员人数为5人以上单数。其中，技术、经济等方面的专家不得少于成员总数的2/3。评标委员会的专家成员应当从国务院有关部门或者省、自治区、直辖市人民政府有关部门提供的专家名册或者招标代理机构的专家库内的相关专业的专家名单中确定。一般招标项目可以采取随机抽取方式，特殊招标项目可以由招标人直接确定。

与投标人有利害关系的人不得进入相关项目的评标委员会，已经进入的应当进行更换。评标委员会成员的名单在中标结果确定前应当保密。

2）投标文件的澄清或者说明。评标委员会可以要求投标人对投标文件中含义不明确的内容作必要的澄清或者说明，但澄清或者说明不得超出投标文件的范围或改变投标文件的实质性内容。

3）评标保密与中标条件。招标人应当采取必要的措施，保证评标在严格保密的情况下进行。评标委员会应当按照招标文件确定的评标标准和方法，对投标文件进行评审和比较。设有标底的，应当参考标底。中标人的投标应当符合下列条件之一：①能够最大限度地满足招标文件中规定的各项综合评价标准；②能够满足招标文件的实质性要求，并且经评审的投标价格最低，但是，投标价格低于成本的除外。

评标委员会经评审，认为所有投标都不符合招标文件要求的，可以否决所有投标。

评标委员会完成评标后，应当向招标人提出书面评标报告，并推荐合格的中标候选人。招标人据此确定中标人。招标人也可以授权评标委员会直接确定中标人。在确定中标人前，招标人不得与投标人就投标价格、投标方案等实质性内容进行谈判。

（3）中标。中标人确定后，招标人应当向中标人发出中标通知书，并同时将中标结果通知所有未中标的投标人。中标通知书对招标人和中标人具有法律效力，中标通知书发出后，招标人改变中标结果或者中标人放弃中标项目的，应当依法承担法律责任。

招标人和中标人应当自中标通知书发出之日起30日内，按照招标文件和中标人的投标文件订立书面合同。招标人和中标人不得再订立背离合同实质性内容的其他协议。

招标文件要求中标人提交履约保证金的，中标人应当提交。依法必须进行招标的项目，招标人应当自确定中标人之日起15日内，向有关行政监督部门提交招标投标情况的书面报告。

1.3.1.3 《合同法》主要内容

《合同法》中的合同是指平等主体的自然人、法人、其他组织之间设立、变更、终止民事权利义务关系的协议。《合同法》中的合同分为15类，即买卖合同，供用电、水、气、热力合同，赠与合同，借款合同，租赁合同，融资租赁合同，承揽合同，建设工程合同，运输合同，技术合同，保管合同，仓储合同，委托合同，行纪合同，居间合同。其中，建设工程合同包括工程勘察、设计、施工合同；建设工程监理合同、项目管理服务合同则属于委托合同。

1. 《合同法》总则的主要内容

（1）合同订立。当事人订立合同，应当具有相应的民事权利能力和民事行为能力。当事人依法可以委托代理人订立合同。

1）合同形式。当事人订立合同，有书面形式、口头形式和其他形式。法律法规规定采用书面形式的，或当事人约定采用书面形式的，应当采用书面形式。书面形式是指合同书、信件和数据电文（包括电报、电传、传真、电子数据交换和电子邮件）等可以有形地表现所载内容的形式。建设工程合同、建设工程监理合同、项目管理服务合同应当采用书面形式。

2）合同内容。合同内容由当事人约定，一般包括以下内容：①当事人的名称或姓名和住所；②标的；③数量；④质量；⑤价款或者报酬；⑥履行期限、地点和方式；⑦违约责任；⑧解决争议的方法。

当事人可以参照各类合同的示范文本订立合同。

3）合同订立程序。当事人订立合同，需要经过要约和承诺两个阶段。

a. 要约。要约是希望与他人订立合同的意思表示。要约应当符合如下规定：一是内容具体确定；二是表明经受要约人承诺，要约人即受该意思表示约束。也就是说，要约必须是特定人的意思表示，必须是以缔结合同为目的，必须具备合同的主要条款。

有些合同在要约之前还会有要约邀请。所谓要约邀请，是希望他人向自己发出要约的意思表示。要约邀请并不是合同成立过程中的必经过程，它是当事人订立合同的预备行为，这种意思表示的内容往往不确定，不含有合同得以成立的主要内容和相对人同意后受其约束的表示，在法律上无需承担责任。寄送的价目表、拍卖公告、招标公告、招股说明书、商业广告等为要约邀请。商业广告的内容符合要约规定的，视为要约。

（i）要约生效。要约到达受要约人时生效。采用数据电文形式订立合同，收件人指定特定系统接收数据电文的，该数据电文进入该特定系统的时间，视为到达时间；未指定特定系统的，该数据电文进入收件人的任何系统的首次时间，视为到达时间。

（ii）要约撤回与撤销。要约可以撤回，撤回要约的通知应当在要约到达受要约人之前或者与要约同时到达受要约人。要约可以撤销，撤销要约的通知应当在受要约人发出承诺通知之前到达受要约人。有下列情形之一的，要约不得撤销：①要约人确定了承诺期限或者以其他形式明示要约不可撤销；②受要约人有理由认为要约是不可撤销的，并已经为履行合同作了准备工作。

（iii）要约失效。有下列情形之一的，要约失效：①拒绝要约的通知到达要约人；②要约人依法撤销要约；③承诺期限届满，受要约人未作出承诺；④受要约人对要约的内容作出实质性变更。

b. 承诺。承诺是受要约人同意要约的意思表示。除根据交易习惯或者要约表明可以通过行为作出承诺的之外，承诺应当以通知的方式作出。

（i）承诺期限。承诺应当在要约确定的期限内到达要约人。要约没有确定承诺期限的，承诺应当依照下列规定到达：①除非当事人另有约定，以对话方式作出的要约，应当即时作出承诺；②以非对话方式作出的要约，承诺应当在合理期限内到达。

要约以信件或者电报作出的，承诺期限自信件载明的日期或者电报交发之日开始计算。信件未载明日期的，自投寄该信件的邮戳日期开始计算。要约以电话、传真等快速通讯方式作出的，承诺期限自要约到达受要约人时开始计算。

（ii）承诺生效。承诺通知到达要约人时生效。承诺不需要通知的，根据交易习惯或者要约的要求作出承诺的行为时生效。采用数据电文形式订立合同的，承诺到达的时间适用于要约到达受要约人时间的规定。

受要约人在承诺期限内发出承诺，按照通常情形能够及时到达要约人，但因其他原因承诺到达要约人时超过承诺期限的，除要约人及时通知受要约人因承诺超过期限不接受该承诺的以外，该承诺有效。

（iii）承诺撤回。承诺可以撤回，撤回承诺的通知应当在承诺通知到达要约人之前或者与承诺通知同时到达要约人。

（iv）逾期承诺。受要约人超过承诺期限发出承诺的，除要约人及时通知受要约人该承诺有效的以外，为新要约。

（v）要约内容变更。承诺的内容应当与要约的内容一致。有关合同标的、数量、质量、价款或者报酬、履行期限、履行地点和方式、违约责任和解决争议方法等的变更，是对要约内容的实质性变更。受要约人对要约的内容作出实质性变更的，为新要约。

承诺对要约的内容作出非实质性变更的，除要约人及时表示反对或者要约表明承诺不得对要约的内容作出任何变更的以外，该承诺有效，合同的内容以承诺的内容为准。

4）合同成立。承诺生效时合同成立：

a. 合同成立时间。当事人采用合同书形式订立合同的，自双方当事人签字或者盖章时合同成立。当事人采用信件、数据电文等形式订立合同的，可以在合同成立之前要求签订确认书。签订确认书时合同成立。

b. 合同成立地点。承诺生效的地点为合同成立的地点。采用数据电文形式订立合同的，收件人的主营业地为合同成立的地点；没有主营业地的，其经常居住地为合同成立的地点。当事人另有约定的，按照其约定。当事人采用合同书形式订立合同的，双方当事人签字或者盖章的地点为合同成立的地点。

c. 合同成立的其他情形。合同成立的情形还包括：①法律、行政法规规定或者当事人约定采用书面形式订立合同，当事人未采用书面形式但一方已经履行主要义务，对方接受的；②采用合同书形式订立合同，在签字或者盖章之前，当事人一方已经履行主要义务，对方接受的。

5）格式条款。格式条款是当事人为了重复使用而预先拟定，并在订立合同时未与对方协商的条款。

a. 格式条款提供者的义务。采用格式条款订立合同的，提供格式条款的一方应当遵循公平原则确定当事人之间的权利和义务，并采取合理的方式提请对方注意免除或限制其责任的条款，按照对方的要求，对该条款予以说明。

b. 格式条款无效。提供格式条款一方免除自己责任、加重对方责任、排除对方主要权利的，该条款无效。此外，《合同法》规定的合同无效的情形，同样适用于格式合同条款。

c. 格式条款的解释，对格式条款的理解发生争议的，应当按照通常理解予以解释。对格式条款有两种以上解释的，应当作出不利于提供格式条款一方的解释。格式条款和非格式条款不一致的，应当采用非格式条款。

6）缔约过失责任。当事人在订立合同过程中有下列情形之一，给对方造成损失的，应当承担损害赔偿责任：

a. 假借订立合同，恶意进行磋商。

b. 故意隐瞒与订立合同有关的重要事实或者提供虚假情况。

c. 有其他违背诚实信用原则的行为。

当事人在订立合同过程中知悉的商业秘密，无论合同是否成立，不得泄露或者不正当地使用。泄露或者不正当地使用该商业秘密给对方造成损失的，应当承担损害赔偿责任。

（2）合同效力：

1）合同生效。依法成立的合同，自成立时生效。依照法律、行政法规规定应当办理批准、登记等手续的，待手续完成时合同生效。

当事人对合同的效力可以约定附条件。附生效条件的合同，自条件成就时生效。附解除条件的合同，自条件成就时失效。当事人为自己的利益不正当地阻止条件成就的，视为条件已成就；不正当地促成条件成就的，视为条件不成就。

当事人对合同的效力可以约定附期限。附生效期限的合同，自期限届至时生效。附终止期限的合同，自期限届满时失效。

2）效力待定合同。效力待定合同是指合同已经成立，但合同效力能否产生尚不能确定的合同。效力待定合同主要是由于当事人缺乏缔约能力、财产处分能力或代理人的代理资格和代理权限存在缺陷所造成的。效力待定合同包括限制民事行为能力人订立的合同和无权代理人代订的合同。

a. 限制民事行为能力人订立的合同。限制民事行为能力人订立的合同，经法定代理人追认后，该合同有效，但纯获利益的合同或者与其年龄、智力、精神健康状况相适应而订立的合同，不必经法定代理人追认。

与限制民事行为能力人订立合同的相对人可以催告法定代理人在 1 个月内予以追认。法定代理人未作表示的，视为拒绝追认。合同被追认之前，善意相对人有撤销的权利。撤销应当以通知的方式作出。

b. 无权代理人代订的合同，具体内容包括：

（ⅰ）行为人没有代理权、超越代理权或者代理权终止后以被代理人名义订立的合同，未经被代理人追认，对被代理人不发生效力，由行为人承担责任。与无权代理人签订合同的相对人可以催告被代理人在 1 个月内予以追认。被代理人未作表示的，视为拒绝追认。合同被追认之前，善意相对人有撤销的权利。撤销应当以通知的方式作出。

（ⅱ）行为人没有代理权、超越代理权或者代理权终止后以被代理人名义订立合同，相对人有理由相信行为人有代理权的，该代理行为有效。这是《合同法》针对表见代理情形所作出的规定。所谓表见代理，是善意相对人通过被代理人的行为足以相信无权代理人具有代理权的情形。

（ⅲ）法人或者其他组织的法定代表人、负责人超越权限订立的合同，除相对人知道或者应当知道其超越权限的以外，该代表行为有效。

（ⅳ）无处分权的人处分他人财产，经权利人追认或者无处分权的人订立合同后取得处分权的，该合同有效。

3）无效合同。无效合同自始没有法律约束力，无效合同通常有两种情形，即整个合同无效（无效合同）和合同的部分条款无效。

a. 无效合同的情形。有下列情形之一的，合同无效：

（ⅰ）一方以欺诈、胁迫的手段订立合同，损害国家利益。

（ⅱ）恶意串通，损害国家、集体或第三人利益。

（ⅲ）以合法形式掩盖非法目的。

（ⅳ）损害社会公共利益。

（ⅴ）违反法律、行政法规的强制性规定。

b. 合同部分条款无效的情形。合同中的下列免责条款无效：

（ⅰ）造成对方人身伤害的。

（ⅱ）因故意或者重大过失造成对方财产损失的。

4）可变更或可撤销合同。可变更和可撤销合同是指欠缺一定的合同生效条件，但当事人一方可依照自己的意思使合同内容得以变更或者使合同效力归于消灭的合同。当事人根据其意思，主张合同有效，则合同有效；主张合同无效，则合同无效；主张合同变更，则合同可以变更。

a. 可变更或者撤销合同的情形。下列合同，当事人一方有权请求人民法院或者仲裁机构变更或者撤销：①因重大误解订立的；②在订立合同时显失公平的。

一方以欺诈、胁迫的手段或者乘人之危，使对方在违背真实意思的情况下订立的合同，受损害方有权请求人民法院或者仲裁机构变更或者撤销。

当事人请求变更的，人民法院或者仲裁机构不得撤销。

b. 撤销权消灭。撤销权是指受损害的一方当事人对可撤销的合同依法享有的、可请求人民法院或仲裁机构撤销该合同的权利。有下列情形之一的，撤销权消灭：

（ⅰ）具有撤销权的当事人自知道或者应当知道撤销事由之日起1年内没有行使撤销权。

（ⅱ）具有撤销权的当事人知道撤销事由后明确表示或者以自己的行为放弃撤销权。

（ⅲ）无效合同或者被撤销合同的法律后果。无效合同或者被撤销的合同自始没有法律约束力。合同部分无效，不影响其他部分效力的，其他部分仍然有效。合同无效、被撤销或者终止的，不影响合同中独立存在的有关解决争议方法的条款的效力。

合同无效或被撤销后，履行中的合同应当终止履行；尚未履行的，不得履行。对当事人依据无效合同或者被撤销的合同而取得的财产应当依法进行如下处理：①返还财产或折价补偿。当事人因无效合同或者被撤销的合同所取得的财产，应当予以返还；不能返还或者没有必要返还的，应当折价补偿。②赔偿损失。合同被确认无效或者被撤销后，有过错的一方应当赔偿对方因此所受到的损失。双方都有过错的，应当各自承担相应的责任。③收归国家所有或者返还集体、第三人。当事人恶意串通，损害国家、集体或者第三人利益的，因此取得的财产收归国家所有或者返还集体、第三人。

（3）合同履行。当事人应当按照约定全面履行自己的义务。当事人应当遵循诚实信用原则，根据合同的性质、目的和交易习惯履行通知、协助、保密等义务。

1）合同履行的一般规则。合同生效后，当事人就质量、价款或者报酬、履行地点等内容没有约定或者约定不明确的，可以协议补充；不能达成补充协议的，按照合同有关条款或者交易习惯确定。依照上述规定仍不能确定的，适用下列规定：

a. 质量要求不明确的，按照国家标准、行业标准履行；没有国家标准、行业标准的，按照通常标准或者符合合同目的的特定标准履行。

b. 价款或者报酬不明确的，按照订立合同时履行地的市场价格履行；依法应当执行政府定价或者政府指导价的，按照规定履行。

c. 履行地点不明确，给付货币的，在接受货币一方所在地履行；交付不动产的，在不动产所在地履行；其他标的，在履行义务一方所在地履行。

d. 履行期限不明确的，债务人可以随时履行，债权人也可以随时要求履行，但应当给对方必要的准备时间。

e. 履行方式不明确的，按照有利于实现合同目的的方式履行。

f. 履行费用的负担不明确的，由履行义务一方负担。

2）合同履行的特殊规则。

a. 价格调整。执行政府定价或政府指导价的，在合同约定的交付期限内政府价格调整时，按照交付时的价格计价。逾期交付标的物的，遇价格上涨时，按照原价格执行；价格下降时，按照新价格执行。逾期提取标的物或者逾期付款的，遇价格上涨时，按照新价格执行；价格下降时，按照原价格执行。

b. 代为履行。当事人约定由债务人向第三人履行债务的，债务人未向第三人履行债务或者履行债务不符合约定，应当向债权人承担违约责任。当事人约定由第三人向债权人履行债务，第三人不履行债务或者履行债务不符合约定，债务人应当向债权人承担违约责任。

c. 提前履行。债权人可以拒绝债务人提前履行债务，但提前履行不损害债权人利益的除外。债务人提前履行债务给债权人增加的费用，由债务人负担。

d. 部分履行。债权人可以拒绝债务人部分履行债务，但部分履行不损害债权人利益的除外。债务人部分履行债务给债权人增加的费用，由债务人负担。

3）抗辩权。当事人互负债务，没有先后履行顺序的，应当同时履行。一方在对方履行之前有权拒绝其履行要求；一方在对方履行债务不符合约定时，有权拒绝其相应的履行要求。

当事人互负债务，有先后履行顺序，先履行一方未履行的，后履行一方有权拒绝其履行要求。先履行一方履行债务不符合约定的，后履行一方有权拒绝其相应的履行要求。

应当先履行债务的当事人，有确切证据证明对方有下列情形之一的，可以中止履行：①经营状况严重恶化；②转移财产、抽逃资金，以逃避债务；③丧失商业信誉；④有丧失或者可能丧失履行债务能力的其他情形。

当事人没有确切证据中止履行的，应当承担违约责任。当事人依照上述规定中止履行的，应当及时通知对方。当对方提供适当担保时，应当恢复履行。中止履行后，对方在合理期限内未恢复履行能力并且未提供适当担保的，中止履行的一方可以解除合同。

4）债权人的代位权和撤销权。

a. 代位权。因债务人怠于行使其到期债权，对债权人造成损害的，债权人可以向人民法院请求以自己的名义代位行使债务人的债权，但该债权专属于债务人自身的除外。代位权的行使范围以债权人的债权为限。债权人行使代位权的必要费用，由债务人负担。

b. 撤销权。因债务人放弃其到期债权或者无偿转让财产，对债权人造成损害的，债权人可以请求人民法院撤销债务人的行为。债务人以明显不合理的低价转让财产，对债权人造成损害，并且受让人知道该情形，债权人也可以请求人民法院撤销债务人的行为。

撤销权的行使范围以债权人的债权为限。债权人行使撤销权的必要费用，由债务人负担。撤销权自债权人知道或者应当知道撤销事由之日起 1 年内行使，自债务人的行为发生之日起 1 年内没有行使撤销权的，该撤销权消灭。

（4）合同变更和转让。

1）合同变更。当事人协商一致，可以变更合同。当事人对合同变更的内容约定不明确的，推定为未变更。

2）合同转让。合同转让是合同变更的一种特殊形式，合同转让不是变更合同中规定的权利义务内容，而是变更合同主体。

a. 债权转让。债权人可以将合同的权利全部或者部分转让给第三人。但下列情形除外：①根据合同性质不得转让；②按照当事人约定不得转让；③依照法律规定不得转让。

债权人转让权利的，应当通知债务人。未经通知，该转让对债务人不发生效力。除非经受让人同意，债权人转让权利的通知不得撤销。

b. 债务转让。债务人将合同的义务全部或者部分转移给第三人的，应当经债权人同意。债务人转移义务的，原债务人享有的对债权人的抗辩权也随债务转移而由新债务人享有，新债务人可以主张原债务人对债权人的抗辩权。债务人转移义务的，新债务人应当承担与主债务有关的从债务，但该从债务专属于原债务人自身的除外。

c. 债权债务一并转让。当事人一方经对方同意，可以将自己在合同中的权利和义务一并转让给第三人。权利和义务一并转让的处理，适用上述有关债权人和债务人转让的有关规定。

当事人订立合同后合并的，由合并后的法人或其他组织行使合同权利，履行合同义务。当事人订立合同后分立的，除债权人和债务人另有约定外，由分立的法人或其他组织对合同的权利和义务享有连带债权，承担连带债务。

（5）合同终止。

1）合同终止的条件。合同终止的情形包括：①债务已经按照约定履行；②合同解除；③债务相互抵销；④债务人依法将标的物提存；⑤债权人免除债务；⑥债权债务同归于一人；⑦法律规定或者当事人约定终止的其他情形。

债权人免除债务人部分或者全部债务的，合同的权利义务部分或者全部终止；债权和债务同归于一人的，合同的权利义务终止，但涉及第三人利益的除外。

合同权利义务的终止，不影响合同中结算和清理条款的效力以及通知、协助、保密等义务的履行。

2）合同解除。当事人协商一致，可以解除合同。当事人可以约定一方解除合同的条件。解除合同的条件成立时，解除权人可以解除合同。

a. 合同解除的法定条件。有下列情形之一的，当事人可以解除合同：

（ⅰ）因不可抗力致使不能实现合同目的。

（ⅱ）在履行期限届满之前，当事人一方明确表示或者以自己的行为表明不履行主要债务。

（ⅲ）当事人一方迟延履行主要债务，经催告后在合理期限内仍未履行。

（ⅳ）当事人一方迟延履行债务或者有其他违约行为致使不能实现合同目的。

（ⅴ）法律规定的其他情形。

b. 合同解除权的行使。法律规定或者当事人约定解除权行使期限，期限届满当事人不行使的，该权利消灭。法律没有规定或者当事人没有约定解除权行使期限，经对方催告后在合理期限内不行使的，该权利消灭。

当事人依法主张解除合同的，应当通知对方。合同自通知到达对方时合同解除。对方有异议的，可以请求人民法院或者仲裁机构确认解除合同的效力。

3）合同债务抵销。除依照法律规定或者按照合同性质不得抵销的外，当事人互负到期债务，该债务的标的物种类、品质相同的，任何一方可以将自己的债务与对方的债务抵销。当事人主张抵销的，应当通知对方。通知自到达对方时生效。抵销不得附条件或者附期限。

当事人互负债务，标的物种类、品质不相同的，经双方协商一致，也可以抵销。

4）标的物提存。有下列情形之一，难以履行债务的，债务人可以将标的物提存：①债权人无正当理由拒绝受领；②债权人下落不明；③债权人死亡未确定继承人或者丧失民事行为能力未确定监护人；④法律规定的其他情形。标的物不适于提存或者提存费用过高的，债务人可以依法拍卖或者变卖标的物，提存所得的价款。

标的物提存后，除债权人下落不明的以外，债务人应当及时通知债权人或债权人的继承人、监护人。标的物提存后，毁损、灭失的风险由债权人承担。提存期间，标的物的孳息归债权人所有。提存费用由债权人负担。

债权人可以随时领取提存物，但债权人对债务人负有到期债务的，在债权人未履行债务或提供担保之前，提存部门根据债务人的要求应当拒绝其领取提存物。债权人领取提存物的权利，自提存之日起 5 年内不行使而消灭，提存物扣除提存费用后归国家所有。

（6）违约责任。当事人一方不履行合同义务或者履行合同义务不符合约定的，应当承担继续履行、采取补救措施或者赔偿损失等违约责任。

1）继续履行。当事人一方未支付价款或者报酬的，对方可以要求其支付价款或者报酬。当事人一方不履行非金钱债务或者履行非金钱债务不符合约定的，对方可以要求履行，但有下列情形之一的除外：①法律上或者事实上不能履行；②债务的标的不适于强制履行或者履行费用过高；③债权人在合理期限内未要求履行。

2）采取补救措施。质量不符合约定的，应当按照当事人的约定承担违约责任。对违约责任没有约定或者约定不明确，依照《合同法》关于合同履行的规定仍不能确定的，受损害方根据标的的性质以及损失的大小，可以合理选择要求对方承担修理、更换、重作、退货、减少价款或者报酬等违约责任。

3）赔偿损失。当事人一方不履行合同义务或者履行合同义务不符合约定的，在履行义务或者采取补救措施后，对方还有其他损失的，应当赔偿损失。损失赔偿额应当相当于因违约所造成的损失，包括合同履行后可以获得的利益，但不得超过违反合同一方订立合同时预见到或者应当预见到的因违反合同可能造成的损失。

当事人一方违约后，对方应当采取适当措施防止损失的扩大；没有采取适当措施致使损失扩大的，不得就扩大的损失要求赔偿。当事人因防止损失扩大而支出的合理费用，由违约方承担。

4）支付违约金。当事人可以约定一方违约时应当根据违约情况向对方支付一定数额的违约金，也可以约定因违约产生的损失赔偿额的计算方法。约定的违约金低于造成的损失的，当事人可以请求人民法院或者仲裁机构予以增加；约定的违约金过分高于造成的损失的，当事人可以请求人民法院或者仲裁机构予以适当减少。

当事人就迟延履行约定违约金的，违约方支付违约金后，还应当履行债务。

5）定金。当事人可以依照《中华人民共和国担保法》约定一方向对方给付定金作为债权的担保。债务人履行债务后，定金应当抵作价款或者收回。给付定金的一方不履行约定的债务的，无权要求返还定金；收受定金的一方不履行约定的债务的，应当双倍返还定金。

当事人既约定违约金，又约定定金的，一方违约时，对方可以选择使用违约金或者定金条款。

（7）合同争议解决。当事人可以通过和解或者调解解决合同争议。当事人不愿和解、调解或者和解、调解不成的，可以根据仲裁协议向仲裁机构申请仲裁。涉外合同的当事人可以根据仲裁协议向中国仲裁机构或者其他仲裁机构申请仲裁。当事人没有订立仲裁协议或者仲裁协议无效的，可以向人民法院起诉。当事人应当履行发生法律效力的判决、仲裁裁决、调解书；拒不履行的，对方可以请求人民法院执行。

2. 建设工程合同的有关规定

建设工程合同是指承包人进行工程建设，发包人支付价款的合同。建设工程合同属于一种特殊的承揽合同，《合同法》关于建设工程合同的主要划定如下：

（1）建设工程承发包。发包人可以与总承包人订立建设工程合同，也可以分别与勘察人、设计人、施工人订立勘察、设计、施工承包合同。发包人不得将应当由一个承包人完成的建设工程肢解成若干部分发包给几个承包人。

总承包人或者勘察、设计、施工承包人经发包人同意，可以将自己承包的部分工作交由第三人完成。第三人就其完成的工作成果与总承包人或者勘察、设计、施工承包人向发包人承担连带责任。承包人不得将其承包的全部建设工程转包给第三人或者将其承包的全部建设工程肢解以后以分包的名义分别转包给第三人。

禁止承包人将工程分包给不具备相应资质条件的单位。禁止分包单位将其承包的工程再分包。建设工程主体结构的施工必须由承包人自行完成。

（2）建设工程合同的主要内容。勘察、设计合同的内容包括提交有关基础资料和文件（包括概预算）的期限、质量要求、费用以及其他协作条件等条款。施工合同的内容包括工程范围、建设工期、中间交工工程的开工和竣工时间、工程质量、工程造价、技术资料交付时间、材料和设备供应责任、拨款和结算、竣工验收、质量保修范围和质量保证期、双方相互协作等条款。

（3）建设工程合同履行。

1）发包人权利和义务：

a. 发包人在不妨碍承包人正常作业的情况下，可以随时对作业进度、质量进行检查。

b. 因发包人变更计划，提供的资料不准确，或者未按照期限提供必需的勘察、设计工作条件而造成勘察、设计的返工、停工或者修改设计，发包人应当按照勘察人、设计人实际消耗的工作量增付费用。

c. 因施工人的原因致使建设工程质量不符合约定的，发包人有权要求施工人在合理期限内无偿修理或者返工、改建。经过修理或者返工、改建后，造成逾期交付的，施工人应当承担违约责任。

d. 建设工程竣工后，发包人应当根据施工图纸及说明书、国家颁发的施工验收规范和质量检验标准及时进行验收。验收合格的，发包人应当按照约定支付价款，并接收该建设工程。建设工程竣工经验收合格后，方可交付使用；未经验收或者验收不合格的，不得交付使用。

2）承包人权利和义务：

a. 勘察、设计的质量不符合要求或者未按照期限提交勘察、设计文件拖延工期，造成发包人损失的，勘察人、设计人应当继续完善勘察、设计，减收或者免收勘察、设计费并赔偿损失。

b. 发包人未按照约定的时间和要求提供原材料、设备、场地、资金和技术资料的，承包人可以顺延工程日期，并有权要求赔偿停工、窝工等损失。

c. 因发包人的原因致使工程中途停建、缓建的，发包人应当采取措施弥补或者减少损失，赔偿承包人因此造成的停工、窝工、倒运、机械设备调迁、材料和构件积压等损失和实际费用。

d. 隐蔽工程在隐蔽以前，承包人应当通知发包人检查。发包人没有及时检查的，承包人可以顺延工程日期，并有权要求赔偿停工、窝工等损失。

e. 因承包人的原因致使建设工程在合理使用期限内造成人身和财产损害的，承包人应当承担损害赔偿责任。

f. 发包人未按照约定支付价款的，承包人可以催告发包人在合理期限内支付价款。发包人逾期不支付的，除按照建设工程的性质不宜折价、拍卖的以外，承包人可以与发包人协议将该工程折价，也可以申请人民法院将该工程依法拍卖。建设工程的价款就该工程折价或者拍卖的价款优先受偿。

3. 委托合同的有关规定

委托合同是指委托人和受托人约定，由受托人处理委托人事务的合同。委托人可以特别委托受托人处理一项或者数项事务，也可以概括委托受托人处理一切事务。《合同法》关于委托合同的主要规定如下：

（1）委托人的主要权利和义务：

1）委托人应当预付处理委托事务的费用。受托人为处理委托事务垫付的必要费用，委托人应当偿还该费用及其利息。

2）有偿的委托合同，因受托人的过错给委托人造成损失的，委托人可以要求赔偿损失。无偿的委托合同，因受托人的故意或者重大过失给委托人造成损失的，委托人可以要求赔偿损失。受托人超越权限给委托人造成损失的，应当赔偿损失。

3）受托人完成委托事务的，委托人应当向其支付报酬。因不可归责于受托人的事由、委托合同解除或者委托事务不能完成的，委托人应当向受托人支付相应的报酬。当事人另有约定的，按照其约定。

（2）受托人的主要权利和义务：

1）受托人应当按照委托人的指示处理委托事务。需要变更委托人指示的，应当经委托人同意；因情况紧急，难以和委托人取得联系的，受托人应当妥善处理委托事务，但事后应当将该情况及时报告委托人。

2）受托人应当亲自处理委托事务。经委托人同意，受托人可以转委托。转委托经同意的，委托人可以就委托事务直接指示转委托的第三人，受托人仅就第三人的选任及其对第三人的指示承担责任。转委托未经同意的，受托人应当对转委托的第三人的行为承担责任，但在紧急情况下受托人为维护委托人的利益需要转委托的除外。

3）受托人应当按照委托人的要求，报告委托事务的处理情况。委托合同终止时，受托人应当报告委托事务的结果。

4）受托人处理委托事务时，因不可归责于自己的事由受到损失的，可以向委托人要求赔偿损失。

5）委托人经受托人同意，可以在受托人之外委托第三人处理委托事务。因此给受托人造成损失的，受托人可以向委托人要求赔偿损失。

6）两个以上的受托人共同处理委托事务的，对委托人承担连带责任。

1.3.2　行政法规

建设工程行政法规法律是指由国务院通过的规范工程建设活动的法律规范，以国务院令的形式予以公布。与建设工程监理密切相关的行政法规有《建设工程质量管理条例》《建设工程安全生产管理条例》《生产安全事故报告和调查处理条例》和《招标投标法实施条例》。

1.3.2.1　《建设工程质量管理条例》相关内容

为了加强对建设工程质量的管理，保证建设工程质量，《建设工程质量管理条例》明确了建设单位、勘察单位、设计单位、施工单位、工程监理单位的质量责任和义务，以及工程质量保修期限。

1. 建设单位的质量责任和义务

（1）工程发包。建设单位应当将工程发包给具有相应资质等级的单位。建设单位不得将建设工程肢解发包。

建设单位应当依法对工程建设项目的勘察、设计、施工、监理以及与工程建设有关的重要设备、材料等的采购进行招标。不得迫使承包方以低于成本的价格竞标，不得任意压缩合理工期，不得明示或者暗示设计单位或者施工单位违反工程建设强制性标准，降低建设工程质量。

建设单位必须向有关的勘察、设计、施工、工程监理等单位提供与建设工程有关的原始资料。原始资料必须真实、准确、齐全。

（2）报审施工图设计文件。建设单位应当将施工图设计文件报县级以上人民政府建设主管部门或者其他有关部门审查。施工图设计文件未经审查批准的，不得使用。

（3）委托建设工程监理。实行监理的建设工程，建设单位应当委托监理。

（4）工程施工阶段责任和义务如下：

1）建设单位在领取施工许可证或者开工报告前，应当按照国家有关规定办理工程质量监督手续。

2）按照合同约定，由建设单位采购建筑材料、建筑构配件和设备的，建设单位应当保证建筑材料、建筑构配件和设备符合设计文件和合同要求。建设单位不得明示或者暗示施工单位使用不合格的建筑材料、建筑构配件和设备。

3）涉及建筑主体和承重结构变动的装修工程，建设单位应当在施工前委托原设计单位或者具有相应资质等级的设计单位提出设计方案；没有设计方案的，不得施工。房屋建筑使用者在装修过程中，不得擅自变动房屋建筑主体和承重结构。

（5）组织工程竣工验收。建设单位收到建设工程竣工报告后，应当组织设计、施工、工程监理等有关单位进行竣工验收。建设工程经验收合格的，方可交付使用。

建设工程竣工验收应当具备下列条件：

1）完成建设工程设计和合同约定的各项内容。

2）有完整的技术档案和施工管理资料。

3）有工程使用的主要建筑材料、建筑构配件和设备的进场试验报告。

4）有勘察、设计、施工、工程监理等单位分别签署的质量合格文件。

5）有施工单位签署的工程保修书。

建设单位应当严格按照国家有关档案管理的规定，及时收集、整理建设项目各环节的文件资料，建立、健全建设项目档案，并在建设工程竣工验收后，及时向建设行政主管部门或者其他有关部门移交建设项目档案。

2. 勘察、设计单位的质量责任和义务

（1）工程承揽。从事建设工程勘察、设计的单位应当依法取得相应等级的资质证书，并在其资质等级许可的范围内承揽工程。禁止勘察、设计单位超越其资质等级许可的范围或者以其他勘察、设计单位的名义承揽工程。禁止勘察、设计单位允许其他单位或者个人以本单位的名义承揽工程。勘察、设计单位不得转包或者违法分包所承揽的工程。

（2）勘察设计过程中的质量责任和义务。勘察、设计单位必须按照工程建设强制性标准进行勘察、设计，并对其勘察、设计的质量负责。勘察单位提供的地质、测量、水文等勘察成果必须真实、准确。设计单位应当根据勘察成果文件进行建设工程设计。设计文件应当符合国家规定的设计深度要求，注明工程合理使用年限。注册建筑师、注册结构工程师等注册执业人员应当在设计文件上签字，对设计文件负责。设计单位还应当就审查合格的施工图设计文件向施工单位作出详细说明。

设计单位在设计文件中选用的建筑材料、建筑构配件和设备，应当注明规格、型号、性能等技术指标，其质量要求必须符合国家规定的标准。除有特殊要求的建筑材料、专用设备、工艺生产线等外，设计单位不得指定生产厂、供应商。

设计单位还应当参与建设工程质量事故分析，并对因设计造成的质量事故，提出相应的技术处理方案。

3. 施工单位的质量责任和义务

（1）工程承揽。施工单位应当依法取得相应等级的资质证书，并在其资质等级许可的范围内承揽工程。禁止施工单位超越本单位资质等级许可的业务范围或者以其他施工单位的名义承揽工程；禁止施工单位允许其他单位或者个人以本单位的名义承揽工程。施工单位不得转包或者违法分包工程。

（2）工程施工质量责任和义务。施工单位对建设工程的施工质量负责。施工单位应当建立质量责任制，确定工程项目的项目经理、技术负责人和施工管理负责人。施工单位还应当建立、健全教育培训制度，加强对职工的教育培训；未经教育培训者、考核不合格的人员，不得上岗作业。

建设工程实行总承包的，总承包单位应当对全部建设工程质量负责；建设工程勘察、设计、施工、设备采购的一项或者多项实行总承包的，总承包单位应当对其承包的建设工程或者采购的设备的质量负责。

总承包单位依法将建设工程分包给其他单位的，分包单位应当按照分包合同的约定对其分包工程的质量向总承包单位负责，总承包单位与分包单位对分包工程的质量承担连带责任。

施工单位必须按照工程设计图纸和施工技术标准施工，不得擅自修改工程设计，不得偷工减料。施工单位在施工过程中发现设计文件和图纸有差错的，应当及时提出意见和建议。

（3）质量检验。施工单位必须按照工程设计要求、施工技术标准和合同约定，对建筑材料、建筑构配件、设备和商品混凝土进行检验，检验应当有书面记录和专人签字；未经检验或者检验不合格的，不得使用。

施工人员对涉及结构安全的试块、试件以及有关材料，应当在建设单位或者工程监理单位监督下现场取样，并送至具有相应资质等级的质量检测单位进行检测。

施工单位必须建立、健全施工质量的检验制度，严格工序管理，作好隐蔽工程的质量检查和记录。隐蔽工程在隐蔽前，施工单位应当通知建设单位和建设工程质量监督机构。施工单位对施工中出现质量问题的建设工程或者竣工验收不合格的建设工程，应当负责返修。

4．工程监理单位的质量责任和义务

（1）建设工程监理业务承揽。工程监理单位应当依法取得相应等级的资质证书，并在其资质等级许可的范围内承担工程监理业务。禁止工程监理单位超越本单位资质等级许可的范围或者以其他工程监理单位的名义承担建设工程监理业务；禁止工程监理单位允许其他单位或者个人以本单位的名义承担建设工程监理业务。工程监理单位不得转让建设工程监理业务。

工程监理单位与被监理工程的施工承包单位以及建筑材料、建筑构配件和设备供应单位有隶属关系或者其他利害关系的，不得承担该项建设工程的监理业务。

（2）建设工程监理实施。工程监理单位应当依照法律、法规以及有关技术标准、设计文件和建设工程承包合同，代表建设单位对施工质量实施监理，并对施工质量承担监理责任。

监理工程师应当按照建设工程监理规范的要求，采取旁站、巡视和平行检验等形式，对建设工程实施监理。

5．工程质量保修

（1）建设工程质量保修制度。建设工程实行质量保修制度。建设工程承包单位在向建设单位提交工程竣工验报告时，应当向建设单位出具质量保修书。质量保修书中应当明确建设工程的保修范围、保修期限和保修责任等。建设工程的保修期，自竣工验收合格之日起计算。

建设工程在保修范围和保修期限内发生质量问题的，施工单位应当履行保修义务，并对造成的损失承担赔偿责任。建设工程在超过合理使用年限后需要继续使用的，产权所有人应当委托具有相应资质等级的勘察、设计单位鉴定，并根据鉴定结果采取加固、维修等措施，重新界定使用期。

（2）建设工程最低保修期限。在正常使用条件下，建设工程最低保修期限如下：

1）基础设施工程、房屋建筑的地基基础工程和主体结构工程，为设计文件规定的该工程合理使用年限。

2）屋面防水工程、有防水要求的卫生间、房间和外墙面的防渗漏，为5年。

3）供热与供冷系统，为2个采暖期、供冷期。

4）电气管道、给排水管道、设备安装和装修工程，为2年。

其他工程的保修期限由发包方与承包方约定。

6．工程竣工验收备案和质量事故报告

（1）工程竣工验收备案。建设单位应当自建设工程竣工验收合格之日起15日内，将建设工程竣工验收报告和规划、公安消防、环保等部门出具的认可文件或者准许使用文件报建设行政主管部门或者其他有关部门备案。

（2）工程质量事故报告。建设工程发生质量事故，有关单位应当在24小时内向当地建设行政主管部门和其他有关部门报告。对重大质量事故，事故发生地的建设行政主管部门和其他有关部门应当按照事故类别和等级向当地人民政府和上级建设行政主管部门和其他有关部门报告。特别重大质量事故的调查程序按照国务院有关规定办理。任何单位和个人对建设工程的质量事故、质量缺陷都有权检举、控告、投诉。

1.3.2.2　《建设工程安全生产管理条例》相关内容

为了加强建设工程安全生产监督管理，《建设工程安全生产管理条例》明确了建设单位、勘察单位、设计单位、施工单位、工程监理单位及其他与建设工程安全生产有关单位的安全生产责任，以及生产安全事故应急救援和调查处理的相关事宜。

1. 建设单位的安全责任

（1）提供资料。建设单位应当向施工单位提供施工现场及毗邻区域内供水、排水、供电、供气、供热、通信、广播电视等地下管线资料，气象和水文观测资料，相邻建筑物和构筑物、地下工程的有关资料，并保证资料的真实、准确、完整。

（2）禁止行为。建设单位不得对勘察、设计、施工、工程监理等单位提出不符合建设工程安全生产法律、法规和强制性标准规定的要求；不得压缩合同约定的工期；不得明示或者暗示施工单位购买、租赁、使用不符合安全施工要求的安全防护用具、机械设备、施工机具及配件、消防设施和器材。

（3）安全施工措施及其费用。建设单位在编制工程概算时，应当确定建设工程安全作业环境及安全施工措施所需费用；在申请领取施工许可证时，应当提供建设工程有关安全施工措施的资料。

依法批准开工报告的建设工程，建设单位应当自开工报告批准之日起15日内，将保证安全施工的措施报送建设工程所在地的县级以上地方人民政府建设行政主管部门或者其他有关部门备案。

（4）拆除工程发包与备案。建设单位应当将拆除工程发包给具有相应资质等级的施工单位，并在拆除工程施工15日前，将下列资料报送建设工程所在地的县级以上地方人民政府建设行政主管部门或者其他有关部门备案：

1）施工单位资质等级证明。

2）拟拆除建筑物、构筑物及可能危及毗邻建筑的说明。

3）拆除施工组织方案。

4）堆放、清除废弃物的措施。

实施爆破作业的，应当遵守国家有关民用爆炸物品管理的规定。

2. 勘察、设计、工程监理及其他有关单位的安全责任

（1）勘察单位的安全责任：勘察单位应当按照法律、法规和工程建设强制性标准进行勘察，提供的勘察文件应当真实、准确，满足建设工程安全生产的需要。

勘察单位在勘察作业时，应当严格执行操作规程，采取措施保证各类管线、设施和周边建筑物、构筑物的安全。

（2）设计单位的安全责任。设计单位应当按照法律、法规和工程建设强制性标准进行设计，防止因设计不合理导致生产安全事故的发生。

设计单位应当考虑施工安全操作和防护的需要，对涉及施工安全的重点部位和环节在设计文件中注明，并对防范生产安全事故提出指导意见。采用新结构、新材料、新工艺的建设工程和特殊结构的建设工程，设计单位应当在设计中提出保障施工作业人员安全和预防生产安全事故的措施建议。设计单位和注册建筑师等注册执业人员应当对其设计负责。

(3) 工程监理单位的安全责任。工程监理单位和监理工程师应当按照法律、法规和工程建设强制性标准实施监理，并对建设工程安全生产承担监理责任。

　　(4) 机械设备配件供应单位的安全责任。为建设工程提供机械设备和配件的单位，应当按照安全施工的要求配备齐全有效的保险、限位等安全设施和装置。出租的机械设备和施工机具及配件，应当具有生产（制造）许可证、产品合格证。出租单位应当对出租的机械设备和施工机具及配件的安全性能进行检测，在签订租赁协议时，应当出具检测合格证明。禁止出租检测不合格的机械设备和施工机具及配件。

　　(5) 施工机械设施安装单位的安全责任。在施工现场安装、拆卸施工起重机械和整体提升脚手架、模板等自升式架设设施，必须由具有相应资质的单位承担。安装、拆卸上述机械和设施，应当编制拆装方案、制定安全施工措施，并由专业技术人员现场监督。安装完毕后，安装单位应当自检，出具自检合格证明，并向施工单位进行安全使用说明，办理验收手续并签字。上述机械和设施的使用达到国家规定的检验检测期限的，必须经具有专业资质的检验检测机构检测。检验检测机构应当出具安全合格证明文件，并对检测结果负责。经检测不合格的，不得继续使用。

　　3. 施工单位的安全责任

　　(1) 工程承揽。施工单位从事建设工程的新建、扩建、改建和拆除等活动，应当具备国家规定的注册资本、专业技术人员、技术装备和安全生产等条件，依法取得相应等级的资质证书，并在其资质等级许可的范围内承揽工程。

　　(2) 安全生产责任制度。施工单位主要负责人依法对本单位的安全生产工作全面负责。施工单位应当建立健全安全生产责任制度，制定安全生产规章制度和操作规程，保证本单位安全生产条件所需资金的投入，对所承担的建设工程进行定期和专项安全检查，并做好安全检查记录。

　　施工单位的项目负责人应当由取得相应执业资格的人员担任，对建设工程项目的安全施工负责，落实安全生产责任制度、安全生产规章制度和操作规程，确保安全生产费用的有效使用，并根据工程的特点组织制定安全施工措施，消除安全事故隐患，及时、如实报告生产安全事故。

　　建设工程实行施工总承包的，由总承包单位对施工现场的安全生产负总责。总承包单位依法将建设工程分包给其他单位的，分包合同中应当明确各自的安全生产方面的权利、义务。总承包单位和分包单位对分包工程的安全生产承担连带责任。分包单位应当服从总承包单位的安全生产管理，如分包单位不服从管理导致生产安全事故，由分包单位承担主要责任。

　　(3) 安全生产管理费用。施工单位对列入建设工程概算的安全作业环境及安全施工措施所需费用，应当用于施工安全防护用具及设施的采购和更新、安全施工措施的落实、安全生产条件的改善，不得挪作他用。

　　(4) 施工现场安全生产管理。施工单位应当设立安全生产管理机构，配备专职安全生产管理人员。建设工程施工前，施工单位负责项目管理的技术人员应当对有关安全施工的技术要求向施工作业班组、作业人员作出详细说明，并由双方签字确认。

　　专职安全生产管理人员负责对安全生产进行现场监督检查。发现安全事故隐患，应当及时向项目负责人和安全生产管理机构报告；对违章指挥、违章操作应当立即制止。

（5）安全生产教育培训。施工单位的主要负责人、项目负责人、专职安全生产管理人员应当经建设行政主管部门或者其他有关部门考核合格后方可任职。施工单位应当建立健全安全生产教育培训制度，应当对管理人员和作业人员每年至少进行一次安全生产教育培训，其教育培训情况记入个人工作档案。安全生产教育培训考核不合格的人员，不得上岗。

作业人员进入新的岗位或者新的施工现场前，应当接受安全生产教育培训。未经教育培训或者教育培训考核不合格的人员，不得上岗作业。施工单位在采用新技术、新工艺、新设备、新材料时，应当对作业人员进行相应的安全生产教育培训。

垂直运输机械作业人员、安装拆卸工、爆破作业人员、起重信号工、登高架设作业人员等特种作业人员，必须按照国家有关规定经过专门的安全作业培训，并取得特种作业操作资格证书后，方可上岗作业。

（6）安全技术措施和专项施工方案。施工单位应当在施工组织设计中编制安全技术措施和施工现场临时用电方案，对下列达到一定规模的危险性较大的分部分项工程编制专项施工方案并附具安全验算结果，经施工单位技术负责人、总监理工程师签字后实施，由专职安全生产管理人员进行现场监督：①基坑支护与降水工程；②土方开挖工程；③模板工程；④起重吊装工程；⑤脚手架工程；⑥拆除、爆破工程；⑦国务院建设行政主管部门或者其他有关部门规定的其他危险性较大的工程。

上述工程中涉及深基坑、地下暗挖工程、高大模板工程的专项施工方案，施工单位还应当组织专家进行论证、审查。

（7）施工现场安全防护。施工单位应当在施工现场入口处、施工起重机械、临时用电设施、脚手架、出入通道口、楼梯口、电梯井口、孔洞口、桥梁口、隧道口、基坑边沿、爆破物及有害危险气体和液体存放处等危险部位，设置明显的符合国家标准的安全警示标志。施工单位应当根据不同施工阶段和周围环境及季节、气候的变化，在施工现场采取相应的安全施工措施。施工现场暂时停止施工的，施工单位应当做好现场防护，所需费用由责任方承担，或者按照合同约定执行。

施工单位应当向作业人员提供安全防护用具和安全防护服装，并书面告知危险岗位的操作规程和违章操作的危害。作业人员应当遵守安全施工的强制性标准、规章制度和操作规程。正确使用安全防护用具、机械设备等。

（8）施工现场卫生、环境与消防安全管理。施工单位应当将施工现场的办公、生活区与作业区分开设置，并保持安全距离；办公、生活区的选址应当符合安全性要求。职工的膳食、饮水、休息场所等应当符合卫生标准。施工单位不得在尚未竣工的建筑物内设置员工集体宿舍。施工现场临时搭建的建筑物应当符合安全使用要求。施工现场使用的装配式活动房屋应当具有产品合格证。

施工单位对因建设工程施工可能造成损害的毗邻建筑物、构筑物和地下管线等，应当采取专项防护措施。施工单位应当遵守有关环境保护法律、法规的规定，在施工现场采取措施，防止或者减少粉尘、废气、废水、固体废物、噪声、振动和施工照明对人和环境的危害和污染。在城市市区内的建设工程，施工单位应当对施工现场实行封闭围挡。

施工单位应当在施工现场建立消防安全责任制度，确定消防安全责任人，制定用火、用电、使用易燃易爆材料等各项消防安全管理制度和操作规程，设置消防通道、消防水源，配备消防设施和灭火器材，并在施工现场入口处设置明显标志。

（9）施工机具设备安全管理。施工单位采购、租赁的安全防护用具、机械设备、施工机具及配件，应当具有生产（制造）许可证、产品合格证，并在进入施工现场前进行查验。

施工现场的安全防护用具、机械设备、施工机具及配件必须由专人管理，定期进行检查、维修和保养，建立相应的资料档案，并按照国家有关规定及时报废。

施工单位在使用施工起重机械和整体提升脚手架、模板等自升式架设设施前，应当组织有关单位进行验收，也可以委托具有相应资质的检验检测机构进行验收；使用承租的机械设备和施工机具及配件的，应由施工总承包单位、分包单位、出租单位和安装单位共同进行验收。验收合格的方可使用。《特种设备安全监察条例》规定的施工起重机械，在验收前应当经有相应资质的检验检测机构监督检验合格。

施工单位应当自施工起重机械和整体提升脚手架、模板等自升式架设设施验收合格之日起30日内，向建设行政主管部门或者其他有关部门登记。登记标志应当置于或者附着于该设备的显著位置。

（10）意外伤害保险。施工单位应当为施工现场从事危险作业的人员办理意外伤害保险。意外伤害保险费由施工单位支付。实行施工总承包的，由总承包单位支付意外伤害保险费。意外伤害保险期限自建设工程开工之日起至竣工验收合格止。

4. 生产安全事故的应急救援和调查处理

（1）生产安全事故应急救援。县级以上地方人民政府建设行政主管部门应当根据本级人民政府的要求，制定本行政区域内建设工程特大生产安全事故应急救援预案。

施工单位应当制定本单位生产安全事故应急救援预案，建立应急救援组织或者配备应急救援人员，配备必要的应急救援器材、设备，并定期组织演练。施工单位应当根据建设工程施工的特点、范围，对施工现场易发生重大事故的部位、环节进行监控，制定施工现场生产安全事故应急救援预案。实行施工总承包的，由总承包单位统一组织编制建设工程生产安全事故应急救援预案，工程总承包单位和分包单位按照应急救援预案，各自建立应急救援组织或者配备应急救援人员，配备救援器材、设备，并定期组织演练。

（2）生产安全事故调查处理。施工单位发生生产安全事故，应当按照国家有关伤亡事故报告和调查处理的规定，及时、如实地向负责安全生产监督管理的部门、建设行政主管部门或者其他有关部门报告；特种设备发生事故的，还应当同时向特种设备安全监督管理部门报告。接到报告的部门应当按照国家有关规定，如实上报。实行施工总承包的建设工程，由总承包单位负责上报事故。

发生生产安全事故后，施工单位应当采取措施防止事故扩大，保护事故现场。需要移动现场物品时，应当做出标记和书面记录，妥善保管有关证物。

1.3.3 建设工程监理规范

为了规范建设工程监理与相关服务行为，提高建设工程监理与相关服务水平，2013年5月修订后发布的《建设工程监理规范》（GB/T 50319—2013）共分9章和3个附录，主要技术内容包括：总则，术语，项目监理机构及其设施，监理规划及监理实施细则，工程质量、造价、进度控制及安全生产管理的监理工作，工程变更、索赔及施工合同争议的处理，监理文件资料管理，设备采购与设备监造，相关服务等。

1.3.3.1 总则

（1）制定目的：为规范建设工程监理与相关服务行为，提高建设工程监理与相关服务水平。

（2）适用范围：适用于新建、扩建、改建建设工程监理与相关服务活动。

（3）关于建设工程监理合同形式和内容的规定。

（4）建设单位向施工单位书面通知工程监理的范围、内容和权限及总监理工程师姓名的规定。

（5）建设单位、施工单位及工程监理单位之间涉及施工合同联系活动的工作关系。

（6）实施建设工程监理的主要依据：①法律法规及工程建设标准；②建设工程勘察设计文件；③建设工程监理合同及其他合同文件。

（7）建设工程监理应实行总监理工程师负责制的规定。

（8）建设工程监理应实施信息化管理的规定。

（9）工程监理单位应公平、独立、诚信、科学地开展建设工程监理与相关服务活动。

（10）建设工程监理与相关服务活动应符合《建设工程监理规范》（GB/T 50319—2013）和国家现行有关标准的规定。

1.3.3.2　术语

《建设工程监理规范》（GB/T 50319—2013）解释了工程监理单位、建设工程监理、相关服务、项目监理机构、注册监理工程师、总监理工程师、总监理工程师代表、专业监理工程师、监理员、监理规划、监理实施细则、工程计量、旁站、巡视、平行检验、见证取样、工程延期、工期延误、工程临时延期批准、工程最终延期批准、监理日志、监理月报、设备监造、监理文件资料等 24 个建设工程监理常用术语。

1.3.3.3　项目监理机构及其设施

《建设工程监理规范》（GB/T 50319—2013）明确了项目监理机构的人员构成和职责，规定了监理设施的提供和管理。

1. 项目监理机构人员

项目监理机构的监理人员应由总监理工程师、专业监理工程师和监理员组成，且专业配套、数量应满足建设工程监理工作需要，必要时可设总监理工程师代表。

（1）总监理工程师。总监理工程师是指由工程监理单位法定代表人书面任命，负责履行建设工程监理合同、主持项目监理机构工作的注册监理工程师。总监理工程师应由注册监理工程师担任。

一名注册监理工程师可担任一项建设工程监理合同的总监理工程师。当需要同时担任多项建设工程监理合同的总监理工程师时，应经建设单位书面同意，且最多不得超过三项。

（2）总监理工程师代表。总监理工程师代表是指经工程监理单位法定代表人同意，由总监理工程师书面授权，代表总监理工程师行使其部分职责和权力，具有工程类注册执业资格或具有中级及以上专业技术职称、3 年及以上工程实践经验并经监理业务培训的人员。

总监理工程师代表可以由具有工程类执业资格的人员（如注册监理工程师、注册造价工程师、注册建造师、注册工程师、注册建筑师等）担任，也可由具有中级及以上专业技术职称、3 年及以上工程实践经验并经监理业务培训的人员担任。

（3）专业监理工程师。专业监理工程师是指由总监理工程师授权，负责实施某一专业或某一岗位的监理工作，有相应监理文件签发权，具有工程类注册执业资格或具有中级及以上专业技术职称、2 年及以上工程实践经验并经监理业务培训的人员。

专业监理工程师可以由具有工程类注册执业资格的人员（如注册监理工程师、注册造价工程师、注册建造师、注册工程师、注册建筑师等）担任，也可由具有中级及以上专业技术职称、2年及以上工程实践经验并经监理业务培训的人员担任。

（4）监理员。监理员是指从事具体监理工作，具有中专及以上学历并经过监理业务培训的人员。监理员需要有中专及以上学历，并经过监理业务培训。

2. 监理设施

（1）建设单位应按建设工程监理合同约定，提供监理工作需要的办公、交通、通信、生活等设施。

（2）项目监理机构宜妥善使用和保管建设单位提供的设施，并应按建设工程监理合同约定的时间移交建设单位。

（3）工程监理单位宜按建设工程监理合同约定，配备满足监理工作需要的检测设备和工器具。

1.3.3.4 监理规划及监理实施细则

1. 监理规划

明确了监理规划的编制要求、编审程序和主要内容。

2. 监理实施细则

明确了监理实施细则的编制要求、编审程序、编制依据和主要内容。

1.3.3.5 工程质量、造价、进度控制及安全生产管理的监理工作

《建设工程监理规范》（GB/T 50319—2013）规定："项目监理机构应根据建设工程监理合同约定，遵循动态控制原理，坚持预防为主的原则，制定和实施相应的监理措施，采用旁站、巡视和平行检验等方式对建设工程实施监理。"

1. 一般规定

（1）项目监理机构监理人员应熟悉工程设计文件，并参加建设单位主持的图纸会审和设计交底会议。

（2）工程开工前，项目监理机构监理人员应参加由建设单位主持召开的第一次工地会议。

（3）项目监理机构应定期召开监理例会并组织有关单位研究解决与监理相关的问题。项目监理机构可根据工程需要，主持或参加专题会议，解决监理工作范围内工程专项问题。

（4）项目监理机构应协调工程建设相关方的关系。

（5）项目监理机构应审查施工单位报审的施工组织设计，并要求施工单位按已批准的施工组织设计组织施工。

（6）总监理工程师应组织专业监理工程师审查施工单位报送的，开工报审表及相关资料，报建设单位批准后，总监理工程师签发工程开工令。

（7）分包工程开工前，项目监理机构应审核施工单位报送的分包单位资格报审表。

（8）项目监理机构宜根据工程特点、施工合同、工程设计文件及经过批准的施工组织设计对工程风险进行分析，并提出工程质量、造价、进度目标控制及安全生产管理的防范性对策。

2. 工程质量控制

工程质量控制包括：审查施工单位现场的质量管理组织机构、管理制度及专职管理人员和特种作业人员的资格；审查施工单位报审的施工方案；审查施工单位报送的新材料、新工艺、新技术、新设备的质量认证材料和相关验收标准的适用性；检查、复核施工单位报送的施工控制测量成果及保护措施；查验施工单位在施工过程中报送的施工测量放线成果；检查施工单位为工程提供服务的试验室；审查施工单位报送的用于工程的材料、构配件、设备的质量证明文件；对用于工程的材料进行见证取样、平行检验；审查施工单位定期提交影响工程质量的计量设备的检查和检定报告；对关键部位、关键工序进行旁站；对工程施工质量进行巡视；对施工质量进行平行检验；验收施工单位报验的隐蔽工程、检验批、分项工程和分部工程；处置施工质量问题、质量缺陷、质量事故；审查施工单位提交的单位工程竣工验收报审表及竣工资料，组织工程竣工预验收；编写工程质量评估报告；参加工程竣工验收等。

3. 工程造价控制

工程造价控制包括：进行工程计量和付款签证；对实际完成量与计划完成量进行比较分析；审核竣工结算款，签发竣工结算款支付证书等。

4. 工程进度控制

工程进度控制包括：审查施工单位报审的施工总进度计划和阶段性施工进度计划；检查施工进度计划的实施情况；比较分析工程施工实际进度与计划进度，预测实际进度对工程总工期的影响等。

5. 安全生产管理的监理工作

安全生产管理的监理工作包括：审查施工单位现场安全生产规章制度的建立和实施情况；审查施工单位安全生产许可证及施工单位项目经理、专职安全生产管理人员和特种作业人员的资格；核查施工机械和设施的安全许可验收手续；审查施工单位报审的专项施工方案；处置安全事故隐患等。

1.3.3.6　工程变更、索赔及施工合同事议的处理

《建设工程监理规范》（GB/T 50319—2013）规定，项目监理机构应依据建设工程监理合同约定进行施工合同管理，处理工程暂停及复工、工程变更、索赔及施工合同争议、解除等事宜。施工合同终止时，项目监理机构应协助建设单位按施工合同约定处理施工合同终止的有关事宜。

1. 工程暂停及复工

工程暂停及复工包括：总监理工程师签发工程暂停令的权利和情形；暂停施工事件发生时的监理职责；工程复工申请的批准或指令。

2. 工程变更

工程变更包括：施工单位提出的工程变更处理程序、工程变更价款处理原则；建设单位要求的工程变更的监理职责。

3. 费用索赔

费用索赔包括：处理费用索赔的依据和程序；批准施工单位费用索赔应满足的条件；施工单位的费用索赔与工程延期要求相关联时的监理职责；建设单位向施工单位提出索赔时的监理职责。

4. 工程延期及工期延误

工程延期及工期延误包括：处理工程延期要求的程序；批准施工单位工程延期要求应满足的条件；施工单位因工程延期提出费用索赔时的监理职责；发生工期延误时的监理职责。

5. 施工合同争议

施工合同争议包括：处理施工合同争议时的监理工作程序、内容和职责。

6. 施工合同解除

(1) 因建设单位原因导致施工合同解除时的监理职责。

(2) 因施工单位原因导致施工合同解除时的监理职责。

(3) 因非建设单位、施工单位原因导致施工合同解除时的监理职责。

1.3.3.7 监理文件资料管理

《建设工程监理规范》（GB/T 50319—2013）规定，项目监理机构应建立完善监理文件资料管理制度，宜设专人管理监理文件资料。项目监理机构应及时、准确、完整地收集、整理、编制、传递监理文件资料，并宜采用信息技术进行监理文件资料管理。

1. 监理文件资料内容

《建设工程监理规范》（GB/T 50319—2013）明确了18项监理文件资料，并规定监理日志、监理月报、监理工作总结应包括的内容。

2. 监理文件资料归档

(1) 项目监理机构应及时整理、分类汇总监理文件资料，并应按规定组卷，形成监理档案。

(2) 工程监理单位应根据工程特点和有关规定，保存监理档案，并应向有关单位、部门移交需要存档的监理文件资料。

1.3.3.8 设备采购与设备监造

《建设工程监理规范》（GB/T 50319—2013）规定，项目监理机构应根据建设工程监理合同约定的设备采购与设备监造工作内容配备监理人员，明确岗位职责，编制设备采购与设备监造工作计划，并应协助建设单位编制设备采购与设备监造方案。

1. 设备采购

设备采购包括：设备采购招标和合同谈判时的监理职责；设备采购文件资料应包括的内容。

2. 设备监造

(1) 项目监理机构应检查设备制造单位的质量管理体系；审查设备制造单位报送的设备制造生产计划和工艺方案，设备制造的检验计划和检验要求，设备制造的原材料、外购配套件、元器件、标准件，以及坯料的质量证明文件及检验报告等。

(2) 项目监理机构应对设备制造过程进行监督和检查，对主要及关键零部件的制造工序应进行抽检。

(3) 项目监理机构应审核设备制造过程的检验结果，并检查和监督设备的装配过程。

(4) 项目监理机构应参加设备整机性能检测、调试和出厂验收。

(5) 专业监理工程师应审查设备制造单位报送的设备制造结算文件。

(6) 规定了设备监造文件资料应包括的主要内容。

1.3.3.9 相关服务

《建设工程监理规范》（GB/T 50319—2013）规定，工程监理单位应根据建设工程监理合同约定的相关服务范围，开展相关服务工作，并编制相关服务工作计划。

1. 工程勘察设计阶段服务

工程勘察设计阶段服务包括：协助建设单位选择勘察设计单位并签订工程勘察设计合同；审查勘察单位提交的勘察方案；检查勘察现场及室内试验主要岗位操作人员的资格、所使用设备、仪器计量的检定情况；检查勘察进度计划执行情况；审核勘察单位提交的勘察费用支付申请；审查勘察单位提交的勘察成果报告，参与勘察成果验收；审查各专业、各阶段设计进度计划；检查设计进度计划执行情况；审核设计单位提交的设计费用支付申请；审查设计单位提交的设计成果；审查设计单位提出的新材料、新工艺、新技术、新设备在相关部门的备案情况；审查设计单位提出的设计概算、施工图预算；协助建设单位组织专家评审设计成果；协助建设单位报审有关工程设计文件；协调处理勘察设计延期、费用索赔等事宜。

2. 工程保修阶段服务

（1）承担工程保修阶段的服务工作时，工程监理单位应定期回访。

（2）对建设单位或使用单位提出的工程质量缺陷，工程监理单位应安排监理人员进行检查和记录，并应要求施工单位予以修复，同时应监督实施，合格后应予以签认。

（3）工程监理单位应对工程质量缺陷原因进行调查，并应与建设单位、施工单位协商确定责任归属。对非施工单位原因造成的工程质量缺陷，应核实施工单位申报的修复工程费用，并应签认工程款支付证书，同时应报建设单位。

1.3.3.10　附录

附录包括下列三类表：

（1）A 类表：工程监理单位用表，由工程监理单位或项目监理机构签发。

（2）B 类表：施工单位报审、报验用表，由施工单位或施工项目经理部填写后报送工程建设相关方。

（3）C 类表：通用表，是工程建设相关方工作联系的通用表。

学习情境 1.4　工程监理企业与注册监理工程师

【情境描述】　工程监理企业作为建设工程监理实施主体，需要具有相应的资质条件和综合实力。注册监理工程师是建设工程监理的骨干力量，只有通过资格考试和注册，才能以注册监理工程师名义执业。

1.4.1　工程监理企业

1.4.1.1　工程监理企业的资质管理

建设工程监理企业资质是指工程监理企业的综合实力，包括企业技术能力、业务及管理水平、经营规模、社会信誉等，它主要体现在监理能力和监理效果上。建设工程监理企业应当按照所拥有的注册资本、专业技术人员数量和监理业绩等资质条件申请资质。经审查合格，取得相应等级的资质证书后，才能在其资质等级许可的范围内从事工程监理活动。

建设工程监理企业的资质包括主项资质和增项资质。建设工程监理企业如果申请多项专业工程资质，则其主要选择的一项为主项资质，其余的为增项资质。增项资质级别不得高于主项资质级别。

为了加强对建设工程监理企业的资质管理，保障其依法经营业务，促进建设工程监理事业的健康发展，国家建设行政主管部门对建设工程监理企业资质管理工作制定了相应的管理规定。根据我国现阶段管理体制，我国建设工程监理企业的资质管理确定的原则是"统分结合"，按中央和地方两个层次进行管理。

国务院建设行政主管部门负责全国建设工程监理企业资质的归口管理工作。涉及铁道、交通、水利、信息产业、民航等专业工程监理资质的，由国务院铁道、交通、水利、信息产业、民航等有关部门配合国务院建设行政主管部门实施资质管理工作。省、自治区、直辖市人民政府建设行政主管部门负责本行政区域内建设工程监理企业资质的归口管理工作，省、自治区、直辖市人民政府交通、水利、通信等有关部门配合同级建设行政主管部门实施相关资质类别的建设工程监理企业资质管理工作。

建设工程监理企业资质管理，主要是指对建设工程监理企业的设立、变更、终止等资质审查或批准及资质年检工作等。

1.4.1.2　工程监理企业的经营活动基本准则

建设工程监理企业从事建设工程监理活动，应当遵循"守法、诚信、公正、科学"的准则。

1. 守法

守法即遵守国家的法律法规。对于工程监理企业来说，守法就是要依法经营，依法从事监理活动，主要体现在如下几个方面。

（1）工程监理企业只能在核定的业务范围内开展经营活动。工程监理企业的业务范围是指填写在资质证书中、经政府资质管理部门审查确认的主项资质和增项资质。核定的业务范围包括两方面：一是监理业务的工程类别；二是承接监理工程的等级。

（2）监理企业不得伪造、涂改、出租、出借、转让、出卖《资质等级证书》。

（3）建设工程监理委托合同一经双方签订，即具有一定的法律约束力（违背国家法律、法规的合同，即无效合同除外），工程监理企业应按照合同的规定认真履行，不得无故或故意违背监理委托合同的有关条款。

（4）工程监理企业离开原住所承接监理业务，要自觉遵守工程所在地人民政府颁发的监理法规和有关规定，并要主动向监理工程所在地的省、自治区、直辖市建设行政主管部门备案登记，接受其指导和监督管理。

（5）遵守国家关于企业法人的其他法律、法规的规定等。

2. 诚信

诚信即诚实守信，这是道德规范在市场经济中的体现。它要求一切市场参加者在不损害他人利益和社会公共利益的前提下，追求自己的利益，目的是在当事人之间的利益关系和当事人与社会之间的利益关系中实现平衡，并维护市场道德秩序。诚信原则的主要作用在于指导当事人以善意的心态、诚信的态度行使民事权利，承担民事义务，正确地从事民事活动。

加强企业信用管理，提高企业信用水平，是完善我国工程监理制度的重要保证。信用是企业的一种无形资产，良好的信用能为企业带来巨大效益。我国已是世贸组织的成员，信用将成为我国企业进入国际市场，并在激烈的国际市场竞争中发展壮大的重要保证，它是能给企业带来长期经济效益的特殊资本。工程监理企业应当树立良好的信用意识，使企业成为讲道德、守信用的市场主体。

工程监理企业向社会提供的是管理和技术服务，按照市场经济观念，出卖的主要是自己的智力。智力是看不见、摸不着的无形产品，但它最终要由建筑产品体现出来。如果监理企业提供的管理和技术服务有问题，就会造成不可挽回的损失。因此，从这一角度讲，工程监理企业在从事经营过程中，必须遵守诚信的基本准则。

　　工程监理企业应当建立健全企业的信用管理制度，主要包括以下几个方面：

　　（1）建立健全合同管理制度。

　　（2）建立健全与业主的合作制度。

　　（3）建立健全监理服务需求调查制度。

　　（4）建立企业内部信用管理责任制度等。

　　3．公正

　　公正是指工程监理企业在监理活动中既要维护业主的利益，又不损害承建商的合法利益，并依据合同公平合理地处理业主与承建商之间的争议。工程监理企业要做到公正，必须做到以下几点：

　　（1）要具有良好的职业道德。

　　（2）要坚持实事求是的原则。

　　（3）要熟悉有关工程建设合同条款。

　　（4）要熟悉有关法律、法规和规章。

　　（5）要提高专业技术能力。

　　（6）要提高综合分析判断问题的能力。

　　4．科学

　　科学是指工程监理企业要依据科学的方案，运用科学的手段，采取科学的方法开展监理工作。工程监理工作结束后，还要进行科学的总结。实施科学化管理主要体现在以下几个方面：

　　（1）科学的方案。工程监理的方案是监理规划的主要内容。在实施监理前，要尽可能准确地预测出各种可能的问题，有针对性地拟定解决办法，制定出切实可行、行之有效的监理规划，并在此基础上制定监理实施细则，使各项监理活动都纳入计划管理的轨道。

　　（2）科学的手段。实施工程监理必须借助于先进的科学仪器（如各种检测、试验、化验仪器，摄像、录像设备及计算机等），以提高工程监理的有效性、先进性和科技含量。

　　（3）科学的方法。监理工作的科学方法主要体现在监理人员在掌握大量的、确凿的有关监理对象及其外部环境实际情况的基础上，适时、妥当、高效地处理有关问题；解决问题要用事实说话、用书面文字说话、用数据说话；尤其体现在开发、利用计算机软件，建立先进的信息管理系统和数据库上。

1.4.1.3　工程监理企业的企业管理

　　强化企业管理，提高科学管理水平，是建立现代企业制度的要求，也是监理企业提高市场竞争能力的重要途径。监理企业管理应抓好成本管理、资金管理、质量管理，增强法治意识，依法经营管理。

　　1．基本管理措施

　　（1）市场定位。要加强自身发展战略研究，制定和实施适应市场的明确的发展战略、技术创新战略，并根据市场变化适时调整。

（2）管理方法现代化。要广泛采用现代管理技术、方法和手段，推广先进企业的管理经验，借鉴国外企业现代管理方法。应当积极推行 ISO 9000 质量管理体系贯标认证工作，严格按照质量手册和程序文件的要求规范企业的各项工作。

（3）建立市场信息系统。要加强现代信息技术的运用，建立敏捷、准确的市场信息系统，掌握市场动态。

（4）严格贯彻实施《建设工程监理规范》。企业应结合实际情况，制定相应的《建设工程监理规范》实施细则，组织全员学习，在签订监理委托合同、实施监理工作、检查考核监理业绩、制订企业规章制度等各个环节中，都应当以该规范为主要依据。

2. 建立健全各项内部管理规章制度

签订委托监理合同应当以《建设工程监理规范》为监理企业的规章制度，一般包括组织管理、人事管理、劳动合同管理、财务管理、经营管理、设备管理、科技管理、档案文书管理及项目监理机构管理等。有条件的监理企业，还要注重风险管理，实行监理责任保险制度，适当转移责任风险。

3. 进行市场开发

建设工程监理企业承揽监理业务的方式有两种：一是通过投标竞争取得监理业务；二是由业主直接委托取得监理业务。通过投标取得监理业务，是市场经济体制下比较普遍的形式。《招标投标法》明确规定，关系公共利益安全、政府投资、外资工程等实行监理必须招标，在不宜公开招标的机密工程或没有投标竞争对手的情况下，或是工程规模比较小、比较单一的监理业务，或是对原建设工程监理企业的续用等情况下，业主也可以直接委托建设工程监理企业。

1.4.1.4　建设工程监理企业的分类

建设工程监理企业是指取得工程监理企业资质证书，具有法人资格的监理公司、监理事务所和兼承监理业务的工程设计、科学研究及工程建设咨询的单位，它是监理工程师的执业机构。

建设工程监理企业的类别有多种，一般可以分为以下几类。

1. 按企业组织形式分类

（1）公司制监理企业。公司制监理企业可分为有限责任公司和股份有限公司两类。

（2）合资工程监理企业。合资工程监理企业既包括国内企业合资组建的工程监理企业，又包括中外企业合资组建的工程监理企业。

（3）合作工程监理企业。

对于工程规模大、技术复杂的建设工程项目，当一家工程监理企业难以胜任时，往往由两家，甚至多家工程监理企业共同合作监理，并组成合作工程监理企业，经工商局注册后以独立法人的资格享有民事权利，承担民事责任。仅合作监理而不注册的，不构成合作工程监理企业。

2. 按隶属关系分类

（1）独立法人工程监理企业。

（2）附属机构工程监理企业。这是指企业法人中专门从事建设工程监理工作的内设机构，如一些科研单位、设计单位内设的"监理部"。

3. 按工程类别分类

目前，我国把土木工程按照工程性质和技术特点分为 14 个专业工程类别，它们分别是房屋建筑工程、公路工程、铁路工程、民航机场工程、港口及航道工程、水利水电工程、电力工程、矿山工程、冶炼工程、石油化工工程、市政公用工程、通信广电工程、机电安装工程和装饰装修工程。每个专业工程类别按照工程规模或技术复杂程度又分为三个等级。

上述工程类别的划分对建设工程监理企业只是体现在业务范围上，并没有完全用来界定建设工程监理企业的专业性质。

4. 按资质等级分类

按资质等级，监理企业分为甲级、乙级和丙级。甲级资质表明建设工程监理企业无论从资金、人员、技术装备，还是监理业绩在全国监理行业都是一流的。甲级资质由国务院建设行政主管部门负责审批。乙级和丙级资质由省、自治区、直辖市人民政府建设行政主管部门负责定级审批，国务院所属铁道、交通、水利等部门负责本部门直属的乙级和丙级工程监理企业的定级审批。

1.4.2　注册监理工程师

注册监理工程师是指经考试取得中华人民共和国监理工程师资格证书（以下简称资格证书），并按照规定注册，取得中华人民共和国注册监理工程师注册执业证书（以下简称注册证书）和执业印章，从事工程监理及相关业务活动的专业技术人员。未取得注册证书和执业印章的人员，不得以注册监理工程师的名义从事工程监理及相关业务活动。

1. 注册监理工程师享有的权利

（1）使用"注册监理工程师"称谓。

（2）在规定范围内从事执业活动。

（3）依据本人能力从事相应的执业活动。

（4）保管和使用本人的注册证书和执业印章。

（5）对本人执业活动进行解释和辩护。

（6）接受继续教育。

（7）获得相应的劳动报酬。

（8）对侵犯本人权利的行为进行申诉。

2. 注册监理工程师应当履行的义务

（1）遵守法律、法规和有关管理规定。

（2）履行管理职责，执行技术标准、规范和规程。

（3）保证执业活动成果的质量，并承担相应责任。

（4）接受继续教育，努力提高执业水准。

（5）在本人执业活动所形成的工程监理文件上签字。

（6）保守在执业中知悉的国家秘密和他人的商业、技术秘密。

（7）不得涂改、倒卖、出租、出借或者以其他形式非法转让注册证书或者执业印章。

（8）不得同时在两个或者两个以上单位受聘或者执业。

（9）在规定的执业范围和聘用单位业务范围内从事执业活动。

（10）协助注册管理机构完成相关工作。

1.4.2.1 监理工程师执业资格考试

监理工程师执业资格考试由住建部和中华人民共和国人力资源和社会保障部（简称人社部）共同负责组织协调和监督管理。其中住建部负责组织拟定考试科目，编写考试大纲、培训教材和命题工作，对考试统一规划和组织考前培训。人社部负责审定考试科目、考试大纲和试题，组织实施各项考务工作，会同住建部对考试进行检查、监督、指导和确定考试合格标准。

1. 执业资格考试报名条件

凡中华人民共和国公民，遵纪守法并具备以下条件之一者，均可申请参加全国监理工程师资格考试：

（1）工程技术或工程经济专业大专（含大专）以上学历，按照国家有关规定，取得工程技术或工程经济专业中级职务并任职满3年。

（2）按照国家有关规定，取得工程技术或工程经济专业高级职务。

（3）1970年（含1970年）以前工程技术或工程经济专业中专毕业，按照国家有关规定，取得工程技术或工程经济专业中级职务，并任职满3年。

2. 考试科目

考试设《建设工程监理基本理论与相关法规》《建设工程合同管理》《建设工程质量、投资、进度控制》《建设工程监理案例分析》共4个科目。

3. 免试部分科目报名条件

对于从事建设工程监理工作且同时具备下列四项条件的报考人员，可免试《建设工程合同管理》和《建设工程质量、投资、进度控制》两个科目，只参加《建设工程监理基本理论与相关法规》和《建设工程监理案例分析》两个科目的考试：

（1）1970年（含1970年）以前工程技术或工程经济专业中专（含中专）以上毕业。

（2）按照国家有关规定，取得工程技术或工程经济专业高级职务。

（3）从事工程设计或工程施工管理工作满15年。

（4）从事监理工作满1年。

1.4.2.2 监理工程师注册

根据《注册监理工程师管理规定》（建设部147号令），注册监理工程师实行注册执业管理制度。取得资格证书的人员，经过注册方能以注册监理工程师的名义执业。

注册监理工程师依据其所学专业、工作经历、工程业绩，按照《工程监理企业资质管理规定》划分的工程类别，由省、自治区、直辖市人民政府建设主管部门初审，国务院建设主管部门审批，每人最多请两个专业注册，注册证书和执业印章的有效期为3年。

申请初始注册，应当具备以下条件：

（1）注册监理工程师执业资格统一考试合格，并取得资格证书。

（2）受聘于一个相关单位。

（3）达到继续教育要求。

对申请变更注册、延续注册的，省、自治区、直辖市人民政府建设主管部门应当自受理申请之日起5日内审查完毕，并将申请材料和初审意见报国务院建设主管部门。国务院建设主管部门自收到省、自治区、直辖市人民政府建设主管部门上报材料之日起，应当在10日内审批完毕并作出书面决定。

根据《注册监理工程师管理规定》（建设部 147 号令）第十三条规定，申请人有下列情形之一的，不予初始注册、延续注册或者变更注册：

（1）不具有完全民事行为能力的。

（2）刑事处罚尚未执行完毕或者因从事工程监理或者相关业务受到刑事处罚，自刑事处罚执行完毕之日起至申请注册之日止不满 2 年的。

（3）未达到监理工程师继续教育要求的。

（4）在两个或者两个以上单位申请注册的。

（5）以虚假的职称证书参加考试并取得资格证书的。

（6）年龄超过 65 周岁的。

（7）法律、法规规定不予注册的其他情形。

1.4.2.3 监理工程师继续教育

注册监理工程师在每一注册有效期内应当达到国务院建设主管部门规定的继续教育要求，继续教育作为注册监理工程师逾期初始注册、延续注册和重新申请注册的条件之一。继续教育分为必修课和选修课，两门课在每一注册有效期内各为 48 学时。

学习情境 1.5 建设工程监理组织

【情境描述】 建设工程监理组织是完成建设工程监理工作的基础和前提。在建设工程的不同组织管理模式下，可采用不同的建设工程监理委托方式。工程监理单位接收建设单位委托后，需要按照一定的程序和原则实施监理。

1.5.1 建设工程监理委托方式及实施程序

建设工程监理委托方式的选择与建设工程组织管理模式密切相关。建设工程可采用平行承发包、施工总分包、工程总承包等组织管理模式，在不同建设工程组织管理模式下，可选择不同的建设工程监理委托方式。

1.5.1.1 平行承发包模式下的工程监理委托方式

平行承发包模式是指建设单位将建设工程设计、施工及材料设备采购任务经分解后分别发包给若干设计单位、施工单位和材料设备供应单位，并分别与各承包单位签订合同的组织管理模式。平行承发包模式中，各设计单位、各施工单位、各材料设备供应单位之间的关系是平行关系，如图 1.1 所示。

采用平行承发包模式，由于各承包单位在其承包范围内同时进行相关工作，有利于缩短工期、控制质量，也有利于建设单位在更广范围内选择施工单位。但该模式的缺点是合同数量多，会造成合同管理困难；工程造价控制难度大，表现为：一是工程总价不易确定，影响工程造价控制的实施；二是工程招标任务量大，需控制多项合同价格，增加了

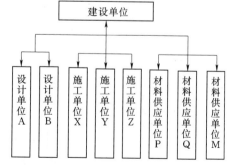

图 1.1 建设工程平行承发包模式

工程造价控制难度；三是在施工过程中设计变更和修改较多，导致工程造价增加。

在建设工程平行承发包模式下，建设工程监理委托方式有以下两种主要形式。

1. 业主委托一家工程监理单位实施监理

这种委托方式要求被委托的工程监理单位应具有较强的合同管理与组织协调能力,并能做好全面规划工作。工程监理单位的项目监理机构可以组建多个监理分支机构对各施工单位分别实施监理。在建设工程监理过程中,总监理工程师应重点做好总体协调工作,加强横向联系,保证建设工程监理工作的有效运行。该委托方式如图 1.2 所示。

2. 建设单位委托多家工程监理单位实施监理

建设单位委托多家工程监理单位针对不同施工单位实施监理,需要分别与多家工程监理单位签订工程监理合同,这样,各工程监理单位之间的相互协作与配合需要建设单位进行协调。采用这种委托方式,工程监理单位的监理对象相对单一,便于管理,但建设工程监理工作被肢解,各家工程监理单位各负其责,缺少一个对建设工程进行总体规划与协调控制的工程监理单位。该委托方式如图 1.3 所示。

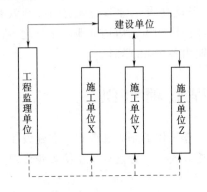

图 1.2 平行承发包模式下委托一家
工程监理单位的组织方式

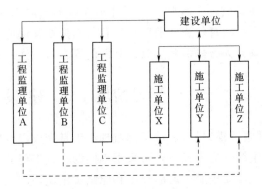

图 1.3 平行承发包模式下委托多家
工程监理单位的组织方式

为了克服上述不足,在某些大、中型建设工程监理实践中,建设单位首先委托一个"总监理工程师单位",总体负责建设工程总规划和协调控制,再由建设单位与"总监理工程师单位"共同选择几家工程监理单位分别承担不同施工合同段监理任务。在建设工程监理工作中,由"总监理工程师单位"负责协调、管理各工程监理单位工作,从而可大大减轻建设单位的管理压力。该委托方式如图 1.4 所示。

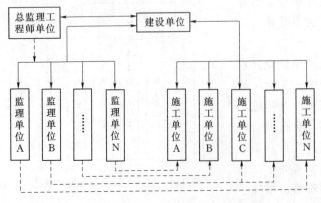

图 1.4 平行承发包模式下委托"总监理工程师单位"
的组织方式

1.5.1.2 施工总承包模式下建设工程监理委托方式

施工总承包模式是指建设单位将全部施工任务发包给一家施工单位作为总承包单位,总承包单位可以将其部分任务分包给其他施工单位,形成一个施工总包合同及若干个分包合同的组织管理模式,如图 1.5 所示。

采用建设工程施工总承包模式,有利于建设工程的组织管理。由于施工合同数量比平行承发包模式更少，有利于建设单位的合同管理，减少协调工作量，可发挥工程监理单位与施工总承包单位多层次协调的积极性；总包合同价可较早确定，有利于控制工程造价；由于既有施工分包单位的自控，又有施工总承包单位监督，还有工程监理单位的检查认可，有利于工程质量控制；施工总承包单位具有控制的积极性，施工分包单位之间也有相互制约的作用，有利于总体进度的协调控制。但该模式的缺点是建设周期较长，施工总承包单位的报价可能较高。

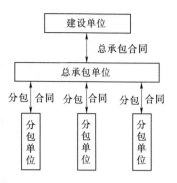

图 1.5　建设工程施工
总分包模式

在建设工程施工总承包模式下，建设单位通常委托一家工程监理单位实施监理，这样有利于工程监理单位统筹考虑工程质量、造价、进度控制，合理进行总体规划协调，更可使监理工程师掌握设计思路与设计意图，有利于实施建设工程监理工作。

虽然施工总承包单位对施工合同承担承包方的最终责任，但分包单位的资格、能力直接影响工程质量、进度等目标的实现，因此，监理工程师必须做好对分包单位资格的审查、确认工作。

在建设工程施工总承包模式下，建设单位委托监理方式如图 1.6 所示。

1.5.1.3　工程总承包模式下建设工程监理委托方式

工程总承包模式是指建设单位将工程设计、施工、材料设备采购等工作全部发包给一家承包单位，由其进行实质性设计、施工和采购工作，最后向建设单位交出一个已达到动用条件的工程。按这种模式发包的工程也称"交钥匙工程"。工程总承包模式如图 1.7 所示。

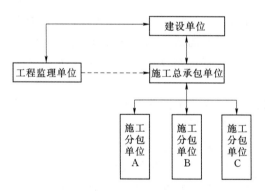

图 1.6　施工总承包模式下委托
工程监理单位的组织方式

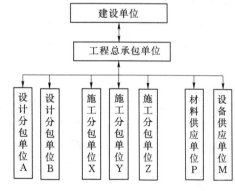

图 1.7　工程总承包模式

采用建设工程总承包模式，建设单位的合同关系简单，组织协调工作量小。由于工程设计与施工由一个承包单位统筹安排，一般能做到工程设计与施工的相互搭接，有利于控制工程进度，可缩短建设周期。通过统筹考虑工程设计与施工，可以从价值工程或全寿命期费用角度取得明显的经济效果，有利于工程造价控制。但该模式的缺点是合同条款不易准确确定，容易造成合同争议。合同数量虽少，但合同管理难度一般较大，造成招标发包工作难度大；由于承包范围大，介入工程项目时间早，工程信息未知数多，总承包单位要承担较大风险；由于有工程总承包能力的单位数量相对较少，建设单位择优选择工程总承包单位的范围

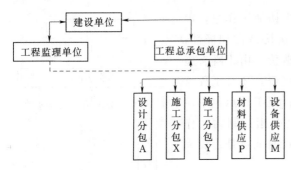

图 1.8　工程总承包模式下委托
工程监理单位的组织方式

小；工程质量标准和功能要求不易做到全面、具体、准确，"他人控制"机制薄弱，使工程质量控制难度加大。

在工程总承包模式下，建设单位一般应委托一家工程监理单位实施监理。在该委托方式下，监理工程师需具备较全面的知识，做好合同管理工作。该委托方式如图 1.8 所示。

1.5.1.4　建设工程监理实施程序

1. 组建项目监理机构

工程监理单位在参与建设工程监理投标、承接建设工程监理任务时，应根据建设工程规模、性质、建设单位对建设工程监理的要求，选派称职的人员主持该项工作。在建设工程监理任务确定并签订建设工程监理合同时，该主持人即可作为总监理工程师在建设工程监理合同中予以明确。总监理工程师是一个建设工程监理工作的总负责人，他对内向工程监理单位负责，对外向建设单位负责。

项目监理机构人员构成是建设工程监理投标文件中的重要内容，是建设单位在评标过程中认可的。总监理工程师应根据监理大纲和签订的建设工程监理合同组建项目监理机构，并在监理规划和具体实施计划执行中进行及时调整。

2. 进一步收集建设工程监理有关资料

项目监理机构应收集建设工程监理有关资料，作为开展监理工作的依据。这些资料包括以下内容：

（1）反映工程项目特征的有关资料。主要包括工程项目的批文；规划部门关于规划红线范围和设计条件的通知；土地管理部门关于准予用地的批文；批准的工程项目可行性研究报告或设计任务书；工程项目地形图；工程勘察成果文件；工程设计图纸及有关说明等。

（2）反映当地工程建设政策、法规的有关资料。主要包括关于工程建设报建程序的有关规定，当地关于拆迁工作的有关规定，当地有关建设工程监理的有关规定，当地关于工程建设招标投标的有关规定，当地关于工程造价管理的有关规定等。

（3）反映工程所在地区经济状况等建设条件的资料。主要包括气象资料；工程地质及水文地质资料；与交通运输（包括铁路、公路、航运）有关的可提供的能力、时间及价格等的资料；与供水、供电、供热、供燃气、电信有关的可提供的容（用）量、价格等的资料；勘察设计单位状况；土建、安装施工单位状况；建筑材料及构件、半成品的生产、供应情况；进口设备及材料的到货口岸、运输方式等。

（4）类似工程项目建设情况的有关资料。主要包括类似工程项目投资方面的有关资料，类似工程项目建设工期方面的有关资料，类似工程项目的其他技术经济指标等。

3. 编制监理规划及监理实施细则

监理规划是项目监理机构全面开展建设工程监理工作的指导性文件。监理实施细则是在监理规划的基础上，根据有关规定，监理工作需要针对某一专业或某一方面建设工程监理工作而编制的操作性文件。关于监理规划及监理实施细则的编制、审批等详见"学习项目 3"。

4. 规范化地开展监理工作

项目监理机构应按照建设工程监理合同约定，依据监理规划及监理实施细则规范化地开展建设工程监理工作。建设工程监理工作的规范化体现在以下几个方面：

（1）工作的时序性。是指建设工程监理各项工作都应按一定的逻辑顺序展开，使建设工程监理工作能有效地达到目的而不致造成工作状态的无序和混乱。

（2）职责分工的严密性。建设工程监理工作是由不同专业、不同层次的专家群体共同来完成的，他们之间严密的职责分工是协调进行建设工程监理工作的前提和实现建设工程监理目标的重要保证。

（3）工作目标的确定性。在职责分工的基础上，每一项监理工作的具体目标都应确定，完成的时间也应有明确的限定，从而能通过书面资料对建设工程监理工作及其效果进行检查和考核。

5. 参与工程竣工验收

建设工程施工完成后，项目监理机构应在正式验收前组织工程竣工预验收。在预验收中发现的问题，应及时与施工单位沟通，提出整改要求。项目监理机构人员应参加由建设单位组织的工程竣工验收，签署工程监理意见。

6. 向建设单位提交建设工程监理文件资料

建设工程监理工作完成后，项目监理机构应向建设单位提交工程变更资料、监理指令性文件、各类签证等文件资料。

7. 进行监理工作总结

监理工作完成后，项目监理机构应及时从两方面进行监理工作总结。

（1）向建设单位提交的监理工作总结。主要内容包括建设工程监理合同履行情况概述，监理任务或监理目标完成情况评价，由建设单位提供的供项目监理机构使用的办公用房、车辆、试验设施等的清单，表明建设工程监理工作终结的说明等。

（2）向工程监理单位提交的监理工作总结。主要内容包括建设工程监理工作的成效和经验，可以是采用某种监理技术、方法的成效和经验，也可以是采用某种经济措施、组织措施的成效和经验，以及建设工程监理合同执行方面的成效和经验或如何处理好与建设单位、施工单位关系的经验等；建设工程监理工作中发现的问题、处理情况及改进建议。

1.5.2　项目监理机构及监理人员职责

1.5.2.1　项目监理的组织机构

监理单位与业主签订委托监理合同后，在实施建设工程监理之前，应建立项目监理机构。项目监理机构的组织形式和规模，应根据委托监理合同规定的服务内容、服务期限、工程类别、规模、技术复杂程度、工程环境等因素确定。

1. 确定项目监理机构目标

建设工程监理目标是项目监理机构建立的前提，项目监理机构的建立应根据委托监理合同中确定的监理目标制订总目标，并明确划分监理机构的分解目标。

2. 确定监理工作内容

根据监理目标和委托监理合同中规定的监理任务，明确列出监理工作内容，并进行分类组合。监理工作的归并及组合应便于监理目标控制，并综合考虑监理工程的组织管理模式、工程结构特点、合同工期要求、工程复杂程度、工程管理及技术特点，还应考虑监理单位自身的组织水平、监理人员数量、技术业务特点等。如果建设工程进行实施阶段全过程监理，监理工作的划分可按设计阶段和施工阶段分别归并和组合。

3. 项目监理机构的组织结构设计

项目监理机构的组织结构设计一般可按以下步骤进行：

（1）选择组织结构形式。由于建设工程规模、性质、建设阶段等的不同，项目监理机构设计时应选择适宜的组织结构形式以适应监理工作的需要。组织结构形式选择的基本原则是有利于工程合同管理、决策指挥和信息沟通。

（2）合理确定管理层次与管理跨度。项目监理机构中一般应有以下三个层次：

1）决策层。决策层由总监理工程师和其他助手组成，主要根据建设工程委托监理合同的要求和监理活动内容进行科学化、程序化决策与管理。

2）中间控制层（协调层和执行层）。中间控制层由各专业监理工程师组成，具体负责监理规划的落实、监理目标的控制及合同实施的管理。

3）作业层（操作层）。作业层主要由监理员、检查员等组成，具体负责监理活动的操作实施。

项目监理机构中管理跨度的确定应考虑监理人员的素质、管理活动的复杂性和相似性、监理业务的标准化程度、各项规章制度的建立和健全情况、建设工程的集中或分散情况等，按监理工作实际需要确定。

（3）项目监理机构部门划分。项目监理机构要合理划分各职能部门，应依据监理机构目标、监理机构可利用的人力和物力资源以及合同结构情况，将投资控制、进度控制、质量控制、合同管理、组织协调等监理工作内容按不同的职能活动形成相应的管理部门。

（4）制订岗位职责及考核标准。岗位职务及职责的确定，要有明确的目的性。应根据责权一致的原则，对监理人员进行适当的授权，以承担相应的职责，并应确定考核标准，对监理人员的工作进行定期考核，包括内容考核、标准考核及考核时间。

（5）选派监理人员。根据监理工作的任务，选择适当的监理人员，包括总监理工程师、专业监理工程师和监理员，必要时可配备总监理工程师代表。监理人员的选择除应考虑个人素质外，还应考虑人员总体构成的合理性与协调性。

我国《建设工程监理规范》（GB 50319—2013）规定，项目总监理工程师应由具有3年以上同类工程监理工作经验的人员担任；总监理工程师代表应由具有2年以上同类工程监理工作经验的人员担任；专业监理工程师应由具有1年以上同类工程监理工作经验的人员担任。并且项目监理机构的监理人员应专业配套，数量满足建设工程监理工作的需要。

4. 制定工作流程和信息流程

为使监理工作科学、有序地进行，应按监理工作的客观规律制定工作流程和信息流程，规范化地开展监理工作。

1.5.2.2　项目监理机构的组织形式

项目监理机构的组织形式是指项目监理机构具体采用的管理组织结构，应根据建设工程的特点、建设工程组织管理模式、业主委托的监理任务以及监理单位自身情况而确定。常用的项目监理机构组织形式有以下几种。

1. 直线制监理组织形式

这种组织形式的特点是项目监理机构中任何一个下级只接受唯一上级的命令。各级部门

主管人员对所属部门的问题负责，项目
监理机构中不再另设职能部门。这种组
织形式适用于能划分为若干相对独立的
子项目的大、中型建设工程。其组织形
式如图 1.9 所示。

这种组织形式的主要优点是：组织
机构简单，权力集中，命令统一，职责
分明，决策迅速，隶属关系明确。其缺
点是：实行没有职能部门的"个人管

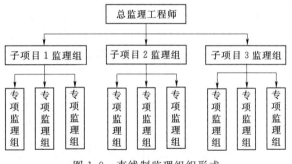

图 1.9　直线制监理组织形式

理"，这就要求总监理工程师熟悉各种业务，通晓多种知识技能，成为"全能"式的人物。

2. 职能制监理组织形式

职能制监理组织形式有两类：一类是直线指挥部门和人员；另一类是职能部门和人员。
其组织形式如图 1.10 所示。

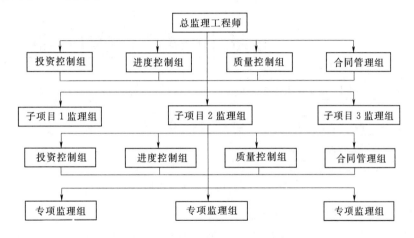

图 1.10　职能制监理组织形式

这种组织形式的主要优点是：加强了项目监理目标控制的职能化分工，能够发挥职能机
构的专业管理作用，提高管理效率，减轻总监理工程师的负担。其缺点是下级人员受多头领
导，如果上级指令矛盾，将使下级在工作中无所适从。

3. 直线职能制监理组织形式

这种组织形式的特点是：指挥部门拥有对下级进行指挥和发布命令的权力，并对该部门
全面负责；职能部门是直线指挥人员的参谋，他们只能对指挥部门进行业务指导，而不能对
指挥部门直接进行指挥和发布命令。其保有直线领导、统一指挥、职责清楚的优点和职能制
组织目标管理专业化的优点，缺点是：职能部门与指挥部门易产生矛盾，信息传递路线长，
不利于互通情报。其组织形式如图 1.11 所示。

4. 矩阵制监理组织形式

这种组织形式的特点是：加强了各职能部门的横向联系，具有较大的机动性和适应性，
把上下左右集权与分权实行最优的结合，有利于解决复杂问题，有利于监理人员业务能力的
培养。其组织形式如图 1.12 所示。

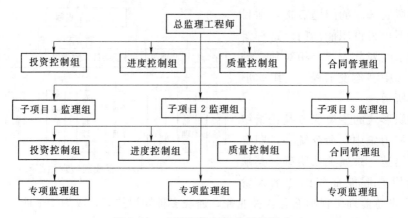

图 1.11　直线职能制监理组织形式

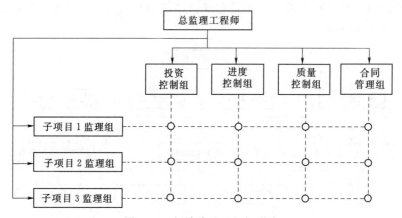

图 1.12　矩阵式监理组织形式

1.5.2.3　项目监理机构各类人员基本职责

根据《建设工程监理规范》（GB/T 50319—2013），总监理工程师、总监理工程师代表、专业监理工程师和监理员应分别履行下列职责。

1. 总监理工程师职责

（1）确定项目监理机构人员及其岗位职责。

（2）组织编制监理规划，审批监理实施细则。

（3）根据工程进展及监理工作情况调配监理人员，检查监理人员工作。

（4）组织召开监理例会。

（5）组织审核分包单位资格。

（6）组织审查施工组织设计、（专项）施工方案。

（7）审查开复工报审表，签发工程开工令、暂停令和复工令。

（8）组织检查施工单位现场质量、安全生产管理体系的建立及运行情况。

（9）组织审核施工单位的付款申请，签发工程款支付证书，组织审核竣工结算。

（10）组织审查和处理工程变更。

（11）调解建设单位与施工单位的合同争议，处理工程索赔。

（12）组织验收分部工程，组织审查单位工程质量检验资料。

（13）审查施工单位的竣工申请，组织工程竣工预验收，组织编写工程质量评估报告，参与工程竣工验收。

（14）参与或配合工程质量安全事故的调查和处理。

（15）组织编写监理月报、监理工作总结，组织整理监理文件资料。

2．总监理工程师代表职责

按总监理工程师的授权，负责总监理工程师指定或交办的监理工作，行使总监理工程师的部分职责和权力。但其中涉及工程质量、安全生产管理及工程索赔等重要职责不得委托给总监理工程师代表。具体而言，总监理工程师不得将下列工作委托给总监理工程师代表：

（1）组织编制监理规划，审批监理实施细则。

（2）根据工程进展及监理工作情况调配监理人员。

（3）组织审查施工组织设计、（专项）施工方案。

（4）签发工程开工令、暂停令和复工令。

（5）签发工程款支付证书，组织审核竣工结算。

（6）调解建设单位与施工单位的合同争议，处理工程索赔。

（7）审查施工单位的竣工申请，组织工程竣工预验收，组织编写工程质量评估报告，参与工程竣工验收。

（8）参与或配合工程质量安全事故的调查和处理。

3．专业监理工程师职责

（1）参与编制监理规划，负责编制监理实施细则。

（2）审查施工单位提交的涉及本专业的报审文件，并向总监理工程师报告。

（3）参与审核分包单位资格。

（4）指导、检查监理员工作，定期向总监理工程师报告本专业监理工作实施情况。

（5）检查进场的工程材料、构配件、设备的质量。

（6）验收检验批、隐蔽工程、分项工程，参与验收分部工程。

（7）处置发现的质量问题和安全事故隐患。

（8）进行工程计量。

（9）参与工程变更的审查和处理。

（10）组织编写监理日志，参与编写监理月报。

（11）收集、汇总、参与整理监理文件资料。

（12）参与工程竣工预验收和竣工验收。

4．监理员职责

（1）检查施工单位投入工程的人力、主要设备的使用及运行状况。

（2）进行见证取样。

（3）复核工程计量有关数据。

（4）检查工序施工结果。

（5）发现施工作业中的问题，及时指出并向专业监理工程师报告。

专业监理工程师和监理员的上述职责为其基本职责，在建设工程监理实施过程中，项目监理机构还应针对建设工程实际情况，明确各岗位专业监理工程师和监理员的职责分工。

学习项目 2   建设工程监理招投标与合同管理

【项目描述】 以某建设工程监理项目招标文件为载体，介绍工程监理招投标的具体要求和相关内容。投标须知前附表见表2.1。

表 2.1 投 标 须 知 前 附 表

序号	内 容 规 定
1	工程概况：钢结构，地上20层，地下1层，总建筑面积约68236.51m² 建设单位：×××投资集团有限公司 建设地点：××× 监理服务期：约30个月（施工工期18个月加缺陷责任期12个月）
2	委托监理范围：×××大楼的施工准备阶段、施工阶段、缺陷责任期的监理，包括建（构）筑物及附属建筑物的基础人防工程、主体土建工程、装饰装修工程、水电安装工程、电梯安装、中央空调、消防工程及附属工程等施工和设备安装
3	监理服务期限：×××的施工准备阶段、施工阶段、缺陷责任期
4	工程质量要求：合格工程［钢结构制作严格按照《钢结构工程施工质量验收规范》（GB 50205—2001）规定进行］
5	资质要求： （1）具有独立的法人资格，营业执照经年检有效。 （2）具有建设行政主管部门颁发的房屋建筑工程监理甲级资质。 （3）拟委任的总监理工程师应具有国家注册监理工程师（建筑工程专业）岗位证书，并具有建筑工程专业或工民建专业工程师或以上技术职称，60周岁以下，至少有1个类似工程项目监理经验。 （4）企业财务状况良好。 （5）拟任职本项目的主要管理人员均为注册在本单位的正式员工。 （6）企业至少有1个跨度24m以上、面积30000m²以上轻（重）钢结构、网架结构建筑项目监理经验（如果总监在当前注册公司有类似工程经验，可同时视为企业具有一个类似工程经验，如果总监在当前注册公司没有类似经验，则公司需另外提供一个类似工程经验证明）
6	资金来源：自筹
7	投标有效期：投标截止日后90日内有效
8	投标保证金：人民币叁万元整（￥30000.00元） 全 称：×××招标咨询有限责任公司 开户行：××× 账 号：×××
9	投标文件分为商务标文件、技术标文件两部分： 商务标文件：一式三份，正本一份，副本两份 技术标：一式三份，不分正副本 以上投标文件均单独装订成册，单独密封
10	投标截止时间：2015年10月15日上午9：00 投标文件递交：×××市建设工程交易中心开标室
11	开标时间：2015年10月15日上午9：00 开标地点：×××市建设工程交易中心评标室

序号	内　容　规　定
12	类似工程标准：近5年内完成的已竣工验收合格的至少有1个跨度24m以上、面积30000m² 以上轻（重）钢结构、网架结构建筑项目监理
13	如有疑问请通过以下联系方式与招标方联系： 招标人：×××投资集团有限公司 联系人：×××　　联系电话：××× 代理人：×××招标咨询有限责任公司 联系人：×××　　联系电话：×××
14	本招标文件售价每份人民币400元整，售后不退。中标人在领取中标通知书前按《招标代理服务收费管理暂行办法》（计价格〔2002〕1980号）规定的标准向招标代理机构一次性交纳招标服务费

【学习目标】　通过学习，掌握建设工程监理招标的方式及一些基本要求，投标单位投标时需注意事项及监理单位在中标后进行的合同管理。

建设工程监理与相关服务可以由建设单位直接委托，也可以通过招标方式委托。根据《招标投标法》和国家计委《工程建设项目招标范围和规模标准规定》（国家计委令第3号）的规定：①大型基础设施、公用事业等关系社会公共利益、公众安全的项目；②全部或者部分使用国有资金投资或者国家融资的项目；③使用国际组织或者外国政府贷款、援助资金的项目。

上述三类项目监理服务的采购，单项合同估算价在50万元人民币以上的，建设单位必须通过招标方式委托。

因此，建设工程监理招投标是建设单位委托监理与相关服务工作和工程监理单位承揽监理与相关服务工作的主要方式。

有下列情形之一的各类建设工程项目监理，经当地招投标监管机构审查同意后，可以不实行招标，由招标人提供有关资料到当地建设市场交易中心办理相关手续：①在建工程追加的附属小型工程或者主体加层工程，且监理单位未发生变更和未超过资质范围的；②停建或者缓建后恢复建设的单位工程，且监理单位未发生变更和未超过资质范围的；③法律、法规、规章规定的其他工程。

学习情境2.1　建设工程监理招投标概述

【情境描述】　建设工程监理与相关服务可以由建设单位直接委托，也可以通过招标方式委托。但是法律法规规定招标的，建设单位必须通过招标方式委托。

2.1.1　建设工程监理招投标的主体

2.1.1.1　建设工程监理招标的主体

建设工程监理招标的主体是承建招标项目的建设单位，又称业主招标人。招标人可以自行组织监理招标也可以委托相应资质的招标代理机构组织招标。必须进行监理招标的项目，招标人自行办理招标事宜的，应向招标管理部门备案。

国务院建设主管部门负责管理全国建设监理招标投标的管理工作，各省、市、区及工业、交通部门建设行政管理机构负责本地区、本部门建设监理招标投标工作，各地区、各部门建设工程招标投标管理办公室对监理招标与投标活动实施管理。

2.1.1.2　参加投标的监理单位

参加投标的监理单位应当具备以下条件：

（1）具有相应的监理资质证书。

（2）具有法人资格的监理公司、监理事务所或兼承监理业务的工程设计、科学研究及工程建设咨询的单位。

（3）具有与招标工程规模相适应的资质等级。

工程监理企业资质分为综合资质、专业资质和事务所资质。其中，专业资质按照工程性质和技术特点划分为若干工程类别。专业资质分为甲级、乙级；其中，房屋建筑、水利水电、公路和市政公用专业资质可设立丙级。

综合资质、事务所资质不分类别。

2.1.2　建设工程监理招标的特点

2.1.2.1　监理招标的特点

1. 招标的宗旨是对监理单位能力的选择

监理服务是监理单位的高智能投入，服务工作的好坏不仅依赖于执行监理业务是否遵循了规范化的管理程序和方法，更多的是取决于监理工作人员的业务专长、经验、判断能力、创新能力以及风险意识。监理招标是能力竞争而不是价格竞争。

2. 报价在选择中居于次要地位

工程项目的施工、物资供应招标选择中标人的原则是：在技术上达到要求标准的前提下，主要考虑价格的竞争性。而监理招标对能力的选择放在第一位，因为当价格过低时监理单位很难把招标人的利益放在第一位，为了维护自己的经济利益采取减少监理人员数量或多派业务水平低、工资低的人员，其后果必然导致对工程项目的损害。另外，监理单位提供高质量的服务，往往能使招标人获得节约工程投资和提前投产的实际效益，所以过多考虑报价因素得不偿失。但从另一个角度来看，服务质量与价格之间应有相应的平衡关系，所以招标人应在能力相当的投标人之间再进行价格比较。

3. 邀请投标人较少

选择监理单位时，一般邀请投标人的数量 3~5 家为宜。由于监理招标是对知识、技能和经验等方面综合能力的选择，每一份标书内都会提出具有独特见解或创造性的实施建议，但又各有长处和短处。如果邀请过多投标人参与竞争，不仅要增大评标工作量，而且定标后还要给予未中标人一定的补偿费，与在众多投标人中好中求好的目的比较，往往产生事倍功半的效果。

2.1.2.2　监理招标与施工招标的区别

监理招标是为了挑选最有能力的监理公司为其提供咨询和监理服务，而施工招标则是为了选择最有实力的承包商来完成施工任务，并获得有竞争性的合同价格。监理招标与施工招标的区别见表 2.2。

表 2.2　　　　　　　　　　　　　　监理招标与施工招标的区别

内容	监 理 招 标	施 工 招 标
任务范围	招标文件或邀请函中提出的任务范围不是已确定的合同条件，只是合同谈判的一项内容，投标人可以而且往往会对其提出改进意见	招标文件中的工作内容是正式的合同条件，双方都无权更改，只能在必要时按规定予以澄清

内容	监 理 招 标	施 工 招 标
邀请范围	一般不发招标广告，发包人可开列短名单，且只向短名单内的监理公司发出邀请函	公开招标要发布招标广告，而不是在小范围内的直接邀请，并进行资格预审；邀请招标的范围也比较宽，且要进行资格后审
标底	不编制标底	可以编制或不编制标底
选择原则	以技术方面的评审为主，选择最佳的监理公司，不应以价格最低为主要标准	以技术上达到标准为前提，将合同授予经评审价格最低的投标单位
投标书的编制要求	可以对招标文件中的任务大纲提出修改意见，提出技术性或建设性的建议	必须要求按招标文件中要求的格式和内容填写投标书，不符合规定要求即为废标

学习情境 2.2　建设工程监理招标

【情境描述】　建设工程监理招标是建设单位通过招标方式对符合条件的监理单位给予的同等条件下进行平等竞争，并按照招标文件要求择优选定项目的中标单位，确保建设工程质量。

工程监理招标由招标人依法组织实施。任何单位和个人不得以任何方式非法干涉工程监理招标投标活动。进行施工监理招标的工程项目，应当具备下列条件：

（1）按照国家有关规定需要履行项目审批手续的，已经履行审批手续。

（2）工程资金或者资金来源已经落实。

（3）有满足建设工程施工监理需要的设计文件及其他技术资料。

（4）法律、法规、规章规定的其他条件。

2.2.1　建设工程监理招标方式

建设工程监理招标可分为公开招标和邀请招标两种方式。建设单位应根据法律法规、工程项目特点、工程监理单位的选择空间及工程实施的急迫程度等因素合理选择招标方式，并按规定程序向招投标监督管理部门办理相关招投标手续，接受相应的监督管理。

2.2.1.1　公开招标

公开招标是指建设单位以招标公告的方式邀请不特定工程监理单位参加投标，向其发售监理招标文件，按照招标文件规定的评标方法、标准，从符合投标资格要求的投标人中优选中标人，并与中标人签订建设工程监理合同的过程。招标人不得以不合理条件限制或者排斥潜在投标人，不得对潜在投标人实行歧视待遇。

国有资金占控股或者主导地位等依法必须进行监理招标的项目，应当采用公开招标方式委托监理任务。

公开招标属于非限制性竞争招标，其优点是能够充分体现招标信息公开性、招标程序规范性、投标竞争公平性，有助于打破垄断，实现公平竞争。公开招标可使建设单位有较大的选择范围，可在众多投标人中选择经验丰富、信誉良好、价格合理的工程监理单位，能够大大降低串标、围标、抬标和其他不正当交易的可能性。

公开招标的缺点是，准备招标、资格预审和评标的工作量大，因此，招标时间长，招标费用较高。

2.2.1.2 邀请招标

邀请招标是指建设单位以投标邀请书方式邀请特定工程监理单位参加投标，向其发售招标文件，按照招标文件规定的评标方法、标准，从符合投标资格要求的投标人中优选中标人，并与中标人签订建设工程监理合同的过程。

邀请招标属于有限竞争性招标，也称为选择性招标。采用邀请招标方式，建设单位不需要发布招标公告，也不进行资格预审（但可组织必要的资格审查），使招标程序得到简化。这样，既可节约招标费用，又可缩短招标时间。邀请招标虽然能够邀请到有经验和资信可靠的工程监理单位投标，但由于限制了竞争范围，选择投标人的范围和投标人竞争的空间有限，可能会失去技术和报价方面有竞争力的投标者，失去理想中标人，达不到预期竞争效果。

2.2.2 建设工程监理招标程序

建设工程监理招标一般包括：招标准备；发出招标公告或投标邀请书；组织资格审查；编制和发售招标文件；组织现场踏勘；召开投标预备会；招标文件的澄清与修改（若有）；招标文件异议处理（若有）；开标、评标和定标；签订建设工程监理合同等程序。

2.2.2.1 招标准备

建设工程监理招标准备工作包括确定招标组织，明确招标范围和内容，编制招标方案等内容。

（1）确定招标组织。建设单位自身具有编制招标文件和组织招标的能力时，可自行组织监理招标，否则，应委托招标代理机构组织招标。建设单位委托招标代理进行监理招标时，应与招标代理机构签订招标代理书面合同，明确委托招标代理的内容、范围及双方义务和责任，并报建设工程招标投标监督管理机构备案。

《招标投标法》第十三条规定：招标代理机构是依法设立、从事招标代理业务并提供相关服务的社会中介组织。招标代理机构应当具备下列条件：

1）有从事招标代理业务的营业场所和相应资金。

2）有能够编制招标文件和组织评标的相应专业力量。

3）有符合本法第三十七条第三款规定条件，可以作为评标委员会成员人选的技术、经济等方面的专家库。

（2）明确招标范围和内容。综合考虑工程特点、建设规模、复杂程度、建设单位自身管理水平等因素，明确建设工程监理招标范围和内容。

（3）编制招标方案。包括划分监理标段、选择招标方式、选定合同类型及计价方式、确定投标人资格条件、安排招标工作进度等。

2.2.2.2 发出招标公告或投标邀请书

建设单位采用公开招标方式的，应当发布招标公告。招标公告必须通过一定的媒介进行发布，根据《招标公告发布暂行办法》（国家计委 4 号令），指定《中国日报》《中国经济导报》《中国建设报》《中国采购与招标网》为发布依法必须招标项目的招标公告的媒介。

投标邀请书是指采用邀请招标方式的建设单位，向三个以上（含三个）具备承担招标项目资质能力、资信良好的特定工程监理单位发出的参加投标的邀请。

招标公告与投标邀请书应当载明以下内容：

（1）招标人的名称和地址。

（2）招标项目的内容、规模、资金来源；招标项目的实施地点和工期。

（3）获取招标文件或者资格预审文件的地点和时间。

（4）对招标文件或者资格预算文件收取的费用。

（5）对投标人的资质等级要求。

《招标投标法》第十八条规定：招标人可以根据招标项目本身的要求，在招标公告或者投标邀请书中，要求潜在投标人提供有关资质证明文件和业绩情况，并对潜在投标人进行资格审查；国家对投标人的资格条件有规定的，依照其规定。

招标人不得以不合理的条件限制、排斥潜在投标人或者投标人。招标人有下列行为之一的，属于以不合理条件限制、排斥潜在投标人或者投标人：

（1）就同一招标项目向潜在投标人或者投标人提供有差别的项目信息。

（2）设定的资格、技术、商务条件与招标项目的具体特点和实际需要不相适应或者与合同履行无关。

（3）依法必须进行招标的项目以特定行政区域或者特定行业的业绩、奖项作为加分条件或者中标条件。

（4）对潜在投标人或者投标人采取不同的资格审查或者评标标准。

（5）限定或者指定特定的专利、商标、品牌、原产地或者供应商。

（6）依法必须进行招标的项目非法限定潜在投标人或者投标人的所有制形式或者组织形式。

（7）以其他不合理条件限制、排斥潜在投标人或者投标人。

2.2.2.3　组织资格审查

为了保证潜在投标人能够公平地获取投标竞争的机会，确保投标人满足招标项目的资格条件，同时避免招标人和投标人不必要的资源浪费，招标人应组织审查监理投标人资格。资格审查分为资格预审和资格后审两种。

（1）资格预审。资格预审是指在投标前，对申请参加投标的潜在投标人进行资质条件、业绩、信誉、技术、资金等多方面情况的资格审查。采取资格预审的，招标人应当在资格预审文件中载明资格预审的条件、标准和方法，并组织招标资格审查委员会，按照招标资格预审公告和资格预审文件确定的资格预审条件、标准和方法对投标申请人进行评审，经资格预审后，招标人应当向资格预审合格的潜在投标人（或投标人）发出资格预审合格通知书，只有资格预审中被认定为合格的潜在投标人（或投标人）才可以参加投标。资格预审的目的是为了排除不合格的投标人，进而降低招标人的招标成本，提高招标工作效率。

优点：可以减少评标阶段的工作量、缩短评标时间、减少评审费用、降低社会成本（提高评标质量）。

缺点：延长招标投标过程，增加招标投标双方资格预审的费用。

适用：技术复杂或投标文件编制费用较高，且潜在投标人数量较多。

（2）资格后审。资格后审是指在开标后，由评标委员会根据招标文件中规定的资格审查因素、方法和标准，对投标人资格进行的审查。

优点：可以避免招标与投标双方资格预算的工作环节和费用、缩短招标投标过程，有利于增强投标的竞争性。

缺点：在投标人过多时会增加社会成本和评标工作量。

适用：潜在投标人数量不多。

建设工程监理资格审查大多采用资格预审的方式进行。

2.2.2.4　编制和发售招标文件

（1）编制建设工程监理招标文件。招标文件既是投标人编制投标文件的依据，也是招标人与中标人签订建设工程监理合同的基础。招标文件一般应由以下内容组成：

1）招标公告或投标邀请书。

2）投标人须知（包括工程名称、地址、建设规模、投资额、性质、建设单位、招标范围、合格投标人的资格条件、工程资金来源和落实情况、标段划分、工期要求、质量要求、监理服务期质量要求、缺陷责任期监理服务要求、现场踏勘和答疑安排，投标文件编制、提交、修改、撤回的要求，投标报价上、下限值或合理价，投标保证金，投标有效期，开标时间、地点等）。

3）评标标准和方法。

4）拟签订监理合同主要条款及格式，以及履约担保格式等。

5）投标报价。

6）设计资料。

7）技术标准和要求。

8）投标文件格式。

9）要求投标人提交的其他材料。

（2）发售监理招标文件。按照招标公告或投标邀请书规定的时间、地点发售招标文件。投标人对招标文件内容有异议，可在规定时间内要求招标人澄清、说明或纠正。招标文件的发售期不得少于5日。

招标人在招标文件中要求投标人提交投标保证金的，投标保证金不得超过招标项目估算价的2%，投标保证金有效期应当与投标有效期一致。以现金或者支票形式提交的投标保证金应当从投标单位基本账户转出。招标人不得挪用投标保证金。

2.2.2.5　组织现场踏勘和投标预备会

组织投标人进行现场踏勘的目的在于了解工程场地和周围环境等情况，以获取认为有必要的信息并据此作出是否投标、投标策略以及投标报价。招标人可根据工程特点和招标文件规定，组织潜在投标人对工程实施现场的地形地质条件、周边和内部环境进行实地踏勘，并介绍有关情况，供投标人在编制投标文件时参考，但招标人不对投标人据此作出的判断和决策负责。招标人不得单独或者分别组织任何一个投标人进行现场踏勘。除招标人的原因外，投标人自行负责在踏勘现场中所发生的人员伤亡和财产损失。

招标人按照招标文件规定的时间组织投标预备会，澄清、解答潜在投标人在阅读招标文件和现场踏勘后提出的疑问。所有的澄清、解答都应当以书面形式予以确认，并发给所有购买招标文件的潜在投标人。投标文件的书面澄清、解答属于招标文件的组成部分。招标人同时可以利用投标预备会对招标文件中有关重点、难点内容主动做出说明。

2.2.2.6　招标文件澄清与修改（若有）

《招标投标法》第二十三条规定："招标人对已发出的招标文件进行必要的澄清或者修改的，应当在招标文件要求提交投标文件截止时间至少15日前，以书面形式通知所有招标文件收受人。该澄清或者修改的内容为招标文件的组成部分。"

2.2.2.7　招标文件异议处理（若有）

对招标文件有异议的，应当在投标截止时间 10 日前提出。招标人应当自收到异议之日起 3 日内作出答复，作出答复前，应当暂停招标投标活动。未在规定时间提出异议的，不得再对招标文件相关内容提出投诉。

2.2.2.8　开标

开标由工程招标人或其代理人主持，应当在招标文件确定的提交投标文件截止时间的同一时间公开进行，开标地点应当为招标文件中预先确定的地点。邀请所有投标人派代表参加，并邀请招标管理机构有关人员参加。

由投标人或者其推选的代表检查投标文件的密封情况，也可以由招标人委托的公证机构检查并公证，经确认无误后，由工作人员当众拆封，宣读投标人名称、投标价格和投标文件的其他主要内容。开标过程应当记录，并存档备查。

在开标过程中，属于下列情况之一的，按无效标书处理：

（1）投标人未按时参加开标会，或虽参加会议但无有效证件。

（2）投标书未按规定的方式密封。

（3）唱标时弄虚作假，更改投标书内容。

（4）监理费报价低于国家规定的下限。

在建设工程监理招标中，由于业主主要看中的是监理单位的技术水平而非监理报价，并且经常采用邀请招标的方式，因此，有些招标不进行公开招标，也不宣布各投标人的报价。

2.2.2.9　评标

评标委员会应当熟悉、掌握招标项目的主要特点和需求，认真阅读、研究招标文件及其评标办法，按招标文件规定的评标办法进行评标，编写评标报告，并向招标人推荐中标候选人，或经招标人授权直接确定中标人。

2.2.2.10　定标

招标人根据评标委员会提出的书面评标报告和推荐的中标候选人确定中标人。招标人也可以授权评标委员会直接确定中标人。中标人确定后，招标人应当向中标人发出中标通知书，并同时将中标结果通知所有未中标的投标人。中标通知书对招标人和中标人都具有法律效力。中标通知书发出后，招标人改变中标结果的，或者中标人放弃中标项目的，应当依法承担法律责任。

定标应当在投标有效期内完成。不能再投标有效期内完成评标和定标的，招标人应当通知所有投标人延长投标有效期。拒绝延长投标有效期的投标人有权收回投标保证金。同意延长投标有效期的投标人应该相应延长投标担保的有效期，但不得修改投标文件的实质性内容。因延长投标有效期造成投标人损失的，招标人应该给予补偿，但因不可抗力需延长投标有效期的除外。

2.2.2.11　签订建设工程监理合同

招标人和中标人应当自中标通知书发出之日起 30 天内，根据招标文件和中标人的投标文件订立书面合同。招标人与中标人签订监理合同后 15 日内，到工程所在地主管部门办理合同备案手续。中标人无正当理由拒签合同的，招标人取消其中标资格，其投标保证金不予退还。

发出中标通知书后，招标人无正当理由拒签合同的，招标人向中标人退还投标保证金；

给中标人造成损失的，还应当赔偿损失。

2.2.3　建设工程监理招标文件的主要内容

2.2.3.1　投标邀请信（若有）

投标邀请信是招标人发给短名单内监理单位的信函，应在招标准备准备阶段完成。

2.2.3.2　投标须知

投标须知是供投标人参加投标竞争和编制投标书的主要依据，内容应尽可能完整、详细。一般情况下包括以下几方面的内容：

（1）工程的综合说明。说明监理工程项目的主要建设内容、规模、工程等级、地点、总投资、现场条件、预计的开竣工日期等。

（2）委托的监理任务大纲。任务大纲是招标人准备委托的工作范围。投标人依据此文件编制监理大纲，大纲内说明的工作内容，允许投标人根据其监理目标的设定作出进一步的完善和补充。

（3）合格条件与资格要求包括以下内容：

1）说明本次招标对投标人的最低资格要求。

2）评审内容。

3）投标人应提供资格的有关材料。

（4）招标投标程序具体如下：

1）有关活动时间、地点的安排，如现场考察、投标截止日期等。

2）对标书的编制和递送要求。

3）评标考虑的要素和评标原则。说明评标时各项因素的权重、评分方法、中标人的选定规则等。

2.2.3.3　合同草案

招标人与中标人签订的监理委托合同应采用住房和城乡建设部和国家工商行政管理总局联合颁布的《建设工程监理合同（示范文本）》（GF-2012-0202）标准化文本，合同的通用条件部分不得改动，结合委托监理任务的工程特点和项目的地域特点，双方可针对通用条件中的要求予以补充、细化或修改。在编制招标文件时，为了能使投标人明确义务和责任，专用条件的相应条款内容均应写明。然而招标文件专用条款的内容只是编写投标书的依据，如果通过投标、评标和合同谈判，发包人同意接受投标书中的某些建议，双方协商达成一致修改专用条款的约定后再签订合同。

2.2.3.4　工程技术文件

工程技术文件是投标人完成委托监理任务的依据，应包括以下内容：

（1）工程项目建议书。

（2）工程项目批复文件。

（3）可行性研究报告及审批文件。

（4）应遵守的有关技术规定。

（5）必要的设计文件、设计施工图和有关资料。

2.2.3.5　投标文件的格式

招标文件中给出的标准化法律文书通常包括以下内容：

（1）投标书格式。

（2）监理大纲的主要内容要求。

（3）投标单位对投标负责人的授权书格式。

（4）履约保函格式。

2.2.4　重新招标

有下列情形之一的，招标人将重新进行招标：

（1）资格预审合格的潜在投标人不足3个的。

（2）在投标截止时间前提交投标文件的投标人少于3个的。

（3）所有投标均被作废标处理或被否决的。

（4）评标委员会否决不合格投标或者界定为废标后，因有效投标不足3个使得投标明显缺乏竞争，评标委员会决定否决全部投标的。

（5）同意延长投标有效期的投标人少于3个的。

学习情境2.3　建设工程监理投标

【情境描述】　建设工程监理投标是一项复杂的系统性工作，工程监理单位通过投标决策、投标策划、投标文件编制、参加开标及答辩、投标后评估、投标策略等活动充分发挥自身优势从而能够中标建设工程监理任务。

建设工程监理投标是一项复杂的系统性工作，工程监理单位的投标工作包括投标决策、投标策划、投标文件编制、参加开标及答辩、投标后评估等内容。

投标人应当具备承担招标项目的能力，国家有关规定对投标人资格条件或者招标文件对投标人资格条件有规定的，投标人应当具备规定的资格条件。

投标人应当按照招标文件的要求编制投标文件。投标文件应当对招标文件提出的实质性要求和条件作出响应。

《招标投标法》第三十九条规定：禁止投标人相互串通投标。有下列情形之一的，属于投标人相互串通投标：

（1）投标人之间协商投标报价等投标文件的实质性内容。

（2）投标人之间约定中标人。

（3）投标人之间约定部分投标人放弃投标或者中标。

（4）属于同一集团、协会、商会等组织成员的投标人按照该组织要求协同投标。

（5）投标人之间为谋取中标或者排斥特定投标人而采取的其他联合行动。

《招标投标法》第四十条规定有下列情形之一的，视为投标人相互串通投标：

（1）不同投标人的投标文件由同一单位或者个人编制。

（2）不同投标人委托同一单位或者个人办理投标事宜。

（3）不同投标人的投标文件载明的项目管理成员为同一人。

（4）不同投标人的投标文件异常一致或者投标报价呈规律性差异。

（5）不同投标人的投标文件相互混装。

（6）不同投标人的投标保证金从同一单位或者个人的账户转出。

《招标投标法》第四十一条禁止招标人与投标人串通投标。有下列情形之一的，属于招标人与投标人串通投标：

（1）招标人在开标前开启投标文件并将有关信息泄露给其他投标人。

（2）招标人直接或者间接向投标人泄露标底、评标委员会成员等信息。

（3）招标人明示或者暗示投标人压低或者抬高投标报价。

（4）招标人授意投标人撤换、修改投标文件。

（5）招标人明示或者暗示投标人为特定投标人中标提供方便。

（6）招标人与投标人为谋求特定投标人中标而采取的其他串通行为。

使用通过受让或者租借等方式获取的资格、资质证书投标的，属于《招标投标法》第三十三条规定的以他人名义投标。

投标人有下列情形之一的，属于《招标投标法》第三十三条规定的以其他方式弄虚作假的行为：

（1）使用伪造、变造的许可证件。

（2）提供虚假的财务状况或者业绩。

（3）提供虚假的项目负责人或者主要技术人员简历、劳动关系证明。

（4）提供虚假的信用状况。

（5）其他弄虚作假的行为。

2.3.1　建设工程监理投标决策

工程监理单位要想中标获得建设工程监理任务并获得预期利润，就需要认真进行投标决策。所谓投标决策，包括三方面内容：①决定是否参与竞标；②倘若去投标，是投什么性质的标；③投标中如何采用以长制短，以优胜劣的策略和技巧。投标决策的正确与否，关系到能否中标和中标后的效益；关系到施工企业的发展前景和职工的经济利益。因此，企业的决策班子必须充分认识到投标决策的重要意义，把这一工作摆在企业的重要议事日程上。

2.3.1.1　投标决策原则

监理企业应对投标项目有所选择，特别是投标项目比较多时，投哪个标不投哪个标以及投一个什么样的标，这都关系到中标的可能性和企业的经济效益。因此，投标决策非常重要，通常有企业的主要领导担当此任。要从战略全局全面地权衡得失与利弊，从工程特点与工程监理企业自身需求之间选择最佳结合点，作出正确的决策。进行投标决策实际上是企业的经营决策问题。因此，投标决策时，必须遵循下列原则：

（1）充分衡量自身人员和技术实力能否满足工程项目要求，且要根据工程监理单位自身实力、经验和外部资源等因素来确定是否参与竞标。首先，要考虑能否发挥本企业的特点和特长，技术优势和装备优势，要注意扬长避短，选择适合发挥自己优势的项目，发扬长处才能提高利润，创造信誉，避开自己不擅长的项目和缺乏经验的项目。其次，要根据竞争对手的技术经济情报，分析和预测是否有夺标的把握和机会。对于毫无夺标希望的项目，就不宜参加投标，更不宜陪标，以免损害本企业的声誉，进而影响未来的中标机会。若明知竞争不过对手，则应退出竞争，减少损失。

（2）充分考虑国家政策、建设单位信誉、招标条件、资金落实情况等，保证中标后工程项目能顺利实施。要了解招标项目是否已经过正式批准，列入国家或地方的建设计划，资金来源是否可靠。此外，还要了解业主的资信条件及合同条款的宽严程度，有无重大风险性。应当尽早回避那些利润小而风险大的招标项目以及本企业没有条件承担的项目，否则，将造成不应有的后果。

（3）由于目前工程监理单位普遍存在注册监理工程师稀缺、监理人员数量不足的情况，因此在一般情况下，工程监理单位与其将有限人力资源分散到几个小工程投标中，不如集中优势力量参与一个较大建设工程监理投标。

（4）对于竞争激烈、风险特别大或把握不大的工程项目，应主动放弃投标。

总之，投标与否，要考虑的因素很多，需要广泛、深入调研，系统地积累资料，并作出全面的科学的分析，才能保证投标决策的正确性。

2.3.1.2　投标决策定量分析方法

常用的投标决策定量分析方法有综合评价法和决策树法。

1. 综合评价法

综合评价法是指决策者决定是否参加某建设工程监理投标时，将影响其投标决策的主客观因素用某些具体指标表示出来，并定量地进行综合评价，以此作为投标决策依据。

（1）确定影响投标的评价指标。不同工程监理单位在决定是否参加某建设工程监理投标时所应考虑的因素是不同的，但一般都要考虑到企业人力资源、技术力量、投标成本、经验业绩、竞争对手实力、企业长远发展等多方面因素，考虑的指标一般有总监理工程师能力、监理团队配置、技术水平、合同支付条件、同类工程经验、可支配的资源条件、竞争对手数量和实力、竞争对手投标积极性、项目利润、社会影响、风险情况等。

（2）确定各项评价指标权重。上述各项指标对工程监理单位参加投标的影响程度是不同的，为了在评价中能反映各项指标的相对重要程度，应当对各项指标赋予不同权重。各项指标权重为 W_i，$\sum W_i$ 应当等于 1。

（3）各项评价指标评分。针对具体工程项目，衡量各项评价指标水平，可划分为好、较好、一般、较差、差五个等级，各等级赋予定量数值 u，如可按 1.0、0.8、0.6、0.4、0.2 进行打分。

（4）计算综合评价总分。将各项评价指标权重与等级评分相乘后累加，即可求出建设工程监理投标机会总分。

（5）决定是否投标。将建设工程监理投标机会总分与过去其他投标情况进行比较或者与工程监理单位事先确定的可接受的最低分数相比较，决定是否参加投标。

表 2.3 是某工程运用综合评价法辅助建设工程监理投标决策的示例。

表 2.3　　　　　　　某建设工程监理投标的综合评价法决策

投标考虑的因素	权重 W_i	等级					指标得分 $W_i u$
		好	较好	一般	较差	差	
总监理工程师能力	0.10			0.6			0.06
监理团队配置	0.10	1.0					0.10
技术水平	0.10	1.0					0.10
合同支付条件	0.10	1.0					0.10
同类工程经验	0.10				0.4		0.04
可支配的资源条件	0.10				0.4		0.04
竞争对手数量和实力	0.10		0.8				0.08
竞争对手投标积极性	0.05			0.6			0.03

续表

投标考虑的因素	权重 W_i	等级					指标得分 $W_i u$
		好	较好	一般	较差	差	
项目利润	0.10	1.0					0.10
社会影响	0.05		0.8				0.04
风险情况	0.05	1.0					0.05
其他	0.05	1.0					0.05
总计							0.79

在实际操作过程中，投标考虑的因素及其权重、等级可由工程监理单位投标决策机构组织企业经营、生产、人事等有投标经验的人员，以及外部专家进行综合分析、评估后确定。综合评价法也可用于工程监理单位对多个类似工程监理投标机会选择，综合评价分值最高者将作为优先投标对象。

2. 决策树法

工程监理单位有时会同时收到多个不同或类似建设工程监理投标邀请书，而工程监理单位的资源是有限的，若不分重点地将资源平均分布到各个投标工程，则每一个工程中标的概率都很低。为此，工程监理单位应针对每项工程特点进行分析，比选不同方案，以期选出最佳投标对象。这种多项目多方案的选择，通常可以应用决策树法进行定量分析。

（1）适用范围。决策树分析法是适用于风险型决策分析的一种简便易行的实用方法，其特点是用一种树状图表示决策过程，通过事件出现的概率和损益期望值的计算比较，帮助决策者对行动方案作出抉择。当工程监理单位不考虑竞争对手的情况（投标时往往事先不知道参与投标的竞争对手），仅根据自身实力决定某些工程是否投标及如何报价时，则是典型的风险型决策问题，适用于决策树法进行分析。

（2）基本原理。决策树是模拟树木成长过程，从出发点（称决策点）开始不断分枝来表示所分析问题的各种发展可能性，并以分枝的期望值中最大（或最小）者作为选择依据。从决策点分出的枝称为方案枝，从方案枝分出的枝称为概率分枝。方案枝分出的各概率分枝的分叉点及概率分枝的分叉点，称为自然状态点。概率分枝的终点称为损益值点。

绘制决策树时，自左向右，形成树状，其分枝使用直线，决策点、自然状态点、损益值点，分别使用不同的符合表示。其画法如下：

1）一个方框作为决策点，并编号。

2）从决策点向右引出若干条直（折）线，形成方案枝，每条线段代表一个方案，方案名称一般直接标注在线段的上（下）方。

3）每个方案枝末端画一个圆圈，代表自然状态点。圆圈内编号，与决策点一起顺序排列。

4）从自然状态点引出若干条直（折）线，形成概率分枝，发生的概率一般直接标注在线段的上方（多数情况下标注在括号内）。

5）如果问题只需要一级决策，则概率分枝末端画一个"△"，表示终点。终点右侧标出该自然状态点的损益值。如还需要进行第二阶段决策，则用决策点"□"代替终点"△"，再重复上述步骤画出决策树。

（3）决策过程。用决策树法分析，其决策过程如下：

1）先根据已知情况绘出决策树。

2）计算期望值。一般从终点逆向逐步计算。每个自然状态点处的损益期望值 E_i 按公式（2.1）计算：

$$E_i = \sum P_i B_i \qquad (2.1)$$

式中：P_i 和 B_i 分别为概率分枝的概率和损益值。

一般将计算出的 E_i 值直接标注于该自然状态点的下面。

3）确定决策方案。各方案枝端点自然状态点的损益期望值即为各方案的损益期望值。在比较方案时，若考虑的是收益值，则取最大期望值；若考虑的是损失值，则取最小期望值。根据计算出的期望值和决策者的才智与经验来分析，做出最后判断。

（4）决策树示例。某工程监理单位拥有的资源有限，只能在 A 和 B 两项大型工程中选 A 或 B 进行投标，或均不参加投标。若投标，根据过去投标经验，对两项工程各有高低报价两种策略。投高价标，中标机会为 30%；投低价标，中标机会为 50%。

这样，该工程监理单位共有 $A_{高}$、$A_{低}$、不投标、$B_{高}$、$B_{低}$ 五种方案。

工程监理单位根据过去承担过的类似工程数据进行分析，得到每种方案的利润和出现概率见表2.4。如果投标未果，则会损失 50 万元（投标准备费）。

表 2.4　　　　　　　　　　投标方案、利润和概率

方　案	效　果	可能的利润/万元	概　率
$A_{高}$	优	500	0.3
	一般	100	0.5
	赔	−300	0.2
$A_{低}$	优	400	0.2
	一般	50	0.6
	赔	−400	0.2
不投标		0	1.0
$B_{高}$	优	700	0.3
	一般	200	0.5
	赔	−300	0.2
$B_{低}$	优	600	0.3
	一般	100	0.6
	赔	−100	0.1

根据上述情况可画出决策树，如图 2.1 所示。

计算各自然状态点损益期望值。以 $A_{高}$ 方案为例，说明损益期望值的计算：

1）自然状态点⑦的损益期望值 $E_7 = 0.3 \times 500 + 0.5 \times 100 + 0.2 \times (-300) = 140$（万元）。将 $E_7 = 140$ 万元标在⑦上面（或下面）。

2）自然状态点②的损益期望值 $E_2 = 0.3 \times 140 + 0.7 \times (-5) = 38.5$（万元）。

同理，可分别求得自然状态点⑧、③、④、⑨、⑤、⑩、⑥的损益期望值。

至此，工程监理单位可以作出决策。如投 A 工程，宜投高价标；如投 B 工程，则应投

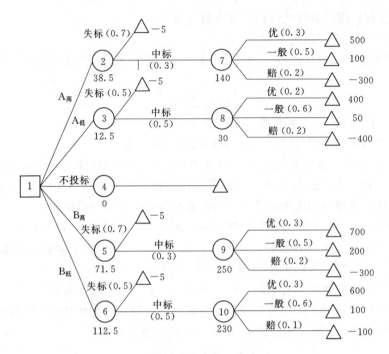

图 2.1　建设工程监理投标决策树

低价标，而且从损益期望值角度看，选定 B 工程投低价标，更为有利。

2.3.2　建设工程监理投标策略

建设工程监理投标策略的合理制定和成功实施关键在于对影响投标因素的深入分析、招标文件的把握和深刻理解、投标策略的针对性选择、项目监理机构的合理设置、合理化建议的重视以及答辩的有效组织等环节。

2.3.2.1　深入分析影响监理投标的因素

深入分析影响投标的因素是制定投标策略的前提。针对建设工程监理特点，结合中国监理行业现状，可将影响投标决策的因素大致分为"正常因素"和"非正常因素"两大类。其中，"非正常因素"主要指受各种人为因素影响而出现的"假招标""权力标""陪标""低价抢标""保护性招标"等，这均属于违法行为，应予以禁止，此处不讨论。对于正常因素，根据其性质和作用，可归纳为以下四类。

1. 分析建设单位（买方）

招投标是一种买卖交易，在当今建筑市场属于买方市场的情况下，工程监理单位要想中标，分析建设单位（买方）因素是至关重要的。

（1）分析建设单位对中标人的要求和建设单位提供的条件。目前，我国建设工程监理招标文件里都有综合评分标准及评分细则，它集中反映了建设单位需求。工程监理单位应对照评分标准逐一进行自我测评，做到心中有数。特别要分析建设单位在评分细则中关于报价的分值比重，这会影响工程监理单位的投标策略。

建设单位提供的条件在招标文件中均有详细说明，工程监理单位应一一认真分析，特别是建设单位的授权和监理费用的支付条件等。

（2）分析建设单位对于工程建设资金的落实和筹措情况。

（3）分析建设单位领导层核心人物及下层管理人员资质、能力、水平、素质等，特别是对核心人物的心理分析更为重要。

（4）如果在建设工程监理招标时，施工单位事先已经被选定，建设单位与施工单位的关系也是工程监理单位应关心的问题之一。

2. 分析投标人（卖方）自身

（1）根据企业当前经营状况和长远经营目标，决定是否参加建设工程监理投标。如果企业经营管理不善或因其他政治经济环境变化，造成企业生存危机，就应考虑"生存型"投标，即使不盈利甚至赔本也要投标；如果企业希望开拓市场、打入新的地区（或领域），可以考虑"竞争型"投标，即使低盈利也可投标；如果企业经营状况很好，在某些地区已打开局面，对建设单位有较好的名牌效应，信誉度较高时，可以采取"盈利型"投标，即使难度大，困难多一些，也可以参与竞争，以获取丰厚利润和社会经济效益。

（2）根据自身能力，量力而行。就我国目前情况看，相当多的工程监理单位或多或少处于任务不饱满的状况，有鉴于此，应尽可能积极参与投标，特别是接到建设单位邀请的项目。这主要是基于以下四点：第一，参加投标项目多，中标机会就多；第二，经常参加投标，在公众面前出现的机会就多，起到了广告宣传作用；第三，通过参加投标，积累经验，掌握市场行情，收集信息，了解竞争对手惯用策略；第四，当建设单位邀请时，如果不参加（或不响应），于情于理不容，有可能破坏信誉，从而失去开拓市场的机会。

（3）采用联合体投标，可以扬长补短。在现代建筑越来越大、越来越复杂的情况下，多大的企业也不可能是万能的，因此，联合是必然的，特别是加入WTO之后，中外监理企业的联合更是"双赢"的需要，这种情况下，就需要对联合体合作伙伴进行深入了解和分析。

3. 分析竞争对手

商场即战场，我们的取胜就意味着对手的失败，要击败对手，就必然要对竞争者进行分析。综合起来，要从以下几个方面分析对手：

（1）分析竞争对手的数量和实际竞争对手，以往同类工程投标竞争的结果，竞争对手的实力等。

（2）分析竞争对手的投标积极性。如果竞争对手面临生存危机，势必采用"生存型"投标策略；如果竞争者是作为联合体投标，势必采用"盈利型"投标策略。总之，要分析竞争对手的发展目标、经营策略、技术实力、以往投标资料、社会形象及目前建设工程监理任务饱满度等，判断其投标积极性，进而调整自己的投标策略。

（3）了解竞争对手决策者情况。在分析竞争对手的同时，详细了解竞争对手决策者年龄、文化程度、心理状态、性格特点及其追求目标，从而可以推断其在投标过程中的应变能力和谈判技巧，根据其在建设单位心目中留下的印象，调整自己的投标策略和技巧。

4. 分析环境和条件

（1）要分析施工单位。施工单位是建设工程监理最直接、至关重要的环境条件，如果一个信誉不好、技术力量薄弱、管理水平低下的施工单位作为被监理对象，不仅管理难度大、费人费时，而且由工程监理单位来承担其工作失误所带来的风险也就比较大，如果这类施工单位再与建设单位关系暧昧，建设工程监理工作难度将大幅增加。此外，要特别注意了解施工单位履行合同的能力，从而制定有针对性的监理策略和措施。

（2）要分析工程难易程度。

（3）要分析水文、气候、地形地貌等自然条件及工作环境的艰苦程度。

（4）要分析设计单位的水平和人员素质。

（5）要分析工程所在地社会文化环境，特别是当地政府与人民群众的态度等。

（6）要分析工程条件和环境风险。

项目监理机构设置、人员配备、交通和通信设备的购置、工作生活的安置以及所需费用列支，都离不开对上述环境和条件的分析。

2.3.2.2　把握和深刻理解招标文件精神

招标文件是建设单位对所需服务提出的要求，是工程监理单位编制投标文件的依据。因此，把握和深刻理解招标文件精神是制定投标策略的基础。工程监理单位必须详细研究招标文件，吃透其精神，才能在编制投标文件中全面、最大程度、实质性地响应招标文件的要求。

在领取招标文件时，应根据招标文件目录仔细检查其是否有缺页、字迹模糊等情况。若有，应立即或在招标文件规定的时间内，向招标人换取完整无误的招标文件。

研究招标文件时，应先了解工程概况、工期、监理工作范围与内容、监理目标要求等。如对招标文件有疑问需要解释的，要按招标文件规定的时间和方式，及时向招标人提出询问。招标文件的书面修改也是招标文件的组成部分，投标单位也应予以重视。

2.3.2.3　选择有针对性的监理投标策略

由于招标内容不同、投标人不同，所采取的投标策略也不相同，下面介绍几种常用的投标策略，投标人可根据实际情况进行选择。

1. 以信誉和口碑取胜

工程监理单位依靠其在行业和客户中长期形成的良好信誉和口碑，争取招标人的信任和支持，不参与价格竞争，这个策略适用于特大、有代表性或有重大影响力的工程，这类工程的招标人注重工程监理单位的服务品质，对于价格因素不是很敏感。

2. 以缩短工期等承诺取胜

工程监理单位如对于某类工程的工期很有信心，可作出对于招标人有利的保证，靠此吸引招标人的注意。同时，工程监理单位需向招标人提出保证措施和惩罚性条款，确保承诺的可实施性。此策略适用于建设单位对工期等因素比较敏感的工程。

3. 以附加服务取胜

目前，随着建设工程复杂性程度的加大，招标人对于前期配套、设计管理等外延的服务需求越来越强烈，但招标人限于工程概算的限制，没有额外的经费聘请能提供此类服务的项目管理单位，如工程监理单位具有工程咨询、工程设计、招标代理、造价咨询及其他相关的资质，可在投标过程中向招标人推介此项优势。此策略适用于工程项目前期建设较为复杂，招标人组织结构不完善，专业人才和经验不足的工程。

4. 适应长远发展的策略

其目的不在于当前招标工程上获利，而着眼于发展，争取将来的优势，如为了开辟新市场、参与某项有代表意义的工程等，宁可在当前招标工程中以微利甚至无利价格参与竞争。

2.3.2.4　充分重视项目监理机构的合理设置

充分重视项目监理机构的设置是实现监理投标策略的保证。由于监理服务性质的特殊性，监理服务的优劣不仅依赖于监理人员是否遵循规范化的监理程序和方法，更取决于监理人员的业务素质、经验、分析问题、判断问题和解决问题的能力以及风险意识。因此，招标人会特别注重项目监理机构的设置和人员配备情况。工程监理单位必须选派与工程要求相适应的总监理工程师，配备专业齐全、结构合理的现场监理人员。具体操作中应特别注意：

（1）项目监理机构成员应满足招标文件要求。有必要的话，可提交一份工程监理单位支撑本工程的专家名单。

（2）项目监理机构人员名单应明确每一位监理人员的姓名、性别、年龄、专业、职称、拟派职务、资格等，并以横道图形式明确每一位监理人员拟派驻现场及退场时间。

（3）总监理工程师应具备同类建设工程监理经验，有良好的组织协调能力。若工程项目复杂或者考虑特殊管理需求，可考虑配备总监理工程师代表。

（4）对总监理工程师及其他监理人员的能力和经验介绍要尽量做到翔实，重点说明现有人员配备对完成建设工程监理任务的适应性和针对性等。

2.3.2.5　重视提出合理化建议

招标人往往会比较关心投标人此部分内容，借此了解投标人的专业技术能力、管理水平以及投标人对工程的熟悉程度和关注程度等，从而提升招标人对工程监理单位承担和完成监理任务的信心。因此，重视提出合理化建议是促进投标策略实现的有力措施。

2.3.2.6　有效地组织项目监理团队答辩

项目监理团队答辩的关键是总监理工程师的答辩，而总监理工程师是否成功答辩已成为招标人和评标委员会选择工程监理单位的重要依据。因此，有效地组织总监理工程师及项目监理团队答辩已成为促进投标策略实现的有力措施，可以大大提升工程监理单位的中标率。

总监理工程师参加答辩会，应携带答辩提纲和主要参考资料。另外，还应带上笔和笔记本，以便将专家提出的问题记录下来。在进行充分准备的基础上，要树立信心，消除紧张慌乱心理，才能在答辩时有良好表现。答辩时要集中注意力，认真聆听，并将问题略记在笔记本上，仔细推敲问题的要害和本质，切忌未弄清题意就匆忙作答。要充满自信地以流畅的语言和肯定的语气将自己的见解讲述出来。回答问题，一要抓住要害，简明扼要；二要力求客观、全面、辩证，留有余地；三要条理清晰，层次分明。如果对问题中有些概念不太理解，可以请提问专家做些解释，或者将自己对问题的理解表达出来，并问清是不是该意思，得到确认后再作回答。

2.3.3　建设工程监理投标文件编制

建设工程监理投标文件反映了工程监理单位的综合实力和完成监理任务的能力，是招标人选择工程监理单位的主要依据之一。投标文件编制质量的高低，直接关系到中标可能性的大小，因此，如何编制好建设工程监理投标文件是工程监理单位投标的首要任务。

2.3.3.1　投标文件编制原则

（1）响应招标文件，保证不被废标。建设工程监理投标文件编制的前提是要按招标文件要求的条款和内容格式编制，必须在满足招标文件要求的基本条件下，尽可能精益求精，响应招标文件实质性条款，防止废标情况发生。

（2）认真研究招标文件，深入领会招标文件意图。一本规范化的招标文件少则十余页，多则几十页，甚至上百页，只有全部熟悉并领会各项条款要求，事先发现不理解或前后矛盾、表述不清的条款，通过标前答疑会，解决所有发现的问题，防止因不熟悉招标文件导致

"失之毫厘，差之千里"的后果发生。

（3）投标文件要内容详细、层次分明、重点突出。完整、规范的投标文件，应尽可能将投标人的想法、建议及自身实力叙述详细，做到内容深入而全面。为了尽可能让招标人或评标专家在很短的评标时间内了解投标文件内容及投标单位实力，就要在投标文件的编制方面下功夫，做到层次分明，表达清楚，重点突出。投标文件体现的内容要针对招标文件评分办法的重点得分内容，如企业业绩、人员素质及监理大纲中建设工程目标控制要点等，要有意识地说明和标设，并在目录上专门列出或在编辑包装中采用装饰手法等，力求起到加深印象的作用，这样做会起到事半功倍的效果。

2.3.3.2　投标文件编制依据

1. 国家及地方有关建设工程监理投标的法律法规及政策

必须以国家及地方有关建设工程监理投标的法律法规及政策为准绳编制建设工程监理投标文件，否则，可能会造成投标文件的内容与法律法规及政策相抵触，甚至造成废标。

2. 建设工程监理招标文件

工程监理投标文件必须对招标文件作出实质性响应，而且其内容尽可能与建设单位的意图或建设单位的要求相符合。越是能够贴切满足建设单位需求的投标文件，则越会受到建设单位的青睐，其获取中标的几率也相对较高。

3. 企业现有的设备资源

编制建设工程监理投标文件时，必须考虑工程监理单位现有的设备资源。要根据不同监理标的具体情况进行统一调配，尽可能将工程监理单位现有可动用的设备资源编入建设工程监理投标文件，提高投标文件的竞争实力。

4. 企业现有的人力及技术资源

工程监理单位现有的人力及技术资源主要表现为有精通所招标工程的专业技术人员和具有丰富经验的总监理工程师、专业监理工程师、监理员；有工程项目管理、设计及施工专业特长，能帮助建设单位协调解决各类工程技术难题的能力；拥有同类建设工程监理经验；在各专业有一定技术能力的合作伙伴，必要时可联合向建设单位提供咨询服务。此外，应当将工程监理单位内部现有的人力及技术资源优化组合后编入监理投标文件中，以便在评标时获得较高的技术标得分。

5. 企业现有的管理资源

建设单位判断工程监理单位是否能胜任建设工程监理任务，在很大程度上要看工程监理单位在日常管理中有何特长，类似建设工程监理经验如何，针对本工程有何具体管理措施等。为此，工程监理单位应当将其现有的管理资源充分展现在投标文件中，以获得建设单位的注意，从而最终获取中标。

2.3.3.3　投标文件编制内容

1. 投标保证书

监理投标保证书编制的作用如下：

（1）监理投标保证书的制定能够使招标人比较放心地将所招标的项目委托给监理方进行项目监理工作，提高了业主方对监理方的信任度，也增加了监理投标文件的可信度。

（2）监理投标保证书的制定能够充分地向业主表明投标单位对此标的态度是认真而又诚

恳的。

2. 技术标书

技术标书又称监理大纲，它是监理单位在业主委托监理的过程中为承揽监理业务而编写的监理方案性文件。它的主要作用有两个：一是使业主认可技术标书中的监理方案，从而承揽到监理业务；二是为今后开展监理工作制定监理规划，便于监理单位对建设工程进行目标控制，并最终达到总体目标的实现。

监理大纲一般应包括以下主要内容：

（1）工程概述。根据建设单位提供和自己初步掌握的工程信息，对工程特征进行简要描述，主要包括：工程名称、工程内容及建设规模；工程结构或工艺特点；工程地点及自然条件概况；工程质量、造价和进度控制目标等。

（2）监理依据和监理工作内容如下：

1）监理依据。法律法规及政策；工程建设标准［包括《建设工程监理规范》（GB/T 50319—2013）、工程勘察设计文件、建设工程监理合同及相关建设工程合同等］。

2）监理工作内容。一般包括质量控制、造价控制、进度控制、合同管理、信息管理、组织协调、安全生产管理的监理工作等。

3）建设工程监理实施方案。建设工程监理实施方案是监理评标的重点。根据监理招标文件的要求，针对建设单位委托监理工程特点，拟定监理工作指导思想、工作计划；主要管理措施、技术措施以及控制要点；拟采用的监理方法和手段；监理工作制度和流程；监理文件资料管理和工作表式；拟投入的资源等。建设单位一般会特别关注工程监理单位资源的投入，一方面是项目监理机构的设置和人员配备，包括监理人员（尤其是总监理工程师）素质、监理人员数量和专业配套情况；另一方面是监理设备配置，包括检测、办公、交通和通信等设备。

4）建设工程监理难点、重点及合理化建议。建设工程监理难点、重点及合理化建议是整个投标文件的精髓。工程监理单位在熟悉招标文件和施工图的基础上，要按实际监理工作的开展和部署进行策划，既要全面涵盖"三控两管一协调"和安全生产管理职责的内容，又要有针对性地提出重点工作内容、分部分项工程控制措施和方法以及合理化建议，并说明采纳这些建议将会在工程质量、造价、进度等方面产生的效益。

3. 商务标书

商务标书一般包括监理单位的综合实力及投标报价。一般情况下技术标书的评审权重占 70％～90％，而商务标书评审的权重只占 10％～30％。虽然商务标书在整个投标文件中所占的比重没有技术标书的比重大，但由于商务标书编制的内容与业主的经济利益直接相关，因此商务标书内容的合理性成为监理投标工作成败的重要因素，其编制的优劣也直接影响到投标单位是否中标。

4. 附件

投标文件的附件主要包括投标人的资质证书、项目组监理工作人员的资质证书等。业主和评标委员会可以通过它来进一步了解投标人的实力，因此在此项内容中投标人应尽量将一些能反映自身实力的因素反映出来，以获取业主对投标人的信任。

2.3.3.4　编制投标文件的注意事项

建设工程监理招标、评标注重对工程监理单位能力的选择。因此，工程监理单位在投标时应在体现监理能力方面下工夫，应着重解决下列问题：

（1）投标文件应对招标文件内容作出实质性响应。

（2）项目监理机构的设置应合理，要突出监理人员素质，尤其是总监理工程师人选，将是建设单位重点考察的对象。

（3）应有类似建设工程监理经验。

（4）监理大纲能充分体现工程监理单位的技术、管理能力。

（5）监理服务报价应符合国家收费规定和招标文件对报价的要求，以及建设工程监理成本利润测算。

（6）投标文件既要响应招标文件要求，又要巧妙回避建设单位的苛刻要求，同时还要避免为提高竞争力而盲目扩大监理工作范围，否则会给合同履行留下隐患。

2.3.4　参加开标及答辩

2.3.4.1　参加开标

参加开标是工程监理单位需要认真准备的投标活动，应按时参加开标，避免废标情况发生。投标人应提前对递交地点进行勘查，掌握递交地点的交通、天气等情况，提前到达递交地点。投标文件在递交前和递交时一定要对密封完好情况进行检查，否则将会被拒收。

参加开标会能够了解公开的其他投标人的投标内容和标底信息，有利于投标人分析对比和总结经验，同时也能够对开标过程进行监督，对开标有异议的，可以当场向招标人或代理机构提出。

2.3.4.2　答辩

工程监理单位要充分做好答辩前准备工作，强化工程监理人员答辩能力，提高答辩信心，积累相关经验，提升监理队伍的整体实力，包括仪表、自信心、表达力、知识储备等。平时要有计划地培训学习，逐步提高整体实战能力，并形成一整套可复制的模拟实战方案，这样才能实现专业技术与管理能力同步，做到精心准备与快速反应有机结合。答辩前，应拟定答辩的基本范围和纲领，细化到人和具体内容，组织演练，相互提问。另外，要了解对手，知己知彼、百战不殆，了解竞争对手的实力和拟定安排的总监理工程师及团队，完善自己的团队，发挥自身优势。在各组织成员配齐后，总监理工程师就可以担当答辩的组织者，以团队精神做好心理准备，有了内容心里就有了底，再调整每个人的情绪，以饱满的精神沉着应对。

2.3.5　投标后评估

投标后评估是对投标全过程的分析和总结，对一个成熟的工程监理企业，无论建设工程监理投标成功与否，投标后评估不可缺少。投标后评估要全面评价投标决策是否正确，影响因素和环境条件是否分析全面，重难点和合理化建议是否有针对性，总监理工程师及项目监理机构成员人数、资历及组织机构设置是否合理，投标报价预测是否准确，参加开标和总监理工程师答辩准备是否充分，投标过程组织是否到位等。投标过程中任何导致成功与失败的细节都不能放过，这些细节是工程监理单位在随后投标过程中需要注意的问题。

学习情境2.4　建设工程监理评标

【情境描述】　建设工程监理评标通常采用"综合评标法"，通过衡量投标文件是否最大限度地满足招标文件中规定的各项评价标准，对技术、企业资信、服务报价等因素进行综合评价从而确定中标人。

工程监理单位不承担建筑产品生产任务，只是受建设单位委托提供技术和管理咨询服务。建设工程监理招标属于服务类招标，其标的是无形的"监理服务"，因此，建设单位在选择工程监理单位最重要的原则是"基于能力的选择"，而不应将服务报价作为主要考虑因素。有时甚至不考虑建设工程监理服务报价，只考虑工程监理单位的服务能力。因此建设工程监理评标通常采用"综合评标法"，通过衡量投标文件是否最大限度地满足招标文件中规定的各项评价标准，对技术、企业资信、服务报价等因素进行综合评价从而确定中标人。

2.4.1 评标委员会

评标一般由评标委员会进行。评标委员会应由招标人或其委托的招标代理机构熟悉的此业务的代表，以及有关技术、经济等方面的专家组成。成员数量一般为 5 人以上单数，其中技术、经济等方面的专家不能少于成员总数的 2/3。评标委员会的专家成员应当从省级以上人民政府有关部门提供的专家名册或者招标代理机构的专家库内的相关专家名单中确定。对于一般工程项目，可以采取随机抽取的方式；对于技术特别复杂、专业性要求特别高或者国家有特殊要求的招标项目，若采取随机抽取方式确定的专家难以胜任，则可以由招标人直接确定。

对组成评标委员会的专家，也有特殊要求，具体如下：

（1）从事监理工作满 8 年并具有高级职称或者同等专业水平。

（2）熟悉有关招标投标的法律法规，并具有与监理招标项目相关的实践经验。

（3）能够认真、公正、诚实、廉洁地履行职责。

有下列情形之一的，不得担任评标委员会成员：

（1）投标人或者投标人主要负责人的近亲属。

（2）项目主管部门或者行政监督部门的人员。

（3）与投标人有经济利益关系，可能影响对投标公正评审的。

（4）曾因在招标、评标以及其他与招标投标有关活动中从事违法行为而受过行政处罚或刑事处罚的。

评标委员会负责人由评标委员会成员推举产生或者由招标人确定，评标委员会成员的名单在中标结果确定前应当保密。

评标委员会成员不得私下接触投标人及其代理人或者与招标结果有利害关系的其他人，不得收受投标人、中介人、其他利害关系人的财物或其他好处，不得透露对投标文件的评审、比较和中标候选人的推荐情况。

2.4.2 通用废标条款

属于下列情况之一者，应作为废标处理：

（1）投标者未经项目法人同意，不参加开标仪式。

（2）投标书未按要求的方式密封。

（3）投标书未加盖本单位公章或未经法定代表人（或被授权人）签字。

（4）投标者未能按要求提交投标担保函或投标保证金。

（5）投标书字迹潦草、模糊、无法辨认。

（6）投标书未按规定的格式、内容和要求填写。

（7）投标者在一份投标书中，对同一监理项目报有两个或多个报价，但以下情况除外：投标书按要求送达后，在规定的投标截止日期和时间前，投标者如需修改投标书的内容或调整已报的报价，应以正式函件提出并附说明，上述函件采用与投标书相同的密封方式，与投标书具有同等的法律效力。

（8）投标者对同一招标项目递补交两份或多份内容不同的投票书，未书面声明哪一个有效。

（9）投标者财务建议书中总报价超出规定的范围。

2.4.3　建设工程监理评标内容

建设工程监理评标办法中，通常会将下列要素作为评标内容。

1. 工程监理单位的基本素质

其内容包括工程监理单位资质、技术及服务能力、社会信誉和企业诚信度，以及类似工程监理业绩和经验。

2. 工程监理人员配备

工程监理人员的素质与能力直接影响建设工程监理工作的优劣，进而影响整个工程监理目标的实现。项目监理机构监理人员的数量和素质，特别是总监理工程师的综合能力和业绩是建设工程监理评标需要考虑的重要内容。对工程监理人员配备的评价内容具体包括：项目监理机构的组织形式是否合理；总监理工程师人选是否符合招标文件规定的资格及能力要求；监理人员的数量、专业配置是否符合工程专业特点要求；工程监理整体力量投入是否能满足工程需要；工程监理人员年龄结构是否合理；现场监理人员进退场计划是否与工程进展相协调等。

3. 建设工程监理大纲

建设工程监理大纲是反映投标人技术、管理和服务综合水平的文件，反映了投标人对工程的分析和理解程度。评标时应重点评审建设工程监理大纲的全面性、针对性和科学性。

（1）建设工程监理大纲内容是否全面，工作目标是否明确，组织机构是否健全，工作计划是否可行，质量、造价、进度控制措施是否全面、得当，安全生产管理、合同管理、信息管理等方法是否科学，以及项目监理机构的制度建设规划是否到位，监督机制是否健全等。

（2）建设工程监理大纲中应对工程特点、监理重点与难点进行识别。在对招标工程进行透彻分析的基础上，结合自身工程经验，从工程质量、造价、进度控制及安全生产管理等方面确定监理工作的重点和难点，提出针对性措施和对策。

（3）除常规监理措施外，建设工程监理大纲中应对招标工程的关键工序及分部分项工程制定有针对性的监理措施；制定针对关键点、常见问题的预防措施；合理设置旁站清单和保障措施等。

4. 试验检测仪器设备及其应用能力

重点评审投标人在投标文件中所列的设备、仪器、工具等能否满足建设工程监理要求。对于建设单位在现场另建试验、检测等中心的工程项目，应重点考查投标人评价分析、检验测量数据的能力。

5. 建设工程监理费用报价

建设工程监理费用报价所对应的服务范围、服务内容、服务期限应与招标文件中的要求相一致。要重点评审监理费用报价水平和构成是否合理、完整，分析说明是否明确，监理服务费用的调整条件和办法是否符合招标文件要求等。

2.4.4　建设工程监理评标方法

建设工程监理评标通常采用"综合评标法"，即通过衡量投标文件是否最大限度地满足招标文件中规定的各项评价标准，对技术、企业资信、服务报价等因素进行综合评价从而确定中标人。

根据具体分析方式不同，综合评标法可分为定性综合评估法和定量综合评估法两种。

2.4.4.1　定性综合评估法

定性综合评估法是对投标人的资质条件、人员配备、监理方案、投标价格等评审指标分项进行定性比较分析、全面评审，综合评议较优者作为中标人，也可采取举手表决或无记名投票方式决定中标人。

定性综合评估法的特点是不量化各项评审指标，简单易行，能在广泛深入开展讨论分析的基础上集中各方面观点，有利于评标委员会成员之间的直接对话和深入交流，集中体现各方意见，能使综合实力强、方案先进的投标单位处于优势地位。缺点是评估标准弹性较大，衡量尺度不具体，透明度不高，受评标专家人为因素影响较大，可能会出现评标意见相差悬殊，使定标决策左右为难。

2.4.4.2　定量综合评估法

定量综合评估法又称打分法、百分制计分评价法。通常是在招标文件中明确规定需量化的评价因素及其权重，评标委员会根据投标文件内容和评分标准逐项进行分析记分、加权汇总，计算出各投标单位的综合评分，然后按照综合评分由高到低的顺序确定中标候选人或直接选定得分最高者为中标人。

定量综合评估法是目前我国各地广泛采用的评标方法，其特点是量化所有评标指标，由评标委员会专家分别打分，减少了评标过程中的相互干扰，增强了评标的科学性和公正性。需要注意的是，评标因素指标的设置和评分标准分值或权重的分配，应能充分评价工程监理单位的整体素质和综合实力，体现评标的科学、合理性。

2.4.5　建设工程监理招投标实例

【例2.1】　某房屋建筑工程监理评标办法中规定，采用定量综合评估法进行评标，以得分最高者为中标单位。评价内容包括总监理工程师素质和能力、资源配置、监理大纲、类似工程业绩及诚信行为、监理服务报价等进行综合评分，并按综合评分顺序推荐3名合格中标候选人。

1. 初步评审

评标委员会将对投标文件进行初步评审。只有通过初步评审的投标文件才能参加下一阶段评审。通过初步评审的主要条件如下：

（1）投标文件按照招标文件规定的格式、内容和要求编制，字迹清晰可辨。

（2）投标文件（正本）按招标文件规定加盖投标人公章并由法定代表人或其授权代理人逐页签署姓名，未使用签名章代替。

（3）与申请资格预审时比较，投标人资格未发生实质性变化（适用于已进行资格预审）。

（4）投标人按照招标文件规定的形式、时限和要求提供了投标保证金。

（5）以联合体形式投标的，符合投标人须知中有关联合体的规定。

（6）按照招标文件规定提供了法定代表人身份证明、授权书（如有）、公证书。

（7）按照给定的监理服务费填报投标报价，在招标文件没有规定的情况下，未提交选择性报价（适用于固定标价评分法）。

（8）技术建议书副本中未出现投标人的名称和其他可识别投标人身份的文字、符号、标识等（适用于采用技术建议书无标识方式招标）。

（9）技术建议书正本、副本实质性内容一致（适用于采用技术建议书无标识方式招标）。

（10）监理服务期、工程质量目标满足招标文件要求。

（11）投标人未以他人名义投标、未与他人串通投标、未以行贿手段谋取中标，以及未弄虚作假。

（12）投标文件未附有招标人不能接受的其他条件。

投标文件不符合以上条件之一的，属于重大偏差，作为废标处理。

2. 详细评审

评标委员会按评标办法中规定的量化因素和分支进行打分，并计算出综合评估得分。

（1）大型房屋建筑项目建设工程监理招标技术标书（监理大纲）评分标准见表 2.5。

表 2.5　　大型房屋建筑项目建设工程监理招标技术标书（监理大纲）评分标准

项　目		分数	评　分　办　法
监理大纲	质量控制	3.5	质量目标分解、规划合理得 0.5 分；质量控制体系健全得 1 分；质量控制措施有效可靠得 0.5 分；控制手段先进完善得 0.5 分；旁站监理方案合理可行得 0.5 分；能有针对工程特点的难点、重点分析及预控措施得 0.5 分
	进度控制	0.5	工期总进度计划科学、优化，控制措施与手段可靠有力得 0.5 分
	投资控制	1.0	风险预测与防范对策有效可行得 0.5 分；控制措施与手段健全得 0.5 分
	安全措施	3.0	安全保证体系健全、可靠得 1 分；安全事故控制措施得力得 1 分；能有针对工程环境及工程特点、难点防范及化解安全事故的发生的措施得 0.5 分；安全控制手段有力得 0.5 分
	组织协调	0.5	组织协调内容具体、措施得力得 0.5 分
	合同管理	1.0	合同管理的内容全面得 0.5 分，控制措施合理全面得 0.5 分
	工作制度	0.5	根据验收制度、签证制度、会议制度、公司对项目监理机构的监控制度、季报（月报）制度、公司对项目监理机构的奖惩考核制度等各项制度健全完善情况，酌情打分，缺一项扣 0.1 分，扣完为止
合计		10.0	

（2）大型房屋建筑项目建设工程监理招标商务标书评分标准见表 2.6。

3. 投标文件的澄清

提交投标截止时间以后，投标文件即不得被补充、修改，这是一条基本规则。但评标时，若发现投标文件的内容有含义不明确、不一致或明显打字（书写）错误或纯属计算上的错误的情形，评标委员会则应通知投标人作出澄清或说明，以确认其正确的内容。对于明显打字（书写）错误或纯属计算上的错误，评标委员会应允许投标人补正。澄清的要求和投标人的答复均应采取书面的形式。投标人的答复必须经法定代表人或授权代理人签字，作为投标文件的组成部分。

然而，投标人的澄清或说明，仅仅是对上述情形的解释和补正，不得有下列行为：

（1）超出投标文件的范围。如投标文件没有规定的内容，澄清的时候加以补充；投标文件规定的是某一特定条件作为某一承诺的前提，但解释为另一条件等。

表2.6 　　　　　大型房屋建筑项目建设工程监理招标商务标书评分标准

项　目		分数	评　分　标　准
监理服务报价		15	以各有效标书监理取费最终报价中去掉最高和最低价后的算术平均值作为评标价。若监理取费最终报价在施工监理服务收费基准价上下20%（含20%）范围内的有效标书少于四家（不含四家），则不去掉最高和最低价，而取其平均值作为评标价。各有效标书监理取费最终报价等于评标价的得15分；每低于1%扣0.1分（不足1%按1%计）；每高于1%扣0.25分（不足1%按1%计）。有效标书监理取费最终报价超出施工监理服务收费基准价上下20%的（不含20%），作废标处理
企业业绩及诚信行为		35	（1）企业上三年度连续获得省级及以上（含副省级城市）建设行政主管部门授予建设监理先进单位的得4分，期间，两年获得该项荣誉的得2分，一年获得该项荣誉的得1分。 （2）企业上五年度监理过的同等级以上类似工程的每项工程加3分。监理的工程获国家建设行政主管部门优质工程奖的每个奖项加2分；获副省级及以上建设行政主管部门优质工程奖的每个奖项加1分，其中获奖工程为同等级以上类似工程的每项工程可再加3分，但不得与同等级以上类似工程重复加分。同一获奖工程只计一次最高奖项，最多加至35分。 （3）投标人在一年内（从投标截止日及行政处罚之日起算）在本市建设工程投标中有串标、弄虚作假等违法、违规行为受到市级及以上建设行政管理部门行政处罚的，扣2分。 （4）总监理工程师在一年内（从投标截止日及行政处罚之日起算）在本市建设工程投标中有串标、弄虚作假等违法、违规行为受到市级及以上建设行政管理部门行政处罚的，扣2分
总监理工程师的素质和能力	业绩	12	上五年度担任总监的工程为同等级以上类似工程的每项加3分。监理的工程获国家建设行政主管部门优质工程奖的每个奖项加2分；获省级及以上建设行政主管部门优质工程奖的每个奖项加1分，其中获奖工程为同等级以上类似工程的每项工程可再加3分，但不得与同等级以上类似工程重复加分。同一获奖工程只计一次最高奖项，最多加至12分
	答辩	6	项目总监当场回答评标委员会提出的两个问题，每题3分，根据答辩情况酌情打分
	荣誉	3	上三年度连续获得副省级及以上建设行政主管部门授予优秀总监理工程师荣誉的得3分；期间，两年获得该荣誉的得2分，一年获得该项荣誉的得1分
资源配置	专业监理工程师	8	各专业监理工程师均为国家注册监理工程师（造价专业可为注册造价师）或为高级以上职称且有上岗证书，并具有同类工程业绩得满分。每缺一个专业扣2分，专业符合要求缺同类工程业绩的每个扣1分，扣完为止
	监理员	2	所配备主导专业监理员1人及以上且均有上岗证书得1分；所配非主导专业监理员1人及以上且均有上岗证得1分
	仪器设备	6	配备混凝土钢筋检测仪得1分；配备全站仪得1分；配备经纬仪得1分；配备水准仪得1分；配备回弹仪得1分；配备工程检测组合工具得1分
	试验检测	3	试验检测安排合理，满足工程需要的，得3分，其他酌情扣分
合计		90	

（2）改变或谋求、提议改变投标文件中的实质性内容。所谓改变实质性内容，是指改变投标文件中的报价、技术规格（参数）、主要合同条款等内容。这种实质性内容的改变，目的就是为了使不符合要求的投标成为符合要求的投标，或者使竞争力较差的投标变成竞争力较强的投标。

评标委员会不接受投标人对投标文件的主动澄清、说明和补正。

4．评标结果

评标委员会汇总每位评标专家的评分后，去掉一个最高分和一个最低分，取其他评标专家评分的算术平均值计算每个投标人的最终得分，并以投标人的最终得分高低顺序推荐3名中标候选人。投标人综合评分相等时，以投标价低的优先；投标报价也相等的，由招标人自行确定。

评标委员会完成评标后，应当向招标人提交书面评标报告，具体内容如下：

（1）评标委员会的成员名单。

（2）开标记录情况。

（3）符合要求的投标人情况。

（4）评标采用的标准、评标办法。

（5）投标人排序。

（6）推荐的中标候选人。

（7）需要说明的其他事项。

【例2.2】　某建设项目的监理单位，采用公开招标方式，业主邀请了五家投标人参加投标；五家投标人在规定的投标截止时间（5月10日）前都交送了标书，5月15日组织了开标；开标由市建设局主持；市公证处代表参加；公证处代表对各份标书审查后，认为都符合要求；评标由业主指定的评标委员会进行；评标委员会成员共6人；其中业主代表3人，其他方面专家3人。

问题：

（1）找出该项目招标过程中的问题。

（2）资格预审的主要内容有哪些？

（3）在招标过程中，假定有下列情况发生，应该如何处理？

1）在招标文件售出后，招标人希望将其中的一个变电站项目从招标文件的工程量清单中删除，于是，在投标截止日前10天，书面通知了每一个招标文件收受人。

2）由于该项目时间紧，招标人要求每一个投标人提交合同估价的3.0%作为投标保证金。

3）从招标公告发出到招标文件购买截止之日的时间为6个工作日。

4）招标人自5月20日向中标人发出中标通知，中标人于5月23日收到中标通知。由于中标人的报价比排在第二位的投标人报价稍高，于是，招标人在中标通知书发出后，与中标人进行了多次谈判，最后，中标人降低价格，于6月23日签订了合同。

（4）在参加投标的五家单位中，假定有下列情况发生，该如何处理？

1）A单位在投标有效期内撤销了标书。

2）B单位提交了标书之后，于投标截止日前用电话通知招标单位其投标报价7000万元有误，多报了300万元，希望在评标进行调整。

3）C的投标书上只有投标人的公章。

4）投标人D在投标函上填写的报价，大写与小写不一致。

5）E单位没有参加标前会议。

解：

（1）该项目招标过程中的问题：

1）采用公开招标不能只邀请了五家投标人参加。

2）5月10日前都交送了标书，5月15日组织开标，开标时间与截止时间应该是同一时间。

3）由市建设局主持不妥，开标应由招标人主持。

4）公证处代表对各份标书审查后，招标人审查。

5）评标由业主指定的评标委员会进行，一般从评标专家库抽取。

6）评标委员会成员共6人不妥，应该是5人以上单数。

（2）资格预审的主要内容有以下几方面：

1）投标单位组织机构和企业概况。

2）近3年完成工程的情况。

3）目前正在履行的合同情况。

4）资源方面情况。

5）其他奖惩情况。

问题（3）的处理方法如下：

1）招标文件修改在投标截止日前15天，或者延后投标截止日。

2）投标保证金一般不超过投标报价的2％。

3）正确，截止之日的时间为5个工作日。

4）发出中标通知到签订合同，时间为30天。合同谈判不能改变实质性内容。

问题（4）的处理方法如下：

1）A单位在投标有效期内撤销了标书，应没收保证金（投标有效期指开标时间到投标结束的时间）。

2）在评标进行不调整，投标书在投标截止日前，可以修改，但采用书面形式。

3）C的投标书上只有投标人的公章，作废标处理。

4）D单位的报价以大写为准。

5）不处理，标前会议纪要给E单位。

学习情境 2.5　建设工程监理合同管理

【情境描述】　建设工程监理合同具有其本身的特点，有示范文本约定的结构和专用条件约定的内容，需按照合同约定的内容去执行合同条款，去控制进度、控制质量、控制安全、控制造价，管理合同、管理信息，协调施工单位与业主的关系、协调各施工单位之间的关系。

2.5.1　建设工程监理合同订立

2.5.1.1　建设工程监理合同订立及其特点

建设工程监理合同是指委托人（建设单位）与监理人（工程监理单位）就委托的建设工程监理与相关服务内容签订的明确双方义务和责任的协议。其中，委托人是指委托工程监理与相关服务的一方，及其合法的继承人或受让人；监理人提供监理与相关服务的一方，及其合法的继承人。委托人与监理人的权利和义务以及法律责任，应当依照本法以及其他有关法律、行政法规的规定。

建设工程监理合同是合同的一种，除具有与其他类型合同的共同点外，还具有以下特点。

1. 监理合同的标的特殊

合同标的。也就是合同民事法律关系的权利客体。合同标的依据不同类型的合同而异。监理合同的标的是监理单位受工程建设业主的委托实施的监理工作。

监理合同的标的特殊，从以下两个方面看：

（1）监理合同是技术使用权的转让。在商品买卖关系上实际是一种财产关系。而财产有动产和不动产之分，技术商品属性属于动产范畴，动产又分为有形动产和无形动产，以实物形态可以流动的商品属于有形动产，专利、商标、版权、专有技术及一切有使用价值的知识、技术、经验都属于无形动产。无形动产具有财产的一切特征，与有形动产一样可以买卖、转让、继承，其根本区别在于有形动产交易后，是转移了财产所有权；而无形财产的交易，则是财产使用权的转移。监理单位通过监理合同，以其专业技术、经济知识为业主管理工程，也就是在管理工程实施过程中，转移监理单位的技术、经济知识的使用权。

（2）标的服务对象的单件性和固定性。监理合同的标的是监理单位受工程建设业主委托，对建设工程进行监理工作。这就明确了监理工作是围绕建设工程进行。各类建设工程的使用功能不同、技术要求不同、建筑性质不同、等级标准不同以及受地形地貌、水文地质、气候条件等自然条件和原材料、能源等资源条件的影响，都要单独设计和施工，即使同类用途的建设，也要受地区特点、民族特点、风俗习惯、政策法律、宗教信仰和建筑标准等社会条件影响单件生产；就是利用标准设计或重复使用图纸的建设工程，也要根据当地的地质、水文、朝向等自然条件，重新计算，采取必要的修改。特别是在大规模建设条件下，各类建设工程使用功能各有差异，艺术造型各有千秋，工艺要求千变万化，建设工程的个体性存在，单件性生产是不可避免的。同时，不论建设工程规模大小，建造何方，它的基础部分都是与大地相连。一切建设工程都与大地不能分离，这就造成了建设工程的固定性和施工生产的流动性。工程监理工作，就是围绕着具有这些特性的建设工程进行，因而监理合同的具体条款内容，也就不能离开这种合同特殊的标的来确定。

2. 监理合同具有从合同性质

所谓"从合同"是指必须以他种合同的存在为前提始能成立的合同。监理工作主要任务是三控制、二管理、一协调。而进行协调、管理和控制的主要依据是工程建设各阶段和各环节的各种合同，如勘察合同、设计合同、施工合同、物资采购合同等，监理工作在某种意义上讲，也就是业主通过监理合同委托监理单位管理这些合同。这些合同存在，监理合同也就存在，如果这些合同部分消灭或全部消灭，则监理合同也就原则上随之消灭，因而监理合同具有从合同的性质。

3. 监理合同履行周期长

监理合同的监理对象是建设工程，由于建设工程的体积庞大，结构复杂，装饰装修标准高，建造工期比较长，整个实施期间内业主和各阶段承包方，包括监理单位都要按照合同签订的内容，办理一切事宜。因此，工程项目实施过程有多长时间，合同履行期也就有多长，而且这还是在正常情况下的实施过程时间，不包括工程实施过程中的各种变化影响的时间，如果包括这些变化情况，工程实施过程还要长，合同的履行期也要随之延长。

4. 监理具有经济合同和技术合同双重性质

经济合同是为实现一定经济目的而订立的合同，而技术合同是为确定各类技术活动所订立的合同。作为监理合同，是工程建设业主委托监理单位对工程进行管理而订立的，工程建设项目的实施，对发展国民经济有着重要意义，因而监理合同的签订与履行，也是为实现一定经济目的的合同。同时，监理单位为业主服务是社会服务的一种，也就是监理单位利用经济、技术知识为业主进行专业技术服务，它们之间订立的合同又具有技术合同性质。因此，监理合同具有经济合同和技术合同双重性质。

2.5.1.2　《建设工程监理合同（示范文本）》（GF - 2012 - 0202）的结构

建设工程监理合同的订立，意味着委托关系的形成，委托人与监理人之间的关系将受到合同约束。为了规范建设工程监理合同，住房和城乡建设部和国家工商行政管理总局于2012 年 3 月发布了《建设工程监理合同（示范文本）》（GF - 2012 - 0202），该合同示范文本由"协议书""通用条件""专用条件"、附录 A 和附录 B 组成。

1. 协议书

协议书不仅明确了委托人和监理人，而且明确了双方约定的委托建设工程监理与相关服务的工程概况（工程名称、工程地点、工程规模、工程概算投资额或建筑安装工程费）；总监理工程师（姓名、身份证号、注册号）；签约酬金（监理酬金、相关服务酬金）；服务期限（监理期限、相关服务期限）；双方对履行合同的承诺及合同订立的时间、地点、份数等。

协议书还明确了建设工程监理合同的组成文件：

（1）协议书。

（2）中标通知书（适用于招标工程）或委托书（适用于非招标工程）。

（3）投标文件（适用于招标工程）或监理与相关服务建议书（适用于非招标工程）。

（4）专用条件。

（5）通用条件。

（6）附录，内容包括：①附录 A，相关服务的范围和内容；②附录 B，委托人派遣的人员和提供的房屋、资料、设备。

建设工程监理合同签订后，双方依法签订的补充协议也是建设工程监理合同文件的组成部分。

协议书是一份标准的格式文件，经当事人双方在空格处填写具体规定的内容并签字盖章后，即发生法律效力。

2. 通用条件

通用条件涵盖了建设工程监理合同中所用的词语定义与解释，监理人的义务，委托人的义务，签约双方的违约责任，酬金支付，合同的生效、变更、暂停、解除与终止，争议解决及其他诸如外出考察费用、检测费用、咨询费用、奖励、守法诚信、保密、通知、著作权等方面的约定。通用文件适用于各类建设工程监理，各委托人、监理人都应遵守通用条件中的规定。

3. 专用条件

由于通用条件适用于各行业、各专业建设工程监理，因此，其中的某些条款规定得比较笼统，需要在签订具体建设工程监理合同时，结合地域特点、专业特点和委托监理的工程特点，对通用条件中的某些条款进行补充、修改。

所谓"补充"，是指通用条件中的条款明确规定，在该条款确定的原则下，专用条件中的条款需进一步明确具体内容，使通用条件、专用条件中相同序号的条款共同组成一条内容完备的条款。如通用条件 2.2.1 规定，监理依据包括以下内容：

（1）适用的法律、行政法规及部门规章。

（2）与工程有关的标准。

（3）工程设计及有关文件。

（4）本合同及委托人与第三方签订的与实施工程有关的其他合同。

双方根据建设工程的行业和地域特点，在专用条件中具体约定监理依据。

于是，就具体建设工程监理而言，委托人与监理人就需要根据工程的行业和地域特点，在专用条件中相同序号（2.2.1）条款中明确具体的监理依据。

所谓"修改"，是指通用条件中规定的程序方面的内容，如果双方认为不合适，可以协议修改。如通用条件 3.4 中规定，"委托人应授权一名熟悉工程情况的代表，负责与监理人联系。委托人应在双方签订本合同后 7 天内，将委托人代表的姓名和职责书面告知监理人。当委托人更换委托人代表时，应提前 7 天通知监理人。"如果委托人或监理人认为 7 天的时间太短，经双方协商达成一致意见后，可在专用条件相同序号条款中写明具体的延长时间，如改为 14 天等。

4. 附录

附录包括附录 A 和附录 B：

（1）附录 A。如果委托人委托监理人完成相关服务时，应在附录 A 中明确约定委托的工作内容和范围。委托人根据工程建设管理需要，可以自主委托全部内容，也可以委托某个阶段的工作或部分服务内容。如果委托人仅委托建设工程监理，则不需要填写附录 A。

（2）附录 B。委托人为监理人开展正常监理工作派遣的人员和无偿提供的房屋、资料、设备，应在附录 B 中明确约定派遣或提供的对象、数量和时间。

2.5.1.3　专用条件需要约定的内容

为了确保建设工程监理合同的合法、有效，工程监理单位应与建设单位按法定程序订立合同，明确对工程的有关理解和意图，进一步确认合同责任，将双方达成的一致意见写入专用条件或附录中。在签订合同时，应做到文字简洁、清晰、严密，以保证意思表达准确。

1. 专用条件需要约定的内容

通常情况下，建设工程监理合同专用条件需要约定的内容如下：

（1）定义与解释：

1）合同语言文字。通用条件 1.2.1 款规定，"本合同使用中文书写、解释和说明。如专用条件约定使用两种及以上语言文字时，应以中文为准。"因此，如果建设工程监理合同使用中文以外语言文字的，需要在专用条件 1.2.1 款明确：合同文件除使用中文外，还可用约定的其他语言文字。

2）合同文件解释顺序。通用条件 1.2.2 款规定，组成本合同的下列文件彼此应能相互解释、互为说明。除专用条件另有约定外，本合同文件的解释顺序如下：①协议书；②中标通知书（适用于招标工程）或委托书（适用于非招标工程）；③专用条件及附录 A、附录 B；④通用条件；⑤投标文件（适用于招标工程）或监理与相关服务建议书（适用于非招标工程）。双方签订的补充协议与其他文件发生矛盾或歧义时，属于同一类内容的文件，应以最新签署的为准。因此，在必要时，合同双方可在专用条件1.2.2款明确约定建设工程监理合同文件的解释顺序。

（2）监理人义务：

1）监理的范围和工作内容：①监理范围。通用条件2.1.1款规定，"监理范围在专用条件中约定。"因此，需要在专用条件2.1.1款明确监理范围。②监理工作内容。通用条件2.1.2款规定，除专用条件另有约定外，监理工作内容包括22项。因此，在必要时，合同双方可在专用条件2.1.2款明确约定监理工作还应包括的内容。

2）监理与相关服务依据：①监理依据。通用条件2.2.1款规定，"双方根据工程的行业和地域特点，在专用条件中具体约定监理依据。"因此，合同双方需要在专用条件2.2.1款明确约定建设工程监理的具体依据。②相关服务依据。通用条件2.2.2款规定，"相关服务依据在专用条件中约定。"因此，合同双方需要在专用条件2款明确约定相关服务的具体依据。

3）项目监理机构和人员：通用条件2.3.4款规定，监理人应及时更换有下列情形之一的监理人员：①严重过失行为的；②有违法行为不能履行职责的；③涉嫌犯罪的；④不能胜任岗位职责的；⑤严重违反职业道德的；⑥专用条件约定的其他情形。

因此，合同双方可在专用条件2.3.4款明确约定更换监理人员的其他情形。

4）履行职责：

a. 对监理人的授权范围。通用条件2.4.3款规定，"监理人应在专用条件约定的授权范围内，处理委托人与承包人所签订合同的变更事宜。如果变更超过授权范围，应以书面形式报委托人批准。"因此，合同双方需要在专用条件2.4.3款明确约定对监理人的授权范围，以及工程延期、工程变更价款的批准权限。

b. 监理人要求承包人调换其人员的权限。通用条件2.4.4款规定，"除专用条件另有约定外，监理人发现承包人的人员不能胜任本职工作的，有权要求承包人予以调换。"因此，合同双方需要在专用条件2.4.4款明确约定监理人要求承包人调换其人员的权力限制条件。

5）提交报告。通用条件2.5条规定，监理人应按专用条件约定的种类、时间和份数向委托人提交监理与相关服务的报告。因此，合同双方需要在专用条件2.5条明确约定监理人应提交报告的种类（包括监理规划、监理月报及约定的专项报告）、时间和份数。

6）使用委托人的财产。通用条件2.7条规定，"监理人无偿使用附录B中由委托人派遣的人员和提供的房屋、资料、设备。除专用条件另有约定外，委托人提供的房屋、设备属于委托人的财产，监理人应妥善使用和保管，在本合同终止时将这些房屋、设备的清单提交委托人，并按专用条件约定的时间和方式移交。"因此，合同双方需要在专用条件2.7条明确约定附录B中由委托人无偿提供的房屋、设备的所有权，以及监理人应在建设工程监理合同终止后移交委托人无偿提供的房屋、设备的时间和方式。

（3）委托人义务：

1）委托人代表。通用条件3.4条规定，"委托人应授权一名熟悉工程情况的代表，负责与监理人联系。委托人应在双方签订本合同后7天内，将委托人代表的姓名和职责书面告知监理人。当委托人更换委托人代表时，应提前7天通知监理人。"因此，合同双方需要在专用条件3.4条明确约定委托人代表。

2) 答复。通用条件3.6条规定，"委托人应在专用条件约定的时间内，对监理人以书面形式提交并要求作出决定的事宜，给予书面答复。逾期未答复的，视为委托人认可。"因此，合同双方需要在专用条件3.6条明确约定委托人对监理人以书面形式提交并要求作出决定的事宜的答复时限。

（4）违约责任：

1) 监理人的违约责任。通用条件4.1.1款规定，"因监理人违反本合同约定给委托人造成损失的，监理人应当赔偿委托人损失。赔偿金额的确定方法在专用条件中约定。监理人承担部分赔偿责任的，其承担赔偿金额由双方协商确定。"因此，合同双方需要在专用条件4.1.1款明确约定监理人赔偿金额的确定方法：

$$赔偿金＝直接经济损失×正常工作酬金÷工程概算投资额（或建筑安装工程费）$$

2) 委托人的违约责任。通用条件4.2.3款规定，"委托人未能按期支付酬金超过28天，应按专用条件约定支付逾期付款利息。"因此，合同双方需要在专用条件4.2.3款明确约定委托人逾期付款利息的确定方法：

$$逾期付款利息＝当期应付款总额×银行同期贷款利率×拖延支付天数$$

（5）支付：

1) 支付货币。通用条件5.1条规定，"除专用条件另有约定外，酬金均以人民币支付。涉及外币支付的，所采用的货币种类、比例和汇率在专用条件中约定。"因此，涉及外币支付的，合同双方需要在专用条件5.1条明确约定外币币种、外币所占比例以及汇率。

2) 支付酬金。通用条件5.3条规定，"支付的酬金包括正常工作酬金、附加工作酬金、合理化建议奖励金额及费用。"由于附加工作酬金、合理化建议奖励金额及费用均需在合同履行过程中确定，因此，合同双方只能在专用条件5.3条明确约定正常工作酬金支付的时间、比例及金额。

（6）合同生效、变更、暂停、解除与终止：

1) 生效。通用条件6.1条规定，"除法律另有规定或者专用条件另有约定外，委托人和监理人的法定代表人或其授权代理人在协议书上签字并盖单位章后本合同生效。"因此，在必要时，合同双方可在专用条件6.1条明确约定合同生效时间。

2) 变更：

a. 非监理人原因导致的变更。通用条件6.2.2款规定，"除不可抗力外，因非监理人原因导致监理人履行合同期限延长、内容增加时，监理人应当将此情况与可能产生的影响及时通知委托人。增加的监理工作时间、工作内容应视为附加工作。附加工作酬金的确定方法在专用条件中约定。"因此，合同双方应在专用条件6.2.2款明确约定附加工作酬金的确定方法。其中，特别规定了除不可抗力外，因非监理人原因导致本合同期限延长时，附加工作酬金的确定方法：

$$附加工作酬金＝本合同期限延长时间（天）×正常工作酬金$$
$$÷协议书约定的监理与相关服务期限（天）$$

b. 监理与相关服务工作停止后的善后工作以及恢复服务的准备工作。通用条件6.2.3款规定，"合同生效后，如果实际情况发生变化使得监理人不能完成全部或部分工作时，监理人应立即通知委托人。除不可抗力外，其善后工作以及恢复服务的准备工作应为附加工作，附加工作酬金的确定方法在专用条件中约定。监理人用于恢复服务的准备时间不应超过

28 天。"因此，合同双方应在专用条件 6.2.3 款明确约定附加工作酬金按下列方法确定：

$$附加工作酬金=善后工作及恢复服务的准备工作时间（天）\times 正常工作酬金$$
$$\div 协议书约定的监理与相关服务期限（天）$$

c. 工程概算投资额或建筑安装工程费增加。通用条件 6.2.5 款规定，"因非监理人原因造成工程概算投资额或建筑安装工程费增加时，正常工作酬金应作相应调整。调整方法在专用条件中约定。"因此，合同双方应在专用条件 6.2.5 款明确约定正常工作酬金增加额的确定方法：

$$正常工作酬金增加额=工程投资额或建筑安装工程费增加额\times 正常工作酬金$$
$$\div 工程概算投资额（或建筑安装工程费）$$

d. 监理人正常工作量的减少。通用条件 6.2.6 款规定，"因工程规模、监理范围的变化导致监理人的正常工作量减少时，正常工作酬金应作相应调整。调整方法在专用条件中约定。"因此，合同双方应在专用条件 6.2.6 款明确约定，按减少工作量的比例从协议书约定的正常工作酬金中扣减相同比例的酬金。

（7）争议解决：

1）调解。通用条件 7.2 条规定，"如果双方不能在 14 天内或双方商定的其他时间内解决本合同争议，可以将其提交给专用条件约定的或事后达成协议的调解人进行调解。"因此，合同双方可在专用条件 7.2 条明确约定合同争议调解人。

2）仲裁或诉讼。通用条件 7.3 条规定，"双方均有权不经调解直接向专用条件约定的仲裁机构申请仲裁或向有管辖权的人民法院提起诉讼。"因此，合同双方应在专用条件 7.3 条明确约定合同争议的最终解决方式：仲裁及提请仲裁的机构或诉讼及提起诉讼的人民法院。

（8）其他：

1）检测费用。通用条件 8.2 条规定，"委托人要求监理人进行的材料和设备检测所发生的费用，由委托人支付，支付时间在专用条件中约定。"因此，合同双方应在专用条件 8.2 条明确约定检测费用的支付时间。

2）咨询费用。通用条件 8.3 条规定，"经委托人同意，根据工程需要由监理人组织的相关咨询论证会以及聘请相关专家等发生的费用由委托人支付，支付时间在专用条件中约定。"因此，合同双方应在专用条件 8.3 条明确约定咨询费用的支付时间。

3）奖励。通用条件 8.4 条规定，"监理人在服务过程中提出的合理化建议，使委托人获得经济效益的，双方在专用条件中约定奖励金额的确定方法。奖励金额在合理化建议被采纳后，与最近一期的正常工作酬金同期支付。"因此，合同双方应在专用条件 8.4 条中针对合理化建议明确约定奖励金额的确定方法：

$$奖励金额=工程投资节省额\times 奖励金额的比率$$

其中，奖励金额的比率由合同双方协商确定。

4）保密。通用条件 8.6 条规定，"双方不得泄露对方申明的保密资料，亦不得泄露与实施工程有关的第三方所提供的保密资料，保密事项在专用条件中约定。"因此，合同双方应在专用条件 8.6 条明确约定委托人、监理人及第三方申明的保密事项和期限。

5）著作权。通用条件 8.8 条规定，"监理人可单独或与他人联合出版有关监理与相关服务的资料。除专用条件另有约定外，如果监理人在本合同履行期间及本合同终止后两年内出版涉及本工程的有关监理与相关服务的资料，应当征得委托人的同意。"因此，合同双方可在专用条件8.8条明确约定监理人在合同履行期间及合同终止后两年内出版涉及工程有关监理与相关服务的资料的限制条件。

（9）补充条款。除上述约定外，合同双方的其他补充约定应以补充条款的形式体现在专用条件中。

2. 附录需要约定的内容

（1）附录A需要约定的内容。通用条件2.1.3款规定，"相关服务的范围和内容在附录A中约定。"因此，合同双方可在附录A中明确约定工程勘察、设计、保修等阶段相关服务的范围和内容，以及其他服务（专业技术咨询、外部协调工作等）的范围和内容。同时，应注意与协议书中约定的相关服务期限相协调。

（2）附录B需要约定的内容。通用条件3.2条规定，"委托人应按照附录B约定，无偿向监理人提供工程有关的资料。在本合同履行过程中，委托人应及时向监理人提供最新的与工程有关的资料。"

通用条件3.3.1款规定，"委托人应按照附录B约定，派遣相应的人员，提供房屋、设备，供监理人无偿使用。"因此，合同双方应在附录B中明确约定委托人派遣的人员和提供的房屋、资料、设备。

2.5.2　建设工程监理合同履行

监理工作任务为三控、两管、一协调。"三控"指控制进度、控制质量、控制造价；"两管"指管理合同、管理信息；"一协调"指协调施工单位与业主的关系、协调各施工单位之间的关系。

2.5.2.1　监理人的义务

1. 监理的范围和工作内容

（1）监理范围。建设工程监理范围可能是整个建设工程，也可能是建设工程中一个或若干施工标段，还可能是一个或若干施工标段中的部分工程（如土建工程、机电设备安装工程、玻璃幕墙工程、桩基工程等）合同双方需要在专用条件中明确建设工程监理的具体范围。

（2）监理工作内容。对于强制实施监理的建设工程，通用条件2.1.2款约定了22项属于监理人需要完成的基本工作，也是确保建设工程监理取得成效的重要基础。监理人需要完成的基本工作如下：

1）收到工程设计文件后编制监理规划，并在第一次工地会议7天前报委托人。根据有关规定和监理工作需要，编制监理实施细则。

2）熟悉工程设计文件，并参加由委托人主持的图纸会审和设计交底会议。

3）参加由委托人主持的第一次工地会议；主持监理例会并根据工程需要主持或参加专题会议。

4）审查施工承包人提交的施工组织设计，重点审查其中的质量安全技术措施、专项施工方案与工程建设强制性标准的符合性。

5）检查施工承包人工程质量、安全生产管理制度及组织机构和人员资格。

6）检查施工承包人专职安全生产管理人员的配备情况。

7）审查施工承包人提交的施工进度计划，核查施工承包人对施工进度计划的调整。

8）检查施工承包人的试验室。

9）审核施工分包人资质条件。

10）查验施工承包人的施工测量放线成果。

11）审查工程开工条件，对条件具备的签发开工令。

12）审查施工承包人报送的工程材料、构配件、设备的质量证明资料，抽检进场的工程材料、构配件的质量。

13）审核施工承包人提交的工程款支付申请，签发或出具工程款支付证书，并报委托人审核、批准。

14）在巡视、旁站和检验过程中，发现工程质量、施工安全存在事故隐患的，要求施工承包人整改并报委托人。

15）经委托人同意，签发工程暂停令和复工令。

16）审查施工承包人提交的采用新材料、新工艺、新技术、新设备的论证材料及相关验收标准。

17）验收隐蔽工程、分部分项工程。

18）审查施工承包人提交的工程变更申请，协调处理施工进度调整、费用索赔、合同争议等事项。

19）审查施工承包人提交的竣工验收申请，编写工程质量评估报告。

20）参加工程竣工验收，签署竣工验收意见。

21）审查施工承包人提交的竣工结算申请并报委托人。

22）编制、整理建设工程监理归档文件并报委托人。

（3）相关服务的范围和内容。委托人需要监理人提供相关服务（如勘察阶段、设计阶段、保修阶段服务及其他专业技术咨询、外部协调工作等）的，其范围和内容应在附录 A 中约定。

2. 项目监理机构和人员

（1）项目监理机构。监理人应组建满足工作需要的项目监理机构，配备必要的检测设备。项目监理机构的主要人员应具有相应的资格条件。

项目监理机构应由总监理工程师、专业监理工程师和监理员组成，且专业配套、人员数量满足监理工作需要。总监理工程师必须由注册监理工程师担任，必要时可设总监理工程师代表。配备必要的检测设备，是保证建设工程监理效果的重要基础。

（2）项目监理机构人员：

1）项目监理机构的人员结构。项目监理机构应具有合理的人员结构，包括以下两方面的内容：①合理的专业结构，也就是各专业人员要配套；②合理的技术职务、职称结构，表现在高级职称、中级职称和初级职称有与监理工作要求相称的比例。一般来说，决策阶段、设计阶段的监理，具有高级职称及中级职称的人员应占绝大多数；施工阶段的监理，可有较多的初级职称人员从事实际操作。

2）项目监理机构监理人员数量的确定。影响项目监理机构人员数量的主要因素有工程建设强度、建设工程复杂程度、监理单位的业务水平、项目监理机构的组织结构和任务、职能分工等。建设强度是指单位时间内投入的建设工程资金的数量，等于投资与工期之比（即投资/工期）。项目监理机构人员数量确定的关键在于编制项目机构监理人员需要量定额。

3）在建设工程监理合同履行过程中，总监理工程师及重要岗位监理人员应保持相对稳定，以保证监理工作正常进行。

4）监理人可根据工程进展和工作需要调整项目监理机构人员。需要更换总监理工程师时，应提前7天向委托人书面报告，经委托人同意后方可更换；监理人更换项目监理机构其他监理人员，应以不低于现有资格与能力为原则，并应将更换情况通知委托人。

5）监理人应及时更换有下列情形之一的监理人员：①严重过失行为的；②有违法行为不能履行职责的；③涉嫌犯罪的；④不能胜任岗位职责的；⑤严重违反职业道德的；⑥专用条件约定的其他情形。

6）委托人可要求监理人更换不能胜任本职工作的项目监理机构人员。

3. 履行职责

监理人应遵循职业道德准则和行为规范，严格按照法律法规、工程建设有关标准及监理合同履行职责。

（1）委托人、施工承包人及有关各方意见和要求的处置。在建设工程监理与相关服务范围内，项目监理机构应及时处置委托人、施工承包人及有关各方的意见和要求。当委托人与施工承包人及其他合同当事人发生合同争议时，项目监理机构应充分发挥协调作用，与委托人、施工承包人及其他合同当事人协商解决。

（2）证明材料的提供。委托人与施工承包人及其他合同当事人发生合同争议的，首先应通过协商、调解等方式解决。如果协商、调解不成而通过仲裁或诉讼途径解决的，监理人应按仲裁机构或法院要求提供必要的证明材料。

（3）合同变更的处理。监理人应在专用条件约定的授权范围（工程延期的授权范围、合同价款变更的授权范围）内，处理委托人与承包人所签订合同的变更事宜。如果变更超过授权范围，应以书面形式报委托人批准。

在紧急情况下，为了保护财产和人身安全，项目监理机构可不经请示委托人而直接发布指令，但应在发出指令后的24h内以书面形式报委托人。这样，项目监理机构就拥有一定的现场处置权。

（4）承包人人员的调换。施工承包人及其他合同当事人的人员不称职，会影响建设工程的顺利实施。为此，项目监理机构有权要求施工承包人及其他合同当事人调换其不能胜任本职工作的人员。

与此同时，为限制项目监理机构在此方面有过大的权力，委托人与监理人可在专用条件中约定项目监理机构指令施工承包人及其他合同当事人调换其人员的限制条件。

4. 其他义务

（1）提交报告。项目监理机构应按专用条件约定的种类、时间和份数向委托人提交监理与相关服务的报告，包括监理规划、监理月报，还可根据需要提交专项报告等。

（2）文件资料。在监理合同履行期内，项目监理机构应在现场保留工作所用的图纸、报告及记录监理工作的相关文件。工程竣工后，应当按照档案管理规定将监理有关文件归档。

建设工程监理工作中所用的图纸、报告是建设工程监理工作的重要依据，记录建设工程监理工作的相关文件是建设工程监理工作的重要证据，也是衡量建设工程监理效果的主要依据之一。发生工程质量、生产安全事故时，也是判别建设工程监理责任的重要依据。项目监理机构应设专人负责建设工程监理文件资料管理工作。

（3）使用委托人的财产。在建设工程监理与相关服务过程中，委托人派遣的人员以及提供给项目监理机构无偿使用的房屋、资料、设备应在附录 B 中予以明确。监理人应妥善使用和保管，并在合同终止时将这些房屋、设备按专用条件约定的时间和方式移交委托人。

2.5.2.2　委托人的义务

1. 告知

委托人应在其与施工承包人及其他合同当事人签订的合同中明确监理人、总监理工程师和授予项目监理机构的权限。

如果监理人、总监理工程师以及委托人授予项目监理机构的权限有变更，委托人也应以书面形式及时通知施工承包人及其他合同当事人。

2. 提供资料

委托人应按照附录 B 约定，无偿、及时向监理人提供工程有关资料。在建设工程监理合同履行过程中，委托人应及时向监理人提供最新的与工程有关的资料。

3. 提供工作条件

委托人应为监理人实施监理与相关服务提供必要的工作条件。

（1）派遣人员并提供房屋、设备。委托人应按照附录 B 约定，派遣相应的人员，如果所派遣的人员不能胜任所安排的工作，监理人可要求委托人调换。

委托人还应按照附录 B 约定，提供房屋、设备，供监理人无偿使用。如果在使用过程中所发生的水、电、煤、油及通信费用等需要监理人支付的，应在专用条件中约定。

（2）协调外部关系。委托人应负责协调工程建设中所有外部关系，为监理人履行合同提供必要的外部条件。这里的外部关系是指与工程有关的各级政府建设主管部门、建设工程安全质量监督机构，以及城市规划、卫生防疫、人防、技术监督、交警、乡镇街道等管理部门之间的关系，还有与工程有关的各管线单位等之间的关系。如果委托人将工程建设中所有或部分外部关系的协调工作委托监理人完成的，则应与监理人协商，并在专用条件中约定或签订补充协议，支付相关费用。

4. 授权委托人代表

委托人应授权一名熟悉工程情况的代表，负责与监理人联系。委托人应在双方签订合同后 7 天内，将其代表的姓名和职责书面告知监理人。当委托人更换其代表时，也应提前 7 天通知监理人。

5. 委托人意见或要求

在建设工程监理合同约定的监理与相关服务工作范围内，委托人对承包人的任何意见或要求应通知监理人，由监理人向承包人发出相应指令。

这样，有利于明确委托人与承包单位之间的合同责任，保证监理人独立、公平地实施监理工作与相关服务，避免出现不必要的合同纠纷。

6. 答复

对于监理人以书面形式提交委托人并要求作出决定的事宜，委托人应在专用条件约定的时间内给予书面答复。逾期未答复的，视为委托人认可。

7. 支付

委托人应按合同（包括补充协议）约定的额度、时间和方式向监理人支付酬金。

2.5.2.3 违约责任

1. 监理人的违约责任

监理人未履行监理合同义务的，应承担相应的责任。

（1）违反合同约定造成的损失赔偿。因监理人违反合同约定给委托人造成损失的，监理人应当赔偿委托人损失。赔偿金额的确定方法在专用条件中约定。监理人承担部分赔偿责任的，其承担赔偿金额由双方协商确定。

监理人的违约情况包括不履行合同义务的故意行为和未正确履行合同义务的过错行为。监理人不履行合同义务的情形包括：①无正当理由单方解除合同；②无正当理由不履行合同约定的义务。

监理人未正确履行合同义务的情形包括：①未完成合同约定范围内的工作；②未按规范程序进行监理；③未按正确数据进行判断而向施工承包人及其他合同当事人发出错误指令；④未能及时发出相关指令，导致工程实施进程发生重大延误或混乱；⑤发出错误指令，导致工程受到损失等。

当合同协议书是根据《建设工程监理与相关服务收费管理规定》（发改价〔2007〕670号）约定酬金的，则应按专用条件约定的百分比方法计算监理人应承担的赔偿金额：

赔偿金＝直接经济损失×正常工作酬金÷工程概算投资额（或建筑工程安装费）

（2）索赔不成立时的费用补偿。监理人向委托人的索赔不成立时，监理人应赔偿委托人由此发生的费用。

2. 委托人的违约责任

委托人未履行本合同义务的，应承担相应的责任。

（1）违反合同约定造成的损失赔偿。委托人违反合同约定造成监理人损失的，委托人应予以赔偿。

（2）索赔不成立时的费用补偿。委托人向监理人的索赔不成立时，应赔偿监理人由此引起的费用。这与监理人索赔不成立的规定对等。

（3）逾期支付补偿。委托人未能按合同约定的时间支付相应酬金超过28天，应按专用条件约定支付逾期付款利息。逾期付款利息应按专用条件约定的方法计算（拖延支付天数应从应支付日算起）：

逾期付款利息＝当期应付款总额×银行同期贷款利率×拖延支付天数

3. 除外责任

因非监理人的原因，且监理人无过错，发生工程质量事故、安全事故、工期延误等造成的损失，监理人不承担赔偿责任。这是由于监理人不承包工程的实施，因此，在监理人无过错的前提下，由于第三方原因使建设工程遭受损失的，监理人不承担赔偿责任。

因不可抗力导致监理合同全部或部分不能履行时，双方各自承担其因此而造成的损失、损害。不可抗力是指合同双方当事人均不能预见、不能避免、不能克服的客观原因引起的事件，根据《合同法》第一百一十七条"因不可抗力不能履行合同的，根据不可抗力的影响，部分或者全部免除责任"的规定，按照公平、合理原则，合同双方当事人应各自承担其因不可抗力而造成的损失、损害。

因不可抗力导致监理人现场的物质损失和人员伤害，由监理人自行负责。如果委托人投保的"建筑工程一切险"或"安装工程一切险"的被保险人中包括监理人，则监理人的物质损害也可从保险公司获得相应的赔偿。

监理人应自行投保现场监理人员的意外伤害保险。

2.5.2.4　合同的生效、变更与终止

1. 建设工程监理合同生效

建设工程监理合同属于无生效条件的委托合同，因此，合同双方当事人依法订立后合同即生效。即委托人和监理人的法定代表人或其授权代理人在协议书上签字并盖单位章后合同生效。除非法律另有规定或者专用条件另有约定。

2. 建设工程监理合同变更

在建设工程监理合同履行期间，由于主观或客观条件的变化，当事人任何一方均可提出变更合同的要求，经过双方协商达成一致后可以变更合同。如委托人提出增加监理或相关服务工作的范围或内容；监理人提出委托工作范围内工程的改进或优化建议等。

（1）建设工程监理合同履行期限延长、工作内容增加。除不可抗力外，因非监理人原因导致监理人履行合同期限延长、内容增加时，监理人应将此情况与可能产生的影响及时通知委托人。增加的监理工作时间、工作内容应视为附加工作。附加工作酬金的确定方法在专用条件中约定。

附加工作分为延长监理或相关服务时间、增加服务工作内容两类。延长监理或相关服务时间的附加工作酬金，应按下式计算：

$$附加工作酬金 = 合同期限延长时间（天）\times 正常工作酬金 \div 协议书约定的监理与相关服务期限（天）$$

增加服务工作内容的附加工作酬金，由合同双方当事人根据实际增加的工作内容协商确定。

（2）建设工程监理合同暂停履行、终止后的善后服务工作及恢复服务的准备工作。监理合同生效后，如果实际情况发生变化使得监理人不能完成全部或部分工作时，监理人应立即通知委托人。其善后工作以及恢复服务的准备工作应为附加工作，附加工作酬金的确定方法在专用条件中约定。监理人用于恢复服务的准备时间不应超过 28 天。

建设工程监理合同生效后，出现致使监理人不能完成全部或部分工作的情况可能包括以下几种：

1）因委托人原因致使监理人服务的工程被迫终止。

2）因委托人原因致使被监理合同终止。

3）因施工承包人或其他合同当事人原因致使被监理合同终止，实施工程需要更换施工承包人或其他合同当事人。

4）不可抗力原因致使被监理合同暂停履行或终止等。

在上述情况下，附加工作酬金按下式计算：

$$附加工作酬金 = 善后工作及恢复服务的准备工作时间（天）\times 正常工作酬金 \div 协议书约定的监理与相关服务期限（天）$$

（3）相关法律法规、标准颁布或修订引起的变更。在监理合同履行期间，因法律法规、标准颁布或修订导致监理与相关服务的范围、时间发生变化时，应按合同变更对待，双方通过协商予以调整。增加的监理工作内容或延长的服务时间应视为附加工作。若致使委托范围内的工作相应减少或服务时间缩短，也应调整监理与相关服务的正常工作酬金。

（4）工程投资额或建筑安装工程费增加引起的变更。协议书中约定的监理与相关服务酬金是按照国家颁布的收费标准确定时，其计算基数是工程概算投资额或建筑安装工程费。因非监理人原因造成工程投资额或建筑安装工程费增加时，监理与相关服务酬金的计算基数便发生变化，因此，正常工作酬金应作相应调整。调整额按下式计算：

$$正常工作酬金增加额＝工程投资额或建筑安装工程费增加额×正常工作酬金$$
$$÷工程概算投资额（或建筑安装工程费）$$

如果是按照《建设工程监理与相关服务收费管理规定》（发改价格〔2007〕670号）约定的合同酬金，增加监理范围调整正常工作酬金时，若涉及专业调整系数、工程复杂程度调整系数变化，则应按实际委托的服务范围重新计算正常监理工作酬金额。

（5）因工程规模、监理范围的变化导致监理人的正常工作量的减少。在监理合同履行期间，工程规模或监理范围的变化导致正常工作减少时，监理与相关服务的投入成本也相应减少，因此，也应对协议书中约定的正常工作酬金作出调整。减少正常工作酬金的基本原则：按减少工作量的比例从协议书约定的正常工作酬金中扣减相同比例的酬金。

如果是按照《建设工程监理与相关服务收费管理规定》（发改价格〔2007〕670号）约定的合同酬金，减少监理范围后调整正常工作酬金时，如果涉及专业调整系数、工程复杂程度调整系数变化，则应按实际委托的服务范围重新计算正常监理工作酬金额。

3. 建设工程监理合同暂停履行与解除

除双方协商一致可以解除合同外，当一方无正当理由未履行合同约定的义务时，另一方可以根据合同约定暂停履行合同直至解除合同。

（1）解除合同或部分义务。在合同有效期内，由于双方无法预见和控制的原因导致合同全部或部分无法继续履行或继续履行已无意义，经双方协商一致，可以解除合同或监理人的部分义务。在解除之前，监理人应按诚信原则做出合理安排，将解除合同导致的工程损失减至最小。

除不可抗力等原因依法可以免除责任外，因委托人原因致使正在实施的工程取消或暂停等，监理人有权获得因合同解除导致损失的补偿，补偿金额由双方协商确定。

解除合同的协议必须采取书面形式，协议未达成之前，监理合同仍然有效，双方当事人应继续履行合同约定的义务。

（2）暂停全部或部分工作。委托人因不可抗力影响、筹措建设资金遇到困难、与施工承包人解除合同、办理相关审批手续、征地拆迁遇到困难等导致工程施工全部或部分暂停时，应书面通知监理人暂停全部或部分工作。监理人应立即安排停止工作，并将开支减至最小。除不可抗力外，由此导致监理人遭受的损失应由委托人予以补偿。

暂停全部或部分监理或相关服务的时间超过182天，监理人可自主选择继续等待委托人恢复服务的通知，也可向委托人发出解除全部或部分义务的通知。若暂停服务仅涉及合同约定的部分工作内容，则视为委托人已将此部分约定的工作从委托任务中删除，监理人不需要再履行相应义务；如果暂停全部服务工作，按委托人违约对待，监理人可单方解除合同。监理人可发出解除合同的通知，合同自通知到达委托人时解除。委托人应将监理与相关服务的酬金支付至合同解除日。

委托人因违约行为给监理人造成损失的，应承担违约赔偿责任。

（3）监理人未履行合同义务。当监理人无正当理由未履行合同约定的义务时，委托人应通知监理人限期改正。委托人在发出通知后 7 天内没有收到监理人书面形式的合理解释，即监理人没有采取实质性改正违约行为的措施，则可进一步发出解除合同的通知，自通知到达监理人时合同解除。委托人应将监理与相关服务的酬金支付至限期改正通知到达监理人之日。

监理人因违约行为给委托人造成损失的，应承担违约赔偿责任。

（4）委托人延期支付。委托人按期支付酬金是其基本义务。监理人在专用条件约定的支付日的 28 天后未收到应支付的款项，可发出酬金催付通知。

委托人接到通知 14 天后仍未支付或未提出监理人可以接受的延期支付安排，监理人可向委托人发出暂停工作的通知并可自行暂停全部或部分工作。暂停工作后 14 天内监理人仍未获得委托人应付酬金或委托人的合理答复，监理人可向委托人发出解除合同的通知，自通知到达委托人时合同解除。

委托人应对支付酬金的违约行为承担违约赔偿责任。

（5）不可抗力造成合同暂停或解除。因不可抗力致使合同部分或全部不能履行时，一方应立即通知另一方，可暂停或解除合同。根据《合同法》，双方受到的损失、损害各负其责。

（6）合同解除后的结算、清理、争议解决。无论是协商解除合同，还是委托人或监理人单方解除合同，合同解除生效后，合同约定的有关结算、清理条款仍然有效。单方解除合同的解除通知到达对方时生效，任何一方对对方解除合同的行为有异议，仍可按照约定的合同争议条款采用调解、仲裁或诉讼的程序保护自己的合法权益。

4. 监理合同终止

以下条件全部成就时，监理合同即告终止：

（1）监理人完成合同约定的全部工作。

（2）委托人与监理人结清并支付全部酬金。

工程竣工并移交并不满足监理合同终止的全部条件。上述条件全部成就时，监理合同有效期终止。

【例 2.3】　建设单位计划将拟建的高速公路建设工程项目委托某一建设监理公司进行实施阶段的监理。建设单位参照《建设工程委托监理合同（示范文本）》（GF - 2012 - 0202）预先起草了一份监理合同（草案），其部分内容如下：

（1）除业主原因造成的工程延期外，其他原因造成的工程延期监理单位应付出相当于对施工单位罚款额的 20％给业主；如工期提前，监理单位可得到相当于对施工单位工期提前奖的 20％奖金。

（2）工程设计图纸出现设计质量问题，监理单位应付给建设单位相当于给设计单位的设计费的 5％的赔偿。

（3）在施工期间，每发生一起施工人员重伤事故，监理单位应受罚款 1.5 万元人民币；发生一起死亡事故，对监理单位罚款 3 万元人民币。

（4）凡由于监理工程师出现差错、失误而造成的经济损失，监理单位应付给建设单位赔偿费。

经过双方协商，对监理合同（草案）中的一些问题进行了修改、调整和完善，最后确定了工程建设委托监理合同的主要条款。其中包括监理的范围和内容、双方的权利与义务、监理费的计取与支付、违约责任、双方约定的其他事项。

问题：

（1）该监理合同（草案）部分内容中哪些条款不妥，为什么？

（2）如果该监理合同是一个有效的经济合同，它应具备什么条件？

（3）修改、调整和完善后，最后确定的工程建设委托监理合同是否包括了主要的条款内容？

解：

（1）监理合同（草案）部分内容均不妥。原因如下：

1）工程建设监理的性质是服务性的，监理单位和监理工程师"将不是，也不能成为任何承包工程的承保人或保证人"。若将设计、施工出现的问题与监理单位直接挂钩，这与监理工作的性质不符。

2）第3条中对于施工期间施工单位发生施工人员伤亡，按《建筑法》第四十五条规定："施工安全由建筑施工企业负责。"监理单位的责、权、利主要来源于建设单位的委托与授权，建设单位承担相应责任，合同中要求监理单位承担也是不妥的。

3）《建设工程委托监理合同（示范文本）》（GF-2012-0202）专用条款中4.1.1中规定，监理人赔偿金额按下列方法确定：赔偿金＝直接经济损失×正常工作酬金÷工程概算投资额（或建筑安装工程费）。

（2）若该合同是一个有效的经济合同，应满足以下基本条件：

1）主体资格合法。即建设单位和监理单位作为合同双方当事人，应当具有合法的资格。

2）合同内容应合法。即其内容应符合国家法律、法规，真实表达双方当事人的意思。

3）订立程序合法、形式合法。

（3）最后确定的监理合同的主要条款，符合《建设工程委托监理合同（示范文本）》（GF-2012-0202）中对监理合同内容的要求。

学习项目 3　施 工 前 期 监 理 准 备

【项目描述】　以×××市×××污水处理厂监理为载体，介绍监理规划编制的具体要求和相关内容。

1. 工程概况

×××市×××污水处理厂项目工程位于×××市×××县城，系×××县重点工程，×××县人民政府招商引资项目。工程由×××市×××水质净化有限公司投资兴建，工程采用 BOT 模式运作，即建设—营运—移交。

工程日处理污水 3.5 万 t，总投资约 6000 万元。工程采用先进的巴式计量槽工艺，处理过程采用氧化沟循环、沉淀池沉淀过滤方式，处理后的水质达到国家Ⅱ类水质标准。工程由氧化沟、沉淀池、接触消毒池、回流污泥池、旋流沉砂池，进水泵房和一座二层办公楼组成，各水池均采用现浇混凝土剪力墙。各水池单体采用地下管线连接，设备安装主要包括沉淀池虹吸式桥架，氧化沟转碟曝气机，回流污泥池泥浆泵，进水泵房粗、细格栅等，各水池单体地下管线接通过程中均采用闸门节制。工程合同工期180 日历天。

2. 参建单位

建设单位：×××市住房建设局。

设计单位：×××省建筑设计研究院。

勘察单位：×××建筑勘察院。

承包单位：×××市第五市政有限公司。

监理单位：×××建设工程监理有限公司。

【学习目标】　通过学习，掌握监理规划与监理细则的编写依据和编写要求，强调监理规划的指导性和监理细则的针对性。

学习情境 3.1　监 理 规 划

【情境描述】　建设工程监理是一种特殊的工程建设活动，具有"服务性、科学性、公正性、独立性"的性质。其工作的基本方法主要包括目标规划、动态控制、组织协调、信息管理、合同管理五大手段。其中目标规划是监理工作的基础。监理规划是项目监理机构全面开展建设工程监理工作的指导性文件。

3.1.1　监理规划的作用及其编写依据和要求

3.1.1.1　监理规划的作用

建设工程监理规划是监理单位接受业主委托并签订建设工程监理委托合同之后，在监理工作开始之前编制的，是指导工程项目监理组织全面开展监理工作的纲领性文件。其作用主要有以下几方面。

1. 指导工程项目监理全面开展监理工作

监理规划需要对项目监理机构开展的各项监理工作做出全面、系统的组织和安排。它包括确定监理工作目标，制定监理工作程序，确定动态控制、合同管理、信息管理、组织协调等各项工作措施和确定各项工作的方法和手段，其基本作用就是指导项目监理机构全面开展监理工作。

2. 监理规划是业主确认监理企业能否全面、认真履行合同的主要依据

监理企业如何履行监理合同，如何落实业主委托监理企业所承担的各项监理服务工作，作为监理的委托方，业主不但需要而且应当了解和确认。同时，业主有权监督监理企业全面、认真地执行监理合同。而监理规划正是业主了解和确认这些情况的重要资料，是业主确认监理企业是否能够履行监理合同的依据性文件。

3. 监理规划是工程监理主管机构对监理企业监督管理的依据

政府建设监理主管机构对建设工程监理企业要实施监督、管理和指导职能，对其人员素质、专业配套和建设工程监理业绩要进行核查和考评以确认其资质。要做到这一点，除了进行一般性的资质管理工作之外，更为重要的是通过对监理企业的实际监理工作的考核来认定其水平，这可以从监理规划和实施过程中充分地表现出来。因此，政府建设监理主管机构对监理企业进行考核时，十分重视对监理规划的检查。也就是说，监理规划是政府建设监理主管机构监督、管理和指导监理企业开展监理活动的重要依据。

4. 监理规划能够促进工程项目管理过程中承包商与监理方之间的协调工作

工程项目实施过程中，施工承包方将严格按照承包合同开展工作，而监理规划的编制依据就包括施工承包合同，施工承包合同和监理方的监理规划有着实现工程项目管理目标的一致性和统一性的作用。监理规划确定监理目标、程序、方法、措施等不仅是监理人员开展监理工作的依据，也应该让施工承包方管理人员了解并与之协调配合。

5. 监理规划是监理企业内部考核的依据和重要的存档资料

从监理企业内部管理制度化、规范化、科学化的要求出发，需要对各项目监理机构（包括总监理工程师和专业监理工程师）的工作进行考核，其主要依据就是经过企业内部主管负责人审批的监理企业监理规划。通过考核，可以对有关监理人员的监理工作水平和能力作出客观、正确的评价，从而有利于今后在其他工程上更加合理地安排监理人员，提高监理工作效率。从建设工程监理控制的过程可知，监理规划的内容必然随着工程的进展而逐步调整、补充和完善。它在一定程度上真实地反映了建设工程监理工作的全貌，是最好的监理工作过程记录。因此，它也是每一家工程监理企业的重要存档资料。

3.1.1.2 监理规划编写依据

1. 工程建设法律法规和标准

（1）国家层面工程建设有关法律、法规及政策。无论在任何地区或任何部门进行工程建设，都必须遵守国家层面工程建设相关法律法规及政策。

（2）工程所在地或所属部门颁布的工程建设相关法规、规章及政策。建设工程必然是在某一地区实施的，有时也由某一部门归口管理，这就要求工程建设必须遵守工程所在地或所属部门颁布的工程建设相关法规、规章及政策。

（3）工程建设标准。工程建设必须遵守相关标准、规范及规程等工程建设技术标准和管理标准。

2. 建设工程外部环境调查研究资料

（1）自然条件方面的资料。包括建设工程所在地点的地质、水文、气象、地形以及自然灾害发生情况等方面的资料。

（2）社会和经济条件方面的资料。包括建设工程所在地人文环境、社会治安、建筑市场状况、相关单位（政府主管部门，勘察和设计单位、施工单位、材料设备供应单位、工程咨询和工程监理单位）、基础设施（交通设施、通信设施、公用设施、能源设施）、金融市场情况等方面的资料。

3. 政府批准的工程建设文件

（1）政府发展改革部门批准的可行性研究报告、立项批文。

（2）政府规划土地、环保等部门确定的规划条件、土地使用条件、环境保护要求、市政管理规定。

4. 建设工程监理合同文件

建设工程监理合同的相关条款和内容是编写监理规划的重要依据，主要包括监理工作范围和内容，监理与相关服务依据，工程监理单位的义务和责任，建设单位的义务和责任等。

建设工程监理投标书是建设工程监理合同文件的重要组成部分，工程监理单位在监理大纲中明确的内容，主要包括项目监理组织计划，拟投入主要监理人员，工程质量、造价、进度控制方案，安全生产管理的监理工作，信息管理和合同管理方案，与工程建设相关单位之间关系的协调方法等，均是监理规划的编制依据。

5. 建设工程合同

在编写监理规划时，也要考虑建设工程合同（特别是施工合同）中关于建设单位和施工单位义务和责任的内容，以及建设单位对于工程监理单位的授权。

6. 建设单位的合理要求

工程监理单位应竭诚为客户服务，在不超出合同职责范围的前提下，工程监理单位应最大限度地满足建设单位的合理要求。

7. 工程实施过程中输出的有关工程信息

其主要包括方案设计、初步设计、施工图设计、工程实施状况、工程招标投标情况、重大工程变更、外部环境变化等。

3.1.1.3 监理规划编写要求

1. 监理规划的基本构成内容应当力求统一

监理规划在总体内容组成上应力求做到统一，这是监理工作规范化、制度化、科学化的要求。

监理规划基本构成内容主要取决于工程监理制度对于工程监理单位的基本要求。根据建设工程监理的基本内涵，工程监理单位受建设单位委托，需要控制建设工程质量、造价、进度三大目标，需要进行合同管理和信息管理，协调有关单位间的关系，还需要履行安全生产管理的法定职责。工程监理单位的上述基本工作内容决定监理规划的基本构成内容，而且由于监理规划对子项目监理机构全面开展监理工作的指导性作用，对整个监理工作的组织、控制及相应的方法和措施的规划等也成为监理规划必不可少的内容。为此，监理规划的基本构成内容应包括：项目监理组织及人员岗位职责，监理工作制度，工程质量、造价、进度控制，安全生产管理的监理工作，合同与信息管理，组织协调等。

就某一特定建设工程而言，监理规划应根据建设工程监理合同所确定的监理范围和深度编制，但其主要内容应力求体现上述内容。

2. 监理规划的内容应具有针对性、指导性和可操作性

监理规划作为指导项目监理机构全面开展监理工作的纲领性文件，其内容应具有很强的针对性、指导性和可操作性。每个项目的监理规划既要考虑项目自身特点，也要根据项目监理机构的实际状况，在监理规划中应明确规定项目监理机构在工程实施过程中各个阶段的工作内容、工作人员、工作时间和地点、工作的具体方式方法等。只有这样，监理规划才能起到有效的指导作用，真正成为项目监理机构进行各项工作的依据。监理规划只要能够对有效实施建设工程监理做好指导工作，使项目监理机构能圆满完成所承担的建设工程监理任务，就是一个合格的监理规划。

3. 监理规划应由总监理工程师组织编制

《建设工程监理规范》（GB/T 50319—2013）明确规定，总监理工程师应组织编制监理规划。当然，真正要编制一份合格的监理规划，还要充分调动整个项目监理机构中专业监理工程师的积极性，广泛征求各专业监理工程师和其他监理人员的意见，并吸收水平较高的专业监理工程师共同参与编写。

监理规划的编写还应听取建设单位的意见，以便能最大限度满足其合理要求，使监理工作得到有关各方的理解和支持，为进一步做好监理服务奠定基础。

4. 监理规划应把握工程项目运行脉搏

监理规划是针对具体工程项目编写的，而工程项目的动态性决定了监理规划的具体可变性。监理规划要把握工程项目运行脉搏，是指其可能随着工程进展进行不断的补充、修改和完善。在工程项目运行过程中，内外因素和条件不可避免地要发生变化，造成工程实际情况偏离计划，往往需要调整计划乃至目标，这就可能造成监理规划在内容上也要进行相应调整。

5. 监理规划应有利于建设工程监理合同的履行

监理规划是针对特定的一个工程的监理范围和内容来编写的，而建设工程监理范围和内容是由工程监理合同来明确的。项目监理机构应充分了解工程监理合同中建设单位、工程监理单位的义务和责任，对完成工程监理合同目标控制任务的主要影响因素进行分析，制定具体的措施和方法，确保工程监理合同的履行。

6. 监理规划的表达方式应当标准化和格式化

监理规划的内容需要选择最有效的方式和方法来表示，图、表和简单的文字说明应当是基本方法。规范化、标准化是科学管理的标志之一。所以，编写监理规划应当采用什么表格、图示以及哪些内容需要采用简单的文字说明应当作出统一规定。

7. 监理规划的编制应充分考虑时效性

监理规划应在签订建设工程监理合同及收到工程设计文件后由总监理工程师组织编制，并应在召开第一次工地会议7天前报建设单位。监理规划报送前还应由监理单位技术负责人审核签字。因此，监理规划的编写还要留出必要的审查和修改时间。为此，应当对监理规划的编写时间事先做出明确规定，以免编写时间过长，从而耽误监理规划对监理工作的指导，使监理工作陷于被动和无序。

8. 监理规划经审核批准后方可实施

监理规划在编写完成后需进行审核并经批准。监理单位的技术管理部门是内部审核单位，技术负责人应当签认，同时，还应当按工程监理合同约定提交给建设单位，由建设单位确认。

3.1.2 监理规划主要内容

《建设工程监理规范》（GB/T 50319—2013）明确规定，监理规划的内容包括：工程概况；监理工作的范围、内容、目标；监理工作依据；监理组织形式、人员配备及进退场计划、监理人员岗位职责；监理工作制度；工程质量控制；工程造价控制；工程进度控制；安全生产管理的监理工作；合同与信息管理；组织协调；监理工作设施。

3.1.2.1 工程概况

工程概况包括以下内容：

（1）工程项目名称。

（2）工程项目建设地点。

（3）工程项目组成及建设规模。

（4）主要建筑结构类型。

（5）工程概算投资额或建安工程造价。

（6）工程项目计划工期，包括开竣工日期。

（7）工程质量目标。

（8）设计单位及施工单位名称、项目负责人。

（9）工程项目结构图、组织关系图和合同结构图。

（10）工程项目特点。

（11）其他说明。

3.1.2.2 监理工作的范围、内容和目标

1. 监理工作范围

工程监理单位所承担的建设工程监理任务，可能是全部工程项目，也可能是某单位工程，也可能是某专业工程，监理工作范围虽然已在建设工程监理合同中明确，但需要在监理规划中列明并作进一步说明。

2. 监理工作内容

建设工程监理基本工作内容包括工程质量、造价、进度三大目标控制，合同管理和信息管理，组织协调，以及履行建设工程安全生产管理的法定职责。监理规划中需要根据建设工程监理合同约定进一步细化监理工作内容。

3. 监理工作目标

监理工作目标是指工程监理单位预期达到的工作目标。通常以建设工程质量、造价、进度三大目标的控制值来表示。

（1）工程质量控制目标：工程质量合格及建设单位的其他要求。

（2）工程造价控制目标：以____年预算为基价，静态投资为____万元（或合同价为____万元）。

（3）工期控制目标：____个月或自____年____月____日至____年____月____日。

在建设工程监理实际工作中，应进行工程质量、造价、进度目标的分解，运用动态控制原理对分解的目标进行跟踪检查，对实际值与计划值进行比较、分析和预测，发现问题时，

及时采取组织、技术、经济和合同等措施进行纠偏和调整，以确保工程质量、造价、进度目标的实现。

3.1.2.3 监理工作依据

依据《建设工程监理规范》（GB/T 50319—2013），实施建设工程监理的依据主要包括法律法规及工程建设标准、建设工程勘察设计文件、建设工程监理合同及其他合同文件等。编制特定工程的监理规划，不仅要以上述内容为依据，而且还要收集有关资料作为编制依据，见表3.1。

表 3.1   监理规划的编制依据

编 制 依 据	文 件 资 料 名 称	
反映工程特征的资料	勘察设计阶段监理相关服务	(1) 可行性研究报告或设计任务书。 (2) 项目立项批文。 (3) 规划红线范围。 (4) 用地许可证。 (5) 设计条件通知书。 (6) 地形图
	施工阶段监理	(1) 设计图纸和施工说明。 (2) 地形图。 (3) 施工合同及其他建设工程合同
反映建设单位对项目监理要求的资料	监理合同：反映监理工作范围和内容、监理大纲、监理投标文件	
反映工程建设条件的资料	(1) 当地气象资料和工程地质及水文资料。 (2) 当地建筑材料供应状况的资料。 (3) 当地勘察设计和土建安装力量的资料。 (4) 当地交通、能源和市政公用设施的资料。 (5) 检测、监测、设备租赁等其他工程参建方的资料	
反映当地工程建设法规及政策方面的资料	(1) 工程建设程序。 (2) 招投标和工程监理制度。 (3) 工程造价管理制度。 (4) 有关法律法规及政策	
工程建设法律、法规及标准	法律法规，部门规章，建设工程监理规范，勘察、设计、施工、质量评定、工程验收等方面的规范、规程、标准	

3.1.2.4 项目监理组织形式、机构人员配备及监理人员岗位职责

1. 项目监理机构组织形式

工程监理单位派驻施工现场的项目监理机构的组织形式和规模，应根据建设工程监理合同约定的服务内容、服务期限，以及工程特点、规模、技术复杂程度、环境等因素确定。

项目监理机构组织形式可用项目组织机构图来表示。图3.1为某项目监理机构组织示例。在监理规划的组织机构图中可注明各相关部门所任职监理人员的姓名。

2. 项目监理机构人员配备计划

项目监理机构的人员应由总监理工程师、专业监理工程师和监理员组成，且专业配套、数量应满足建设工程监理工作需要，必要时可设总监理工程师代表。

项目监理机构配备的监理人员应与监理投标文件或监理项目建议书的内容一致，并详细注明职称及专业等。对于某些兼职监理人员，要说明参加本建设工程监理的确切时间，以便核

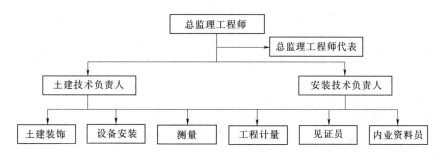

图 3.1 某项目监理机构组织示例

查，以免名单开列数与实际数不相符而发生纠纷，这是监理工作中易出现的问题，必须避免。

项目监理机构人员配备计划应根据建设工程监理进程合理安排。

3. 项目监理人员岗位职责

项目监理机构监理人员分工及岗位职责应根据监理合同约定的监理工作范围和内容以及《建设工程监理规范》（GB/T 50319—2013）规定，由总监理工程师安排和明确。总监理工程师应督促和考核监理人员职责的履行。必要时，可设总监理工程师代表，行使部分总监理工程师的岗位职责。

总监理工程师应根据项目监理机构监理人员的专业、技术水平、工作能力、实践经验等细化和落实相应的岗位职责。

3.1.2.5 监理工作制度

为全面履行建设工程监理职责，确保建设工程监理服务质量，监理规划中应根据工程特点和工作重点明确相应的监理工作制度。主要包括项目监理机构现场监理工作制度、项目监理机构内部工作制度及相关服务工作制度（必要时）。

1. 项目监理机构现场监理工作制度

（1）图纸会审及设计交底制度。

（2）施工组织设计审核制度。

（3）工程开工、复工审批制度。

（4）整改制度，包括签发监理通知单和工程暂停令等。

（5）平行检验、见证取样、巡视检查和旁站制度。

（6）工程材料、半成品质量检验制度。

（7）隐蔽工程验收、分项（部）工程质量验收制度。

（8）单位工程验收、单项工程验收制度。

（9）监理工作报告制度。

（10）安全生产监督检查制度。

（11）质量安全事故报告和处理制度。

（12）技术经济签证制度。

（13）工程变更处理制度。

（14）现场协调会及会议纪要签发制度。

（15）施工备忘录签发制度。

（16）工程款支付审核、签认制度。

（17）工程索赔审核、签认制度等。

2．项目监理机构内部工作制度

（1）项目监理机构工作会议制度，包括监理交底会议，监理例会、监理专题会，监理工作会议等。

（2）项目监理机构人员岗位职责制度。

（3）对外行文审批制度。

（4）监理工作日志制度。

（5）监理周报、月报制度。

（6）技术、经济资料及档案管理制度。

（7）监理人员教育培训制度。

（8）监理人员考勤、业绩考核及奖惩制度。

3．相关服务工作制度

如果提供相关服务时，还需要建立以下制度：

（1）项目立项阶段：包括可行性研究报告评审制度和工程估算审核制度等。

（2）设计阶段：包括设计大纲、设计要求编写及审核制度，设计合同管理制度，设计方案评审办法，工程概算审核制度，施工图纸审核制度，设计费用支付签认制度，设计协调会制度等。

（3）施工招标阶段：包括招标管理制度，标底或招标控制价编制及审核制度，合同条件拟订及审核制度，组织招标实务有关规定等。

3.1.2.6 工程质量控制

工程质量控制重点在于预防，即在既定目标的前提下，遵循质量控制原则，制定总体质量控制措施、专项工程预控方案以及质量事故处理方案，具体包括以下内容。

1．工程质量控制的目标描述

（1）施工质量控制目标。

（2）材料质量控制目标。

（3）设备质量控制目标。

（4）设备安装质量控制目标。

（5）质量目标实现的风险分析：项目监理机构宜根据工程特点、施工合同、工程设计文件及经过批准的施工组织设计对工程质量目标控制进行风险分析，并提出防范性对策。

2．工程质量控制的主要任务

（1）审查施工单位现场的质量保证体系，包括质量管理组织机构、管理制度及专职管理人员和特种作业人员的资格。

（2）审查施工组织设计、（专项）施工方案。

（3）审查工程使用的新材料、新工艺、新技术、新设备的质量认证材料和相关验收标准的适用性。

（4）检查、复核施工控制测量成果及保护措施。

（5）审核分包单位资格，检查施工单位为本工程提供服务的试验室。

（6）审查施工单位用于工程的材料、构配件、设备的质量证明文件，并按要求对用于工程的材料进行见证取样、平行检验，对施工质量进行平行检验。

（7）审查影响工程质量的计量设备的检查和检定报告。

（8）采用旁站、巡视检查、平行检验等方式对施工过程进行检查监督。

（9）对隐蔽工程、检验批、分项工程和分部工程进行验收。

（10）对质量缺陷、质量问题、质量事故及时进行处置和检查验收。

（11）对单位工程进行竣工验收，并组织工程竣工预验收。

（12）参加工程竣工验收，签署建设工程监理意见。

3. 工程质量控制的工作流程与措施

（1）工程质量控制工作流程。依据分解的目标编制质量控制工作流程图（略）。

（2）工程质量控制的具体措施如下：

1）组织措施：建立健全项目监理机构，完善职责分工，制定有关质量监督制度，落实质量控制责任。

2）技术措施：协助完善质量保证体系；严格事前、事中和事后的质量检查监督。

3）经济措施及合同措施：严格质量检查和验收，不符合合同规定质量要求的，拒付工程款；达到建设单位特定质量目标要求的，按合同支付工程质量补偿金或奖金。

4. 旁站方案（略）

5. 工程质量目标状况动态分析（略）

6. 工程质量控制表格（略）

3.1.2.7 工程造价控制

项目监理机构应全面了解工程施工合同文件、工程设计文件、施工进度计划等内容，熟悉合同价款的计价方式、施工投标报价及组成、工程预算等情况，明确工程造价控制的目标和要求，制定工程造价控制工作流程、方法和措施，以及针对工程特点确定工程造价控制的重点和目标值，将工程实际造价控制在计划造价范围内。

1. 工程造价控制的目标分解

（1）按建设工程费用组成分解。

（2）按年度、季度分解。

（3）按建设工程实施阶段分解。

2. 工程造价控制的工作内容

（1）熟悉施工合同及约定的计价规则，复核、审查施工图预算。

（2）定期进行工程计量，复核工程进度款申请，签署进度款付款签证。

（3）建立月完成工程量统计表，对实际完成量与计划完成量进行比较分析，发现偏差的，应提出调整建议，并报告建设单位。

（4）按程序进行竣工结算款审核，签署竣工结算款支付证书。

3. 工程造价控制的主要方法

在工程造价目标分解的基础上，依据施工进度计划、施工合同等文件，编制资金使用计划，并运用动态控制原理，对工程造价进行动态分析、比较和控制，具体内容为：

（1）工程造价目标分解值与造价实际值的比较。

（2）工程造价目标值的预测分析。

4. 工程造价目标实现的风险分析

项目监理机构宜根据工程特点、施工合同、工程设计文件及经过批准的施工组织设计对工程造价目标控制进行风险分析，并提出防范性对策。

5. 工程造价控制的工作流程与措施

(1) 工程造价控制的工作流程。依据工程造价目标分解编制工程造价控制工作流程图（略）。

(2) 工程造价控制的具体措施如下：

1) 组织措施：包括建立健全项目监理机构，完善职责分工及有关制度，落实工程造价控制责任。

2) 技术措施：对材料、设备采购，通过质量价格比选，合理确定生产供应单位；通过审核施工组织设计和施工方案，使施工组织合理化。

3) 经济措施：包括及时进行计划费用与实际费用的分析比较；对原设计或施工方案提出合理化建议并被采用，由此产生的投资节约按合同规定予以奖励。

4) 合同措施：按合同条款支付工程款，防止过早、过量的支付。减少施工单位的索赔，正确处理索赔事宜等。

6. 工程造价控制表格（略）

3.1.2.8 工程进度控制

项目监理机构应全面了解工程施工合同文件、施工进度计划等内容，明确施工进度控制的目标和要求，制定施工进度控制工作流程、方法和措施，以及针对工程特点确定工程进度控制的重点和目标值，将工程实际进度控制在计划工期范围内。

1. 工程总进度目标分解

(1) 年度、季度进度目标。

(2) 各阶段的进度目标。

(3) 各子项目进度目标。

2. 工程进度控制的工作内容

(1) 审查施工总进度计划和阶段性施工进度计划。

(2) 检查、督促施工进度计划的实施。

(3) 进行进度目标实现的风险分析，制订进度控制的方法和措施。

(4) 预测实际进度对工程总工期的影响，分析工期延误原因，制定对策和措施，并报告工程实际进展情况。

3. 工程进度控制方法

(1) 加强施工进度计划的审查，督促施工单位制定和履行切实可行的施工计划。

(2) 运用动态控制原理进行进度控制。施工进度计划在实施过程中受各种因素的影响可能会出现偏差，项目监理机构应对施工进度计划的实施情况进行动态检查，对照施工实际进度和计划进度，判定实际进度是否出现偏差。发现实际进度严重滞后且影响合同工期时，应签发监理通知单，召开专题会议，要求施工单位采取调整措施加快施工进度，并督促施工单位按调整后批准的施工进度计划实施。

工程进度动态比较的内容包括：①工程进度目标分解值与进度实际值的比较；②工程进度目标值的预测分析。

4. 工程进度控制工作流程与措施

(1) 工程进度控制工作流程图。

(2) 工程进度控制的具体措施如下：

1）组织措施：落实进度控制的责任，建立进度控制协调制度。

2）技术措施：建立多级网络计划体系，监控施工单位的实施作业计划。

3）经济措施：对工期提前者实行奖励；对应急工程实行较高的计件单价；确保资金的及时供应等。

4）合同措施：按合同要求及时协调有关各方的进度，以确保建设工程的形象进度。

5. 工程进度控制表格（略）

3.1.2.9 安全生产管理的监理工作

项目监理机构应根据法律法规、工程建设强制性标准，履行建设工程安全生产管理的监理职责。项目监理机构应根据工程项目的实际情况，加强对施工组织设计中涉及安全技术措施的审核，加强对专项施工方案的审查和监督，加强对现场安全事故隐患的检查，发现问题及时处理，防止和避免安全事故的发生。

1. 安全生产管理的监理工作目标

履行法律法规赋予工程监理单位的法定职责，尽可能防止和避免施工安全事故的发生。

2. 安全生产管理的监理工作内容

（1）编制建设工程监理实施细则，落实相关监理人员。

（2）审查施工单位现场安全生产规章制度的建立和实施情况。

（3）审查施工单位安全生产许可证及施工单位项目经理、专职安全生产管理人员和特种作业人员的资格，核查施工机械和设施的安全许可验收手续。

（4）审查施工承包人提交的施工组织设计，重点审查其中的质量安全技术措施、专项施工方案与工程建设强制性标准的符合性。

（5）审查包括施工起重机械和整体提升脚手架、模板等自升式架设设施等在内的施工机械和设施的安全许可验收手续情况。

（6）巡视检查危险性较大的分部分项工程专项施工方案实施情况。

（7）对施工单位拒不整改或不停止施工时，应及时向有关主管部门报送监理报告。

3. 专项施工方案的编制、审查和实施的监理要求

（1）专项施工方案编制要求。实行施工总承包的，专项施工方案应当由总承包施工单位组织编制，其中，起重机械安装拆卸工程、深基坑工程、附着式升降脚手架等专业工程实行分包的，其专项施工方案可由专业分包单位组织编制。实行施工总承包的，专项施工方案应当由总承包施工单位技术负责人及相关专业分包单位技术负责人签字。对于超过一定规模的危险性较大的分部分项工程专项方案应当由施工单位组织召开专家论证会。

（2）专项施工方案监理审查要求：①对编制的程序进行符合性审查；②对实质性内容进行符合性审查。

（3）专项施工方案实施要求。施工单位应当严格按照专项方案组织施工，安排专职安全管理人员实施管理，不得擅自修改、调整专项施工方案，如因设计、结构、外部环境等因素发生变化确需修改的，应及时报告项目监理机构，修改后的专项施工方案应当按相关规定重新审核。

4. 安全生产管理的监理方法和措施

（1）通过审查施工单位现场安全生产规章制度的建立和实施情况，督促施工单位落实安全技术措施和应急救援预案，加强风险防范意识，预防和避免安全事故发生。

（2）通过项目监理机构安全管理责任风险分析，制定监理实施细则，落实监理人员，加

强日常巡视和安全检查，发现安全事故隐患时，项目监理机构应当履行监理职责，采取会议、告知、通知、停工、报告等措施向施工单位管理人员指出，预防和避免安全事故发生。

5. 安全生产管理监理工作表格（略）

3.1.2.10 合同管理与信息管理

1. 合同管理

合同管理主要是对建设单位与施工单位、材料设备供应单位等签订的合同进行管理，从合同执行等各个环节进行管理，督促合同双方履行合同，并维护合同订立双方的正当权益。

（1）合同管理的主要工作内容：①处理工程暂停工及复工、工程变更、索赔及施工合同争议、解除等事宜；②处理施工合同终止的有关事宜。

（2）合同结构。结合项目结构图和项目组织结构图，以合同结构图形式表示。

（3）合同管理工作流程与措施：①工作流程图；②合同管理具体措施。

（4）合同执行状况的动态分析。

（5）合同争议调解与索赔处理程序。

（6）合同管理表格。

2. 信息管理

信息管理是建设工程监理的基础性工作，通过对建设工程形成的信息进行收集、整理、处理、存储、传递与运用，保证能够及时、准确地获取所需要的信息。具体工作包括监理文件资料的管理内容，监理文件资料的管理原则和要求，监理文件资料的管理制度和程序，监理文件资料的主要内容，监理文件资料的归档和移交等。

3.1.2.11 组织协调

组织协调工作是指监理人员通过对项目监理机构内部人与人之间、机构与机构之间，以及监理组织与外部环境组织之间的工作进行协调与沟通，从而使工程参建方相互理解、步调一致。具体包括编制工程项目组织管理框架、明确组织协调的范围和层次，制定项目监理机构内、外协调的范围、对象和内容，制定监理组织协调的原则、方法和措施，明确处理危机关系的基本要求等。

1. 组织协调的范围和层次

（1）组织协调的范围：项目组织协调的范围包括建设单位、工程建设参与各方（政府管理部门）之间的关系。

（2）组织协调的层次，包括：①协调工程参与各方之间的关系；②工程技术协调。

2. 组织协调的主要工作

（1）项目监理机构的内部协调：

1）总监理工程师牵头，做好项目监理机构内部人员之间的工作关系协调。

2）明确监理人员分工及各自的岗位职责。

3）建立信息沟通制度。

4）及时交流信息、处理矛盾，建立良好的人际关系。

（2）与工程建设有关单位的外部协调：

1）建设工程系统内的单位：进行建设工程系统内的单位协调重点分析，主要包括建设单位、设计单位、施工单位、材料和设备供应单位、资金提供单位等。

2）建设工程系统外的单位：进行建设工程系统外的单位协调重点分析，主要包括政府建设行政主管机构、政府其他有关部门、工程毗邻单位、社会团体等。

3．组织协调的方法和措施

（1）组织协调的方法：

1）会议协调：监理例会、专题会议等方式。

2）交谈协调：面谈、电话、网络等方式。

3）书面协调：通知书、联系单、月报等方式。

4）访问协调：走访或约见等方式。

（2）不同阶段组织协调措施：

1）开工前的协调，如第一次工地例会等。

2）施工过程中协调。

3）竣工验收阶段协调。

4．协调工作程序

（1）工程质量控制协调程序。

（2）工程造价控制协调程序。

（3）工程进度控制协调程序。

（4）其他方面工作协调程序。

5．协调工作表格（略）

3.1.2.12 监理设施

（1）制定监理设施管理制度。

（2）根据建设工程类别、规模、技术复杂程度、建设工程所在地的环境条件，按建设工程监理合同约定，配备满足监理工作需要的常规检测设备和工具。

（3）落实场地、办公、交通、通信、生活等设施，配备必要的影像设备。

（4）项目监理机构应将拥有的监理设备和工具（如计算机、设备、仪器、工具、照相机、摄像机等）列表，注明数量、型号和使用时间，并指定专人负责管理。

3.1.3 监理规划报审

3.1.3.1 监理规划报审程序

依据《建设工程监理规范》（GB/T 50319—2013），监理规划应在签订建设工程监理合同及收到工程设计文件后编制，在召开第一次工地会议前报送建设单位。监理规划报审程序的时间节点安排、各节点工作内容及负责人见表 3.2。

表 3.2　　　　　　　　　　　　监 理 规 划 报 审 程 序

序号	时间节点安排	工作内容	负 责 人
1	签订监理合同及收到工程设计文件后	编制监理规划	总监理工程师组织专业监理工程师参与
2	编制完成、总监签字后	监理规划审批	监理单位技术负责人审批
3	第一次工地会议前	报送建设单位	总监理工程师报送
4	设计文件、施工组织计划和施工方案等发生重大变化时	调整监理规划	总监理工程师组织专业监理工程师参与监理单位技术负责人审批
		重新审批监理规划	监理单位技术负责人重新审批

3.1.3.2 监理规划的审核内容

监理规划在编写完成后需要进行审核并经批准。监理单位技术管理部门是内部审核单位，其技术负责人应当签认。监理规划审核的内容主要包括以下几个方面。

1. 监理范围、工作内容及监理目标的审核

依据监理招标文件和建设工程监理合同，审核是否理解建设单位的工程建设意图，监理范围、监理工作内容是否已包括全部委托的工作任务，监理目标是否与建设工程监理合同要求和建设意图相一致。

2. 项目监理机构的审核

（1）组织机构方面。组织形式、管理模式等是否合理，是否已结合工程实施特点，是否能够与建设单位的组织关系和施工单位的组织关系相协调等。

（2）人员配备方面。人员配备方案应从以下几个方面审查：

1）派驻监理人员的专业满足程度。应根据工程特点和建设工程监理任务的工作范围，不仅考虑专业监理工程师如土建监理工程师、安装监理工程师等能够满足开展监理工作的需要，而且还要看其专业监理人员是否覆盖了工程实施过程中的各种专业要求，以及高、中级职称和年龄结构的组成。

2）人员数量的满足程度。主要审核从事监理工作人员在数量和结构上的合理性。按照我国已完成监理工作的工程资料统计测算，在施工阶段，大中型建设工程每年完成 100 万元的工程量所需监理人员为 0.6～1 人，专业监理工程师、一般监理人员和行政文秘人员的结构比例为 0.2：0.6：0.2，专业类别较多的工程的监理人员数量应适当增加。

3）专业人员不足时采取的措施是否恰当。大中型建设工程由于技术复杂，涉及的专业面宽，当工程监理单位的技术人员不足以满足全部监理工作要求时，对拟临时聘用的监理人员的综合素质应认真审核。

4）派驻现场人员计划表。对于大中型建设工程，不同阶段对所需要的监理人员在人数和专业等方面的要求不同，应对各阶段所派驻现场监理人员的专业、数量计划是否与建设工程进度计划相适应进行审核。还应平衡正在其他工程上执行监理业务的人员，是否能按照预定计划进入本工程参加监理工作。

3. 工作计划的审核

在工程进展中各个阶段的工作实施计划是否合理、可行，审查其在每个阶段中如何控制建设工程目标以及组织协调方法。

4. 工程质量、造价、进度控制方法的审核

对三大目标控制方法和措施应重点审查，看其如何应用组织、技术、经济、合同措施保证目标的实现，方法是否科学、合理、有效。

5. 对安全生产管理监理工作内容的审核

主要是审核安全生产管理的监理工作内容是否明确；是否制定了相应的安全生产管理实施细则；是否建立了对施工组织设计、专项施工方案的审查制度；是否建立了对现场安全隐患的巡视检查制度；是否建立了安全生产管理状况的监理报告制度；是否制定了安全生产事故的应急预案等。

6. 监理工作制度的审核

主要审查项目监理机构内、外工作制度是否健全、有效。

学习情境3.2 监理实施细则

【情境描述】 监理实施细则是在监理规划的基础上，针对工程项目中某一专业或某一方面监理工作编制的操作性文件。

3.2.1 监理实施细则编写依据和要求

3.2.1.1 监理实施细则的作用

监理实施细则是监理工作实施细则的简称，是在监理规划的基础上，由专业监理工程师编制，并经总监理工程师批准，针对工程项目中的某一专业或某一方面，指导监理工作的操作性文件。

1. 对业主的作用

业主与监理是委托与被委托的关系，监理通过监理委托合同确定，监理代表业主的利益而工作。监理实施细则是监理工作的指导性资料，它反映了监理单位对项目控制的理解能力、程序控制技术水平。一份翔实且针对性较强的监理实施细则可以消除业主对监理工作能力的疑虑，增强信任感，有利于业主对监理工作的支持。

2. 对承建人的作用

(1) 承建人在收到监理实施细则后，会十分清楚各分项工程的监理控制程序与监理方法。在以后的工作中能加强与监理的沟通、联系，明确各质量控制点的检验程序与检查方法，在做好自检的基础上，为监理的抽查做好各项准备工作。

(2) 实施细则中对工程质量的通病、工程施工的重点和难点都有预防与应急处理措施。这对承建人起着良好的警示作用，它能时刻提醒承建人在施工中应该注意哪些问题，如何预防质量通病的产生，以避免工程质量留下隐患或延误工期。

(3) 承建人加强自检工作，完善质量保证体系，进行全面的质量管理，提高整体管理水平。

3. 对监理人员的作用

(1) 使监理人员通过各种控制方法能更好地进行质量控制。

(2) 使监理人员对本工程的认识和熟悉程度提高，更有针对性地开展监理工作。

(3) 实施细则中质量通病、重点、难点的分析及预控措施能使现场监理人员在施工中迅速采取补救措施，有利于保证工程的质量。

(4) 有利于提高监理人员的专业技术水平与监理素质。

3.2.1.2 监理实施细则编写依据

监理实施细则是在监理规划的基础上，当落实了各专业监理责任和工作内容后，由专业监理工程师针对工程具体情况制定出更具实施性和操作性的业务文件，其作用是具体指导监理业务的实施。

《建设工程监理规范》（GB/T 50319—2013）规定了监理实施细则编写的依据：

(1) 已批准的建设工程监理规划。

(2) 与专业工程相关的标准、设计文件和技术资料。

(3) 施工组织设计、（专项）施工方案。

除了《建设工程监理规范》（GB/T 50319—2013）中规定的相关依据，监理实施细则在编制过程中，还可以融入工程监理单位的规章制度和经认证发布的质量体系，以达到监理内容的全面、完整，有效提高建设工程监理自身的工作质量。

3.2.1.3 监理实施细则编写要求

《建设工程监理规范》（GB/T 50319—2013）规定，采用新材料、新工艺、新技术、新设备的工程，以及专业性较强、危险性较大的分部分项工程，应编制监理实施细则。对于工程规模较小、技术较为简单且有成熟监理经验和施工技术措施落实的情况下，可以不必编制监理实施细则。

监理实施细则应符合监理规划的要求，并应结合工程专业特点，做到详细具体、具有可操作性。监理实施细则可随工程进展编制，但应在相应工程开始由专业监理工程师编制完成并经总监理工程师审批后实施。可根据建设工程实际情况及项目监理机构工作需要增加其他内容。当工程发生变化导致监理实施细则所确定的工作流程、方法和措施需要调整时，专业监理工程师应对监理实施细则进行补充、修改。

从监理实施细则目的角度，监理实施细则应满足以下三方面要求。

1. 内容全面

监理工作包括"三控、两管、一协调"与安全生产管理的监理工作，监理实施细则作为指导监理工作的操作性文件应涵盖这些内容。在编制监理实施细则前，专业监理工程师应依据建设工程监理合同和监理规划确定的监理范围和内容，结合需要编制监理实施细则的专业工程特点，对工程质量、造价、进度主要影响因素以及安全生产管理的监理工作的要求，制定内容细致、翔实的监理实施细则，确保监理目标的实现。

2. 针对性强

独特性是工程项目的本质特征之一，没有两个完全一样的项目。因此，监理实施细则应在相关依据的基础上，结合工程项目实际建设条件、环境、技术、设计、功能等进行编制，确保监理实施细则的针对性。为此，在编制监理实施细则前，各专业监理工程师应组织本专业监理人员熟悉本专业的设计文件、施工图纸和施工方案，应结合工程特点，分析本专业监理工作的难点、重点及其主要影响因素，制定有针对性的组织、技术、经济和合同措施。同时，在监理工作实施过程中，监理实施细则要根据实际情况进行补充、修改和完善。

3. 可操作性强

监理实施细则应有可行的操作方法、措施，详细、明确的控制目标值和全面的监理工作计划。

3.2.2 监理实施细则主要内容

《建设工程监理规范》（GB/T 50319—2013）明确规定了监理实施细则应包含的内容，即专业工程特点、监理工作流程、监理工作控制要点以及监理工作方法和措施。

3.2.2.1 专业工程特点

专业工程特点是指需要编制监理实施细则的工程专业特点，而不是简单的工程概述。专业工程特点应从专业工程施工的重点和难点、施工范围和施工顺序、施工工艺、施工工序等内容进行有针对性的阐述，体现为工程施工的特殊性、技术的复杂性，与其他专业的交叉和衔接以及各种环境约束条件。

除了专业工程外，新材料、新工艺、新技术以及对工程质量、造价、进度应加以重点控制等特殊要求也需要在监理实施细则中体现。

3.2.2.2 监理工作流程

监理工作流程是结合工程相应专业制定的具有可操作性和可实施性的流程图。不仅涉及最终产品的检查验收，更多地涉及施工中各个环节及中间产品的监督检查与验收。

监理工作涉及的流程包括：开工审核工作流程、施工质量控制流程、进度控制流程、造价（工程量计量）控制流程、安全生产和文明施工监理流程、测量监理流程、施工组织设计审核工作流程、分包单位资格审核流程、建筑材料审核流程、技术审核流程、工程质量问题处理审核流程、旁站检查工作流程、隐蔽工程验收流程、工程变更处理流程、信息资料管理流程等。

3.2.2.3 监理工作控制要点及目标值

监理工作控制要点及目标值是对监理工作流程中工作内容的增加和补充，应将流程图设置的相关监理控制点和判断点进行详细而全面的描述。将监理工作目标和检查点的控制指标、数据和频率等阐明清楚。例如，某建筑工程预制混凝土空心管桩分项工程监理工作要点如下：

（1）预制桩进场检验：保证资料、外观检查（管桩壁厚，内外平整）。

（2）压桩顺序：压桩宜按中间向四周，中间向两端，先长后短，先高后低的原则确定压桩顺序。

（3）桩机就位：桩架龙口必须垂直。确保桩机桩架、桩身在同一轴线上，桩架要坚固、稳定，并有足够刚度。

（4）桩位：放样后认真复核，控制吊桩就位准确。

（5）桩垂直度：第一节管桩起吊就位插入地面时的垂直度用长条水准尺或两台经纬仪随时校正，垂直度偏差不得大于桩长的 0.5%，必要时拔出重插，每次接桩应用长条水准尺测垂直度，偏差控制在 0.5% 内。在静压过程中，桩机桩架、桩身的中心线应重合，当桩身倾斜超过 0.8% 时，应找出原因并设法校正，当桩尖进入硬土层后，严禁用移动桩架等强行回扳的方法纠偏。

（6）沉桩前，施工单位应提交沉桩先后顺序和每日班沉桩数量。

（7）管桩接头焊接：管桩入土部分桩头高出地面 0.5～1.0m 时接桩。接桩时，上节桩应对直，轴向错位不得大于 2mm。采用焊接接桩时，上下节桩之间的空隙用铁片填实焊牢，结合面的间隙不得大于 2mm。焊接坡口表面用铁刷子刷干净，露出金属光泽。焊接时宜先在坡口圆周上对称点焊 6 点，待上下桩节固定后拆除导向箍再分层施焊。施焊宜由 2～3 名焊工对称进行，焊缝应连续饱满，焊接层数不少于 3 层，内层焊渣必须清理干净以后方能施焊外一层，焊好后的桩必须自然冷却 8min 方可施打，严禁用水冷却后立即施压。

（8）送桩：当桩顶打至地面需要送桩时，应测出桩垂直度并检查桩顶质量，合格后立即送桩，用送桩器将桩送入设计桩顶位置。送桩时，送桩器应保证与压入的桩垂直一致，送桩器下端与桩顶断面应平整接触，以免桩顶面受力不均匀而发生偏位或桩顶破碎。

（9）截桩头：桩头截除应采用锯桩器截割，严禁用大锤横向敲击或强行扳拉截桩，截桩后桩顶标高偏差不得大于 10cm。

3.2.2.4 监理工作方法及措施

监理规划中的方法是针对工程总体概括要求的方法和措施，监理实施细则中的监理工作方法和措施是针对专业工程而言，应更具体、更具有可操作性和可实施性。

1. 监理工作方法

监理工程师通过旁站、巡视、见证取样、平行检测等监理方法，对专业工程作全面监控，对每一个专业工程的监理实施细则而言，其工作方法必须加以详尽阐明。

除上述4种常规方法外，监理工程师还可采用指令文件、监理通知、支付控制手段等方法实施监理。

2. 监理工作措施

各专业工程的控制目标要有相应的监理措施以保证控制目标的实现。制定监理工作措施通常有两种方式：

（1）根据措施实施内容不同，可将监理工作措施分为技术措施、经济措施、组织措施和合同措施。例如，某建筑工程钻孔灌注桩分项工程监理工作组织措施和技术措施如下：

1）组织措施：根据钻孔桩工艺和施工特点，对项目监理机构人员进行合理分工，现场专业监理人员分两班（8：00至20：00和20：00至次日8：00，每班1人），进行全程巡视、旁站、检查和验收。

2）技术措施：①组织所有监理人员全面阅读图纸等技术文件，提出书面意见，参加设计交底，制定详细的监理实施细则；②详细审核施工单位提交的施工组织设计；严格审查施工单位现场质量管理体系的建立和实施；③研究分析钻孔桩施工质量风险点，合理确定质量控制关键点，包括桩位控制、桩长控制、桩径控制、桩身质量控制和桩端施工质量控制。

（2）根据措施实施时间不同，可将监理工作措施分为事前控制措施、事中控制措施及事后控制措施。事前控制措施是指为预防发生差错或问题而提前采取的措施；事中控制措施是指监理工作过程中，及时获取工程实际状况信息，以供及时发现问题、解决问题而采取的措施；事后控制措施是指发现工程相关指标与控制目标或标准之间出现差异后而采取的纠偏措施。例如，某建筑工程预制混凝土空心管桩分项工程监理工作措施包括以下几点：

1）工程质量事前控制：

a. 施工现场准备情况的检查：施工场地的平整情况；场区测量检查；检查压桩设备及起重工具；铺设水电管网，进行设备架立组装、调试和试压；在桩架上设置标尺，以便观测桩身入土深度；检查桩质量；审查工程地质勘察报告，掌握工程地质情况。

b. 认真学习和审查桩基设计施工图纸，并进行图纸会审，组织或协助建设单位组织技术交底（技术交底主要内容为地质情况、设计要求、操作规程、安全措施和监理工作程序及要求等）。

c. 审查施工单位的施工组织设计、技术保障措施、施工机械配置的合理性及完好率、施工人员到位情况、施工前期情况、材料供应情况并提出整改意见。

d. 审查预制桩生产厂家的资质情况、生产工艺、质量保证体系、生产能力产品合格证、各种原材料的试验报告、企业信誉，并提出审查意见（若条件许可，监理人员应到生产厂家进行实地考察）。

e. 审查桩机备案情况，检查桩机的显著位置标注单位名称、机械备案编号。进入施工现场时机长及操作人员必须备齐基础施工机械备案卡及上岗证，供项目监理机构、安全监管机构、质量监督机构检查。未经备案的桩机不得进入施工现场施工。

f. 要求施工单位在桩基平面布置图上对每根桩进行编号。

g. 要求施工单位设专职测量人员，按桩基平面布置图测放轴线及桩位，其尺寸允许偏差应符合《建筑地基基础工程施工质量验收规范》（GB 50202—2002）要求。

h. 建筑物四大角轴线必须引测到建筑物外并设置龙门桩或采用其他固定措施，压桩前应复核测量轴线、桩位及水准点，确保无误，且须经签认验收后方可压桩。

i. 要求施工单位提出书面技术交底资料，出具预制桩的配合比、钢筋、水泥出厂合格证及试验报告，提供现场相关人员操作上岗证资料供监理审查，并留复印件备案，各种操作人员均须持证上岗。

j. 检查预制桩的标志、产品合格证书等。

2）工程质量事中控制：

a. 确定合理的压桩程序。按尽量避免各工程桩相互挤压而造成桩位偏差的原则，根据地基土质情况、桩基平面布置、桩的尺寸、密集程度、深度、桩机移动方向以及施工现场情况等因素确定合理的压桩程序。定期复查轴线控制桩、水准点是否有变化，应使其不受压桩及运输的影响。复查周期每10天不少于1次。

b. 管桩数量及位置应严格按照设计图纸要求确定，施工单位应详细记录试桩施工过程中沉降速度及最后压桩力等重要数据，作为工程桩施工过程中的重要数据，并借此校验压桩设备、施工工艺以及技术措施是否适宜。经常检查各工程桩定位是否准确。

c. 开始沉桩时应注意观察桩身、桩架等是否垂直一致，确认垂直后，方可转入正常压桩。桩插入时的垂直度偏差不得超过0.5％。在施工过程中，应密切注意桩身的垂直度，如发现桩身不垂直要督促施工方设法纠正，但不得采用移动桩架的方法纠正（因为这样做会造成桩身弯曲，继续施压会发生桩身断裂）。

d. 按设计图纸要求，进行工程桩标高和压力桩的控制。

e. 在沉桩过程中，若遇桩身突然下沉且速度较快及桩身回弹时，应立即通知设计人员及有关各方人员到场，确定处理方案。

f. 当桩顶标高较低，须送桩入土时应用钢制送桩器放于桩头上，将桩送入土中。

g. 若需接桩时，常用接头方式有焊接、法兰盘连接及硫磺胶泥锚接。前两种可用于各类土层，硫磺胶泥锚接适用于软土层。

h. 接桩用焊条或半成品硫磺胶泥应有产品质量合格证书，或送有关部门检验，半成品硫磺胶泥应每100kg做一组试件（3件）；重要工程应对焊接接头做10％的探伤检查。

i. 应经常检查压力、桩垂直度、接桩间歇时间、桩的连接质量及压入深度；检查已施压的工程桩有无异常情况，如桩顶水平位移或桩身上升等，如有异常情况应通知有关各方人员到现场确定处理意见。

j. 认真做好压桩记录。

3）工程质量事后控制（验收）。工程质量验收，均应在施工单位自检合格的基础上进行。施工单位确认自检合格后提出工程验收申请，由项目监理机构进行验收。

3.2.3 监理实施细则报审

3.2.3.1 监理实施细则报审程序

《建设工程监理规范》（GB/T 50319—2013）规定，监理实施细则可随工程进展编制，但必须在相应工程施工前完成，并经总监理工程师审批后实施。监理实施细则报审程序见表3.3。

表 3.3   **监理实施细则报审程序**

序号	节 点	工 作 内 容	负 责 人
1	相应工程施工前	编制监理实施细则	专业监理工程师编制
2	相应工程施工前	监理实施细则审批、批准	专业监理工程师送审，总监理工程师批准
3	工程施工过程中	若发生变化，监理实施细则中工作流程与方法措施调整	专业监理工程师调整，总监理工程师批准

3.2.3.2 监理实施细则的审核内容

监理实施细则由专业监理工程师编制完成后，需要报总监理工程师批准后方能实施。监理实施细则审核的内容主要包括以下几个方面。

1. 编制依据、内容的审核

监理实施细则的编制是否符合监理规划的要求，是否符合专业工程相关的标准，是否符合设计文件的内容，与提供的技术资料是否相符合，是否与施工组织设计、（专项）施工方案使用的规范、标准、技术要求相一致。监理的目标、范围和内容是否与监理合同和监理规划相一致，编制的内容是否涵盖专业工程的特点、重点和难点，内容是否全面、翔实、可行，是否能确保监理工作质量等。

2. 项目监理人员的审核

（1）组织方面。组织方式、管理模式是否合理，是否结合了专业工程的具体特点，是否便于监理工作的实施，制度、流程上是否能保证监理工作，是否与建设单位和施工单位相协调等。

（2）人员配备方面。人员配备的专业满足程度、数量等是否满足监理工作的需要、从业人员不足时采取的措施是否恰当、是否有操作性较强的现场人员计划安排表等。

3. 监理工作流程、监理工作要点的审核

监理工作流程是否完整、翔实，节点检查验收的内容和要求是否明确，监理工作流程是否与施工流程相衔接，监理工作要点是否明确、清晰，目标值控制点设置是否合理、可控等。

4. 监理工作方法和措施的审核

监理工作方法是否科学、合理、有效，监理工作措施是否具有针对性、可操作性、安全可靠，是否能确保监理目标的实现等。

5. 监理工作制度的审核

针对专业建设工程监理，其内、外监理工作制度是否能有效保证监理工作的实施，监理记录、检查表格是否完备等。

学习情境 3.3 　参加第一次工地会议

【情境描述】 第一次会议参加人员有哪些，会议的目的和主要内容。

工程项目开工前，监理人员参加由建设单位主持召开的第一次工地会议。第一次工地例会纪要应由项目监理机构负责起草，并经与会各方代表会签，项目总监理工程师签发。

第一次工地会议的内容：

（1）建设单位、承包单位和监理单位分别介绍各自驻现场的组织机构、人员及其分工。

（2）建设单位根据委托监理合同宣布对总监理工程师的授权。

（3）建设单位介绍工程开工准备情况。

（4）承包单位介绍施工准备情况。

（5）建设单位和总监理工程师对施工准备情况提出意见和要求。

（6）总监理工程师介绍监理规划的主要内容，向承包单位进行监理工作交底（见附件一）。

（7）研究确定各方在施工过程中参加工地例会的主要人员，召开工地例会的周期、地点及主要议题。

附件一：监理工作交底主要内容

一、介绍项监理部的组织架构，监理人员职责分工，授权委托书，监理工作程序和监理工作用表（附：1. 监理部的组织架构；2. 总监理工程师的授权书、任命书；3. 监理人员委派函及职责分工；4. 监理工作程序；5. 监理工作用表）。

二、介绍经批准的《监理规划》主要章节和内容（详见监理规划）。

三、重点讲解：

1. 开工报告报审规定

（1）开工的必备条件：①施工图纸已经委托具备资质的审查机构审查，根据审查意见完成修改符合规定要求；已组织参建单位进行施工图纸会审，其会审意见已经设计、业主方确认同意；②施工组织设计（或施工方案）已报审并得到监理和业主的批准；③施工承包合同已签订，已领取施工许可证和安全施工许可证；④施工标段场地管理权移交给施工单位的手续已办妥，现场"三通一平"工作已完成；⑤施工图纸已获得消防部门专项审批，并出具《消防审查意见书》；⑥规划部门已进行规划验线，并出具规划验线册或放线册。

（2）开工手续申报办法：工程具备开工条件时，由施工单位项目部填写《工程开工/复工报审表》（A1），并附开工报告和相关证明文件一式 5 份，报监理方和业主审批，经审查符合开工要求时，项目总监理工程师会同业主领导批准并下达《工程开工令》。

2. 施工组织设计（施工方案）的编报规定

（1）施工单位必须在规定时间内完成《施工组织设计（施工方案）》的编制（不少于一式 5 份）和内部审查批准工作，并须经公司技术负责人审批签名；专项施工方案须经项目经理和项目技术负责人审批签名，并加盖相关印章，填写《施工组织设计（方案）报审表》（A2）报项目监理部和业主方审批。

（2）《施工组织设计（方案）》内容必须包括总目录、项目组织机构（领导层、管理层、作业层项目人员配置状况、施工组织架构、劳动力进场计划）、工程概况、编制依据、施工部署（包括工程总体部署、施工准备、现场安全生产、文明施工具体标准及方案、措施与分包单位的配合协调、切实可行的施工总平面图和施工总进度控制计划及各幢楼的施工目标计划，明确进度计划的关键线路）、技术措施（包括本工程重点、难点、主要节点大样的详细施工方案及技术措施）、质量保证（包括完善的质量保证体系、质量标准、检测方法、成品保护措施）、施工进度、材料计划（包括编制详细的材料设备清单、施工材料计划、明确自购和甲供材料订货、制作、加工、到场期限等）、主要材料样品、关键节点及样板的做法、工程质量通病及防治措施、安全生产文明施工措施、工程技术资料管理和工程验收制度等。

（3）各专业安装工程的《施工组织设计（方案）》内容必须包括总目录、项目组织架构、项目人员配置状况、劳动力进场计划、工程概况、施工部署、施工准备（技术准备、资源准备、施工现场准备、主要检测设备表）、现场文明施工管理措施、安全施工保证措施、技术措施、质量保证、施工进度计划、材料设备计划表、主要施工机械设备表等。

3. 施工图纸会审和设计代表到现场解决设计问题的规定

（1）施工单位在收到经业主确认的正式施工图纸后，通常情况下 7 天内应组织参建单位进行图纸会审工作。在收到正式施工图 3 天内应书面向设计、业主、监理及其他参建单位发出图纸会审通知，会审通知应明确参加图纸会审的单位、日程安排、时间、地点等事项；各参加单位在收到正式施工图纸后，应尽快组织相关专业技术人员阅读图纸并书面提出图纸会审意见，通常情况下各单位的图纸会审意见应在会审会召开前两天递交业主转交设计单位做好解答准备；图纸会审纪要、记录由施工单位负责整理（按工程技术文件管理规定格式和工程特点有足够份数），参加图纸会审的单位及人员办好签名盖章手续后分发有关单位。

（2）施工过程中发现图纸有错、漏、碰、缺，或遇到施工图纸与现场情况有较大误差确需设计人员到现场解决时，施工单位必须提前 24 小时将需要设计人员到现场解决问题的内容和要求以《工作联系单》形式（不少于一式 5 份）书面报告监理部或业主方复核，通过监理部转告业主通知设计人员来现场解决问题。

4. 工程技术资料管理及收发文规定

（1）工程技术资料管理。各参建单位都应按照《建设工程质量管理条例》《建设工程监理规范》《建设工程文件归档整理规范》《建筑工程施工质量验收统一标准》及专项验收规范、工程所在地省市有关《房屋建设工程的市政基础设施工程竣工验收及备案管理实施办法》和《建筑工程竣工验收技术资料统一用表》等规定，认真履行对工程技术文件资料的管理职责，随工程进展及时做好资料的收集、整理、归档工作，工程技术资料和验收资料通常不少于一式 5 份。工程竣工验收通过后，按规定向有关部门和单位做好移交工作。

（2）建设单位与承包单位之间涉及建设工程承包合同有关的业务联系，一般从施工图纸移交、材料进场检验、工程变更、工程验收、进度控制、质量控制，工程进度款支付和工地协调事项，都应汇集到工地项目监理部，由监理部人员根据事先制订的行文和事务处理程序办理。

（3）工地各种信息、资料的传递通常都应以书面形式，一般不少于一式 5 份，并要有各单位项目部经理的签名和加盖印章的有效文本。参建各方都应信守合同约定的条款，履行签收登记手续。信息资料必须真实、可靠、完整、准确，具有可追溯性且字体要清楚，内容要言简意赅，采用 A4 纸电脑打印件。

5. 周报表、月报表编报规定

（1）施工单位项目部应在每周六下午 5：00 前向项目监理部递交书面施工周报表。其主要内容包括：一周内施工质量、安全、进度情况的小结，实际完成进度与计划进度的对比图，监理例会或专题会议需落实、执行事项的处理情况，分析未完事项和偏差的原因，提出下一周工作的安排和质量、安全及施工进度的纠偏措施，提出需设计方、业主方、监理方解决、处理的问题及其他需告知的事项。

（2）每月 25 日 17：00 前向项目监理部、业主方递交正式的施工月报表。其主要内容类似施工周报表，但应该更详尽。

（3）施工周报表、月报表递交份数至少为一式 5 份并交电子文件两份。

6. 工地例会及重大事项协调制度规定

（1）工程项目开工前，监理人员应参加建设单位主持召开的第一次工地会议，研究确定各方参加监理例会的主要人员、召开的时间、地点及主要议题。

（2）工程项目实施过程中，每周应定期召开监理工地例会不少于一次。参加监理工地例会的各方包括：业主、施工总承包、专业分包、监理、设计等单位的项负责人或其代表；通常监理工地例会会议纪要在会后24小时内由项目监理部负责整理并分发至与会各单位。

（3）监理工地例会至少应包括以下内容：①检查上次例会议定事项的落实情况，分析未完事项原因；②检查分析工程施工进度计划完成情况，分析偏差原因，提出纠偏措施及下阶段的进度目标；③检查分析工程施工质量状况，针对存在的质量问题提出改进意见；④检查分析安全生产和文明施工情况，针对存在的隐患提出改进意见；⑤提出需要协调和解决的其他有关事项，并明确具体落实的单位和完成的日期。

（4）重大事项处理和协调可定期或不定期地组织召开专题会议、碰头会议等。业主、监理、施工和设计方都可根据工程施工进展情况和需要，提出召开专题会议的时间、地点和内容及参加单位和人员。专题会或碰头会由召集单位负责主持和整理会议纪要并及时分发至与会各单位。

（5）各种工地例会、碰头会和专题会议各参建单位项目负责人或代表必须准时参加，有特殊情况不能准时参加会议时，应事先告知会议召集人。

7. 工程造价管理资料规定

工程造价管理资料一定要随工程各阶段进展及时收集、整理归档。招标阶段的招投标文件、施工合同、施工阶段的工程变更，包括设计变更、业主指令、施工变更、现场签证、设备、材料选定和价格确定等，都应由造价管理人员负责收集、整理和归档保管，特别要区分设计变更和业主指令与施工变更和现场签证的关系。通常设计变更和业主指令涉及工程质量、造价、工期变化时，有业主领导批准同意就能实施；施工变更和现场签证必须申报预算和变更的理由及证明材料，首先报监理方审查并出具审查意见，报业主代表审核并签署审核意见后再报业主领导批准同意才能实施。所有工程造价管理资料都要审批手续完备，支持性证明资料齐全，必须是有效文件。

8. 工程技术和竣工资料的收集整理要求

（1）施工单位现场项目部应按照投标承诺，设立工程技术、竣工资料管理部门和经培训合格的专职资料管理人员，专门负责做好全过程工程技术和竣工资料的收集与整理工作，确保工程技术和竣工资料的完整性、准确性、系统性。

（2）工程技术和竣工资料应按检验批、分项工程、分部工程和单位工程进行整理、归档，每个单位工程技术和竣工资料按其性质主要分为以下七类：①建筑工程基本建设程序必备文件；②综合管理资料；③工程质量控制资料，包括验收资料、施工技术管理资料、产品质量证明文件、试验报告、检测报告及施工记录；④工程安全和功能检验资料及主要功能抽查记录；⑤工程质量评定资料；⑥施工日志；⑦竣工图。

（3）工程技术和竣工资料内的工程名称应与监督登记表、施工许可证及施工图纸相一致，如有变更，应以所在地地名委员会的变更通知为依据；所有资料内的工程总体概况及单位工程建筑面积应与建设工程规划许可证内所注面积一致。工程技术和竣工资料必须是原件，不少于一式5份，如为复印件时需注明原件存放处，并加盖原件存放单位章及经手人签名。

（4）工程技术和竣工资料收集、整理的几项具体要求：

1）单位工程沉降观测除建设单位应根据工程实际情况按规定委托有资质的检测单位检测外，施工单位也应进行自检，并经监理单位确认。

2）建筑材料必须按照规定的批量和频度现场取样送检，进场检验的要求应该按照国家及省市现行有关规定执行。现场取样送检和检验试验报告应分单位工程按顺序号整理归档。

3）钢筋、水泥、钢筋焊接件等建筑材料应及时填写产品质量证明文件汇总表，并将商品混凝土厂家提供的资料与现场取样送检的资料分开整理。

4）建筑幕墙必须有计算书，并且须经设计单位复核盖章认可；铝合金门窗、建筑幕墙应按《关于加强对幕墙、门窗检测的通知》的规定，进行四种性能检测试验；玻璃幕墙的铝材必须符合设计要求，并具备出厂合格证、材质证明书；所用的玻璃应符合《关于在建筑物、构筑物中使用建筑安全玻璃的通知》的规定；玻璃幕墙中使用的密封胶、结构胶必须具有出厂证明书及试验报告，并应按国经贸〔1997〕357号文《关于加强硅酮结构密封胶管理的通知》执行。

5）钢结构焊接缝应按规范进行无损检验，其中钢结构的焊缝质量等级为一级的，要求做100％的超声波探伤检查内部缺陷；焊缝质量等级为二级的，要求做20％的超声波探伤检查内部缺陷；焊缝质量等级一、二、三级均要100％进行外观缺陷检验。

6）外墙饰面砖完成后，必须按《建筑工程饰面砖粘结强度检验标准》（JGJ 110—97）委托监督检测机构做粘结强度试验。

7）工程技术和竣工资料的档案盒、档案袋、卷皮、卷内备考及卷内目录的规格，执行当地档案管理部门的规定，在施工过程中应设专门存放工程技术和竣工资料的资料室。各种资料归档有序，保管妥当，并随时接受有关单位的相关部门的检查。

8）民用建筑工程完工办理工程实体质量验收前，建设单位必须按照《民用建筑工程室内环境污染控制规范》（GB 50325—2010）和当地政府的有关规定，委托有资质的检测单位对室内空气污染物含量进行检测，若不检测或检测不合格则不能投入使用。

9）工程实体施工完成后，工程技术和竣工资料的整理汇总由工程总包单位负责统筹管理和汇总，并向当地档案管理部门履行报验工作，符合要求后向建设单位移交；由建设单位直接分包的工程，由分包单位移交给建设单位，或由建设单位委托工程总承包单位负责汇总；工程总包单位、分包单位、监理机构要积极协助建设单位完成工程技术和竣工资料的竣工验收和验收备案工作。

附件二：工地例会主要内容

一、检查上次例会议定事项的落定情况。

二、分析未完成事项原因及处理措施。

三、检查分析工程项目进度计划完成情况。

四、提出下一阶段进度目标及其落实措施。

五、检查分析工程项目质量状况，针对存在质量问题提出改进措施。

六、检查工程量核定及工程款支付情况。

七、检查分析工程项目安全文明施工情况，针对存在的安全隐患及问题提出改进措施。

八、解决需要协调的有关事项。

九、其他有关事项。

学习情境 3.4　图纸会审与设计交底

【情境描述】　图纸会审与设计交底工作由谁来主持，参加单位有哪些，以及着重要解决的问题。

3.4.1　设计交底与图纸会审的目的

为了使参与工程建设的各方了解工程设计的主导思想、建筑构思和要求、采用的设计规范、确定的抗震设防烈度、防火等级、基础、结构、内外装修及机电设备设计，对主要建筑材料、构配件和设备的要求、所采用的新技术、新工艺、新材料、新设备的要求以及施工中应特别注意的事项，掌握工程关键部分的技术要求，保证工程质量，设计单位必须依据国家设计技术管理的有关规定，对提交的施工图纸，进行系统的设计技术交底。同时，也为了减少图纸中的差错、遗漏、矛盾，将图纸中的质量隐患与问题消灭在施工之前，使设计施工图纸更符合施工现场的具体要求，避免返工浪费，在施工图设计技术交底的同时，监理部、设计单位、建设单位、施工单位及其他有关单位需对设计图纸在自审的基础上进行会审。施工图纸是施工单位和监理单位开展工作最直接的依据。现阶段大多对施工进行监理，设计监理很少，图纸中差错难免存在，故设计交底与图纸会审更显必要。设计交底与图纸会审是保证工程质量的重要环节，也是保证工程质量的前提，也是保证工程顺利施工的主要步骤。监理和各有关单位应当充分重视。

3.4.2　设计交底与图纸会审应遵循的原则

（1）设计单位应提交完整的施工图纸，各专业相互关联的图纸必须提供齐全、完整，对施工单位急需的重要分部分项专业图纸也可提前交底与会审，但在所有成套图纸到齐后需再统一交底与会审。现在很多工程已开工，而施工图纸还不全，以至后到的图纸拿来就施工。这些现象是不正常的。图纸会审不可遗漏，即使施工过程中另补的新图也应进行交底和会审。

（2）在设计交底与图纸会审之前，建设单位、监理部及施工单位和其他有关单位必须事先指定主管该项目的有关技术人员看图自审，初步审查本专业的图纸，进行必要的审核和计算工作，各专业图纸之间必须核对。

（3）设计交底与图纸会审时，设计单位必须派负责该项目的主要设计人员出席。进行设计交底与图纸会审的工程图纸，必须经建设单位确认，未经确认不得交付施工。

（4）凡直接涉及设备制造厂家的工程项目及施工图，应由订货单位邀请制造厂家代表到会，并请建设单位、监理部与设计单位的代表一起进行技术交底与图纸会审。

3.4.3　设计交底与图纸会审会议的组织

（1）时间。设计交底与图纸会审在项目开工之前进行，开会时间由监理部决定并发通知。参加人员应包括监理、建设、设计、施工等单位的有关人员。

（2）会议组织。项目监理人员应参加由建设单位组织的设计技术交底会。一般情况下，设计交底与图纸会审会议由总监理工程师主持，监理部门和各专业施工单位（含分包单位）、分别编写会审记录，由监理部汇总和起草会议纪要，总监理工程师应对设计技术交底会议纪要进行签认，并提交建设、设计和施工单位会签。

3.4.4 设计交底与图纸会审工作的程序

（1）由设计单位介绍设计意图、结构设计特点、工艺布置与工艺要求、施工中注意事项等。

（2）各有关单位对图纸中存在的问题进行提问。

（3）设计单位对各方提出的问题进行答疑。

（4）各单位针对问题进行研究与协调，制订解决办法。写出会审纪要，并经各方签字认可。

3.4.5 设计交底与图纸会审的重点

（1）设计单位资质情况，是否无证设计或越级设计；施工图纸是否经过设计单位各级人员签署，是否通过施工图审查机构审查。

（2）设计图纸与说明书是否齐全、明确，坐标、标高、尺寸、管线、道路等交叉连接是否相符；图纸内容、表达深度是否满足施工需要；施工中所列各种标准图册是否已经具备。

（3）施工图与设备、特殊材料的技术要求是否一致；主要材料来源有无保证，能否代换；新技术、新材料的应用是否落实。

（4）设备说明书是否详细，与规范、规程是否一致。

（5）土建结构布置与设计是否合理；是否与工程地质条件紧密结合；是否符合抗震设计要求。

（6）几家设计单位设计的图纸之间有无相互矛盾；各专业之间、平立剖面之间、总图与分图之间有无矛盾；建筑图与结构图的平面尺寸及标高是否一致，表示方法是否清楚；预埋件、预留孔洞等设置是否正确；钢筋明细表及钢筋的构造图是否表示清楚；混凝土柱、梁接头的钢筋布置是否清楚，是否有节点图；钢构件安装的连接节点图是否齐全；各类管沟、支墩吊架等专业间是否协调统一；是否有综合管线图，通风管、消防管、电缆桥架是否相碰。

（7）设计是否满足生产要求和检修需要。

（8）施工安全、环境卫生有无保证。

（9）建筑与结构是否存在不能施工或不便施工的技术问题，或导致质量、安全及工程费用增加等问题。

（10）防火、消防设计是否满足有关规程要求。

3.4.6 纪要与实施

（1）项目监理部应将施工图会审记录整理汇总并负责形成会议纪要。经与会各方签字同意后，该纪要即被视为设计文件的组成部分，施工过程中应严格执行，发送建设单位和施工单位，抄送有关单位并予以存档。

（2）如有不同意见通过协商仍不能取得统一时，应报请建设单位定夺。

（3）对会审会议上决定必须进行设计修改的，由原设计单位按设计变更管理程序提出修改设计，一般性问题经监理工程师和建设单位审定后，交施工单位执行；重大问题报建设单位及上级主管部门与设计单位共同研究解决。施工单位拟施工的一切工程项目设计图纸，必须经过设计交底与图纸会审，否则不得开工，已经交底和会审的施工图以下达会审纪要的形式作为确认。

学习项目 4　实施施工期日常监理
——工程质量控制

【项目描述】　以某建筑公司承接综合楼项目为例，介绍钢筋隐蔽工程验收的要点以及如果发现质量问题该如何处理的程序。

【学习目标】　通过学习，能够熟悉工程质量形成过程及其影响因素，了解工程质量管理的制度，掌握各种工程质量控制的方法。

学习情境 4.1　工 程 质 量 控 制

【情境描述】　建设工程质量是实现建设工程功能与效果的基本要素。项目监理机构要进行有效的工程质量控制，必须熟悉工程质量形成过程及其影响因素，了解工程质量管理的制度，掌握建设工程参与主体单位的工程质量责任。

4.1.1　工程质量控制相关基本知识

4.1.1.1　基本概念

1. 质量

质量的概念有广义和狭义之分。狭义的质量是指工程（产品）本身的质量，即产品所具有的满足相应设计和规范要求的属性。它包括可靠性、环境协调性、美观性、经济性、安全性和适用性六个方面。而广义上的质量除了工程（产品）质量之外，还包括工序质量和工作质量。

工作质量决定工序质量，工序质量决定工程（产品）质量。要以抓工作质量来保证工序质量，以提高工序质量来最终保证工程（产品）质量，并以此增强建筑企业在市场中的生存竞争能力，全面提高建筑企业的经济效益。

建筑企业的产品是建筑物，建筑工程质量的好坏直接关系到企业的生存与发展。因此，现代施工组织中对质量管理十分重视。质量管理虽然由来已久，但随着现代生产和建设的需要及管理思想的不断发展，质量管理的目的、要求和方法也发生了显著的变化。

2. 工程质量的特性

（1）适用性。指建筑工程能够满足使用目的各种性能，如理化性能、结构性能、使用性能和外观性能等。

（2）耐久性。指工程在规定的条件下，满足规定功能要求使用的年限，也就是合理使用的寿命。

（3）安全性。指工程在使用过程中保证结构安全、人身安全和环境免受危害的能力，如一般工程的结构安全、抗震及防火能力，人防工程的抗辐射、抗核污染、抗爆炸冲动波的能力，民用工程的整体及各种组件和设备保证使用者安全的能力等。

（4）可靠性。指工程在规定的时间和规定的条件下完成规定的功能的能力。

（5）经济性。指工程的设计成本、施工成本和使用成本三者之和与工程本身的使用价值之间的比例关系。

（6）与环境的协调性。指工程与其所在的位置周围的生态环境相协调，与其所在的地区的经济环境相协调以及与其周围的已建工程相协调，以适应可持续发展的要求。

3. 工程质量的特点

工程质量的特点是由建设工程本身和建设生产的特点决定的。建设工程及其生产有两个最为明显的特点：一是产品的固定性和生产的流动性；二是产品的多样性和生产的单件性，正是建设工程及其生产的特点决定了工程质量的特点。

（1）工程质量的影响因素多。建设工程的质量受到诸多因素的影响，既有社会的、经济的，也有技术的、环境的，这些因素都直接或间接地影响着建设工程的质量。

（2）工程质量波动大。生产的流动性和单件性决定了建设工程产品不像一般工业产品那样具有规范性的生产工艺、完善的检测技术、固定的生产流水线和稳定的生产环境，生产中偶然因素和系统因素比较多，产品具有较大质量波动性。

（3）质量隐蔽性。建设工程施工过程中，分项工程交接多、中间产品多、隐蔽工程多，如不是在施工中及时检验，事后很难从表面上检查发现质量问题，具有产品质量的隐蔽性。在事后的检查中，有时还会发生误判（弃真）和误收（取伪）的错误。

（4）终检的局限性。建设工程产品不能像一般工业产品那样，依靠终检来判断产品的质量，也不能进行破坏性的抽样拆卸检验，大部分情况下是只能借助一些科学的手段进行表面化的检验，因而其终检具有一定的局限性。为此，要求工程质量控制应以预防为主，重事先、事中控制，防患于未然。

（5）评价方法的特殊性。建设工程产品质量的检查、评价方法不同于一般的工业产品，强调的是"验评分离、强化验收、完善手段、过程控制"。质量的检查、评定和验收是按检验批、分项工程、分部工程和单位工程进行的，检验批的质量是分项工程乃至整个工程质量的基础。而检验批的合格与否也只能取决于主控项目和一般项目经抽样检验的结果。

4. 工程质量的控制

质量控制是指在明确的质量目标条件下通过行动方案和资源配置的计划、实施、检查和监督来实现预期目标的过程。

工程质量控制则是指在施工项目质量目标的指导下，通过对项目各阶段的资源、过程和成果所进行的计划、实施、检查和监督，来判定它们是否符合有关的质量标准，并找出方法消除造成项目成果不令人满意的原因。

质量控制不同于质量管理，质量控制是质量管理的一部分，致力于满足质量要求，如适用性、可靠性、安全性等。质量控制属于为了达到质量要求所采取的作业技术和管理活动，是在有明确的质量目标条件下进行的控制过程。质量管理是工程项目各项管理工作的重要组成部分，它是工程项目从施工准备到交付使用的全过程中，为保证和提高工程质量所进行的各项组织管理工作。

工程质量控制的范围涵盖勘察设计、招标投标、施工安装和竣工验收四个阶段的质量控制。在不同的阶段，质量控制的对象和重点不完全相同，需要在实施过程中加以选择和确定。

4.1.1.2 工程质量控制的影响因素

影响施工项目质量控制的因素很多，其中以下几个为主要影响因素。

1. 人的因素

人是工程项目质量活动的主体，泛指与工程有关的单位、组织和个人，包括建设单位、勘察设计单位、施工承包单位、监理及咨询服务单位、政府主管及工程质量监督监测单位以及策划者、设计者、作业者和管理者等。人既是工程项目的监督者又是实施者，因此，人的质量意识和控制质量的能力是最重要的一项因素。这一因素集中反映在人的素质上，包括人的思想意识、文化教育、技术水平、工作经验以及身体状况等，都直接或间接地影响工程项目的质量。从质量控制的角度，则主要考虑以下几个方面：

（1）资质条件。建筑业实行执业资格注册制度、持证上岗制度以及质量责任制度等，严禁无证设计、无证施工。领导者和主要管理人员（如总工程师、总会计师、项目经理、各部门经理等）的资质条件对工程项目的质量控制起着重要影响，应在组织设计中对其岗位、职位的要求加以说明，如最低的学历要求或相关工作经历要求等；从事技术管理的人员还应有相应的专业知识要求；对主要的技术人员，应对其具有的文化素质（学历或学位证书）、专业知识（职称资格证书）和实践能力（职业资格证书）等提出参考要求，并要进行相关的职业培训；对技术工人要求具有从事本专业工作的资质证书或上岗培训证书，具有较丰富的专业知识和操作技能，熟悉相关的项目操作规程和质量标准等。

（2）生理条件。人的生理条件主要指是否有缺陷性疾病，如精神失常、智商过低、影响工作质量的严重疾病等。针对具体的工作内容，还要对特定的工种限制患有特定疾病的人，如患有高血压、心脏病和恐高症的人，不应从事高空作业和水下作业；视力、听力较差的人，不适合从事测量工作和以灯光、音响、旗语进行指挥的作业；反应迟钝、应变能力差的人，不宜操作快速运转的仪器设备等。

（3）心理因素与行为。人的心理失常会使人的注意力不集中、厌倦、烦躁不安，引起工作质量下降；其他由于主观因素引起的打闹嬉笑、粗心大意、玩忽职守等行为，也会引起质量问题或事故，需要严格加以控制。

2. 材料因素

材料方面的因素包括原材料、半成品、成品、构配件、仪器仪表和生产设备等，属于工程项目实体的组成部分，这些因素的质量控制主要有以下方面：

（1）采购质量控制。承包单位在采购订货前应充分调查市场信息，优选供货厂家，并向监理方申报所购材料的数量、品种、规格型号、技术标准和质量要求、计量方法、交货期限与方式、价格及供货方应提供的质量保证文件等。

（2）制造质量控制。对于一些重要设备、器材或外包件可以采取对生产厂家制造实行监造方式，进行重点或全过程的质量控制。

（3）材料、设备进场的质量控制。对运到施工现场的原材料、半成品或构配件，必须具有合格证、技术说明书和产品检验报告等质量证明文件。对某些质量状况波动大的材料还要进行平行检验和抽样检验，使所有进场材料的质量处于可控状态。

（4）材料、设备存放的质量控制。材料、设备进场后的存放，要满足各种材料、设备对存放条件的要求，要有定期的检查或抽样，以保证材料质量的稳定，并得到有效控制。

3. 施工设备和机具

施工设备和机具是实现工程项目施工的物质基础和手段，特别是现代化施工必不可少的设备。施工设备和机具的选择是否合理、适用与先进，直接影响工程项目的施工质量和进度。因此要对施工设备和机具的使用培训、保养制度、操作规程等加以严格管理和完善，以保证和控制施工设备与机具达到高效率和高质量的使用水平。

4. 项目的施工方案

项目的施工方案指施工技术方案和施工组织方案。施工技术方案包括施工的技术、工艺、方法和相应的施工机械、设备和工具等资源的配置。因此组织设计、施工工艺、施工技术措施、检测方法、处理措施等内容都直接影响工程项目的质量形成，其正确与否，水平高低不仅影响到施工质量，还对施工的进度和费用产生重大影响。因此，对工程项目施工方案应从技术、组织、管理、经济等方面进行全面分析与论证，确保施工方案既能保证工程项目质量，又能加快施工进度、降低成本。

5. 施工环境

影响工程项目施工环境的因素主要包括三个方面：工程技术环境、工程管理环境和劳动环境。

（1）工程技术环境。影响质量控制的工程技术环境因素有工程地质、地形地貌、水文地质、工程水文和气象等。这些因素不同程度地影响工程项目施工的质量控制和管理。

（2）工程管理环境。工程管理环境的主要影响因素有质量管理体系、质量管理制度、工作制度、质量保证活动、协调管理及能力等。如由总承包单位的工程承发包合同结构所派生的多单位多专业共同施工的管理关系，组织协调方式及现场施工质量控制系统等构成的管理环境，对工程质量的形成将产生相当的影响。

（3）劳动环境。劳动环境因素主要包括施工现场的气候、通风、照明和安全卫生防护设施等。在工程项目的质量控制与管理中，环境因素是在不断变化的。如工程技术环境和劳动环境，随着工程项目的进展，地质条件、气象、施工工作面等都可能在不断变化，同时也将引起工程管理环境的变化，应根据工程项目特点和具体条件，采取有效措施对影响质量的环境因素进行管理。如建设工程项目，则要建立文明施工和文明生产的环境，保持材料、工件堆放有序，道路通畅，工作场所清洁整齐等，为确保工程质量创造良好条件。

4.1.1.3　质量管理体系简介

1. 质量管理原则

ISO 9000 体系是 ISO（国际标准化组织）制定的国际质量管理标准和指南，作为组织建立质量体系的基本要求在世界范围内被广泛采用，是迄今为止应用最广泛的 ISO 标准。在总结优秀质量管理实践经验的基础上，ISO 9000 体系提出了八项质量管理原则，明确了一个组织在实施质量管理中必须遵循的原则。这八项质量管理原则如下：

（1）以顾客为关注焦点。"组织依存于顾客。因此，组织应当理解顾客当前的和未来的需求，满足顾客要求并争取超越顾客期望"。组织在贯彻这一原则时应采取的措施包括通过市场调查研究或访问顾客等方式，准确详细了解顾客当前或未来的需要和期望，并将其作为设计开发和质量改进的依据；将顾客和其他利益相关方的需要和愿望的信息按照规定的渠道和方法，在组织内部完整而准确的传递和沟通；组织在设计开发和生产经营过程中，按规定的方法测量顾客的满意程度，以便针对顾客的不满意因素采取相应的措施。

（2）领导作用。"领导者确立组织统一的宗旨及方向。他们应当创造并保持使员工能充分参与实现组织目标的内部环境"。领导的作用是指最高管理者具有决策和领导一个组织的关键作用，为全体员工实现组织的目标创造良好的工作环境，最高管理者应建立质量方针和质量目标，以体现组织总的质量宗旨和方向，以及在质量方面所追求的目的。应时刻关注组织经营的国内外环境，制定组织的发展战略，规划组织的蓝图。质量方针应随着环境的变化而变化，并与组织的宗旨相一致。最高管理者应将质量方针、目标传达落实到组织的各职能部门和相关层次，让全体员工理解和执行。

（3）全员参与。"各级人员是组织之本，只有他们的充分参与，才能使他们的才干为组织带来收益"。全体员工是每个组织的基础，人是生产力中最活跃的因素。组织的成功不仅取决于正确的领导，还有赖于全体人员的积极参与，所以应赋予各部门、各岗位人员应有的职责和权限，为全体员工制造一个良好的工作环境，激励他们的积极性和创造性，通过教育和培训增长他们的才干和能力，发挥员工的革新和创新精神，共享知识和经验，积极寻求增长知识和经验的机遇，为员工的成长和发展创造良好的条件，这样才能给组织带来最大的收益。

（4）过程方法。"将活动和相关的资源作为过程进行管理，可以更高效地得到期望的结果"。工程项目的实施可以作为一个过程来实施管理，过程是指将输入转化为输出所使用资源的各项活动的系统。过程的目的是提高价值，因此在开展质量管理各项活动中应采用过程的方法实施控制，确保每个过程的质量，并按确定的工作步骤和活动顺序建立工作流程，人员培训，所需的设备、材料、测量和控制实施过程的方法，以及所需的信息和其他资源等。

（5）管理的系统方法。"将相互关联的过程作为系统加以识别、理解和管理，有助于组织提高实现目标的有效性和效率"。管理的系统方法包括了从确定顾客的需求和期望、建立组织的质量方针和目标、确定过程及过程的相互关系和作用、并明确职责和资源需求、建立过程有效性的测量方法并用以测量现行过程的有效性、防止不合格、寻找改进机会、确立改进方向、实施改进、监控改进效果、评价结果、评审改进措施和确定后续措施。这种建立和实施质量管理体系的方法，既可建立新体系，也可用于改进现行的体系。这种方法不仅可提高过程能力及项目质量，还可为持续改进打好基础，最终导致顾客满意和使组织获得成功。

（6）持续改进。"持续改进整体业绩应当是组织的一个永恒目标"。持续改进是一个组织积极寻找改进的机会，努力提高有效性和效率的重要手段，确保不断增强组织的竞争力，使顾客满意。

（7）基于事实的决策方法。"有效决策是建立在数据和信息分析的基础上"。决策是通过调查和分析，确定项目质量目标并提出实现目标的方案，对可供选择的若干方案进行优选后做出抉择的过程，项目组织在工程实施的各项管理活动过程中都需要做出决策。能否对各个过程做出正确的决策，将会影响到组织的有效性和效率，甚至关系到项目的成败。所以，有效的决策必须以充分的数据和真实的信息为基础。

（8）与供方互利的关系。"组织与供方是相互依存的，互利的关系可增强双方创造价值的能力"。供方提供的材料、设备和半成品等对于项目组织能否向顾客提供满意的最终产品可以产生重要的影响。因此，把供方、协作方和合作方等都看作项目组织同盟中的利益相关者，形成共同的竞争优势，可以优化成本和资源，有利于项目主体和供方共同双赢。

上述八项质量管理原则构成 ISO9000：2000 族质量管理体系标准的理论基础，又是企业的最高管理者进行质量管理的基本准则。八项质量管理原则用精练的语言表达的最基本、最通用的质量管理的一般规律，可以成为企业文化的一个重要组成部分，从而指导企业在一个较长时期内，通过关注顾客及其他相关方的需求和期望，达到改进总体业绩的目的。

2. 质量管理体系的建立

(1) 质量管理体系建立的基本程序。项目组织建立质量管理体系一般是与项目部所在企业一起，建立建筑企业的质量管理体系，其基本程序如下：

1) 领导决策。建立质量管理体系首先要领导作出决策，为此，领导应充分了解 GB/T 19000—ISO9000：2000 标准，认识到建立质量管理体系的必要性和重要性，能一如既往的领导和支持企业为建立质量管理体系而开展的各项工作。管理团队要统一思想、提高认识，在此基础上作出贯标的决策。

2) 组织落实。成立贯标领导小组，由企业总经理担任领导小组组长，主管企业质量工作的副总经理任副组长，具体负责贯标的实施工作。领导小组成员由各职能管理部门、计量监督部门、各项目部经理以及部分员工代表组成。一般在质量管理体系涉及的每个部门和不同专业施工的班组应有代表参加。

3) 制定工作计划。制定贯标工作计划是建立质量管理体系的保证。工作计划一般分为五个阶段，每个阶段持续时间的长短视企业规模而定。五个阶段是建立质量管理体系的准备工作，如组织准备、动员宣传、骨干培训等；质量管理体系总体设计，包括质量方针和目标的制定、确定实施过程、确定质量管理体系要素、组织结构、资源及配备方案等；质量管理体系文件编制，主要有质量手册、程序文件、质量记录以及内部与外部制度等；质量管理体系的运行和质量管理体系的认证。在质量管理体系建立后，经过试运行，要首先进行内部审核和评审，提出改进措施，验证合格后可提出认证申请，请第三方进行质量管理体系认证。

4) 组织宣传和培训。首先由企业总经理宣讲质量管理体系标准的重要意义，宣读贯标领导小组名单，以表明组织领导者的高度重视。培训工作在三个层次展开：一是建立质量管理体系之前，企业要选派部分骨干进行内审员资格培训；二是中层以上干部和领导小组成员学习质量管理标准文件 GB/T 19000—ISO9000：2000（即 ISO 9000 族标准在我国的等同转化，两种写法的含义完全相同）、技术规范、法规及其他非正式发布的标准；三是在全体员工中学习各种管理文件、项目质量计划、质量目标以及有关的质量标准，一般聘请专业咨询师进行讲解，使全体员工能统一、正确的加以理解。

5) 质量管理体系设计。质量管理体系设计的内容较多，应结合企业自身的特点，在现有的质量管理工作基础上，按照 GB/T 19000—ISO9000：2000 标准中对建立质量管理体系要求，进行企业的质量管理体系设计。主要内容包括确定企业生产活动过程、制定质量方针目标、确定企业质量管理体系要素、确定组织机构与相应职责、资源配置、质量管理体系的内审和第三方审核等。

(2) 形成质量管理体系文件：

1) 质量管理体系文件结构。企业编制质量管理体系文件包括三个层次（图 4.1）：层次 A 为质量手册，称为第一级文件，主要描述企业组织结构、质量方针和目标、质量管理体系要素和过程描述等质量管理体系的整体描述；层次 B 为质量管理体系程序，称为第二级文件，主要是描述实施质量管理体系要素所涉及的各个过程以及各职能部门文件；层次 C 为质量文件，称为第三级文件，主要是部门工作手册，作为各部门运行质量管理体系的常用实施细则，包括管理标准（各种管理制度等）、工作标准（岗位责任制和任职要求等）、技术标准（国家标准、行业标准、企业标准及作业指导书、检验规范等）和部门质量记录文件等。

2）质量手册。质量手册是组织建立质量管理体系的纲领性文件，也是指导企业进行质量管理活动的核心文件。质量手册描述了组织的结构、质量方针、确定了组织的质量管理体系要素，规定了应建立程序文件的环节和过程。此外，还对质量手册的控制、修改、发放和评审等管理方式作出了规定。

3）程序文件。质量管理体系程序是对实施质量管理体系要素所涉及的各职能部门的各项活动所采取方法的具体描述，应具有可操作性和可检查性，程序文件通常包括活动

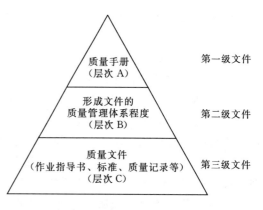

图 4.1 质量管理体系文件结构

的目的和范围以及具体实施的步骤。通常按 5W1H 原则来描述，即 Why（为什么做）、What（做什么）、Who（谁来做和评审）、Where（在那里做）、When（什么时候做）、How（怎么做、依据什么和用什么方法）。

按照 GB/T 19001—ISO9001：2000 标准，企业实施质量管理体系至少应包括六个程序，即文件控制程序、质量记录控制程序、内部质量审核程序、不合格控制程序、纠正措施程序和预防措施程序。

4）质量计划。质量计划是针对某项产品、工程项目或合同规定的专门质量措施、资源配备和活动顺序的文件，一般按照质量手册的有关内容和要求来编制。对工程项目而言，质量计划主要是针对特定的工程项目编制质量目标、规定专门的质量措施、各过程的实施步骤、职责和职权的分配、达到质量目标所采取的质量保证措施、作业指导书和程序文件等。质量计划对外可作为特定工程项目的质量保证，对内作为针对工程项目质量管理的依据。

5）质量记录。质量记录是指阐明所取得的结果或提供所完成活动的证据的文件。质量记录的作用是证实和追溯，表明质量管理体系要素和程序已满足质量要求，是证明质量管理体系有效性的文件。

GB/T 19001—ISO9001：2000 标准规定了为证明产品符合要求，质量管理体系有效运行所必需的记录，主要有管理评审记录、培训记录、产品要求的评审记录、设计和开发评审记录、供方评审记录、产品标示记录、产品测量和监控记录以及校准结果记录等。

3. 质量管理体系的运行

质量管理体系的运行一般可分为三个阶段：准备阶段、试运行阶段和正式运行阶段。

（1）准备阶段。在完成质量管理体系的有关组织结构、骨干培训、文件编制等工作之后，企业组织可进入质量管理体系运行的准备阶段。这阶段包括的工作有：

1）选择试点项目，制定项目试运行计划。

2）全员培训。对全体员工按照制定的质量管理体系标准进行系统培训，特别注重实践操作的培训。内审员及咨询师应给予积极的指导和帮助，使企业组织的全体人员从思想和行动上进入质量管理体系的运行状态。

3）各种资料发放，文件、标示发放到位。

4）有一定的专项经费支持。

（2）试运行阶段：

1）对质量管理体系中的重点要素进行监控，观察程序执行情况，并与标准对比，找出偏差。

2）针对找出的偏差，分析、验证产生偏差的原因。

3）针对原因制定纠正措施。

4）下达纠正措施的文件通知单，并在规定的期限内进行现场验证。

5）通过征求企业组织各职能部门、各层次人员对质量管理体系运行的意见，仔细分析存在的问题，确定改进措施，并同时对质量管理体系文件按照文件修改程序进行及时修改。

（3）正式运行阶段。经过试运行阶段，并修改、完善质量管理体系之后，可进入质量管理体系的正式运行阶段，这一阶段的重点活动主要有以下内容：

1）对过程、产品（或服务）进行测量和监督。在质量管理体系的运行中，需要对产品、项目实现中的各个过程进行控制和监督，根据质量管理体系程序的规定，对监控的信息进行对比分析，确定每一个过程是否达到质量管理体系程序的标准。经过对过程质量进行评价并制定出相应的纠正措施。

2）质量管理体系的协调。质量管理体系的运行是整个组织及全体员工共同参与的，因此存在组织协调问题，以保证质量管理体系的运行效率和有效。组织协调包括内部协调和外部协调两个方面。内部协调主要是依靠执行各项规章制度，提高人员基本素质，培养员工的整体观念和协作精神，各部门、人员的责任边界通过合理的制度来划清等；外部协调主要依靠严格遵纪守法，树立战略眼光和争取双赢的观念，同时要严格执行有关的法律、法规及合同。

3）内部审核和外部审核。质量管理体系审核的目的是确定质量管理体系要素是否符合规定要求，能否实现组织的质量目标以及是否符合 GB/T 19001—ISO9001：2000 的各项标准，并根据审核结果为质量管理体系的改进和完善提供修正意见。内部审核时，参加内部审核的内审员与被审核部门应无利益、利害关系，以保证审核工作及结果的公正性；外部审核包括第二方和第三方审核两种，多数情况下都是第三方审核。一般要求第三方为独立的质量管理认证机构，审核的内容基本相同。

4）质量管理体系的持续改进。组织的质量管理体系在运行中，环境是在不断变化得到，顾客的要求也在不断变化，为了适应这种变化，企业组织需要对其质量管理体系进行持续的改进，持续改进的活动包括建立一个激励改进的组织环境；通过对顾客满意程度和产品质量特性参数的验证数据来分析评价现有的质量管理体系的适宜性，并具此确定改进的目标；定期或不定期进行管理评审，不断发现质量管理体系的薄弱环节并加以完善、采取积极的纠正和预防措施，避免不合格品的重复发生和潜在不合格品的发生。

4. 质量管理体系的认证与监督

质量认证是指由第三方对供方的产品和质量管理体系进行评定和给予书面证明的一种活动，分为产品质量认证和质量管理体系认证两种。产品质量认证是由国家质量监督检验检疫总局产品认证机构国家认可委员会认可的产品认证机构对供方的产品进行认证的活动，分为产品合格认证和产品安全认证；质量管理体系认证是根据相关的 GB/T19001—ISO9001：2000 标准，由第三方（质量管理体系认证机构或具有相应资质的其他机构）对供方的质量管理体系进行评定和注册、监督审核的一种活动。前者是对企业产品的质量有效性提供的一种保证，后者是对提供产品的企业组织所具有的质量管理体系有效性提供的一种保证。

（1）质量管理体系认证的意义。

1）提高供方企业的质量信誉。获得质量管理体系认证通过的企业，证明建立了有效的质量保障机制，因此可以获得市场的广泛认可，即可以提升企业组织的质量信誉。实际上，质量管理体系对企业的信誉和产品的质量水平都起着重要的保障作用。

2）促进企业完善质量管理体系。质量管理体系实行认证制度，既能帮助企业建立有效、适用的质量管理体系，又能促使企业不断改进、完善自己的质量管理制度，以获得认证的通过。

3）增强国际市场竞争能力。质量管理体系认证属于国际质量认证的统一标准，在经济全球化的今天，我国企业要参与国际竞争，就应采取国际标准规范自己，与国际惯例接轨。只有这样，才能增强自身的国际市场竞争力。

4）减少社会重复检验和检查费用。从政府角度，引导组织加强内部质量管理，通过质量管理体系认证，可以避免因重复检查与评定而给社会造成浪费。

5）有利于保护消费者利益。质量管理体系认证能帮助用户和消费者鉴别组织的质量保证能力，确保消费者买到优质、满意的产品，达到保护消费者利益的目的。

6）有利于法规的实施。

（2）质量管理体系认证程序：

1）申请和受理。企业组织在确定需要实施质量管理体系之后，可以向其自愿选择的认证机构提出申请，并按要求提交申请文件，除有关申请表格外，还包括质量手册、程序文件等。体系认证机构根据组织提交的申请文件，决定是否受理申请，并通知企业。一般来说，认证机构不能无故拒绝认证申请。

通常企业组织在正式提出认证申请之前，会聘请专业咨询机构或认证咨询师对组织建立质量管理体系进行辅导，并指导企业质量管理体系的试运行、完成管理评审、纠正措施等过程，经咨询机构或咨询师推荐，向认证机构正式递交申请。

2）认证审核。体系认证机构根据组织提交的申请，对质量管理体系文件进行书面审核，并将审定意见及时通知企业，企业按认证机构提出的意见对质量管理体系文件进行修改和完善。书面审核完成后，企业经与认证机构商定，进行现场审核。现场审核的内容包括：举行初次会议，宣布评审规则及程序；听取企业负责人、管理者代表等人对建立质量管理体系的认识及工作汇报；按（全部或抽查）企业组织的部门或按活动过程对质量管理工作进行评审，需考核各部门的质量管理负责人以及质量管理涉及的原始质量记录；深入现场考核各工序过程的质量管理体系执行情况，检查企业的质量管理体系是否符合文件要求；召开评定小组会议，提出问题，书面提出不符合体系文件的地方，要求在规定的期限纠正；企业完成纠正措施后，认证机构进行复审，提交企业通过质量管理体系认证的审核报告。

3）审批与注册发证。体系认证机构根据审核报告，经审查决定是否批准认证。对批准认证的组织颁发质量管理体系认证证书，并将企业组织的有关情况注册公示，准予组织以一定方式使用质量管理体系认证标志。证书有效期一般为三年。

（3）质量管理体系的维持与监督管理。在证书有效期内，企业组织应经常开展内部审核，以维持质量管理体系的持续改进和有效性，还需接受体系认证机构的监督管理，一般每年对企业组织进行至少一次的监督审核，查证组织有关质量管理体系的保持情况。维持与监督管理的主要内容如下：

1）企业通报。认证获得通过的企业，在其质量管理体系运行过程中出现重大变化时，应向认证机构通报，认证机构接到通报后，根据具体情况采取必要的监督检查措施。

2）监督检查。指认证机构对认证合格企业质量管理体系维持情况进行的监督性审核，包括定期和不定期两种，定期一般每年一次，不定期根据需要临时安排。

3）认证注销。注销是企业组织的自愿行为。当企业组织发生变化，认为不再需要质量认证，在有效期满不提出重新申请，或在有效期内提出注销的，认证机构予以注销，收回体系认证证书。

4）认证暂停。指认证机构对获证企业质量管理体系发生不符合认证要求情况时采取的警告性措施。

认证暂停期间，企业不得用质量体系证书做宣传。企业在规定期间通过纠正措施满足认证要求后，认证机构撤销认证暂停；若仍不能满足认证要求，认证机构将撤销认证注册，收回质量体系证书。

5）认证撤销。当获证企业质量体系发生严重不符合认证标准、或在认证暂停的规定期限内未予整改的以及发生其他构成撤销质量体系认证资格情况时，认证机构可作出撤销其认证证书资格的决定。企业如有异议可提出申诉。撤销认证的企业一年后可重新提出认证申请。

4.1.2 工程质量控制的基本原理

4.1.2.1 PDCA 循环原理

工程项目的质量控制是一个持续过程，首先在提出项目质量目标的基础上，制定质量控制计划，包括实现该计划需采取的措施；然后将计划加以实施，特别要在组织上加以落实，真正将工程项目质量控制的计划措施落实到实处；在实施过程中，还要经常检查、监测，以评价检查结果与计划是否一致；最后对出现的工程质量问题进行处理，对暂时无法处理的质量问题重新进行分析，进一步采取措施加以解决。这一过程的原理是PDCA 循环。

PDCA 循环又叫戴明环，是美国质量管理专家戴明博士首先提出的。PDCA 循环是工程项目质量管理应遵循的科学程序。其质量管理活动的全部过程，就是质量计划的制订和组织实现的过程，这个过程按照 PDCA 循环周而复始地运转着。

1. PDCA 循环的基本内容

PDCA 由英语单词 Plan（策划、计划）、Do（实施、执行）、Check（检查）和 Action（处置、处理）的首字母组成，PDCA 循环就是按照这样的顺序进行质量管理，并且循环不止地进行下去的科学程序。工程项目质量管理活动的运转，离不开管理循环的转动，这就是说，改进与解决质量问题，赶超先进水平的各项工作，都要运用 PDCA 循环的科学程序。不论是提高工程施工质量，还是减少不合格率，都要先提出目标，即质量提高到什么程度，不合格率降低多少？即要有个策划，这个策划不仅包括目标，而且也包括实现这个目标需要采取的措施。策划制定好之后，就要按照计划实施及检查，看看是否实现了预期效果，有没有达到预期的目标。通过检查找出问题和原因，最后就是要进行处置活动，将经验和教训制订成标准、形成制度。

PDCA 循环作为工程项目质量管理体系运转的基本方法，其实施需要监测、记录大量工程施工数据资料，并综合运用各种管理技术和方法。一个 PDCA 循环一般都要经历以下四个阶段，如图 4.2 所示。

（1）计划阶段（Plan）包括四个步骤：

第一步，运用数据分析现状，找出存在的质量问题。

第二步，分析产生问题的原因或影响工程产品质量的因素。

第三步，找出影响质量的主要原因或主要因素。

第四步，针对主要因素，制定质量改进措施方案，应重点说明的问题是：①制定措施的原因；②要达到的目的；③何处执行；④什么时间执行；⑤谁来执行；⑥采用什么方法执行。

图 4.2　施工质量控制循环方法

（2）执行阶段（Do）为第五步，按制订的方案去实施或执行。

（3）检查阶段（Check）为第六步，检查实施或执行的效果，及时发现执行中的经验和问题。

（4）处理阶段（Action）包括两个步骤：

第七步，对总体取得的成果进行标准化处理，以便遵照执行。

第八步，将遗留的问题放在下一个 PDCA 循环中进一步解决。

2.PDCA 循环的特点

（1）按序转。PDCA 循环必须保证四个循环阶段的有序性和完整性，好似一个不断运转的车轮（图 4.3），促使企业质量管理科学化、严格化和条理化，每一个循环的处理阶段就是下一个循环的前提条件。

（2）环套化。PDCA 循环是由大环套小环，环环相套组成的（图 4.4），由建筑企业各个部门一直到施工班组由大到小都有自己的质量环，大环是小环的依据，小环是大环的具体落实。各个循环之间相互协调，互相促进。

图 4.3　PDCA 循环图

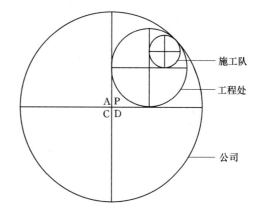

图 4.4　PDCA 循环环套化

（3）步步高。PDCA 循环本身就是一个提出问题与解决问题的过程，每运转一周就有新的要求和目标，在企业质量方针和目标的指引下通过一次一次的循环，企业的产品质量水平就像爬楼梯一样，不断上台阶、上档次，如图 4.5 所示。

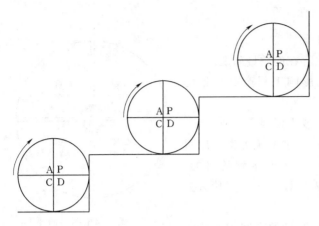

图 4.5　PDCA 循环提高过程

3. 工程质量控制的具体措施

在实施以上所述的 PDCA 循环时，工程项目的质量控制要重点做好施工准备、施工、验收、服务全过程的质量监督，抓好全过程的质量控制，确保工程质量目标达到预定的要求，具体措施如下：

（1）分解质量目标。将质量目标逐层分解到分部工程、分项工程，并落实到部门、班组和个人。以指标控制为目的，以要素控制为手段，以体系活动为基础，以保证在组织上加以全面落实。

（2）实行质量责任制。项目经理是工程施工质量的第一责任人，各工程队长是本队施工质量的第一责任人，质量保证工程师和责任工程师是各专业质量责任人，各部门负责人要按照职责分工认真履行质量责任。

（3）每周组织一次质量大检查，一切用数据说话，实施质量奖惩，激励施工人员，保证施工质量的自觉性和责任心。

（4）每周召开一次质量分析会，通过各部门、各单位反馈输入各种不合格信息，采取纠正和预防措施，排除质量隐患。

（5）加大质量权威，质检部门及质检人员根据公司质量管理制度可以行使质量否决权。

（6）施工全过程执行业主和有关工程质量管理及质量监督的各种制度和规定，对各部门检查发现的任何质量问题应及时制定整改措施，进行整改，达到合格为止。

4.1.2.2　工程项目质量控制的三阶段原理

工程项目的质量控制是一个持续的管理过程。从项目的立项到竣工验收属于项目建设阶段的质量控制，项目投产后到项目生命周期结束属于项目生产（或经营）阶段的质量控制。两者在质量控制内容上有较大的不同，但不管是建设阶段的质量控制，还是经营阶段的质量控制，从控制工作的开展与控制对象实施的时间关系来看，均可分为事前控制、事中控制和事后控制三种。

1. 事前控制

事前控制强调质量目标的计划预控，并按照质量计划进行质量活动前的准备工作状态的控制。在工程施工过程中，事前控制的重点在于施工准备工作，且施工准备工作贯穿于施工的全过程：首先，要熟悉和审查工程项目的施工图纸，做好项目建设地点的自然条件、技术经济条件的调查分析，完成项目施工图预算、施工预算和项目的组织设计等技术准备工作；其次，做好器材、施工机具、生产设备的物质准备工作；还要组建项目组织机构以及核查进场人员的技术资质和施工单位的质量管理体系；编制好季节性施工技术组织措施，制定施工现场管理制度，组织施工现场准备方案等。

（1）施工准备的范围：

1）全场性施工准备，是以整个项目施工现场为对象而进行的各项施工准备。

2）单位工程施工准备，是以一个建筑物或构筑物为对象而进行的施工准备。

3）分项（部）工程施工准备，是以单位工程中的一个分项（部）工程或冬、雨期施工为对象而进行的施工准备。

4）项目开工前的施工准备，是在拟建项目正式开工前所进行的一切施工准备。

5）项目开工后的施工准备，是在拟建项目正式开工后，每个施工阶段正式开工前所进行的施工准备，如果混合结构住宅施工，通常分为基础工程，主体工程和装饰工程等施工阶段，每个阶段的施工内容不同，其所需的物质技术条件、组织要求和现场布置也不同，因此，必须做好相应的施工准备。

（2）施工准备的内容：

1）技术准备，包括：项目扩大初步设计方案的审查，熟悉和审查项目的施工图纸；项目建设地点的自然条件、技术经济条件调查分析；编制项目施工图预算和施工预算；编制项目施工组织设计等。

2）物质准备，包括建筑材料准备、构配件和制品加工准备、施工机具准备、生产工艺设备的准备等。

3）组织准备，包括：建立项目组织机构；集结施工队伍；对施工队伍进行入场教育等。

4）施工现场准备，包括：控制网、水准点、标桩的测量；"五通一平"；生产、生活临时设施等的准备；组织机具、材料进场；拟定有关试验、试制和技术进步项目计划；编制季节性施工准备；制定施工现场管理制度等。

可以看出，事前控制的内涵包括两个方面，一是注重质量目标的计划预控，二是按质量计划进行质量活动前的准备工作状态的控制。

2. 事中控制

事中控制是指对质量活动的行为进行约束、对质量进行监控，实际上属于一种实时控制。在项目建设的施工过程中，事中控制的重点在工序质量监控上。其他如施工作业的质量监督、设计变更、隐蔽工程的验收和材料检验等都属于事中控制。

事中质量控制的策略是全面控制施工过程，重点控制工序质量。其具体措施是：工序交接有检查；质量预控有对策；施工项目有方案；技术措施有交底，图纸会审有记录；配制材料有试验；隐蔽工程有验收；计量器具校正有复核；设计变更有手续；钢筋代换有制度；质量处理有复查；成品保护有措施；行使质控有否决（如发现质量异常、隐蔽未经验收、质量问题未处理、擅自变更设计图纸、擅自代换或使用不合格材料、无证上岗未经资质审查的操作人员等，均应对质量予以否决）；质量文件有档案。凡是与质量有关的技术文件，如水准、坐标位置，测量、放线记录，沉降、变形观测记录，图纸会审记录，材料合格证明、试验报告，施工记录，隐蔽工程记录，设计变更记录，调试、试压运行记录，试车动转记录，竣工图等都要编目建档。

概括地说，事中控制是对质量活动主体、质量活动过程和结果所进行的自我约束和监督检查两方面的控制。其关键是增强质量意识，发挥行为主体的自我约束控制能力。

3. 事后控制

事后控制一般是指在输出阶段的质量控制。事后控制也称为合格控制，包括对质量活动结果的评价认定和对质量偏差的纠正。如工程项目竣工验收进行的质量控制，即属于工程项目质量的事后控制。

事后控制指在完成施工过程形成产品的质量控制，其具体工作内容如下：

（1）组织联动试车。

（2）准备竣工验收资料，组织自检和初步验收。

（3）按规定的质量评定标准和办法，对完成的分项、分部工程，单位工程进行质量评定。

（4）组织竣工验收。

（5）质量文件编目建档。

（6）办理工程交接手续。

4.1.2.3 工程项目质量的三全控制原理

三全控制原理来自于全面质量管理（Total Quality Control，TQC）的思想，同时包融在 ISO9000：2000 族质量管理体系标准中，是指企业组织的质量管理应该做到全面、全过程和全员参与。在工程项目质量管理中应用这一原理，对工程项目的质量控制同样具有重要的理论和实践的指导意义。

1. 全面质量控制

工程项目质量的全面控制可以从纵横两个方面来理解。从纵向的组织管理角度来看，质量总目标的实现有赖于项目组织的上层、中层、基层乃至一线员工的通力协作，其中尤以高层管理能否全力支持与参与，起着决定性的作用。从项目各部门职能间的横向配合来看，要保证和提高工程项目质量必须使项目组织的所有质量控制活动构成为一个有效的整体。广义地说，横向的协调配合包括业主、勘察设计、施工及分包、材料设备供应、监理等相关方。"全面质量控制"就是要求项目各相关方都有明确的质量控制活动内容。当然，从纵向看，各层次活动的侧重点不同：上层管理侧重于质量决策，制订出项目整体的质量方针、质量目标、质量政策和质量计划，并统一组织、协调各部门、各环节、各类人员的质量控制活动；中层管理则要贯彻落实领导层的质量决策，运用一定的方法找到各部门的关键、薄弱环节或必须解决的重要事项，确定出本部门的目标和对策，更好地执行各自的质量控制职能；基层管理则要求每个员工都要严格地按标准、规范进行施工和生产，相互间进行分工合作，互相协助配合，开展群众合理化建议和质量管理小组活动，建立和健全项目的全面质量控制体系。

2. 全过程质量控制

任何产品或服务的质量，都有一个产生、形成和实现的过程。从全过程的角度来看，质量产生、形成和实现的整个过程是由多个相互联系、相互影响的环节组成的，每个环节都或轻或重地影响着最终的质量状况。为了保证和提高质量就必须把影响质量的所有环节和因素都控制起来。工程项目的全过程质量控制主要有项目策划与决策过程、勘察设计过程、施工采购过程、施工组织与准备过程、检测设备控制与计量过程、施工生产的检验试验过程、工程质量的评定过程、工程竣工验收与交付过程以及工程回访维修过程等。全过程质量控制强调必须体现如下指导思想。

（1）质量第一、以质量求生存。任何产品都必须达到所要求的质量水平，否则就没有或未实现其使用价值，从而给消费者、给社会带来损失。从这个意义上讲，质量必须是第一位的。贯彻"质量第一"就要求企业全员，尤其是领导层，要有强烈的质量意识；要求企业在确定质量目标时，首先应根据用户或市场的需求，科学的确定质量目标，并安排人力、物力、财力予以保证。当质量与数量、社会效益与企业效益、长远利益与眼前利益发生矛盾时，应把质量、社会效益和长远利益放在首位。"质量第一"并非"质量至上"。质量不能脱离当前的市场水准，也不能不问成本一味的讲求质量。应该重视质量成本的分析，把质量与成本加以统一，确定最适合的质量。

（2）用户至上。在全面质量管理中，这是一个十分重要的指导思想。用户至上，就是要树立以用户为中心，为用户服务的思想。要使产品质量和服务质量尽可能满足用户的要求。产品质量的好坏最终应以用户的满意程度为标准。这里，所谓用户是广义的，不仅指产品出厂后的直接用户，而且指在企业内部，下道工序是上道工序的用户，如混凝土工程，模板工程的质量直接影响混凝土浇筑这一下道关键工序的质量。每道工序的质量不仅影响下道工序质量，也会影响工程进度和费用。

（3）质量是设计、制造出来的，而不是检验出来的。在生产过程中，检验是重要的，它可以起到不允许不合格品出厂的把关作用，同时还可以将检验信息反馈到有关部门，但影响产品质量好坏的真正原因并不在检验，而主要在于设计和制造。设计质量是先天性的，在设计的时候就已经决定了质量的等级和水平，制造是实现设计质量，是符合性质量，二者不可偏废，都应重视。

（4）强调用数据说话。这就是要求在全面质量管理工作中具有科学的工作作风，在研究问题时不能满足于一知半解和表面，对问题不仅有定性分析还尽量有定量分析，做到心中有"数"。这样可以避免主观盲目性。在全面质量管理中广泛的采用了各种统计方法和工具，其中用得最多的有"七种工具"，即因果图、排列图、直方图、相关图、控制图、分层法和调查表。常用的数理统计方法有回归分析、方差分析、多元分析、实验分析、时间序列分析等。

（5）突出人的积极因素。从某种意义上讲，在开展质量管理活动过程中，人的因素是最积极、最重要的因素。与质量检验阶段和统计质量控制阶段相比较，全面质量管理阶段格外强调调动人的积极因素的重要性。这是因为现代化生产多为大规模系统，环节众多，联系密切复杂，远非单纯靠质量检验或统计方法就能奏效的。必须调动人的积极因素，加强质量意识，发挥人的主观能动性，以确保产品和服务的质量。全面质量管理的特点之一就是全体人员参加的管理，"质量第一，人人有责"。要提高质量意识，调动人的积极因素，一靠教育，二靠规范，需要通过教育培训和考核，同时还要依靠有关质量的立法以及必要的行政手段等各种激励及处罚措施。

3. 全员参与控制

全员参与工程项目的质量控制是工程项目各方面、各部门、各环节工作质量的综合反映。其中任何一个环节，任何一个人的工作质量都会不同程度地直接或间接地影响着工程项目的形成质量或服务质量。因此，全员参与质量控制，才能实现工程项目的质量控制目标，形成顾客满意的产品。主要的工作包括以下内容：

（1）必须抓好全员的质量教育和培训。

（2）要制订各部门、各级各类人员的质量责任制，明确任务和职权，各司其职，密切配合，以形成一个高效、协调、严密的质量管理工作的系统。

（3）要开展多种形式的群众性质量管理活动，充分发挥广大职工的聪明才智和当家做主的进取精神，采取多种形式激发全员参与的积极性。

4.1.3　项目工程施工质量控制

4.1.3.1　概述

项目工程施工阶段是根据项目设计文件和施工图纸的要求，进入工程实体的形成阶段，所制定的施工质量计划及相应的质量控制措施，都是在这一阶段形成实体的质量或实现质量控制的结果。因此，施工阶段的质量控制是项目质量控制的最后形成阶段，因而对保证工程项目的最终质量具有重大意义。

1. 项目施工质量控制的内容

工程项目施工阶段的质量控制从不同的角度来描述，可以有不同的划分，企业可根据自己的侧重点不同采用适合自己的划分方法，主要有以下 4 种：

（1）按工程项目施工质量管理主体划分：建设方的质量控制、施工方的质量控制和监理方的质量控制。

（2）按工程项目施工阶段划分：施工准备阶段质量控制、施工阶段质量控制和竣工验收阶段质量控制。

（3）按工程项目施工分部工程划分：地基与基础工程的质量控制、主体结构工程的质量控制、屋面工程的质量控制、安装（含给水排水采暖、电气、智能建筑、通风与空调、电梯等）工程的质量控制和装饰装修工程的质量控制。

（4）按工程项目施工要素划分：材料因素的质量控制、人员因素的质量控制、设备因素的质量控制、方案因素的质量控制和环境因素的质量控制。

2. 项目施工质量控制的目标

项目施工阶段的质量控制目标可分为施工质量控制总目标、建设单位的质量控制目标、设计单位的质量控制目标、施工单位的质量控制目标、监理单位的质量控制目标。

（1）施工质量控制总目标。施工质量控制总目标就是对工程项目施工阶段的总体质量要求，也是建设项目各参与方一致的责任和目标，即要使工程项目满足有关质量法规和标准、正确配置施工生产要素、采用科学管理的方法，实现工程项目预期的使用功能和质量标准。

（2）建设单位施工质量控制目标。建设单位的施工质量控制目标是通过对施工阶段全过程的全面质量监督管理、协调和决策，保证竣工验收项目达到投资决策时所确定的质量标准。

（3）设计单位施工质量控制目标。设计单位施工阶段的质量控制目标是通过对施工质量的验收签证、设计变更控制及纠正施工中所发现的设计问题，采纳变更设计的合理化建议等，保证验收竣工项目的各项施工结果与最终设计文件所规定的标准一致。

（4）施工单位质量控制目标。施工单位的质量控制目标是通过施工全过程的全面质量自控，保证交付满足施工合同及设计文件所规定的质量标准，包括工程质量创优要求的工程项目产品。

（5）监理单位施工质量控制。监理单位在施工阶段的质量控制目标，是通过审核施工质量文件、报告报表及现场旁站检查、平行检测、施工指令和结算支付控制等手段，监控施工承包单位的质量活动行为，协调施工关系，正确履行工程质量的监督责任，以保证工程质量达到施工合同和设计文件所规定的质量标准。

3. 施工质量控制的依据

施工质量控制的依据主要指适用于工程项目施工阶段与质量控制有关的、具有指导意义和必须遵守（强制性）的基本文件，包括国家法律法规、行业技术标准与规范、企业标准、设计文件及合同等。建筑工程施工质量控制主要依据下列法律、法规：

《中华人民共和国建筑法》

《中华人民共和国合同法》

《建设工程项目管理规范》（GB/T 50326—2006）

《质量管理体系　项目质量管理指南》（GB/T 19016—2005/ISO 10006：2003）

《建筑工程施工质量验收统一标准》（GB 50300—2001）

《建筑地基基础工程施工质量验收规范》（GB 50202—2002）

《砌体工程施工质量验收规范》（GB 50203—2002）

《混凝土结构工程施工质量验收规范》（GB 50204—2002）

《钢结构工程施工质量验收规范》（GB 50205—2002）

《木结构工程施工质量验收规范》（GB 50206—2002）

《屋面工程施工质量验收规范》（GB 50207—2002）

《地下防水工程施工质量验收规范》（GB 50208—2002）

《建筑地面工程施工质量验收规范》（GB 50209—2002）

《建筑装饰装修工程施工质量验收规范》（GB 50210—2001）

《建筑给水排水及采暖工程施工质量验收规范》（GB 50242—2002）

《通风与空调工程施工质量验收规范》（GB 50243—2002）

《建筑电气工程施工质量验收规范》（GB 50303—2002）

《电梯工程施工质量验收规范》（GB 50310—2002）

《建筑给水硬聚氯乙烯管道设计与施工验收规程》（GB 50349/T—2005）

《建筑排水硬聚氯乙烯管道工程技术规程》（CJJ/T29—98）

《给水排水管道工程施工及验收规范》（GB 50268—2008）

《给水排水构筑物工程施工及验收规范》（GB 50141—2008）

《建设工程监理规范》（GB 50319—2000）

4. 施工质量持续改进理念

持续改进的概念来自于 ISO 9000：2000《质量管理体系　基础和术语》，是指"增强满足要求的能力的循环活动"。阐明组织为了改进其整体业绩，应不断改进产品质量，提高质量管理体系及过程的有效性和效率。对工程项目来说，由于属于一次性活动，面临的经济、环境条件是在不断地变化，技术水平也在日新月异，因此工程项目的质量要求也需要持续提高，而持续改进是永无止境的。

在工程项目施工阶段，质量控制的持续改进必须是主动、有计划和系统地进行质量改进的活动，要做到积极、主动，首先需要树立施工质量持续改进的理念，才能在行动中变成自觉行为；其次要有永恒的决心，坚持不懈；最后关注改进的结果，持续改进要保证是更有效、更完善的结果，改进的结果还能在工程项目的下一个工程质量循环活动中加以应用。概括地说，施工质量持续改进理念包括了渐进过程、主动过程、系统过程和有效过程四个过程。

4.1.3.2 施工质量计划的编制

1. 施工质量计划概述

施工质量计划是指施工企业根据有关质量管理标准，针对特定的工程项目编制的工程质量控制方法、手段、组织以及相关实施程序。对已实施 ISO9000：2000 质量管理体系标准的企业，质量计划是质量管理体系文件的组成内容。施工质量计划一般由项目经理（或项目负责人）主持，负责质量、技术、工艺和采购的相关人员参与制定。在总承包的情况下，分包企业的施工质量计划是总包施工质量计划的组成部分，总包企业有责任对分包施工质量计划的编制进行指导和审核，并要承担施工质量的连带责任。施工质量计划编制完毕，应经企业技术领导审核批准，并按施工承包合同的约定提交工程监理或建设单位批准确认后执行。

　　根据工程施工的特点，目前我国建设工程项目施工的质量计划常以施工组织设计或施工项目管理规划的文件形式进行编制。

　　2. 编制施工质量计划的目的和作用

　　施工质量计划编制的目的是为了加强施工过程中的质量管理和程序管理。规范员工行为，使其严格操作、规范施工，达到提高工程质量、实现项目目标。

　　施工质量计划的作用是为质量控制提供依据，使工程的特殊质量要求能通过有效的措施加以满足；在合同环境下，质量计划是企业向顾客表明质量管理方针、目标及其具体实现的方法、手段和措施，体现企业对质量责任的承诺和实施的具体步骤。

　　3. 施工质量计划的内容

　　（1）工程特点及施工条件分析。熟悉建设项目所属的行业特点和特殊质量要求，详细领会工程合同文件提出的全部质量条款，了解相关的法律法规对本工程项目质量的具体影响和要求，还要详细分析施工现场的作业条件，以便能制定出合理、可行的施工质量计划。

　　（2）工程质量目标。工程质量目标包括工程质量总目标及分解目标。制定的目标要具体，具有可操作性，对于定性指标，需同时确定衡量的标准和方法。如要确定工程项目预期达到的质量等级（如合格、优良或省、市、部优质工程等），则要求在施工项目交付使用时，质量要达到合同范围内的全部工程的所有使用功能符合设计（或更改）图纸要求，检验批、分项、分部和单位工程质量达到施工质量验收统一标准，合格率100％等。

　　（3）组织与人员。在施工组织设计中，确定质量管理组织机构、人员及资源配置计划，明确各组织、部门人员在工程施工不同阶段的质量管理职责和职权，即确定质量责任人和相应的质量控制权限。

　　（4）施工方案。根据质量控制总目标的要求，制定具体的施工技术方案和施工程序，包括实施步骤、施工方法、作业文件和技术措施等。

　　（5）采购质量控制。包括材料、设备的质量管理及控制措施，涉及对供应方质量控制的要求。可以制定具体的采购质量标准或指标、参数和控制方法等。

　　（6）监督检测。要制定工程检测的项目计划与方法，包括检测、检验、验证和试验程序文件等以及相关的质量要求和标准。

　　4. 施工质量计划的实施与验证

　　（1）实施要求。施工质量计划的实施范围主要是在项目施工阶段全过程，重点对工序、分项工程、分部工程到单位工程全过程的质量控制，各级质量管理人员按质量计划确定的质量责任分工、对各环节进行严格的控制，并按施工质量计划要求保存好质量记录、质量审核、质量处理单、相关表格等原始记录。

　　（2）验证要求。项目质量责任人应定期组织具有相应资格或经验的质量检查人员、内部质量审核员等对施工质量计划的实施效果进行验证，对项目质量控制中存在的问题或隐患，特别是质量计划本身、管理制度、监督机制等环节的问题，要及时提出解决措施，加以纠正。质量问题严重时要追究责任，给予处罚。

4.1.3.3 生产要素的质量控制

影响工程项目质量控制的因素主要有劳动主体/人员（Man）、劳动对象/材料（Material）、劳动手段/机械设备（Machine）、劳动方法/施工方法（Method）和施工环境（Environment）五大生产要素，即4M1E。在施工过程中，应事前对这五个方面严加控制。

1. 劳动主体/人员（Man）

人是指施工活动的组织者、领导者及直接参与施工作业活动的具体操作人员。人员因素的控制就是对上述人员的各种行为进行控制。人员因素的控制方法如下：

（1）充分调动人员积极性，发挥人的主导作用。人作为控制的对象，要避免人在工作中的失误，人作为控制的动力，要充分调动人的积极性，发挥人的主导地位。

（2）提高人的工作质量。人的工作质量是工程项目质量的一个重要组成部分，只有首先提高工作质量，才能确保工程质量。提高工作质量的关键在于控制人的素质。人的素质包括思想觉悟、技术水平、文化修养、心理行为、质量意识、身体条件等方面，要提高人的素质就要加强思想政治教育、劳动纪律教育、职业道德教育和进行专业技术培训。

（3）建立相应的机制。在施工过程中，尽量改善劳动作业条件，建立健全岗位责任制、技术交底、隐蔽工程检查验收、工序交接检查等的规章制度，运用公平合理、按劳取酬的人力管理机制激励人的劳动热忱。

（4）根据工程实际特点合理用人，严格执行持证上岗制度。结合工程具体特点，从确保工程质量需要出发，从人的技术水平、人的生理缺陷、人的心理行为、人的错误行为等方面来控制人的合理使用。例如，对技术复杂、难度大、精度高的工序或操作，应要求由技术熟练、经验丰富的施工人员来完成；而反应迟钝、应变能力较差的人，则不宜安排其操作快速运动、动作复杂的机械设备；对某些要求必须做到万无一失的工序或操作，则一定要分析人的心理行为，控制人的思想活动，稳定人的情绪；对于具有危险的现场作业，应控制人的错误行为。

此外，在工程质量管理过程中对施工操作者的控制应严格执行持证上岗制度。无技术资格证书的人不允许进入施工现场从事施工活动；对不懂装懂、图省事、碰运气、有意违章的行为必须及时进行制止。

2. 劳动对象/材料（Material）

材料是指在工程项目建设中所使用的原材料、成品、半成品、构配件等，是工程施工的物质保证条件。

（1）材料质量控制规定：

1）项目经理部应在质量计划确定的合格材料供应人名录中按计划招标采购原材料、成品、半成品和构配件。

2）材料的搬运和储存应按搬运储存规定进行，并应建立台账。

3）项目经理部应对材料、半成品和构配件进行标识。

4）未经检验和已经检验为不合格的材料、半成品和构配件等，不得投入使用。

5）对发包人提供的材料、半成品、构配件等，必须按规定进行检验和验收。

6）监理工程师应对承包人自行采购的材料进行验证。

（2）材料质量控制方法。材料质量是形成工程实体质量的基础，如使用材料不合格工程质量也一定不达标。加强材料的质量控制是保证和提高工程质量的重要保障，是控制工程质量影响因素的有效措施。材料质量控制包括材料采购、运输，材料检验，材料储存及使用。

1）认真组织材料采购。材料采购应根据工程特点、施工合同、材料的适用范围、材料的性能要求和价格因素等进行综合考虑。材料采购应根据施工进度计划要求适当提前安排，施工承包企业应根据市场材料信息及材料样品对厂家进行实地考查，同时施工承包企业在进行材料采购时应特别注意将质量条款明确写入材料采购合同。

2）严格材料质量检验。材料质量检验的目的是通过一系列的检测手段，将所取得的材料数据与材料质量标准进行对比，以便在事先判断材料质量的可靠性，再据此决定能否将其用于工程实体。材料质量检验的内容包括以下几方面：

a. 材料质量标准。材料的质量标准是用以衡量材料质量的尺度，也是作为验收、检验材料质量的依据。不同材料都有自己的质量标准和检验方法。

b. 材料检验的项目。材料检验的项目分为：一般试验项目（通常进行的试验项目），如钢筋要进行拉伸试验、弯曲试验，混凝土要进行表观密度、坍落度、抗压强度试验；其他试验项目（根据需要进行的试验项目），如钢丝的冲击、硬度、焊接件（焊缝金属、焊接接头）的力学性能，混凝土的抗折、抗弯、抗冻、抗渗、干缩等试验。材料具体检验项目要根据材料使用条件决定，一般在标准中有明确规定。

c. 材料的取样方法。材料质量检验的取样必须具有代表性，即所采取样品的质量应能代表该批材料的质量。因此，材料取样必须严格按规范规定的部位、数量和操作要求进行。

d. 材料的试验方法。材料质量检查方法分为书面检查、外观检查、理化检查和无损检查。

e. 材料的检验程度。根据材料信息和保证资料的具体情况，质量检验程度分为免检、抽检、全检三种：免检，对有足够质量保证的一般材料，以及实践证明质量长期稳定且质量保证资料齐全的材料，可免去质量检验过程；抽检，对材料的性能不清楚，或对质量保证资料有怀疑，或对成批产品的构配件，均应按一定比例随机抽样进行检查；全检，凡进口材料、设备和重要工程部位的材料以及贵重的材料应进行全面的检查。

对材料质量控制的要求：所有材料、制品和构配件必须有出厂合格证和材质化验单；钢筋水泥等重要材料要进行复试；现场配置的材料必须进行试配试验。

3）合理安排材料的仓储保管与使用在材料检验合格后和使用前，必须做好仓储保管和使用保管，以免因材料变质或误用严重影响工程质量或造成质量事故，如因保管不当造成水泥受潮、钢筋锈蚀；使用不当造成不同直径钢筋混用等。

因此，做好材料保管和使用管理应从以下两个方面进行：一方面施工承包企业应合理调度，做到现场材料不大量积压；另一方面应切实搞好材料使用管理工作，做到不同规格品种材料分类堆放、实行挂牌标志。必要时设专人监督检查，以避免材料混用或把不合格材料用于工程实体中。

3. 劳动手段/机械设备（Machine）

机械设备包括施工机械设备和生产工艺设备。

（1）机械设备质量控制规定：

1）应按设备进场计划进行施工设备的准备。

2）现场的施工机械应满足施工需要。

3）应对机械设备操作人员的资格进行确认，无证或资格不符合者，严禁上岗。

（2）施工机械设备的质量控制。施工机械设备是实现施工机械化的重要物质基础，是现代化施工中必不可少的设备，对施工项目的质量、进度和投资均有直接影响。机械设备质量控制的根本目标就是实现设备类型、性能参数、使用效果与现场条件、施工工艺、组织管理等因素相匹配，并始终使机械保持良好的使用状态。因此，施工机械设备的选用必须结合施工现场条件、施工方法工艺、施工组织和管理等各种因素综合考虑。

1）施工机械设备的选型。施工机械设备型号的选择应本着因地制宜、因工程制宜、满足需要的原则，既考虑到施工的适用性、技术的先进性、操作的方便性、使用的安全性，又要考虑到保证施工质量的可靠性和经济性，如在选择挖土机时，应根据土的种类及挖土机的适用范围进行选择。

2）施工机械设备的主要性能参数。施工机械设备的主要机械性能参数是选择机械设备的基本依据。在施工机械选择时应根据性能参数结合工程项目的特点、施工条件和已确定的型号具体进行，如起重机械的选择，其性能参数（起重量、起重高度和起重半径等）必须满足工程的要求，才能保证施工的正常进行。

3）施工机械设备使用操作要求合理使用机械设备，正确操作是确保工程质量的重要环节。在使用机械设备时应贯彻"三定"和"五好"原则，即"定机、定人、定岗位责任"和"完成任务好、技术状况好、使用好、保养好、安全好"。

（3）生产机械设备的质量控制。生产机械设备主要控制设备的检查验收、设备的安装质量和设备的试车运转。即要求按设计选择设备；设备进厂后，要按设备名称、型号、规格、数量和清单对照，逐一检查验收；设备安装要符合技术要求和质量标准；试车运转正常能投入使用。因此，对于生产机械设备的检查主要包括以下几个方面：

1）对整体装运的新购机械设备应进行运输质量及供货情况的检查。对有包装的设备，应检查包装是否受损；对无包装的设备，应进行外观的检查及附件、备品的清点；对进口设备，必须进行开箱全面检查，若发现问题应详细记录或照相，及时处理。

2）对解体装运的自组装设备，在对总部件及随机附件、备品进行外观检查后，应尽快进行现场组装、检测试验。

3）在工地交货的生产机械设备，一般都有设备厂家在工地进行组装、调试和生产性试验，自检合格后才提请订货单位复检，待复检合格后，才能签署验收证明。

4）对调拨旧设备的测试验收，应基本达到完好设备的标准。

5）对于永久性和长期性的设备改造项目，应按原批准方案的性能要求，经一定的生产实践考验，并经鉴定合格后才予验收。

6）对于自制设备，在经过6个月生产考验后，按试验大纲的性能指标测试验收，决不允许擅自降低标准。

4. *劳动方法/施工方法*（Method）

广义的施工方法控制是指对施工承包企业为完成项目施工过程而采取的施工方案、施工工艺、施工组织设计、施工技术措施、质量检测手段和施工程序安排等所进行的控制。狭义的施工方法控制是指对施工方案的控制。施工方案正确与否直接影响施工项目的质量、进度和投资。因此，施工方案的选择必须结合工程实际，从技术、组织、经济、管理等方面出发，做到能解决工程难题，技术可行，经济合理，加快进度，降低成本，提高工程质量。它具体包括确定施工起点流向、确定施工程序、确定施工顺序、确定施工工艺和施工环境。

5. 施工环境（Environment）

影响施工质量的环境因素较多，主要有以下几个方面：

（1）自然环境。包括气温、雨、雪、雷、电、风等。

（2）工程技术环境。包括工程地质、水文、地形、地震、地下水位、地面水等。

（3）工程管理环境。包括质量保证体系和质量管理工作制度。

（4）劳动作业环境。包括劳动组合、作业场所、作业面等，以及前道工序为后道工序提供的操作环境。

（5）经济环境。包括地质资源条件、交通运输条件、供水供电条件等。

环境因素对施工质量的影响有复杂性、多变性的特点，必须具体问题具体分析。如气象条件变化无穷，温度、湿度、酷暑、严寒等都直接影响工程质量；又如前一道工序是后一道工序的环境，前一分项工程、分部工程就是后一分项工程、分部工程的环境。因此，对工程施工环境应结合工程特点和具体条件严加控制。尤其是施工现场，应建立文明施工和文明生产的环境，保持材料堆放整齐、道路畅通，工作环境清洁，施工顺序井井有条，为确保质量、安全创造一个良好的施工环境。

4.1.3.4　施工全过程的质量控制

建设工程施工项目是由一系列相互关联、相互制约的作业过程（工序）所构成，控制工程项目施工过程的质量，除施工准备阶段、竣工阶段的质量控制外，重点是必须控制全部作业过程，即各道工序的施工质量。

1. 施工准备阶段的质量控制

施工准备阶段的质量控制是指在正式施工前进行的质量控制活动，其重点是做好施工准备工作的同时，做好施工质量预控和对策方案。施工质量预控是指在施工阶段，预先分析施工中可能发生的质量问题和隐患及其产生的原因，采取相应的对策措施进行预先控制，以防止在施工中发生质量问题。这一阶段的控制措施包括以下几方面：

（1）文件资料的质量控制。施工项目所在地的自然条件和技术经济条件调查资料应保证客观、真实，详尽、周密，以保证能为施工质量控制提供可靠的依据；施工组织设计文件的质量控制，应要求提出的施工顺序、施工方法和技术措施等能保证质量，同时应进行技术经济分析，尽量做到技术可行、经济合理和质量符合要求；通过设计交底，图纸会审等环节，发现、纠正和减少设计差错，从施工图纸上消除质量隐患，保证工程质量。

（2）采购和分包的质量控制。材料设备采购的质量控制包括严格按有关产品提供的程序要求操作；对供方人员资格、供方质量管理体系的要求；建立合格材料、成品和设备供应商的档案库，定期进行考核，从中选择质量、信誉最好的供应商；采购品必须具有厂家批号、出厂合格证和材质化验单，验收入库后还要根据规定进行抽样检验，对进口材料设备和重大工程、关键施工部位所用材料应全部进行检验。

要在资质合格的基础上择优选择分包商；分包商合同需从生产、技术、质量、安全、物质和文明施工等方面最大限度地对分包商提出要求，条款必须清楚、内容详尽；还应对分包队伍进行技术培训和质量教育，帮助分包商提高质量管理水平；从主观和客观两方面把分包商纳入总包的系统质量管理与质量控制体系中，接受总包的组织和协调。

（3）现场准备的质量控制。建立现场项目组织机构，集结施工队伍并进行入场教育；对现场控制网、水准点、标桩的测量；拟定有关试验、试制和技术进步的项目计划；制定施工现场管理制度等。

2. 施工过程的质量控制

工程项目的施工过程是由若干道工序组成的，因此，施工过程的控制，重点就是施工工序的控制，主要包括三方面的内容：施工工序控制的要求、施工工序控制的程序和施工工序控制的检验。

（1）施工工序控制的要求。工序质量是施工质量的基础，工序质量也是施工顺利进行的关键。为满足对工序质量控制的要求，在工序管理方面应做到：

1）贯彻预防为主的基本要求，设置工序质量检查点，对材料质量状况、工具设备状况、施工程序、关键操作、安全条件、新材料新工艺的应用、常见质量通病、甚至包括操作者的行为等影响因素列为控制点作为重点检查项目进行预控。

2）落实工序操作质量巡查、抽查及重要部位跟踪检查等方法，及时掌握施工质量总体状况。

3）对工序产品、分项工程的检查应按标准要求进行目测、实测及抽样试验的程序，做好原始记录，经数据分析后，及时作出合格或不合格的判断。

4）对合格工序产品应及时提交监理进行隐蔽工程验收。

5）完善管理过程的各项检查记录、检测资料及验收资料，作为工程验收的依据，并为工程质量分析提供可追溯的依据。

（2）施工工序控制的程序：

1）进行作业技术交底，包括作业技术要领、质量标准、施工依据、与前后工序的关系等。

2）检查施工工序、程序的合理性、科学性，防止工程流程错误，导致工序质量失控。检查内容包括施工总体流程和具体施工作业的先后顺序，在正常的情况下，要坚持先准备后施工、先深后浅、先土建后安装、先验收后交工等。

3）检查工序施工条件，即每道工序投入的材料，使用的工具、设备及操作工艺及环境条件是否符合施工组织设计的要求。

4）检查工序施工中人员操作程序、操作质量是否符合质量规程要求。

5）检查工序施工中间产品的质量，即工序质量和分项工程质量。

6）对工序质量符合要求的中间产品（分项工程）及时进行工序验收或隐蔽工程验收。

7）质量合格的工序验收后方可进入下道工序施工。未经验收合格的工序，不得进入下道工序施工。

（3）施工工序质量控制点的设置。在施工过程中，为了对施工质量进行有效控制，需要找出对工序的关键或重要质量特性起支配作用的全部活动，对这些支配性要素，要加以重点控制。工序质量控制点就是根据支配性要素选择的质量控制重点部位、重点工序和重点因素。一般来讲，质量控制点随不同的工程项目类型和特点是不完全相同的，原则上应选择施工过程中的关键工序、隐蔽工程、薄弱环节、对后续工序有重大影响、施工条件困难、技术难度大等环节。

（4）施工工序控制的检验。施工过程中对施工工序的质量控制效果如何，应在施工单位自检的基础上，在现场对工序施工质量进行检验，以判断工序活动的质量效果是否符合质量标准的要求。

1）抽样。对工序抽取规定数量的样品，或者确定符合规定数量的检测点。

2）实测。采用必要的检测设备和手段，对抽取的样品或确定的检测点进行检测，测定其质量性能指标或质量性能状况。

3）分析。对检验所得数据，用统计方法进行分析、整理，发现其遵循的变化规律。

4）判断。根据对数据分析的结果，经与质量标准或规定对比，判断该工序施工的质量是否达到规定的质量标准要求。

5）处理。根据对抽样检测的结论，如果符合规定的质量标准的要求，则可对该工序的质量予以确认，如果通过判断，发现该工序的质量不符合规定的质量标准的要求，则应进一步分析产生偏差的原因，并采取相应的措施进行纠正。

3. 施工竣工阶段的质量控制

竣工验收阶段的质量控制包括最终质量检验和试验、技术资料的整理、施工质量缺陷的处理、工程竣工验收文件的编制和移交准备、产品防护和撤场计划等。这个阶段主要的质量控制有以下要求：

（1）最终质量检验。施工项目最终检验和试验是指对单位工程质量进行的验证，是对建筑工程产品质量的最后把关，是全面考核产品质量是否满足质量控制计划预期要求的重要手段。最终检验和试验提供的结果是证明产品符合性的证据。如各种质量合格证书、材料试验检验单、隐蔽工程记录、施工记录和验收记录等。

（2）缺陷纠正与处理。施工阶段出现的所有质量缺陷，应及时予以纠正，并在纠正后要再次验证，以证明其纠正的有效性。处理方案包括修补处理、返工处理、限制使用和不做处理。

（3）资料移交。组织有关专业人员按合同要求，编制工程竣工文件，整理竣工资料及档案，并做好工程移交准备。

（4）产品防护。在最终检验和试验合格后，对产品采取防护措施，防止部件丢失和损坏。

（5）撤场计划。工程验收通过后，项目部应编制符合文明施工和环境保护要求的撤场计划。及时拆除、运走多余物资，按照项目规划要求恢复或平整场地，做到符合质量要求的项目整体移交。

4.1.3.5　施工成品的质量维护

在施工阶段，由于工序和工程进度的不同，有些分项、分部工程可能已经完成而其他工程尚在施工，或者有些部位已经完工而其他部位还在施工而因此这一阶段需特别重视对施工成品的质量维护问题。

1. 树立施工成品质量维护的观念

施工阶段的成品保护问题，应该看成也是施工质量控制的范围，因此需要全员树立施工成品的质量维护观念，尊重他人和自己的劳动成果，施工操作中珍惜已完成和部分完成的成品，把这种维护变成施工过程中的一种自觉行为。

2. 施工成品质量维护的措施

根据需要维护的施工成品的特点和要求，首先在施工顺序上给予充分合理的安排，按正确的施工流程组织施工，在此基础上，可采取以下维护措施。

（1）防护。防护是指针对具体的施工成品，采取各种保护的措施，以防止成品可能发生的损伤和质量侵害。如对出入口的台阶可采取垫砖或方木搭设防护踏板以供临时通行；对于门口易碰的部位钉上防护条或者槽型盖铁保护等；用塑料布、纸等把铝合金门窗、暖气片、管道、电器开关、插座等设施包上，以防污染。

（2）包裹。包裹是指对欲保护的施工成品采取临时外包装进行保护的办法。如对镶面的饰材可用立板包裹或保留好原包装；铝合金门窗采用塑料布包裹等。

（3）覆盖。覆盖是指采用其他材料覆盖在需要保护的成品表面，起到防堵塞、防损伤的目的，如预制水磨石、大理石楼梯应用木板、加气板等覆盖，以防操作人员踩踏和物体磕碰；水泥地面、现浇水磨石地面，应铺干锯末保护；落水口、排水管应加以覆盖以防堵塞；对其他一些需防晒、防冻、保温养护的成品也要加以覆盖，做好保护工作。

（4）封闭。封闭是指对施工成品采取局部临时性隔离保护的办法，如房间水泥地面或木地板油漆完成后，应将该房间暂时封闭；屋面防水完成后，需封闭进入该屋面的楼梯口或出入口等。

4.1.4 建筑工程施工质量验收

建筑工程施工质量验收是对已完工的工程实体的外观质量及内在质量按规定程序检查后，确认其是否符合设计及各项验收标准的要求，可交付使用的一个重要环节，正确地进行工程项目质量的检查评定和验收，是保证工程质量的重要手段。

鉴于建设工程施工规模较大，专业分工较多，技术安全要求高等特点，国家建设行政管理部门对各类工程项目的质量验收标准制订了相应的规范，以保证工程验收的质量，工程验收应严格执行规范的要求和标准。

4.1.4.1 施工质量验收概述

1. 验收分类

工程质量验收可分为过程验收和竣工验收。过程验收按项目阶段分，有勘察设计质量验收、施工质量验收；按项目构成分，有单位工程、分部工程、分项工程和检验批四种层次的验收。

2. 与质量验收有关的概念

（1）验收是指建筑工程在施工单位自行质量检查评定的基础上，参与建设活动的有关单位共同对检验批、分项、分部、单位工程的质量进行抽样复验，根据相关标准以书面形式对工程质量达到合格与否做出确认。

（2）检验批是指按同一生产条件或按规定的方式汇总起来供检验用的，由一定数量样本组成的检验体。

（3）主控项目是指建筑工程中的对安全、卫生、环境保护和公众利益起决定性作用的检验项目。一般项目是除主控项目以外的其他检验项目。

（4）计数检验是指在抽样的样本中，记录每一个体有某种属性或计算每一个体中的缺陷数目的检查方法。计量检验是指在抽样检验的样本中，对每一个体测量其某个定量特性的检查方法。

3. 建筑工程施工质量验收一般要求

建筑工程施工质量应按下列要求进行验收：

（1）建筑工程质量应符合标准和相关专业验收规范的规定。

（2）建筑工程施工应符合工程勘察、设计文件的要求。

（3）参加工程施工质量验收的各方人员应具备规定的资格。

（4）工程质量的验收均应在施工单位自行检查评定的基础上进行。

（5）隐蔽工程在隐蔽前应由施工单位通知有关单位进行验收，并应形成验收文件。

（6）涉及结构安全的试块、试件以及有关材料，应按规定进行见证取样检测。

（7）检验批的质量应按主控项目和一般项目验收。

（8）对涉及结构安全和使用功能的重要分部工程应进行抽样检测。

（9）承担见证取样检测及有关结构安全检测的单位应具有相应资质。

（10）工程的观感质量应由验收人员通过现场检查，并应共同确认。

4. 验收的程序

施工质量验收是指对已完工的工程实体的外观质量及内在质量按规定程序检查后，确认其是否符合设计及各项验收标准要求的质量控制过程，也是确认是否可交付使用的一个重要环节。正确地进行工程施工质量的检查评定和验收，是保证工程项目质量的重要手段。

施工质量验收属于过程验收。其程序如下：

（1）检验批是工程验收的最小单位，是分项工程乃至整个建筑工程质量验收的基础。检验批是施工过程中条件相同并有一定数量的材料、构配件或安装项目，由于其质量基本均匀一致，因此可以作为检验的基础单位，并按批验收。

（2）分部分项施工完成后应在施工单位自行验收合格后，通知建设单位（或工程监理）验收，重要的分部分项应请设计单位参加验收。

（3）施工过程中隐蔽工程在隐蔽前通知建设单位（或工程监理）进行验收，并形成验收文件。

（4）单位工程完工后，施工单位应自行组织检查、评定，符合验收标准后，向建设单位提交验收申请。

（5）建设单位收到验收申请后，应组织施工、勘察、设计、监理单位等方面人员进行单位工程验收，明确验收结果，并形成验收报告。

（6）按国家现行管理制度，建筑工程施工质量验收合格后，尚需在规定时间内，将验收文件报政府管理部门备案。

4.1.4.2　施工过程质量验收的内容

施工过程的质量验收包括以下验收环节，通过验收后留下完整的质量验收记录和资料，为工程项目竣工质量验收提供依据。

1. 检验批质量验收

（1）检验批应由监理工程师组织施工单位项目专业质量（技术）检查员、专业工长等进行验收。

（2）检验批合格质量应符合下列规定：①主控项目和一般项目的质量经抽样检验合格；②具有完整的施工操作依据、质量检查记录。

2．分项工程质量验收

（1）分项工程应按主要工种、材料、施工工艺、设备类别等进行划分。分项工程可由一个或若干检验批组成。

（2）分项工程应由专业监理工程师组织施工单位项目专业技术负责人等进行验收。

（3）分项工程质量验收合格应符合下列规定：

1）分项工程所含的检验批均应符合合格质量的规定。

2）分项工程所含的检验批的质量验收记录应完整。

3．分部工程质量验收

（1）分部工程的划分应按专业性质、建筑部位确定。当分部工程较大或较复杂时，可按材料种类、施工特点、施工程序、专业系统及类别等分为若干子分部工程。

（2）分部工程应由总监理工程师组织施工单位项目负责人和技术、质量负责人等进行验收；地基与基础、主体结构分部工程的勘察、设计单位工程项目负责人和施工单位技术、质量部门负责人也应参加相关分部工程验收。

（3）分部（子分部）工程质量验收合格应符合下列规定：

1）所含分项工程的质量均应验收合格。

2）质量控制资料应完整。

3）地基与基础、主体结构和设备安装等分部工程有关安全、节能、环境保护和主要使用功能的检验和抽样检测结果应符合有关规定。

4）观感质量验收应符合要求。

必须注意的是，由于分部工程所含的各分项工程性质不同，因此它并不是在所含分项验收基础上的简单相加，即所含分项验收合格且质量控制资料完整，只是分部工程质量验收的基本条件，还必须在此基础上对涉及安全和使用功能的地基基础、主体结构、有关安全及重要使用功能的安装分部工程进行见证取样试验或抽样检测。而且需要对其观感质量进行验收，并综合给出质量评价，观感"差"的检查点应通过返修处理等措施补救。

4.1.4.3　工程项目竣工质量验收

1．单位工程的划分原则

单位工程是工程项目竣工质量验收的基本对象，也是工程项目投入使用前的最后一次验收，其重要性不言而喻。单位工程的划分应按下列原则确定：

（1）具备独立施工条件并能形成独立使用功能的建筑物及构筑物为一个单位工程。

（2）建筑规模较大的单位工程，可将其能形成独立使用功能的部分为一个子单位工程。

具有独立施工条件和能形成独立使用功能是单位（子单位）工程划分的基本要求。在施工前由建设、监理、施工单位自行商议确定，并据此收集整理施工技术资料和验收。

2．单位工程验收程序

（1）单位工程完工后，施工单位应自行组织有关人员进行检查评定，并向建设单位提交工程验收报告。也就是说单位工程完成后，施工单位首先要依据质量标准、设计图纸等组织有关人员进行自检，并对检查结果进行评定，符合要求后向建设单位提交工程验收报告和完整的质量资料，请建设单位组织验收。

（2）总监理工程师应组织各专业监理工程师对工程质量进行竣工预验收。对于预验收发现的问题应及时整改处理，完成后才能申请竣工验收。

（3）建设单位收到工程报告后，应由建设单位（项目）负责人组织施工（含分包单位）、设计、监理等单位（项目）负责人进行单位（子单位）工程验收。

3. 单位工程竣工验收合格的要求

单位（子单位）工程质量验收合格应符合下列规定：

（1）单位（子单位）工程所含分部（子分部）工程的质量均应验收合格。

（2）质量控制资料应完整。

（3）单位（子单位）工程所含分部工程有关安全和功能的检测资料应完整。

（4）主要功能项目的抽查结果应符合相关专业质量验收规范的规定。

（5）观感质量验收应符合要求。

验收合格的条件有 5 个，除构成单位工程的各分部工程应该合格，并且有关的资料文件应完整以外，还须进行以下 3 个方面的检查：

首先，涉及安全和使用功能的分部工程应进行检验资料的复查。不仅要全面检查其完整性（不得有漏检缺项），而且对分部工程验收时补充进行的见证抽样检验报告也要复核。这种强化验收的手段体现了对安全和主要使用功能的重视。

其次，对主要使用功能还须进行抽查。使用功能的检查是对建筑工程和设备安装工程最终质量的综合检验，也是用户最为关心的内容。因此，在分项、分部工程验收合格的基础上，竣工验收时再作全面检查。抽查项目是在检查资料文件的基础上由参加验收的各方人员商定，并由计量、计数的抽样方法确定检查部位。检查要求按有关专业工程施工质量验收标准要求进行。

最后，还须由参加验收的各方人员共同进行观感质量检查。检查的方法、内容、结论等已在分部工程的相应部分中阐述，最后共同确定是否验收合格。

4. 竣工工程质量验收的步骤

承发包人之间所进行的建设工程项目竣工验收，通常分为验收准备、初步验收和正式验收三个环节进行。整个验收过程涉及建设单位、设计单位、监理单位及施工总分包各方的工作，必须按照工程项目质量控制系统的职能分工，以监理工程师为核心进行竣工验收的组织协调。

（1）竣工验收准备。施工单位按照合同规定的施工范围和质量标准完成施工任务后，经质量自检并合格后，向现场监理机构（或建设单位）提交工程竣工申请报告，要求组织工程竣工验收。施工单位的竣工验收准备，包括工程实体的验收准备和相关工程档案资料的验收准备，使之达到竣工验收的要求，其中设备及管道安装工程等，应经过试压、试车和系统联动试运行检查记录。

（2）预验收。监理机构收到施工单位的工程竣工申请报告后，应就验收的准备情况和验收条件进行检查。对工程实体质量及档案资料存在的缺陷，及时提出整改意见，并与施工单位协商整改清单，确定整改要求和完成时间。建设工程竣工验收应具备下列条件：

1）完成建设工程设计和合同约定的各项内容。

2）有完整的技术档案和施工管理资料。

3）有工程使用的主要建筑材料、构配件和设备的进场试验报告。

4）有工程勘察、设计、施工工程监理等单位分别签署的质量合格文件。

5）有施工单位签署的工程保修书。

（3）正式验收。当初步验收检查结果符合竣工验收要求时，监理工程师应将施工单位的竣工申请报告报送建设单位，着手组织勘察、设计、施工、监理等单位和其他方面的专家组成竣工验收小组并制定验收方案。

建设单位应在工程竣工验收前 7 个工作日将验收时间、地点、验收组名单通知该工程的工程质量监督机构。建设单位组织竣工验收会议。正式验收过程的主要工作有以下几方面：

1）建设、勘察、设计、施工、监理单位分别汇报工程合同履约情况及工程施工各环节施工满足设计要求，质量符合法律、法规和强制性标准的情况。

2）检查审核设计、勘察、施工、监理单位的工程档案资料及质量验收资料。

3）实地检查工程外观质量，对工程的使用功能进行抽查。

4）对工程施工质量管理各环节工作、对工程实体质量及质保资料情况进行全面评价，形成经验收组人员共同确认签署的工程竣工验收意见。

5）竣工验收合格，建设单位应及时提出工程竣工验收报告。验收报告还应附有工程施工许可证、设计文件审查意见、质量检测功能性试验资料、工程质量保修书等法规所规定的其他文件。

6）工程质量监督机构应对工程竣工验收工作进行监督。

4.1.4.4　工程竣工验收备案

我国实行建设工程竣工验收备案制度。新建、扩建和改建的各类房屋建筑工程和市政基础设施工程的竣工验收，均应按《建设工程质量管理条例》规定进行备案。

（1）建设单位应当自建设工程竣工验收合格之日起 15 日内，将建设工程竣工验收报告和规划、公安消防、环保等部门出具的认可文件或准许使用文件，报建设行政主管部门或者其他相关部门备案。

（2）备案部门在收到备案文件资料后的 15 日内，对文件资料进行审查，符合要求的工程，在验收备案表上加盖"竣工验收备案专用章"，并将一份退建设单位存档。如审查中发现建设单位在竣工验收过程中，有违反国家有关建设工程质量管理规定行为的，责令停止使用，重新组织竣工验收。

（3）建设单位有下列行为之一的，责令改正，处以工程合同价款百分之二以上百分之四以下的罚款；造成损失的，依法承担赔偿责任。

1）未组织竣工验收，擅自交付使用的。

2）验收不合格，擅自交付使用的。

3）对不合格的建设工程按照合格工程验收的。

学习情境 4.2　工程质量控制的方法

【情境描述】　建设工程质量问题大都可以采用统计分析方法进行分析，查找原因，找出相应的纠正措施。

4.2.1　工程质量控制中常用的统计方法

工程质量控制中常用的统计方法有七种：直方图法、控制图法、相关图法、排列图法、因果分析图法、统计调查表法和分层法。这七种方法通常又称为质量管理的七种工具。

4.2.1.1　直方图法

1. 直方图的用途

直方图法即频数分布直方图法，它是将收集到的质量数据进行分组整理，绘制成频数分布直方图，用以描述质量分布状态的一种分析方法，所以又称质量分布图法。

通过对直方图的观察与分析，可了解产品质量的波动情况，掌握质量特性的分布规律对质量状况进行分析判断。

2. 直方图的绘制方法

（1）收集整理数据。用随机抽样的方法抽取数据，一般要求数据在50个以上。

【例4.1】 某建筑施工工地浇筑C30混凝土，为对其抗压强度进行质量分析，共收集了50份抗压强度试验报告单，整理为表4.1。

表 4.1　　　　　　　　　　　　　**数 据 整 理 表**　　　　　　　　　　　单位：N/mm²

序号	抗 压 强 度 数 据					最大值	最小值
1	39.8	37.7	33.8	31.5	36.1	39.8	31.5
2	37.2	38.0	33.1	39.0	36.0	39.0	33.1
3	35.8	35.2	31.8	37.1	34.0	37.1	31.8
4	39.9	34.3	33.2	40.4	41.2	41.2	33.2
5	39.2	35.4	34.4	38.1	40.3	40.3	34.4
6	42.3	37.5	35.5	39.3	37.3	42.3	35.5
7	35.9	42.4	41.8	36.3	36.2	42.4	35.9
8	46.2	37.6	38.3	39.7	38.0	46.2	37.6
9	36.4	38.3	43.4	38.2	38.0	42.4	36.4
10	44.4	42.0	37.9	38.4	39.5	44.4	37.9

（2）计算极差R。极差R是数据中最大值和最小值之差，本例中：$X_{max}=46.2\text{N/mm}^2$，$X_{min}=31.5\text{N/mm}^2$，$R=X_{max}-X_{min}=14.7\text{N/mm}^2$。

（3）对数据分组。

1）确定组数k。确定组数的原则是分组的结果能正确地反映数据的分布规律。组数应根据数据多少来确定。组数过少，会掩盖数据的分布规律；组数过多，会使数据过于零乱分散，也不能显示出质量分布状况，一般可参考表4.2的经验数值来确定。本例中$k=8$。

2）确定组距h。组距是组与组之间的间隔，也即一组的范围。各组距应相等，即有：

$$极差≈组距×组数$$

即　　　　　　　　　　　　　　　　$R≈hk$　　　　　　　　　　　　　　（4.1）

表 4.2　　　　　　　　　　　　**数 据 分 组 参 考 值**

数据总数/个	分组数k	数据总数/个	分组数k
50～100	6～10	250以上	10～20
100～250	7～12		

因而组数、组距的确定应结合极差综合考虑，适当调整，还要注意数值尽量取整，使分组结果能包括全部变量值，同时也便于以后的计算分析。

本例中：$h=\dfrac{R}{k}=\dfrac{14.7\text{N/mm}^2}{8}=1.8\text{N/mm}^2\approx2.0\text{N/mm}^2$

3）确定组限。每组的最大值为上限，最小值为下限，上、下限统称组限。确定组限时应注意各组之间连续，即较低组上限应为相邻较高组下限，这样才不致使数据被遗漏。对恰恰处于组限值上的数据，其解决的办法有二：一是规定每组上（或下）组限不计在该组内，而应计入相邻较高（或较低）组内；二是将组限值较原始数据精度提高半个最小测量单位。

本例采取第一种办法划分组限，即每组上限不计入该组内。

首先确定第一组下限：

$$x_{\min}-\frac{h}{2}=31.5\text{N/mm}^2-\frac{2.0\text{N/mm}^2}{2}=30.5\text{N/mm}^2$$

第一组上限：$30.5\text{N/mm}^2+h=30.5\text{N/mm}^2+2\text{N/mm}^2=32.5\text{N/mm}^2$

第二组下限（等于第一组上限）：32.5N/mm^2

第二组上限：$32.5\text{N/mm}^2+h=32.5\text{N/mm}^2+2\text{N/mm}^2=34.5\text{N/mm}^2$

以此类推，最高组限为 $44.5\text{N/mm}^2\sim46.5\text{N/mm}^2$，分组结果覆盖了全部数。

（4）编制数据频数统计表。统计各组频数，可采用唱票形式进行，频数总和应等于全部数据个数。本例频数统计结果见表 4.3。

表 4.3　　　　　　　　　　　　　　　　频 数 统 计 表

组　号	组限/(N/mm²)	频　数	组　号	组限/(N/mm²)	频　数
1	30.5～32.5	2	6	40.5～42.5	5
2	32.5～34.5	6	7	42.5～44.5	2
3	34.5～36.5	10	8	44.5～46.5	1
4	36.5～38.5	15	合计		50
5	38.5～40.5	9			

从表 4.3 中可以看出，浇筑 C30 混凝土，50 个试块的抗压强度是各不相同的，这说明质量特性值是有波动的。但这些数据分布是有一定规律的，就是数据在一个有限范围内变化，且这种变化有一个集中趋势，即强度值在 36.5～38.5N/mm² 范围内的试块最多，可把这个范围即第四组视为该样本质量数据的分布中心，随着强度的逐渐增大和逐渐减小，而数据逐渐减少。为了更直观、更形象地表现质量特征值的这种分布规律，应进一步绘制出直方图。

（5）绘制频数分布直方图。在频数分布直方图中，横坐标表示质量特性值，本例中为混凝土强度，并标出各组的组限值。根据表 4.3 画出以组距为底、以频数为高的 k 个直方形，便得到混凝土强度的频数分布直方图，见图 4.6。

3．直方图的观察与分析

（1）观察直方图的形状、判断质量分布状态。作完直方图后，首先要认真观察直方图的整体形状，看其是否属正常型直方图。正常型直方图就是中间高，两侧低，左右接近对称的

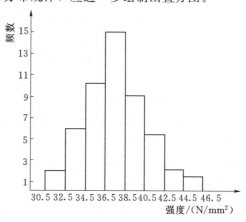

图 4.6　混凝土强度分布直方图

图形，见图 4.7（a）。出现非正常型直方图时，表明生产过程或收集数据有问题。这就要求进一步分析判断，找出原因，并采取措施加以纠正。非正常型直方图，归纳起来一般有五种类型，见图 4.7。

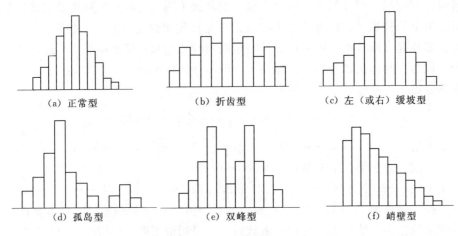

（a）正常型　　　　　（b）折齿型　　　　　（c）左（或右）缓坡型

（d）孤岛型　　　　　（e）双峰型　　　　　（f）峭壁型

图 4.7　常见的直方图

1）折齿型，是由于分组不当或者组距确定不当出现的，见图 4.7（b）。

2）左（或右）缓坡型，主要是由于操作中对上限（或下限）控制太严造成的，见图 4.7（c）。

3）孤岛型，是原材料发生变化或者由临时他人顶班作业造成的，见图 4.7（d）。

4）双峰型，是由于用两种不同方法或两台设备或两组工人进行生产，然后把两方面数据混在一起整理产生的，见图 4.7（e）。

5）峭壁型，是由于数据收集不正常，可能有意识地去掉下限附近的数据，或是在检测过程中存在某种人为因素所造成的，见图 4.7（f）。

（2）将直方图与质量标准比较，判断实际生产过程能力。作出直方图后，除观察直方图形状，分析质量分布状态外，再将正常型直方图与质量标准比较，从而判断实际生产过程能力。正常型直方图与质量标准相比较，一般有如图 4.8 所示六种情况。图 4.8 中 T 表示质量标准要求界限，B 表示实际质量特性分布范围。

1）如图 4.8（a）所示，B 在 T 中间，质量分布中心 $\bar{x}$ 与质量标准中心 M 重合，实际数据分布与质量标准相比较两边还有一定余地。这样的生产过程是很理想的，说明生产过程处于正常的稳定状态。在这种情况下生产出来的产品可认为全都是合格品。

2）如图 4.8（b）所示，B 虽然落在 T 内、但质量分布中 $\bar{x}$ 与 T 的中心 M 不重合，偏向一边。这样生产状态一旦发生变化，就可能超出质量标准下限而出现不合格品。出现这种情况时应迅速采取措施，使直方图移到中间来。

3）如图 4.8（c）所示，B 在 T 中间，且 B 的范围接近 T 的范围，没有余地，生产过程一旦发生微小的变化，产品的质量特性值就可能超标。这表明产品质量的散差太大，必须采取措施缩小质量分布范围。

4）如图 4.8（d）所示，B 在 T 中间，但两边余地太大，说明加工过于精细，不经济。在这种情况下，可以对原材料、设备、工艺、操作等控制要求适当放宽些，有目的地使 B

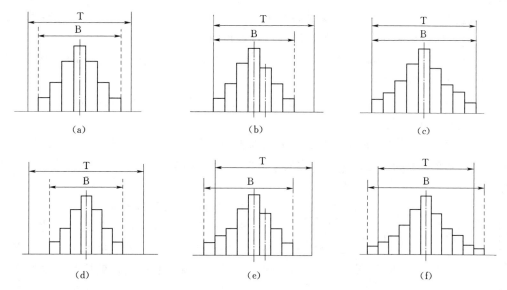

图 4.8　实际质量分析与标准比较

扩大，从而有利于降低成本。

5）如图 4.8（e）所示，质量分布范围 B 已超出标准下限之外，说明已出现不合格品。此时必须采取措施进行调整，使质量分布位于标准之内。

6）如图 4.8（f）所示，质量分布范围完全超出了质量标准上、下界限，散差太大，产生许多废品，说明过程能力不足，应提高过程能力，使质量分布范围 B 缩小。

4.2.1.2　控制图法

控制图又称管理图，它是在直角坐标系内画有控制界限，描述生产过程中产品质量波动状态的图形。和直方图相比，控制图是一种动态分析方法，借助于控制图提供的质量动态数据，人们可以随时了解工序质量状态，发现问题，查明原因，采取措施，使生产处于稳定状态。

1. 控制图的模式

控制图的一般模式如图 4.9 所示，横坐标为样本（子样）序号或抽样时间，纵坐标为被控制对象，即被控制的质量特性值。控制图上一般有三条线：在上面的一条虚线称为上控制界限，用符号 UCL 表示；在下面的一条虚线称为下控制界限，用符号 LCL 表示；中间的一条实线称为中心线，用符号 CL 表示。中心线标志着质量特性

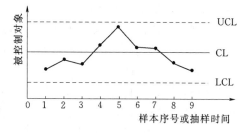

图 4.9　控制图的一般模式

值分布的中心位置，上下控制界限标志着质量特性值允许波动范围。

在生产过程中通过抽样取得数据，把样本统计量描在图上来分析判断生产过程状态。如果点子随机地落在上、下控制界限内，则表明生产过程正常，处于稳定状态，不会产生不合格品；如果点子超出控制界限或点子排列有缺陷，则表明生产条件发生了异常变化，生产过程处于失控状态。

2. 控制图的分类

（1）按用途分类：

1）分析用控制图。主要是用来调查分析生产过程是否处于控制状态。绘制分析用控制图时，一般需连续抽取 20～25 组样本数据，计算控制界限。

2）管理（或控制）用控制图。主要用来控制生产过程，使之经常保持在稳定状态下。

（2）按质量数据特点分类：

1）计量值控制图。主要适用于质量特性值属于计量值的控制，如时间、长度、重量、强度成分等连续型变量。

2）计数值控制图。通常用于控制质量数据中的计数值，如不合格品数、疵点数、不合格品率、单位面积上的疵点数等离散型变量。根据计数值的不同又可分为计件值控制图和计点值控制图。

图 4.10　控制界限的确定

3. 控制图控制界限的确定

根据数理统计的原理，考虑经济的原则，世界上大多数国家采用"三倍标准偏差法"来确定控制界限，即将中心线定在被控制对象的平均值上，以中心线为基准向上向下各量三倍被控制对象的标准偏差，即为上、下控制界限，如图 4.10 所示。

采用三倍标准偏差法是因为控制图是以正态分布为理论依据的。采用这种方法可以在最经济的条件下，实现生产过程控制，保证产品的质量。

在用三倍标准偏差法确定控制界限时，其计算公式如下：

$$\left.\begin{aligned}
\text{中心线：} \qquad CL &= E(X) \\
\text{上控制界限：} \qquad UCL &= E(X) + 3D(X) \\
\text{下控制界限：} \qquad LCL &= E(X) - 3D(X)
\end{aligned}\right\} \tag{4.2}$$

式中：X 为样本统计量；$E(X)$ 为 X 的平均值；$D(X)$ 为 X 的标准偏差。

4. 控制图的观察与分析

绘制控制图的目的是分析判断生产过程是否处于稳定状态。这主要是通过对控制图上点子的分布情况的观察与分析进行，因为控制图上点子作为随机抽样的样本，可以反映出生产过程（总体）的质量分布状态。

当控制图同时满足以下两个条件：一是点子几乎全部落在控制界限之内；二是控制界限内的点子排列没有缺陷。我们就可以认为生产过程基本上处于稳定状态。如果点子的分布不满足其中任何一条，都应判断生产过程为异常。

（1）点子几乎全部落在控制界线内，是指应符合下述要求：

1）连续 25 点以上处于控制界限内。

2）连续 35 点中仅有 1 点超出控制界限。

3）连续 100 点中不多于 2 点超出控制界限。

（2）点子排列是随机的，没有出现异常现象。这里的异常现象是指点子排列出现了"链""多次同侧""趋势或倾向""周期性变动""接近控制界限"等情况：

1）链。是指点子连续出现在中心线一侧的现象。出现五点链，应注意生产过程发展状况；出现六点链，应开始调查原因；出现七点链，应判定工序异常，需采取处理措施，如图

4.11 所示。

2）多次同侧。指点子在中心线一侧多次出现的现象，或称偏离。下列情况说明生产过程已出现异常，在连续 11 点中有 10 点在同侧，如图 4.12 所示；在连续 14 点中有 12 点在同侧；在连续 17 点中有 14 点在同侧；在连续 20 点中有 16 点在同侧。

3）趋势或倾向。指点子连续上升或连续下降的现象。连续七点或七点以上上升或下降排列，就应判定生产过程有异常因素影响，要立即采取措施，如图 4.13 所示。

4）周期性变动。即点子的排列显示周期性变化的现象。这样即使所有点子都在控制界限内，也应认为生产过程为异常，如图 4.14 所示。

5）点子排列接近控制界限。指点子落在了 $\bar{x}\pm2\sigma$ 以外和 $\bar{x}\pm3\sigma$ 以内，如属下列情况的判定为异常：连续 3 点至少有 2 点接近控制界限；连续 7 点至少有 3 点接近控制界限；连续 10 点至少有 4 点接近控制界限，如图 4.15 所示。

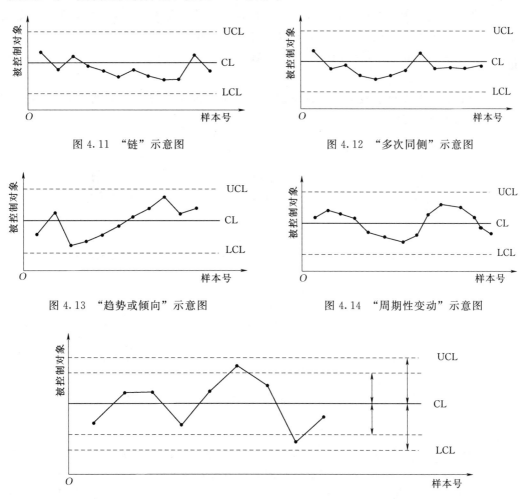

图 4.11　"链"示意图　　　　　图 4.12　"多次同侧"示意图

图 4.13　"趋势或倾向"示意图　　　图 4.14　"周期性变动"示意图

图 4.15　"接近控制界限"示意图

以上是分析用控制图判断生产过程是否正常的准则。如果生产过程处于稳定状态，则把分析用控制图转为管理用控制图。分析用控制图是静态的，而管理用控面图是动态的。随着生产过程的进展，通过抽样取得质量数据，把点描在图上，随时观察点子的变化，一旦点子落在控制界限外或界限上，即判断生产过程异常，点子即使在控制界限内，也应随时观察其有无缺陷，以对生产过程正常与否做出判断。

4.2.1.3 相关图法

相关图又称散布图。在质量管理中它是用来显示两种质量数据之间关系的一种图形。质量数据之间的关系多属相关关系。一般有三种类型：①质量特性和影响因素之间的关系；②质量特性和质量特性之间的关系；③影响因素和影响因素之间的关系。

相关图中的数据点的集合，反映了两种数据之间的散布状况，根据散布状况我们可以分析两变量之间的关系。归纳起来，有以下六种类型，如图 4.16 所示。

（1）正相关。散布点基本形成由左至右向上变化的一条直线带，即随 x 增加 y 值也相应增加，说明 x 与 y 有较强的制约关系。可通过对 x 控制而有效控制 y 的变化，见图 4.16（a）。

（2）弱正相关。散布点形成向上较分散的直线带。随 x 值的增加，y 值也有增加趋势，但离散程度大，说明 y 除受 x 影响外，还受其他因素影响。

（3）不相关。散布点形成一团或平行于 x 轴的直线带，x 和 y 之间关系毫无规律，见图 4.16（c）。

（4）负相关。散布点形成由左向右向下的一条直线带。说明 x 对 y 的影响与正相关恰恰相反，见图 4.16（d）。

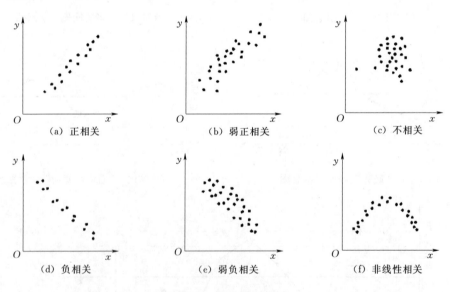

图 4.16　散布图各类型

（5）弱负相关。散布点形成由左至右向下分布的较分散的直线带。说明 x 与 y 的关系较弱，且变化趋势相反，应考虑寻找影响 y 的其他更重要的因素，见图 4.16（e）。

（6）非线性相关。散布点呈曲线带，即在一定范围内 x 增加，y 也增加；超过这个范围，x 增加，y 则有下降趋势，见图 4.16（f）。

4.2.1.4 排列图法

排列图法是利用排列图寻找影响质量主次因素的一种有效方法。排列图又叫巴雷托图或主次因素分析图，它是由两个纵坐标、一个横坐标、几个连起来的直方形和一条曲线所组成，如图 4.17 所示。左侧的纵坐标表示频数，右侧的纵坐标表示累计频率，横坐标表示影响质量的各个因素或项目，按影响程度大小从左至右排列。直方形的高度表示某个因素的影响大小。实际应用中，通常按累计频率划分为三部分，即 0～80%、80%～90%、90%～100%，与其对应的影响因素分别为 A、B、C 三类，A 类为主要因案、B 类为次要因素、C 类为一般因素。

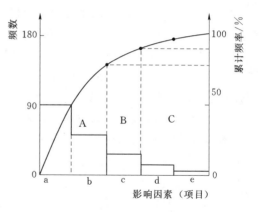

图 4.17　排列图

1. 排列图的做法

【例 4.2】　某工地现浇混凝土，其结构尺寸质量检查结果是：在全部检查的 8 个项目中不合格点（超偏差限位）有 150 个，为改进并保证质量，应对这些不合格点进行分析，以便找出混凝土结构尺寸量的薄弱环节。

解：（1）收集整理数据。首先收集混凝土结构尺寸各项目不合格点的数据资料，见表4.4。各项目不合格点出现的次数即频数。然后对数据资料进行整理，将不合格点较少的轴线位置、预埋设施中心位置、预留孔洞中心位置三项合并为"其他"项。按不合格点的频数由大到小顺序排列各检查项目，"其他"项排在最后。以全部不合格点数为总数，计算各项的频率和累计频率，结果见表 4.5。

表 4.4　　　　　　　　　　不 合 格 点 数 统 计 表

序　号	检查项目	不合格点数/个	序　号	检查项目	不合格点数/个
1	轴线位置	1	5	平面水平度	15
2	垂直度	8	6	表面平整度	75
3	标高	4	7	预埋设施中心位置	1
4	截面尺寸	45	8	预留孔洞中心位置	1

表 4.5　　　　　　　　　　不合格点项目频数频率统计表

序　号	项　　目	频　　数	频率/%	累计频率/%
1	表面平整度	75	50.0	50.0
2	截面尺寸	45	30.0	80.0
3	平面水平度	15	10.0	90.0
4	垂直度	8	5.3	95.3
5	标高	4	2.7	98.0
6	其他	3	2.0	100.0
合计		150	100	

（2）画排列图：

1）画横坐标。将核坐标按项目数等分横坐标分为六等份。并按项目频数由大到小顺序从左至右排列。该例中横坐标分为六等份。

2）画纵坐标。左侧的纵坐标表示项目不合格点数即频数，右侧纵坐标表示累计频率总频数对应累计频率100%，该例中频数150应与100%在一条水平线上。

3）画频数直方形。以频数为高画出各项目的直方形。

4）画累计频率曲线。从横坐标左端点开始，依次连接各项目直方形右边线及所对应的累计频率值的交点，得的曲线为累计频率曲线。

5）记录必要的事项，如标题、收集数据的方法和时间等。

图4.18为混凝土结构尺寸不合格点排列图。

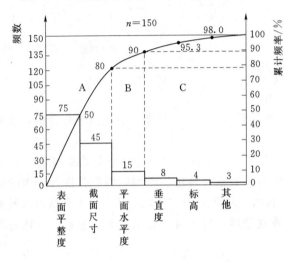

图4.18 构件尺寸不合理点排列图

2. 排列图的观察与分析

（1）观察直方形，大致可看出各项目的影响程度。排列图中的每个直方形都表示一个质量问题或影响因素，影响程度与各直方形的高度成正比。

（2）利用ABC分类法，确定主次因素。将累计频率曲线按0～80%、80%～90%、90%～100%分为三部分，各曲线下面所对应的影响因素分别为A、B、C三类因素，该例中A类即主要因素是表面平整度（2m长度）、截面尺寸（梁、柱、墙板、其他构件），B类即次要因素是平面水平度，C类即一般因素有垂直度、标高和其他项目。综上分析结果，下步应重点解决A类等质量问题。

4.2.1.5 因果分析图法

因果分析图是利用因果分析图来系统整理分析某个质量问题（结果）与其产生原因之间关系的有效工具。因果分析图也称特性要因图，因其形状又常被称为树枝图或鱼刺图。因果分析图由质量特性（即质量结果或某个质量问题）、要因（产生质量问题的主要原因）、枝干（指一系列箭线表示不同层次的原因）、主干（指较粗的直接指向质量结果的水平箭线）等所组成。

1. 因果分析图的绘制

下面结合实例加以说明。

【例4.3】 绘制混凝土强度不足的因果分析图。

解： 因果分析图的绘制步骤是从"结果"开始将原因逐层分解的，具体步骤如下：

（1）明确质量问题的结果。该例分析的质量问题是"混凝土强度不足"，作图时首先由左至右画出一条水平主干线，箭头指向一个矩形框，框内注明研究的问题，即结果。

（2）分析确定影响质量特性大的方面原因。一般来说，影响质量因素有人、机械、材料、方法、环境（简称4M1E）等。另外还可以按产品的生产过程进行分析。

（3）将每种大原因进一步分解为中原因、小原因，直至能采取具体措施加以解决为止。

（4）检查图中的所列原因是否齐全，并对初步分析结果做必要的补充和修改。

（5）选择影响大的关键因素，做出标记△。以便重点采取措施。

图 4.19 是混凝土强度不足的因果分析图。

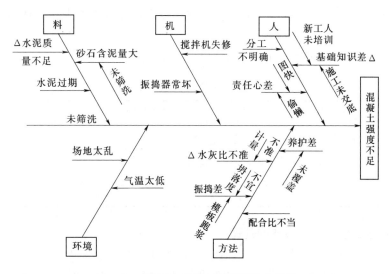

图 4.19　混凝土强度不足的因果分析图

2. 绘制和使用因果分析图时应注意的问题

（1）集思广益。绘制时要求绘制者熟悉专业施工方法技术，调查、了解施工现场实际条件和操作的具体情况。要以各种形式，广泛收集现场工人、班组长、质量检查员、工程技术人员的意见，集思广益，相互启发、相互补充，使因果分析更符合实际。

（2）制定对策。绘制因果分析图不是目的，而是要根据图中所反映的主要原因，制定改进的措施和对策，限期解决问题，保证产品质量。具体实施时，一般应编制一个对策计划表。

4.2.1.6　统计调查表法

统计调查表法是利用专门设计的统计调查表，进行数据收集、整理和分析质量状态的一种方法。

在质量管理活动中，利用统计调查表收集数据，简便灵活，便于整理。它没有固定的格式，一般可根据调查的项目，设计不同的格式。

4.2.1.7　分层法

分层法又叫分类法，是将调查搜集的原始数据，根据不同的目的和要求，按某一性质进行分组、整理的分析方法。

由于工程质量形成的因素多，因此，对工程质量状况的调查和质量问题的分析，必须分门别类的进行，以便准确有效的找出问题及其原因。调查分析的层次划分如下：

（1）按时间分：月、日、上午、下午、白天、晚间、季节。

（2）按地点分：地域、城市、乡村、楼层、外墙、内墙。

（3）按材料分：产地、厂商、规格、品种。

（4）按测定分：方法、仪器、测定人、取样方式。

（5）按作业分：工法、班组、工长、工人、分包商。

（6）按工程分：住宅、办公楼、道路、桥梁、隧道。

（7）按合同分：总承包、专业分包、劳务分包。

【例 4.4】　一个焊工班组有 A、B、C 三位工人实施焊接作业，工抽查 60 个焊接点，发现 18 点不合格，占 30%，根据表 4.6 提供的统计数据，分析影响焊接总体质量水平的问题是什么。

解：根据分层调查表可知，主要是作业工人 C 的焊接质量影响了总体的质量水平。

表 4.6　　　　　　　　　　　　　　分层调查统计数据

作业工人	抽检点数/个	不合格点数/个	个体不合格率/%	占不合格点总数百分率/%
A	20	2	10	11
B	20	4	20	22
C	20	12	60	67
合计	60	18	—	100

4.2.2　工程质量缺陷和质量事故的处理

工程建设项目不同于一般工业生产活动，其项目实施的一次性，生产组织特有的流动性、综合性、劳动的密集性、协作关系的复杂性和环境的影响，均导致建筑工程质量事故具有复杂性、严重性、可变性及多发性的特点，事故是很难完全避免的。因此，必须加强组织措施、经济措施和管理措施，严防事故发生，对发生的事故应调查清楚，按有关规定进行处理。

需要指出的是，不少事故开始时经常只被认为是一般的质量缺陷，容易被忽视，随着时间的推移，待认识到这些质量缺陷问题的严重性时，则往往处理困难，或导致建筑物失事。因此，除了明显的不会有严重后果的缺陷外，对其他的质量问题，均应分析，进行必要处理，并做出处理意见。

4.2.2.1　建筑工程质量问题的特点

建筑工程项目质量问题具有复杂性、严重性、可变性和多发性的特点。

1. 复杂性

建筑工程项目质量问题的复杂性主要表现在引发质量问题的因素多而复杂，从而增加了对质量问题的性质、危害的分析、判断和处理的复杂性。工程项目具有单件性的特点，产品固定生产流动；产品多样结构不一；露天作业自然条件复杂多变；材料品种、规格多材质性能各异；多工种、多专业交叉施工相互干扰大；工艺要求不同，施工方法各异等。因此，影响工程质量的因素繁多，造成质量事故的原因错综复杂，即使同一性质的质量问题原因有时截然不同。例如墙体开裂质量事故其产生的原因就可能是：设计计算有误；结构构造不良；地基不均匀沉降；或温度应力、地震力、膨胀力、冻胀力的作用；也可能是施工质量低劣、偷工减料或材质不良等等。因此，在处理质量问题时必须深入现场调查研究，针对质量问题的特征进行具体分析。

2. 严重性

建筑工程项目质量问题轻者影响施工顺利进行拖延工期增加费用；重者给工程留下隐患影响安全使用或不能使用；更严重的引起建筑物倒塌造成人民生命和财产的巨大损失。例如1995 年韩国汉城三峰百货大楼出现倒塌事故，死亡达 400 余人；我国四川綦江虹桥倒塌造成多人死亡。因此对工程质量问题必须重视，务必及时妥善处理不留后患。

3. 可变性

许多工程质量问题不及时处理随着时间不断发展变化。例如有些细微裂缝随着时间变化有可能发展成构件断裂或结构物倒塌等重大事故。因此对质量问题必须及时采取有效措施，以免事故进一步恶化。

4. 多发性

有些质量问题经常发生成为质量通病，例如屋面、卫生间漏水，抹灰层开裂、脱落，地面起砂、空鼓，预制构件裂缝等。另有一些同类型的质量问题往往一再重复发生，例如雨篷的倾覆；悬挑梁、板的断裂；混凝土强度不足等。因此对工程项目常见的质量通病，应深入分析原因，总结经验，采取积极的预防措施，避免事故重演。

4.2.2.2　建筑工程出现质量问题的主要原因

1. 违背建设程序

不经可行性论证；没有搞清工程地质、水文地质；无证设计，无图施工；任意修改设计，不按图纸施工；工程竣工不进行试车运转、不经验收就交付使用等。

2. 工程地质勘察原因

未认真进行地质勘察，提供地质资料、数据有误；地质勘察报告不详细、不准确等。

3. 未加固处理好地基

对软弱土、冲填土、杂填土等不均匀地基未进行加固处理或处理不当等。

4. 设计计算问题

设计考虑不周，结构构造不合理，计算简图不正确，荷载取值过小，内力分析有误，沉降缝及伸缩缝设置不当，悬挑结构未进行抗倾覆验算等。

5. 建筑材料及制品不合格

钢筋物理力学性能不符合标准，水泥受潮、过期、结块、安定性不良，砂石级配不合理、有害物含量过多，混凝土配合比不准，外加剂性能、掺量不符合要求，预制构件断面尺寸不准，支承锚固长度不足，未可靠建立预应力值，钢筋漏放、错位，板面开裂等。

6. 施工管理问题

不熟悉图纸，盲目施工；未经监理、设计部门同意，擅自修改设计；不按有关施工验收规范施工，不按有关操作规程施工；施工管理紊乱，施工方案考虑不周，施工顺序错误，技术组织措施不当，技术交底不清，违章作业；不重视质量检查和验收工作等。

7. 自然条件影响

自然条件影响有温度、湿度、日照、雷电、供水、大风、暴雨等。

8. 建筑结构使用问题

不经校核、验算，就在原有建筑物上任意加层；使用荷载超过原设计的容许荷载；任意开槽、打洞、削弱承重结构的截面等使用不当问题。

工程质量事故发生的原因很多，一般还可分直接原因和间接原因两类。

直接原因主要有的行为不规范和材料、机械的不符合规定状态。如设计人员不按规范设计、监理人员不按规范进行监理，施工人员违反规程操作等，属于人的行为不规范；又如水泥、钢材等某些指标不合格，属于材料不合格规定状态。

间接原因是指质量事故发生地的环境条件，如施工管理混乱，质量检查监督失职，质量保证体系不健全等。间接原因往往导致直接原因的发生。

事故原因也可以从工程建设的参与各方来寻查，业主、监理、设计、施工和材料、机械、设备供应商的某些行为或方法造成了质量事故。

4.2.2.3　质量事故处理

1. 工程质量事故分类

国家现行对工程质量通常采用按造成损失严重程度进行分类，其基本分类如下：

（1）一般质量事故。凡具备下列条件之一者为一般质量事故：

1）直接经济损失在 5000 元（含 5000 元）以上，不满 50000 元的。

2）影响使用功能和工程结构安全，造成永久质量缺陷的。

（2）严重质量事故。凡具备下列条件之一者为严重事故：

1）直接经济损失在 50000 元（含 50000 元）以上，不满 10 万元的。

2）严重影响使用工程或工程是否安全，存在重大质量隐患的。

3）事故性质恶劣或造成 2 人以下重伤的。

（3）重大质量事故。凡具备下列条件之一者为重大事故，属建设工程重大事故范畴：

1）工程倒塌或报废。

2）由于质量事故，造成人员伤亡或重伤 3 人以上。

3）直接经济损失 10 万元以上。

按国家规定建设工程重大事故分为四个等级。工程建设过程中或由于勘察设计、监理、施工等过失造成工程质量低劣，而在交付使用后发生的重大质量事故或因工程质量达不到合格标准，而需要加固、返工或报废，直接经济损失 10 万元以上的重大质量事故。此外，由于施工安全问题，如施工脚手、平台倒塌，机械倾覆，触电、火灾等造成建设工程重大事故。建设工程重大事故分为以下四级：

a. 凡造成死亡 30 人以上或直接经济损失 300 万元以上为一级。

b. 凡造成死亡 10 人以上 29 人以下或直接经济损失 100 万元以上，不满 300 万元为二级。

c. 凡造成死亡 3 人以上 9 人以下或重伤 20 人以上或直接经济损失 30 万元以上，不满 100 万元为三级。

d. 凡造成死亡 2 人以上或重伤 3 人以上或直接经济损失 10 万元以上，不满 30 万元为四级。

（4）特别重大事故。凡具备国务院发布的《特别重大事故调查程序暂行规定》所列发生一次死亡 30 人及以上，或直接经济损失 500 万元及以上，或其他性质特别严重，上述影响三者之一均属特别重大事故。

（5）直接经济损失在 5000 元以下的列为质量问题。

2. 事故处理的原则

工程质量事故分析与处理的目的主要是：正确分析事故原因，防止事故恶化；创造正常的施工条件；排除隐患，预防事故的发生；总结经验教训，区分事故责任；采取有效的处理措施，尽量减少经济损失，保证工程质量。

质量事故发生后，应坚持"四不放过"的原则，即事故原因不查清不放过，主要事故责任人和职工未受到教育不放过，补救和防范措施不落实不放过，责任人员未受到处理不放过。发生质量事故，应立即向有关部门（业主、监理单位、设计单位和质量监督机构等）汇报，并提交事故报告。

由质量事故而造成的损失费用，坚持事故责任是谁由谁承担的原则。如责任在施工承包商，则事故分析与处理的一切费用由承包商自己负责；施工中事故责任不在承包商，则承包商可依据合同向业主提出索赔；若事故责任在设计或监理单位，应按照有关合同条款承担相应的责任。构成犯罪的，移交司法机关处理。

3. 工程质量事故处理的程序

工程质量事故发生后，监理人员应按照以下程序进行处理。工程质量事故处理的一般程序如图 4.20 所示。

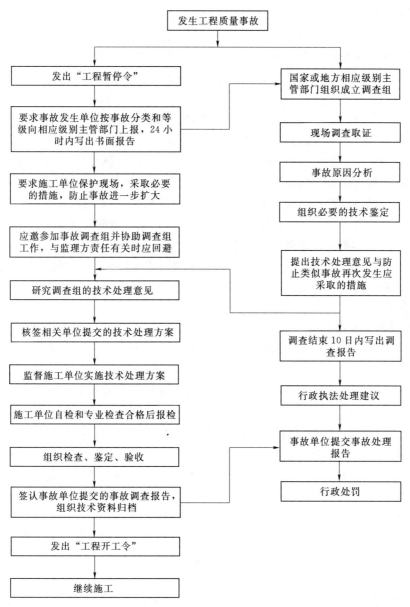

图 4.20　工程质量事故处理程序

（1）工程暂停令。工程质量事故发生后，总监理工程师应签发"工程暂停令"，并要求施工单位采取必要措施，防止事故扩大并保护好现场。同时要求事故发生单位按照类别等级向相应的主管部门上报，并在 24 小时内提交书面报告。

1）质量事故报告。质量事故报告至少应包括以下内容：事故发生单位，工程项目，事故发生时间、地点，项目相关参建单位；事故概况和初步估计的直接损失；事故发生后采取的措施。

2）主管部门处理权限。各级主管部门处理权限及组成调查组权限：特别重大事故由国务院直接处理；重大质量事故由国家建设行政主管部门归口管理；严重质量事故由省级建设行政主管部门归口管理；一般质量事故所在市、县级建设行政主管部门归口管理。

（2）事故调查：

1）初步调查：首先对建筑物的场地特征（如邻近建筑物情况，有无腐蚀性环境）、事故发生的时间和经过，事故现状和实测数据，事故的严重性和迫切性，之前是否对事故发生处做过处理，以及对图纸资料、成品和半成品的出厂报告和实验报告、施工日志等进行检查，之后进入详细调查。

2）详细调查：在初步调查完成后，进入详细调查阶段，详细调查主要内容有，结构实际状况，如结构布置、结构构造是否合理、连接方法是否正确和支撑系统是否正常等。结构上部各种作用的调查，主要指结构上的作用及其效应，是否出现临时荷载过大或在基坑周边堆放材料等。施工情况调查，包含施工方法、工艺、施工规范执行情况、施工方案的落实情况以及施工过程中的各项数据记录、施工日志等。变形缝和裂缝观测调查，主要为沉降观测记录、结构或构件的变形观测记录，裂缝的形状与分布特征，裂缝的宽度、长度、深度以及之后的发展规律。在详细调查结束后进行补充调查。

3）补充调查。补充调查需要做某些试验、检验和测试的工作，通常包括以下几点：

a. 对有怀疑的地基进行补充勘探：如持力层以下的地质情况；桩基工程中，原勘探孔之间的地质情况等。

b. 测定建筑物中所用材料的实际性能：如取钢材、水泥进行物理实验、化学分析；在结构上取试样，检验混凝土或砖砌体的实际强度；用回弹仪、超声波和射线作非破坏性检验。

c. 载荷试验：根据设计或使用要求，对结构或构件进行载荷试验，检查其实际承载能力、抗裂性能与变形情况。

d. 较长时间的观测：对建筑物已出现的缺陷（如裂缝、变形）进行较长时间的观测检查，以确定缺陷是否已经稳定，还是继续发展下去，并进一步寻找其发展变化的规律等。

（3）临时防护措施及实施。在处理严重的质量事故时，应及时判定其是否有继续恶化的趋势，有的甚至可能造成建筑物倒塌或人员伤亡。一旦发现此类危险，应采取有效地防护措施，并立即组织实施。根据现场情况采取以下两种方法：

1）防止建筑物进一步损坏或倒塌：一般的措施有卸荷与支撑两种。如发现悬挑结构存在有断塌或整体倾覆的危险时，应在悬出端或悬挑区内加设支撑。

2）避免人员伤亡：当发现事故已经达到濒临倒塌的危险程度，在没有充分把握时，绝不采取盲目抢险支护，导致无谓的人员伤亡，当有此类情况出现时，应及时划定安全区域，设置围栏，在确定出合理的抢险方案前，防止人员进入。

（4）事故原因分析。事故原因分析应建立在事故调查的基础上，为以后事故处理提供必要的依据，要分清事故的性质、类别及危害程度。根据经验，很多事故尤其是重大事故的原因往往涉及设计、施工、材料制品质量和使用等几个方面，在事故分析中，首先必须全面顾及各项原因对事故的影响，以便采取综合治理措施；其次应确定事故原点，事故原点为事故发生的初始点，如构件断裂始于裂缝，结构倒塌始于某根柱的某个部位，原点的确定将直接反映出事故的直接原因。

（5）质量事故处理报告。事故发生后第一时间应向上级部门进行初步报告。在事故调查处理完成后，应再次向上级部门进行事故处理报告。处理报告主要内容为：工程质量事故情况、调查情况、原因分析；质量事故处理的依据；质量事故技术处理方案；实施技术处理施工中的有关问题和资料；对处理结果的检查鉴定和验收；质量事故处理结论。

事故处理结束后，总监理工程师应签发"工程复工令"，恢复正常施工。

4. 工程质量事故处理方案

工程质量事故处理方案分为三大类：

（1）不作处理。有些工程质量问题，虽严重超过了规程、规范的要求，已具有质量事故的性质，但可针对工程的具体情况，通过分析论证，不需作专门处理，但要记录在案。不作专门处理的情况有以下几种：

1）不影响结构安全和正常使用。如放线定位偏差。

2）经法定检测单位鉴定合格。如某检验批混凝土强度不足。当法定检测单位实体检测其实体已经达到规范和设计值强度要求；或检测值虽未达到要求值，但相差不大，经分析论证可不处理。

3）出现质量问题经检测鉴定达不到设计要求，但经原设计单位核算，仍能满足结构安全和使用功能。

（2）修补。这种方法适合于通过修补可以不影响工程的外观和正常使用的质量事故。此类事故是施工中多发的。

（3）返工。这类事故是严重违反规范或标准，影响工程使用和安全，且无法修补，必须返工。监理工程师应注意，无论哪种情况，特别是不作处理的质量问题，需要备好必要的书面文件，对于技术处理方案、不作处理的结论和各方协商的文件等有关资料认真组织签字确认、存档。

学习项目 5 实施施工期日常监理
——工程进度控制

【项目描述】

1. 背景

表 5.1 是某公司中标的建筑工程前期工程网络计划，计划工期 14 天，其持续时间和预算费用额列入表中。工程进行到第 9 天时，A、B、C 工作已经完成，D 工作完成 2 天，E 工作完成 3 天。

表 5.1   前 期 工 程 网 络 计 划

本工作	料具进场设搅拌站	安起重机	挖土	基础施工	管线敷设	安装罐体	管线试压	合计
工作代号	A	B	C	D	E	F	G	
紧后工作	BD	F	D	F	G	—	—	
持续时间/d	1	2	5	4	5	5	3	
费用/万元	1.2	1	0.8	1.2	1.6	1.8	2.4	10

2. 问题

（1）绘制本工程的实际进度前锋线，并计算累计完成投资额。

（2）如果后续工作按计划进行，试分析 B、D、E 三项工作对计划工期产生了什么影响？

（3）如果要保持工期不变，第 9 天后需压缩哪两项工作，说明原因。

【学习目标】 通过学习，了解进度控制的概念及进度控制监理工作程序；熟悉进度计划的方法及网络计划时间参数的作用；掌握进度控制的主要方法，并会调整实际进度计划。

学习情境 5.1 建设工程进度控制概述

【情境描述】 描述建设工程进度控制的概念、影响因素，侧重于网络计划的绘制和实际参数的计算。

5.1.1 工程进度控制的概念

建设工程进度控制是指对工程项目建设各阶段的工作内容、工作程序、持续时间和衔接关系根据进度总目标及资源优化配置的原则编制计划并付诸实施，然后在进度计划的实施过程中经常检查实际进度是否按计划要求进行，对出现的偏差情况进行分析，采取补救措施或调整、修改原计划后再付诸实施，如此循环，直到建设工程竣工验收交付使用。建设工程进度控制的最终目的是确保建设项目按预定的时间动用或提前交付使用，建设工程进度控制的总目标是建设工期。

进度控制是监理工程师的主要任务之一。由于在工程建设过程中存在着许多影响进度的因素，这些因素往往来自不同的部门和不同的时期，它们对建设工程进度产生着复杂的影响。因此，进度控制人员必须事先对影响建设工程进度的各种因素进行调查分析，预测它们对建设工程进度的影响程度，确定合理的进度控制目标，编制可行的进度计划，使工程建设工作始终按计划进行。

但是，不管进度计划的周密程度如何，其毕竟是人们的主观设想，在其实施过程中，必然会因为新情况的产生、各种干扰因素和风险因素的作用而发生变化，使人们难以执行原定的进度计划。为此，进度控制人员必须掌握动态控制原理，在计划执行过程中不断检查建设工程实际进展情况，并将实际状况与计划安排进行对比，从中得出偏离计划的信息。然后在分析偏差及其产生原因的基础上，通过采取组织、技术、经济等措施，维持原计划，使之能正常实施。如果采取措施后不能维持原计划，则需要对原进度计划进行调整或修正，再按新的进度计划实施。这样在进度计划的执行过程中进行不断地检查和调整，以保证建设工程进度得到有效控制。

5.1.2　工程进度控制的必要性

为了加强对建设工程项目的管理，合理控制工程质量、工期、费用、提高工程效益和管理水平，对建设工程必须实行监理，即对建设工程进行质量、进度、费用三控制。其中，进度控制涉及业主和承包商的利益，是合同是否能够顺利执行的关键。

目前，我国已将建设工程监理制写入法律，强制推行建设工程监理制，只有通过有效的进度控制监理，才可以合理控制工期，从而使项目管理达到综合优化，同时还能确保工程质量和确保节约工程费用。

建设工程进度控制除应充分考虑时间问题外，同时也应该考虑劳动力、材料、施工机具等工程所必需的资源问题，使其达到最有效、最合理、最经济的配置和利用。工程进度控制通过计划、组织、协调等手段，调动施工活动中的一切积极因素，确保工程项目按预定工期完成，从而取得较大的投资效益。由此，可以看出工程进度控制的必要性。

5.1.3　影响工程进度的因素分析

由于建设工程具有规模庞大、工程结构与工艺技术复杂、建设周期长及相关单位多等特点，决定了建设工程进度将受到许多因素的影响。要想有效地控制建设工程进度，就必须对影响进度的有利因素和不利因素进行全面、细致的分析和预测。这样，一方面可以促进对有利因素的充分利用和对不利因素的妥善预防；另一方面也便于事先制定预防措施，事中采取有效对策，事后进行妥善补救，以缩小实际进度与计划进度的偏差，实现对建设工程进度的主动控制和动态控制。

影响建设工程进度的不利因素有很多，如人为因素，技术因素，设备、材料及构配件因素，机具因素，资金因素，水文、地质与气象因素，以及其他自然与社会环境等方面的因素。其中，人为因素是最大的干扰因素。从产生的根源看，有的来源于建设单位及其上级主管部门；有的来源于勘察设计、施工及材料、设备供应单位；有的来源于政府、建设主管部门、有关协作单位和社会；有的来源于各种自然条件；也有的来源于建设监理单位本身。在工程建设过程中，常见的影响因素如下：

（1）业主因素，如业主使用要求改变而进行设计变更；应提供的施工场地条件不能及时提供或所提供的场地不能满足工程正常需要；不能及时向施工承包单位或材料供应商付款等。

（2）勘察设计因素，如勘察资料不准确，特别是地质资料错误或遗漏；设计内容不完善，规范应用不恰当，设计有缺陷或错误；设计对施工的可能性未考虑或考虑不周；施工图纸供应不及时、不配套，或出现重大差错等。

（3）施工技术因素，如施工工艺错误；不合理的施工方案；施工安全措施不当；不可靠技术的应用等。

（4）自然环境因素，如复杂的工程地质条件；不明的水文气象条件；地下埋藏文物的保护、处理；洪水、地震、台风等不可抗力等。

（5）社会环境因素，如外单位临近工程施工干扰；节假日交通、市容整顿的限制；临时停水、停电、断路；以及在国外常见的法律及制度变化，经济制裁，战争、骚乱、罢工、企业倒闭等。

（6）组织管理因素，如向有关部门提出各种申请审批手续的延误；合同签订时遗漏条款、表达失当；计划安排不周密，组织协调不力，导致停工待料、相关作业脱节；领导不力，指挥失当，使参加工程建设的各个单位、各个专业、各个施工过程之间交接、配合上发生矛盾等。

（7）材料、设备因素，如材料、构配件、机具、设备供应环节的差错，品种、规格、质量、数量、时间不能满足工程的需要；特殊材料及新材料的不合理使用；施工设备不配套，选型失当，安装失误，有故障等。

（8）资金因素，如有关方拖欠资金，资金不到位，资金短缺；汇率浮动和通货膨胀等。

5.1.4　进度控制的措施和主要任务

5.1.4.1　进度控制的措施

为了实施进度控制，监理工程师必须根据建设工程的具体情况，认真制定进度控制措施，以确保建设工程进度控制目标的实现。进度控制的措施应包括组织措施、技术措施、经济措施及合同措施。

1. 组织措施

（1）建立进度控制目标体系，明确建设工程现场监理组织机构中进度控制人员及其职责分工。

（2）建立工程进度报告制度及进度信息沟通网络。

（3）建立进度计划审核制度和进度计划实施中的检查分析制度。

（4）建立进度协调会议制度，包括协调会议举行的时间、地点、协调会议的参加人员等。

（5）建立图纸审查、工程变更和设计变更管理制度。

2. 技术措施

（1）审查承包商提交的进度计划，使承包商能在合理的状态下施工。

（2）编制进度控制工作细则，指导监理人员实施进度控制。

（3）采用网络计划技术及其他科学适用的计划方法，并结合电子计算机的应用，对建设工程进度实施动态控制。

3. 经济措施

（1）及时办理工程预付款及工程进度款支付手续。

（2）对应急赶工给予优厚的赶工费用。

（3）对工期提前给予奖励。

（4）对工程延误收取误期损失赔偿金。

4. 合同措施

（1）推行 CM 承发包模式，对建设工程实行分段设计、分段发包和分段施工。

（2）加强合同管理，协调合同工期与进度计划之间的关系，保证合同中进度目标的实现。

（3）严格控制合同变更，对各方提出的工程变更和设计变更，监理工程师应严格审查后再补入合同文件之中。

（4）加强风险管理，在合同中应充分考虑风险因素及其对进度的影响，以及相应的处理方法。

（5）加强索赔管理，公正地处理索赔。

5.1.4.2　建设工程实施阶段进度控制的主要任务

1. 设计准备阶段进度控制的任务

（1）收集有关工期的信息，进行工期目标和进度控制决策。

（2）编制工程项目总进度计划。

（3）编制设计准备阶段详细工作计划，并控制其执行。

（4）进行环境及施工现场条件的调查和分析。

2. 设计阶段进度控制的任务

（1）编制设计阶段工作计划，并控制其执行。

（2）编制详细的出图计划，并控制其执行。

3. 施工阶段进度控制的任务

（1）编制施工总进度计划，并控制其执行。

（2）编制单位工程施工进度计划，并控制其执行。

（3）编制工程年、季、月实施计划，并控制其执行。

为了有效地控制建设工程进度，监理工程师要在设计准备阶段向建设单位提供有关工期的信息，协助建设单位确定工期总目标，并进行环境及施工现场条件的调查和分析。在设计阶段和施工阶段，监理工程师不仅要审查设计单位和施工单位提交的进度计划，更要编制监理进度计划，以确保进度控制目标的实现。

学习情境 5.2　进度计划的编制与审批

【情境描述】　施工阶段是建设工程实体的形成阶段，对其进度实施控制是建设工程进度控制的重点。做好施工进度计划与项目建设总进度计划的衔接，并跟踪检查施工进度计划的执行情况。

5.2.1　进度计划的内容与编制

5.2.1.1　进度计划的主要内容

工程项目的进度计划是对工程实施过程进行监理的前提，没有进度计划，也就谈不上对工程项目的进度进行监理。因此，在工程开始施工之前，承包人应向监理工程师提供一份科学、合理的工程项目进度计划。工程进度计划的作用，对于监理工程师来说，其意义超出了对进度计划进行控制的需要。比如，监理工程师需要根据进度计划来确定监理工作施工方案和施工要求，督促承包人做好具体工程开工之前的准备工作，根据进度计划安排施工平面布置图以满足现场要求，监理工程师还需要根据工程进度计划，在项目的实施过程中，协调人力物力，监督实际进度，评价由于各种管理失误，恶劣气候或由于业主的主观因素等变化而对工程进度的影响。

根据项目实施的不同阶段，承包商分别编制总体进度计划和年、月进度计划；对于起控制作用的重点工程项目应单独编制单位工程或单项工程进度计划。

1. 总体进度计划的内容

工程项目的施工总进度计划是用来指导工程全局的，它是工程从开工一直到竣工为止，各个主要环节的总的进度安排，起着控制构成工程总体的各个单位工程或各个施工阶段工期的作用。

（1）工程项目的总工期，即合同工期。

（2）完成各单位工程及各施工阶段所需要的工期、最早开始和最迟结束的时间。

（3）各单位工程及各施工阶段需要完成的工程量及工程用款计划。

（4）各单位工程及各施工阶段所需要配备的人力和设备数量。

（5）单各位或分部工程的施工方案和施工方法等。

（6）施工组织机构设置及质量保证体系，包括人员配备，实验室等。

2. 年进度计划的内容

对于一个建设工程项目来说，仅有工程项目的总进度计划对于工程的进度控制是不够的，尤其是当工程项目比较大时，还需要编制年度进度计划。年度进度计划要受工程总进度计划的控制。

（1）本年计划完成的单位工程及施工阶段的工程项目内容、工程数量及投资指标。

（2）施工队伍和主要施工设备的转移顺序。

（3）不同季节及气温条件下各项工程的时间安排。

（4）在总体进度计划下对各单项工程进行局部调整或修改的详细说明等。

在年度计划的安排过程中，应重点突出组织顺序上的联系，如大型机械的转移顺序、主要施工队伍的转移顺序等。首先安排重点、大型、复杂、周期长、占劳动力和施工机械多的工程，优先安排主要工种或经常处于短线状态的工种的施工任务，并使其连续作业。

3. 月（季）进度计划的内容

月（季）进度计划受年进度计划的控制。月（季）进度计划是年进度计划实现的保证，而年进度计划的实现，又保证了总进度计划的实现。

（1）本月（季）计划完成的分项工程内容及顺序安排。

（2）完成本月（季）及各分项工程的工程数量及资料。

（3）在年度计划下对各单位工程或分项工程进行局部调整或修改的详细说明等。

（4）对关键单位工程或分项工程、监理工程师认为有必要时，应制定旬计划。

4. 单项工程进度计划的内容

单项工程进度计划，是指一个工程项目中具体某一项工程，如某一桥梁工程、隧道工程或立交工程的进度计划。由于某些重点的单项工程的施工工期常常关系到整个工程项目施工总工期的长短，因此在施工进度计划的编制过程中将单独编制重点单项工程进度计划。单项工程进度计划必须服从工程的总进度计划，并且与其他单项工程按照一定的组织关系统一起来，否则即使其他各项工程的计划都得以实现，只要有一个单项工程没有按照计划完成，则整个工程项目仍不能完成，也就是说没有达到项目的总目标。

（1）本单项工程的具体施工方案和施工方法。

（2）本单项工程的总体进度计划及各道工序的控制日期。

（3）本单项工程的工程用款计划。

（4）本单项工程的施工准备及结束清场的时间安排。

（5）对总体进度计划及其他相关工程的控制、依赖关系和说明等。

5.2.1.2 进度计划的编制

施工总进度计划是施工现场各项施工活动在时间和空间上的体现。编制施工总进度计划是根据施工部署中的施工方案和工程项目开展的程序，对整个工地的所有工程项目做出时间和空间上的安排。其作用在于确定各个建筑物及其主要工种、工程、准备工作和全工地性工程的施工期限及开、竣工的日期，从而确定建筑施工现场劳动力、材料、成品、半成品、施工机械的需要数量和调配情况，以及现场临时设施的数量、水电供应数量和能源、交通的需要数量等。因此，正确的编制施工总进度计划是保证各项目以及整个建设工程按期交付使用，充分发挥投资效益，降低建筑工程成本的重要条件。

编制施工总进度计划的基本要求是：保证拟建工程在规定的期限内完成，采用合理的施工方法保证施工的连续性和均衡性，发挥投资效益，节约施工费用。

根据施工部署中拟建工程分批投产的顺序，将每个系统的各项工程分别找出，在控制的期限内进行各项工程的具体安排。如建设项目的规模不大，各系统工程项目不多时，也可不按分期分批投产顺序安排，而直接安排总进度计划。

1. 施工总进度计划的编制

施工总进度计划一般是建设工程项目的施工进度计划。它是用来确定建设工程项目中所包含的各单位工程的施工顺序、施工时间及相互衔接关系的计划。编制施工总进度计划的依据有：施工总方案；资源供应条件；各类定额资料；合同文件；工程项目建设总进度计划；工程动用时间目标；建设地区自然条件及有关技术经济资料等。

施工总进度计划的编制步骤和方法如下：

（1）计算工程量。根据批准的工程项目一览表，按单位工程分别计算其主要实物工程量，不仅是为了编制施工总进度计划，而且还为了编制施工方案和选择施工、运输机械，初步规划主要施工过程的流水施工，以及计算人工、施工机械及建筑材料的需要量。因此，工程量只需粗略地计算即可。

工程量的计算可按初步设计（或扩大初步设计）图纸和有关额定手册或资料进行。常用的定额、资料如下：

1）每1万元、每10万元投资工程量、劳动量及材料消耗扩大指标。

2）概算指标和扩大结构定额。

3）已建成的类似建筑物、构筑物的资料。

对于工业建设工程来说，计算出的工程量应填入工程量汇总表（表5.2）。

表 5.2　　　　　　　　　　　　　　　工 程 量 汇 总 表

序号	工程量名称	单位	合计	生产车间			仓库运输			管网				生活福利		大型临时设施		备注
				车间	…	…	仓库	铁路	公路	供电	供水	供热	排水	宿舍	福利	生产	生活	

（2）确定各单位工程的施工期限。各单位工程的施工期限应根据合同工期确定，同时还要考虑建筑类型、结构特征、施工方法、施工管理水平、施工机械化程度及施工现场条件等因素。如果在编制施工总进度计划时没有合同工期，则应保证计划工期不超过工期定额。

（3）确定各单位工程的开竣工时间和相互搭接关系。确定各单位工程的开竣工时间和相互搭接关系主要应考虑以下几点：

1）同一时期施工的项目不宜过多，以避免人力、物力过于分散。

2）尽量做到均衡施工，以使劳动力、施工机械和主要材料的供应在整个工期范围内达到均衡。

3）尽量提前建设可供工程施工使用的永久性工程，以节省临时工程费用。

4）急需和关键的工程先施工，以保证工程项目如期交工。对于某些技术复杂、施工周期较长、施工困难较多的工程，亦应安排提前施工，以利于整个工程项目按期交付使用。

5）施工顺序必须与主要生产系统投入生产的先后次序相吻合。同时还要安排好配套工程的施工时间，以保证建成的工程能迅速投入生产或交付使用。

6）应注意季节对施工顺序的影响，使施工季节不导致工期拖延，不影响工程质量。

7）安排一部分附属工程或零星项目作为后备项目，用以调整主要项目的施工进度。

8）注意主要工种和主要施工机械能连续施工。

（4）编制初步施工总进度计划。施工总进度计划应安排全工地性的流水作业。全工地性的流水作业安排应以工程量大、工期长的单位工程为主导，组织若干条流水线，并以此带动其他工程。施工总进度计划既可以用横道图表示，也可以用网络图表示。如果用横道图表示，则常用的格式见表 5.3。由于采用网络计划技术控制工程进度更加有效，所以人们更多地开始采用网络图来表示施工总进度计划。特别是电子计算机的广泛应用，为网络计划技术的推广和普及创造了更加有利的条件。

表 5.3　　　　　　　　　　　　　　　施 工 总 进 度 计 划 表

序号	单位工程名称	建筑面积	结构类型	工程造价	施工时间	施工进度计划											
						第一年				第二年				第三年			
						I	II	III	IV	I	II	III	IV	I	II	III	IV

（5）编制正式施工总进度计划。初步施工总进度计划编制完成后，要对其进行检查。主要是检查总工期是否符合要求，资源使用是否均衡且其供应是否能得到保证。如果出现问题，则应进行调整。调整的主要方法是改变某些工程的起止时间或调整主导工程的工期。如果是网络计划，则可以利用计算机分别进行工期优化、费用优化及资源优化。当初步施工总进度计划经过调整符合要求后，即可编制正式的施工总进度计划。

正式的施工总进度计划确定后，应以此为依据编制劳动力、材料、大型施工机械等资源的需用量计划，以便组织供应，保证施工总进度计划的实现。

2. 单位工程施工进度计划的编制

单位工程施工进度计划是在既定施工方案的基础上，根据规定的工期和各种资源供应条件，对单位工程中的各分部分项工程的施工顺序、施工起止时间及衔接关系进行合理安排的计划。其编制的主要依据有：施工总进度计划；单位工程施工方案；合同工期或定额工期；施工定额；施工图和施工预算；施工现场条件；资源供应条件；气象资料等。

(1) 单位工程施工进度计划的编制程序。单位工程施工进度计划的编制程序如图5.1所示。

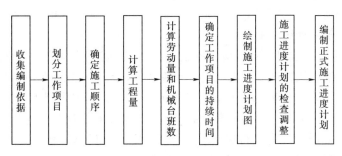

图 5.1　单位工程施工进度计划编制程序

(2) 单位工程施工进度计划的编制方法：

1) 划分工作项目。工作项目是包括一定工作内容的施工过程，它是施工进度计划的基本组成单元。工作项目内容的多少，划分的粗细程度，应该根据计划的需要来决定。对于大型建设工程，经常需要编制控制性施工进度计划，此时工作项目可以划分得粗一些，一般只明确到分部工程即可。例如在装配式单层厂房控制性施工进度计划中，只列出土方工程、基础工程、预制工程、安装工程等各分部工程项目。如果编制实施性施工进度计划，工作项目就应划分得细一些。在一般情况下，单位工程施工进度计划中的工作项目应明确到分项工程或更具体，以满足指导施工作业、控制施工进度的要求。例如在装配式单层厂房实施性施工进度计划中，应将基础工程进一步划分为挖基础、做垫层、砌基础、回填土等分项工程。

由于单位工程中的工作项目较多，应在熟悉施工图纸的基础上，根据建筑结构特点及已确定的施工方案，按施工顺序逐项列出，以防止漏项或重项。凡是与工程对象施工直接有关的内容均应列入计划，而不属于直接施工的辅助性项目和服务性项目则不必列入。例如在多层混合结构住宅建筑工程施工进度计划中，应将主体工程中的搭脚手架，砌砖墙，现浇圈梁、大梁及混凝土板，安装预制楼板和灌缝等施工过程列入。而完成主体工程中的运输砖、砂浆及混凝土，搅拌混凝土和砂浆，以及楼板的预制和运输等项目，既不是在建筑物上直接完成，也不占用工期，则不必列入计划之中。

另外，有些分项工程在施工顺序上和时间安排上是相互穿插进行的，或者是由同一专业施工队完成的。为了简化进度计划的内容，应尽量将这些项目合并，以突出重点。例如防潮层施工可以合并在砌筑基础项目内，安装门窗框可以并入砌墙工程。

2) 确定施工顺序。确定施工顺序是为了按照施工的技术规律和合理的组织关系，解决各工作项目之间在时间上的先后和搭接问题，以达到保证质量、安全施工、充分利用空间、争取时间、实现合理安排工期的目的。

一般说来，施工顺序受施工工艺和施工组织两方面的制约。当施工方案确定之后，工作项目之间的工艺关系也就随之确定。如果违背这种关系，将不可能施工，或者导致工程质量事故和安全事故的出现，或者造成返工浪费。

工作项目之间的组织关系是由于劳动力、施工机械、材料和构配件等资源的组织和安排需要而形成的。它不是由工程本身决定的，而是一种人为的关系。组织方式不同，组织关系也就不同。不同的组织关系会产生不同的经济效果，应通过调整组织关系，并将工艺关系和组织关系有机地结合起来，形成工作项目之间的合理顺序关系。

不同的工程项目，其施工顺序不同。即使是同一类工程项目，其施工顺序也难以做到完全相同。因此，在确定施工顺序时，必须根据工程的特点、技术组织要求以及施工方案等进行研究，不能拘泥于某种固定的顺序。

3）计算工程量。工程量的计算应根据施工图和工程量计算规则，针对所划分的每一个工作项目进行。当编制施工进度计划时已有预算文件，且工作项目的划分与施工进度计划一致时，可以直接套用施工预算的工程量，不必重新计算。若某些项目有出入，但出入不大时，应结合工程的实际情况进行某些必要的调整。计算工程量时应注意以下问题：

a. 工程量的计算单位应与现行定额手册中所规定的计量单位相一致，以便计算劳动力、材料和机械数量时直接套用定额，而不必进行换算；

b. 要结合具体的施工方法和安全技术要求计算工程量。例如计算柱基土方工程量时，应根据所采用的施工方法（单独基坑开挖、基槽开挖还是大开挖）和边坡稳定要求（放边坡还是加支撑）进行计算；

c. 应结合施工组织的要求，按已划分的施工段分层分段进行计算。

4）计算劳动量和机械台班数。当某工作项目是由若干个分项工程合并而成时，则应分别根据各分项工程的时间定额（或产量定额）及工程量，按式（5.1）计算出合并后的综合时间定额（或综合产量定额）：

$$H=(Q_1 \times H_1 + Q_2 \times H_2 + \cdots + Q_i \times H_i + \cdots + Q_n \times H_n)/(Q_1 + Q_2 + \cdots + Q_i + \cdots Q_n)$$

$$(5.1)$$

式中：H 为综合时间定额，工日/m^2、工日/m^3、…；Q_i 为工作项目中第 i 个分项工程的工程量；H_i 为工作项目中第 i 个分项工程的时间定额。

根据工作项目的工程量和所采用的定额，即可按式（5.2）或式（5.3）计算出各工作项目所需要的劳动量和机械台班数：

$$P=QH \tag{5.2}$$

或
$$P=Q/S \tag{5.3}$$

式中：P 为工作项目所需要的劳动量（工日）或机械台班数（台班）；Q 为工作项目的工程量，m^3、m^2、t、…；S 为工作项目所采用的人工产量定额，m^3/工日、m^2/工日、t/工日、…或机械台班产量定额，m^3/台班、m^2/台班、t/台班、…。

其他符号意义同上。

零星项目所需要的劳动量可结合实际情况，根据承包单位的经验进行估算。

由于水、暖、电、卫等工程通常由专业施工单位施工，因此，在编制施工进度计划时，不计算其劳动量和机械台班数，仅安排其与土建施工相配合的进度。

5）根据工作项目所需要的劳动量或机械台班数，以及该工作项目每天安排的工人数或配备的机械台数，即可按式（5.4）计算出各工作项目的持续时间：

$$D=P/(R \cdot B) \tag{5.4}$$

式中：D 为完成工作项目所需要的时间，即持续时间，d；R 为每班安排的工人数或施工机械台数；B 为每天工作班数。

其他符号意义同前。

在安排每班工人数和机械台数时，应综合考虑以下问题：

a. 要保证各个工作项目上工人班组中每一个工人拥有足够的工作面（不能少于最小工作面），以发挥高效率并保证施工安全。

b. 要使各个工作项目上的工人数量不低于正常施工时所必需的最低限度（不能小于最小劳动组合）以达到最高的劳动生产率。

由此可见，最小工作面限定了每班安排人数的上限，而最小劳动组合限定了每班安排人数的下限。对于施工机械台数的确定也是如此。

每天的工作班数应根据工作项目施工的技术要求和组织要求来确定。例如浇筑大体积混凝土，要求不留施工缝连续浇筑时，就必须根据混凝土工程量决定采用双班制或三班制。

以上是根据安排的工人数和配备的机械台班数来确定工作项目的持续时间。但有时根据组织要求（如组织流水施工时），需要采用倒排的方式来安排进度，即先确定各工作项目的持续时间，然后以此来确定所需要的工人数和机械台数。此时，需要把式（5.4）变换成式（5.5）。利用该公式即可确定各工作项目所需要的工人数和机械台数。

$$R=P/(D \cdot B) \tag{5.5}$$

如果根据上式求得的工人数或机械台数已超过承包单位现有的人力、物力，除了寻求其他途径增加人力、物力外，承包单位应从技术上和施工组织上采取积极措施加以解决。

6）绘制施工进度计划图。绘制施工进度计划图，首先应选择施工进度计划的表达形式。目前，常用来表达建设工程施工进度计划的方法有横道图和网络图两种形式。横道图比较简单，而且非常直观，多年来被人们广泛地用于表达施工进度计划，并以此作为控制工程进度的主要依据。

但是，采用横道图控制工程进度具有一定的局限性。随着计算机的广泛应用，网络计划技术日益受到人们的青睐。

7）施工进度计划的检查与调整。当施工进度计划初始方案编制好后，需要对其进行检查与调整，以便使进度计划更加合理，进度计划检查的主要内容包括：

a. 各工作项目的施工顺序、平行搭接和技术间歇是否合理。

b. 总工期是否满足合同规定。

c. 主要工种的工人是否能满足连续、均衡施工的要求。

d. 主要机具、材料等的利用是否均衡和充分。

在上述四个方面中，首要的是前两方面的检查，如果不满足要求，必须进行调整。只有在前两个方面均达到要求的前提下，才能进行后两个方面的检查与调整。前者是解决可行与否的问题，而后者则是优化的问题。

进度计划的初始方案若是网络计划，则可以分别进行工期优化、费用优化及资源优化。待优化结束后，还可将优化后的方案用时标网络计划表达出来，以便于有关人员更直观地了解进度计划。

5.2.2　进度计划的提交与审批

5.2.2.1　进度计划的提交

1. 提交及审核时间

（1）总体进度计划。除另有规定外，承包人应在合同协议书签订之后的 28 天内，向驻地监理工程师提交 2 份其格式和内容符合监理工程师规定的工程进度计划，以及为完成该计划而建议采用的实施性施工方案和说明。驻地监理工程师（包括经驻地审核报总监理工程师审核）应在收到该计划的 14 天内审查同意或提出修改意见。如需修改则将进度计划退回承包人，承包人在接到监理工程师指令的 14 天内将修订后的进度计划提交给驻地监理工程师。

（2）年度进度计划。一般承包人应在每年的 11 月底前，根据已经同意的总体进度计划或其修订的进度计划，向驻地监理工程师提交 2 份其格式和内容符合监理工程师规定的下一年度的施工进度供审查。该计划应包括本年度预计完成的和下一年度预计完成的分项工程数量和工程量以及为实现此计划采取的措施。由总监理工程师和驻地监理工程师对年度进度计划进行审核与批复。进度计划获得同意的时间不宜超过 12 月 20 日，以免影响下一年度的施工。

（3）月进度计划。承包人应在确保合同工期的前提下，每三个月对进度计划进行一次修订，一般应在前一个进度计划的最后一个月的 25 日前提交给监理工程师。施工过程中，如果监理工程师认为有必要或者工程的实际进度不符合监理同意的进度计划，监理工程师可要求承包人每一个月提交一次工程进度修改计划，以确保工程在预定工期内完成。

2. 提交内容和审批程序

（1）承包人提交工程进度计划的内容。承包人提交的工程进度计划内容应该符合规定并符合规定的图表形式。

（2）批复程序。所有的进度计划均先报驻地监理工程师，由驻地监理工程师组织监理人员进行初审，按照总监理工程师关于进度计划管理的授权进行批复或转报总监理工程师批复。一般总体进度计划、年度计划、关键主体工程进度和复杂工程施工方案，由驻地工程师提出审查意见后报总监理工程师批复，报业主备案，其他计划由驻地监理工程师审查批复，向总监理工程师备案。审核工作应按照以下程序进行：

1）阅读有关文件、列出问题、调查研究、搜集资料、酝酿完善或调整的建议。

2）与承包人对有关进度计划编制问题进行讨论或澄清，并提出修改建议。

3）汇总、综合、确定批复意见。

4）如承包人进度计划不被接受，监理工程师应提出修改建议并退回承包人，督促承包人重新编制，并按照上述程序再进行提交和审核。

（3）批复的主要内容。监理工程师对承包人编制的进度计划无论同意与否，均要以书面的形式予以批复，批复的主要内容应该包括以下几点：

1）明确是否接受提交的进度计划，并说明理由。

2）提出完善进度计划或重新编制进度计划的建议和要求。

3）对可接受的进度计划，应明确指出需要补充的内容、完善的措施、时限要求和补充提交的资料。

4）对需要重新编制的进度计划，应明确编制要求、重点及编制中应注意的问题。

3．编制进度计划的时间要求

进度计划的编制必须在该计划控制的时限到来之前完成，以确保对工程施工的指导作用。

5.2.2.2　进度计划的审批

1．进度计划审核的基本要求

进度计划的审核是通过审核承包人的进度计划使工程实施的时间安排合理、施工方案和工艺可行、有效，施工能力与计划目标相适应。

（1）以合同为依据。监理工程师在审核进度计划时必须以合同为依据，以实现合同规定的分阶段进度计划，确保合同总工期内完成工程施工要求为目标。即工程进度计划以月保季、季保年、年计划保证总工期实现为目标，审查进度计划的合理性和对施工的指导性。

（2）资源投入满足工程进度计划需要。承包人为完成工程投入的人员、设备、资金和材料等资源是实现工程进度计划的重要措施和保证。进度计划的审查要对资源的数量、性能、规格及人员，以及符合要求的资源的投入时间，进行详细核算，保证完成进度计划的需要。

（3）施工方案满足技术规范要求。合理的施工方案是使所建工程质量达到合同目标的基础。审核进度计划时，要对各分项工程，特别是主要分项工程的施工方案和施工工艺的合理性和可行性进行认真的审核。施工方案及施工工艺必须符合有关技术规范的规定，符合施工现场水文、地质、气象、交通等条件，符合业主为达到预期的质量目标，在工程合同中规定的施工方案或施工工艺要求，承包人的资源投入必须与之相适应。

（4）相关工程协调。进度计划审核中心必须根据工程内容、特点，全面综合协调各施工单位的工程进度计划，突出保证关键主体工程，便于工程管理和对已完工程的有效保护，使各项工程、各工种和各施工单位施工作业协调、有序的进行，避免相互影响和干扰。

为此，各阶段进度计划中，应明确关键工程项目并予以优先安排，重点保护；分项工程、施工单位间的相互关系和交接明确；为后续工程进展创造有利的施工条件；工作量计划和形象进度兼顾，以保证形象进度为主。

2．进度计划审核的主要内容

（1）总体进度计划：

1）审核内容：①工程项目的合同工期；②完成各单位工程及各施工阶段所需要的工期、最早开始和最迟结束的时间；③各单位工程及各施工阶段需要完成的工程量及现金流动估算，配备的人员及机械数量；④各单位工程或分部工程的施工方案和施工方法等。

2）应提供的资料：①施工总体安排和施工总体布置（应附总施工平面图）；②工程进度计划以关键工程网络图和主要工程横道图形式分别绘制，并辅以文字说明。一般对总体进度计划图和复杂的单位工程应采用网络图，对工序少、施工简单的单位工程采用横道图或斜线图，对工作量进度计划的表示采用 S 曲线图；③永久占地和临时占地计划；④资金需求计划；⑤材料采购、设备调配和人员进场计划；⑥主要工程施工方案；⑦质量保证体系及质量保证措施（附施工组织机构框图和质保体系图）；⑧安全生产措施（附安全生产组织框图）和环境保护措施；⑨雨季、冬季施工质量保证措施。

总体进度除满足基本要求外，还应注意：①承包人对投标书中所拟施工方案的具体落实措施的可行性和可靠性；②承包人进驻现场后，针对更详细掌握的现场情况和施工条件（如地形、地质、施工用地、拆迁、便道、设计变更等），对工程进度和施工方案以及相应施工准备、施工力量和施工活动的补充和调整；③对特别重要、复杂工程及不利季节施工的工程和采用新工艺、新技术的施工安排和措施的可行性和可靠性分析。

（2）关键工程进度计划。关键工程进度计划是总体工程进度计划的主要组成部分，对项目总工期起着控制作用。其内容应与总体进度计划协调一致，有更强的针对性，并在计划中明确、突出，加大措施保证实现。

1）审核的内容：①施工方案和施工方法；②总体进度计划及各道工序的控制日期；③现金流动估算；④各工程阶段的人力和设备的配额及运输安排；⑤施工准备及结束清偿的时间；⑥对总体进度计划及其他相关工程的控制、依赖关系和说明等。

2）应提供的资料：①施工进度计划应细化分项工程各道工序的控制日期，并以图表的形式表达；②施工场地布置图，主要料场分布图（如取土场）；③资金需求计划；④材料采购、设备调配和人员进场计划；⑤具体施工方案和施工方法；⑥质量保证体系及质量保证措施（附施工组织机构框图和质保体系图）；⑦安全生产措施（附安全生产组织框图）和环境保护措施；⑧雨季施工质量保证措施；⑨冬季、夏季施工质量保证措施。

（3）年度计划的审核：

1）审核的内容：①本年度计划完成的工程项目、内容、工程数量及工作量；②施工队伍和主要施工设备、数量及调配顺序；③不同季节及气温条件下各项工程的时间安排；④在总体计划下对各分项工程进行局部调整或修改的详细说明等。

2）应提供的资料：①本年度工程进度计划（计划完成的工程项目、内容、数量及投资）；②计划进度图表，进度图表中各分项工程的进度均要细化到月；③资源投入计划，包括：主要施工设备投入、调配计划、主要技术和管理人员投入计划、劳力组织计划、资金投入计划（主要指承包人在合同中承诺的由承包人投入到本工程的资金）；④资金流量估算表（计划需业主支付给承包人的）；⑤永久和临时占地计划；⑥保证工期和质量的措施；⑦特殊季节施工质量保证措施。

3）审核注意事项。年度进度计划是在总体进度计划和各关键工程进度计划已获得监理工程师批复的基础上编制。年度计划审核要注意以下事项：①工期和进度必须符合总体进度计划的要求；②工作量和形象进度计划应保持一致，以形象进度为主；③人员、设备、材料等投入应在数量、进程时间和分配上进一步具体化，明确各分项工程所分配的具体数量，保证适应工程进展的需要；④各分项工程的开工和完成日期以及各分项工程或各单位工程间的相互衔接关系进一步明确；⑤根据实际进展情况，对单位工程或分项工程及完成它所采取的工程措施和资源投入进行局部调整或修改。

（4）月进度计划审核。月进度计划审核的基本要求和主要内容与年度计划审核基本相同，只是时间跨度更小，对各分项工程的控制更加具体，不再赘述。

3. 各工程进度计划的审核的准备

（1）搜索与进度计划审核有关的技术资料。为了使通过监理工程师审核和批复的施工组织计划或工程进度计划合理，并对工程实施具有指导性，监理工程师应全面的搜索与工程有关的资料，并进行现场调查，这些资料如下：

1）合同文件及其设计的技术规范。

2）地质、水文和气象资料。

3）当地料源、土场分布情况。

4）当地交通条件及水、电分布资料。

5）社会环境及当地民风、民俗。

6）与编制进度计划有关的工程定额和手册等。

（2）阅读合同文件。重点从以下几个方面掌握合同文件：

1）工期。工程合同中对工期的规定有总的工期目标和分阶段工期目标，对进度的控制有工作量控制和形象进度控制，以及各期工程的起止时间和有关施工单位的进场时间。熟悉合同时，必须注意全面掌握，各目标兼顾，并充分考虑不利施工季节可能对工程顺利进行的影响。

2）工作量。应注意掌握工程的分期及其工程范围和内容，如小桥涵的护栏有的包含在路基桥涵工程中，有的包含在交通工程中。分隔带换土有的包含在路基或路面工程中，有的包含在绿化工程中。要明确界定范围，避免计划安排的遗漏或重复和施工作业的相互干扰。

3）新技术、新工艺、新材料的采用。采用新技术、新工艺，往往对施工工艺、技术指标、实验、测试、数据的收集、验收与评定有特殊的要求，对进度的影响较大，阅读合同时应注意以下几点：①与常规施工方法的不同；②新技术或新材料的特性及主要控制指标；③新材料、新工艺施工前的考察、研讨、培训等准备；④试验所需的时间；⑤需要专用机械或设备；⑥与常规方法在施工效率方面的不同。

（3）监理人员的组织与分工。工程计划的编报与审核是一项技术含量高，涉及范围广，各学科知识相互渗透和影响的工作，应由监理主要负责人组织各专业工程师参加，在全面搜集资料、熟悉合同、了解现场及本工程特点的基础上进行。应注意以下事项：

1）参加审核人员的数量和专业视工程规模、内容、复杂程度而定，技术和业务能覆盖整个工程。

2）人员分工力求各尽所能，扬长避短。主要负责人负责组织协调工作，并对进度计划总体安排的合理性、工程总工期目标和分阶段工期目标的保证措施、主要工程施工方案的采用、各合同或各单位工程以及各期工程的协调等进行审核，根据审核工作进展情况适时调整人员分工。其他人员根据专业分别审查其有关内容。

3）各级监理审批权限有所不同。各级监理审批进度计划的权限由总监理工程师决定。一般情况下，总体进度和年进度计划由总监理工程师批复，月进度计划由驻地工程师批复。当工程实际进度严重偏离计划进度，驻地工程师应指令承包人调整进度计划，由驻地工程师审查同意后报总监理工程师审批。重要或关键工程的总体进度计划应经驻地工程师审查同意后报总监理工程师审批。

（4）审核中的资料分析与整理：

1）分析与整理的目的。对已掌握资料分析与整理，目的在于：①分析可能影响工程进展、影响实现合同规定阶段控制目标和工期目标的因素；②掌握和分析承包人为实现本工程的预期目标拟投入的人力、设备、资金的适应能力；③探索避免或减少各种不利施工的自然因素（如雨季、冬季施工、不良地质条件）影响的施工安排和技术措施；④明确工程施工的技术难点和采用新技术、新工艺应予重点控制的环节和技术措施；⑤明确可能影响安全生产的工程部位和施工环节，及其在计划中采取的措施。

2）分析和整理的重点：

a. 设计资料和实际情况的符合性。由于种种原因（设计管理中的协调、勘探设计的深度、技术水平等），常有设计资料与实际不符的情况发生。补充必要的勘探资料或变更设计，有利于工程按计划进行。常见的情况有：①地质资料方面，钻孔的密度未能控制实际地质情况或描述不符合实际；②当地料场、取土场及地材质量和存储量、供应能力等不准确；③工程各部位设计不协调（即设计文件中的各组成部分不协调一致）等。

b. 施工环境的影响：①气候的影响；②地质、水文的影响；③当地工农业生产对本工程所需材料、劳务、水、电供应能力的影响；④当地风俗、习惯的影响，如传统节日、麦收、秋收等。

c. 承包人履约能力。从承包人进场、组织机构、质检系统、人员和机械设备进场及施工准备情况等方面分析承包人合同意识和质量意识。

（5）计划审查注意事项：

1）保证合同工期。总体进度计划是整个工程的进度安排，总工期、分阶段工期目标必须得到保证，并符合合同要求。

年度、月度或其他进度计划是总体进度计划的特定阶段，工期和进度的安排必须符合总体进度计划。如上一阶段实际进度计划与总体进度计划有偏差（主要指进度滞后），应在下阶段中予以调整，如发生的偏差较大，超出了正常范围，应考虑总体进度计划的调整。总体进度计划中工程开始和完工日期、工程进度和资源投入是针对工程总体而言，年度或月度计划中必须把工作衔接、资源投入明确落实到具体项目。

2）重视形象进度。保证工作量进度与形象进度一致是保证全工程协调有序进行和为后续工程创造有利条件的措施之一。审查进度计划和实际控制进度时应防止片面追求和加大工作量计划可能导致对总体进度的干扰。如地形复杂的大填大挖路段，其工作量占工程总金额的比重不一定很大，但是机械难以进场和调头，工作面小，操作困难，工程初期对其难度估计不足，后期可能成为影响后续工程施工的因素。

3）控制关键工程。关键工程进度计划，必须在技术、物质、人员、资金方面得以充分保证，有关的非关键工程要在不干扰其顺利实施的条件下与关键工程协调安排。

4）保证质量目标。进度计划中对质量保证的审核应注意：

a. 合同中承诺的主要技术管理人员必须按要求到位，质量保证体系需完善、有效，不得随意更换，并现场实际需要适时调整。如认为技术和管理人员不足，应要求承包人补充。

b. 承包人所投入的主要机械设备的数量、规格和性能应与合同中的承诺一致，并根据批准的施工方案和工艺的需要来进行充实和调整。审查重点是大型专用设备，如起重设备、土方工程中的重型压实设备等。

c. 指定施工工艺的落实。有的工程合同文件中对工程施工工艺提出明确要求，进度计划审批时应注意予以保证。例如，规定对水泥混凝土工程采用集中机械拌和、搅拌运输、场地硬化，采用大模板；楼板结构层采用覆盖养生；钢筋混凝土预制梁（板）先做试验梁，合格后允许批量预制等。

5）多工种、多单位施工协调。建设工程一般有多个承包人参与施工，为了相互配合，协调作业，减少干扰，有序地进行施工，必须对各个承包人编制的计划进行协调，以下方面可供参考：①在明确并保证关键建设工程施工不受干扰的情况下，尽可能多的开展施工作业；②现场清理，特别是挖、弃方量比较大的现场清理工作（主要指路线征地界以内部分），宜在隔离栅安装前完成；③群众生产、生活的通道、便道，应及时疏通并能正常通行，排水系统应在雨季前疏通等。

6）施工环境的影响：

a. 施工现场条件的影响：①原地面、路堑或取土场含水量过高而需要在压实前排水、翻晒，或因有不适宜土而需做部分清除或分层剥离处理；②岩溶地质条件和地质条件出现意外时的处理；③工程实际与地质、水文资料不符（如路槽有渗水、涌水情况发生，地基承载力不足等）的设计变更；④冬季、雨季不利施工季节或因意外地下文物、构造物（如电力、电讯、水利设施等）因素的影响的停工。

b. 施工环境的影响：①工程建设所需地方材料的供应能力及其质量的影响；②民风、民俗对本工程劳务的影响；③预计提供施工用地及地物拆迁进展对工程安排的影响；④当地有关部门和群众可能对施工进度的影响。

7）采用新技术、新工艺的影响：

a. 采用新技术、新工艺的工程不论承包人是否有类似工程施工的经历，全面展开施工前，应具备施工条件，并在进度计划中安排；

b. 具备和掌握了技术规范、操作规程，对施工人员进行了岗位培训，并有严密的施工组织和质量保证措施；

c. 机械设备检测仪器的配备适应工程需要，工程材料符合要求；

d. 进行实验段或关键施工环节的施工检测，取得的检测数据符合设计要求，并在总结经验基础上，调整完善施工方案和操作规程。

8）必须对承包人提交的资料进行计算、复核。对承包人提交的资料，计划审批人员应进行计算、复核，不符合要求的不予审批，提出修改意见，返回让承包人重新修改，再报送。

学习情境5.3 进度计划实施中的控制方法

【情境描述】 在进度计划的执行过程中，必须采取有效的监测手段对进度计划的实施过程进行监控，以便及时发现问题，并运用行之有效的进度调整方法来解决问题。

确定建设工程进度目标，编制一个科学、合理的进度计划是监理工程师实现进度控制的首要前提。但是在工程项目的实施过程中，由于外部环境和条件的变化，进度计划的编制者很难事先对项目在实施过程中可能出现的问题进行全面的估计。气候的变化、不可预见事件的发生以及其他条件的变化均会对工程进度计划的实施产生影响，从而造成实际进度偏离计划进度，如果实际进度与计划进度的偏差得不到及时纠正，势必影响进度总目标的实现。为此，在进度计划的执行过程中，必须采取有效的监测手段对进度计划的实施过程进行监控，以便及时发现问题，并运用行之有效的进度调整方法来解决问题。

5.3.1 实际进度监测与调整的过程

5.3.1.1 进度监测的过程

在建设工程实施过程中，监理工程师应经常地、定期地对进度计划的执行情况进行跟踪检查，发现问题后，及时采取措施加以解决。

1. 进度计划执行中的跟踪检查

对进度计划的执行情况进行跟踪检查是计划执行信息的主要来源，是进度分析和调整的依据，也是进度控制的关键步骤。跟踪检查的主要工作是定期收集反映工程实际进度的有关数据，收集的数据应当全面、真实、可靠，不完整或不正确的进度数据将导致判断不准确或决策失误。为了全面、准确地掌握进度计划的执行情况，监理工程师应认真做好以下三方面的工作：

（1）定期收集进度报表资料。进度报表是反映工程实际进度的主要方式之一。进度计划执行单位应按照进度监理制度规定的时间和报表内容，定期填写进度报表。监理工程师通过收集进度报表资料掌握工程实际进展情况。

（2）现场实地检查工程进展情况。派监理人员常驻现场，随时检查进度计划的实际执行情况，这样可以加强进度监测工作，掌握工程实际进度的第一手资料，使获取的数据更加及时、准确。

（3）定期召开现场会议。定期召开现场会议，监理工程师通过与进度计划执行单位的有关人员面对面的交谈，既可以了解工程实际进度状况，同时也可以协调有关方面的进度关系。

一般说来，进度控制的效果与收集数据资料的时间间隔有关。究竟多长时间进行一次进度检查，这是监理工程师应当确定的问题。如果不经常地、定期地收集实际进度数据，就难以有效地控制实际进度。进度检查的时间间隔与工程项目的类型、规模、监理对象及有关条件等多方面因素相关，可视工程的具体情况，每月、每半月或每周进行一次检查。特殊情况下，甚至需要每日进行一次进度检查。

2. 实际进度数据的加工处理

为了进行实际进度与计划进度的比较，必须对收集到的实际进度数据进行加工处理，形成与计划进度具有可比性的数据。例如，对检查时段实际完成工作量的进度数据进行整理、统计和分析，确定本期累计完成的工作量、本期已完成的工作量占计划总工作量的百分比等。

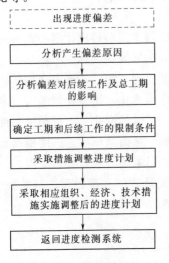

图 5.2 建设工程进度
调整的过程

3. 实际进度与计划进度的对比分析

将实际进度数据与计划进度数据进行比较，可以确定建设工程实际执行状况与计划目标之间的差距。为了直观反映实际进度偏差，通常采用表格或图形进行实际进度与计划进度的对比分析，从而得出实际进度比计划进度超前、滞后还是一致的结论。

5.3.1.2 进度调整的过程

在建设工程实施进度监测过程中，一旦发现实际进度偏离计划进度，即出现进度偏差时，必须认真分析产生偏差的原因及其对后续工作和总工期的影响，必要时采取合理、有效的进度计划调整措施，确保进度总目标的实现。进度调整的过程如图 5.2 所示。

1. 分析进度偏差产生的原因

通过实际进度与计划进度的比较，发现进度偏差时，为了采取有效措施调整进度计划，必须深入现场进行调查，分析产生进度偏差的原因。

2. 分析进度偏差对后续工作和总工期的影响

当查明进度偏差产生的原因之后，要分析进度偏差对后续工作和总工期的影响程度，以确定是否应采取措施调整进度计划。

3. 确定后续工作和总工期的限制条件

当出现的进度偏差影响到后续工作或总工期而需要采取进度调整措施时，应当首先确定可调整进度的范围，主要指关键节点、后续工作的限制条件以及总工期允许变化的范围。这些限制条件往往与合同条件有关，需要认真分析后确定。

4. 采取措施调整进度计划

采取进度调整措施，应以后续工作和总工期的限制条件为依据，确保要求的进度目标得到实现。

5. 实施调整后的进度计划

进度计划调整之后，应采取相应的组织、经济、技术措施执行它，并继续监测其执行情况。

5.3.2 实际进度与计划进度的比较方法

实际进度与计划进度的比较是建设工程进度监测的主要环节。常用的进度比较方法有横道图、S 曲线、香蕉曲线、前锋线和列表比较法。

5.3.2.1 横道图比较法

横道图比较法是指将项目实施过程中检查实际进度收集到的数据，经加工整理后直接用横道线平行绘于原计划的横道线处，进行实际进度与计划进度的比较方法。采用横道图比较法，可以形象、直观地反映实际进度与计划进度的比较情况。

例如某工程项目基础工程的计划进度和截止到第 9 周末的实际进度如图 5.3 所示，其中双线条表示该工程的计划进度，粗实线表示实际进度。从图中实际进度与计划进度的比较可以看出，到第 9 周末进行实际进度检查时，挖土方和做垫层两项工作已经完成；支模板按计划也应该完成，但实际只完成 75%，任务量拖欠 25%，绑扎钢筋按计划应该完成 60%，而实际只完成 20%，任务量拖欠 40%。

根据各项工作的进度偏差，进度控制者可以采取相应的纠偏措施对进度计划进行调整，以确保该工程按期完成。

图 5.3 所表达的比较方法仅适用于工程项目中的各项工作都是均匀进展的情况，即每项工作在单位时间内完成的任务量都相等的情况。事实上，工程项目中各项工作的进展不一定是匀速的。根据工程项目中各项工作的进展是否匀速，可分别采用以下两种方法进行实际进度与计划进度的比较。

1. 匀速进展横道图比较法

匀速进展是指在工程项目中，每项工作在单位时间内完成的任务量都是相等的，即工作的进展速度是均匀的。此时，每项工作累计完成的任务量与时间呈线性关系，如图 5.4 所示。完成的任务量可以用实物工程量、劳动消耗量或费用支出表示。为了便于比较，通常用上述物理量的百分比表示。

采用匀速进展横道图比较法时，其步骤如下：

（1）编制横道图进度计划。

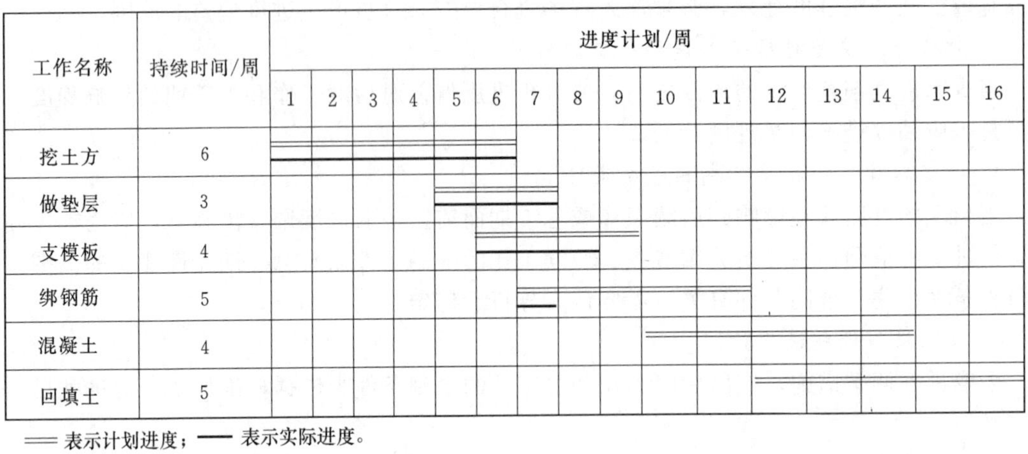

工作名称	持续时间/周	进度计划/周														
		1	2	3	4	5	6	7	8	9	10	11	12	13	14	15	16
挖土方	6																
做垫层	3																
支模板	4																
绑钢筋	5																
混凝土	4																
回填土	5																

═══ 表示计划进度；━━━ 表示实际进度。

图 5.3 某基础工程实际进度与计划进度比较图

（2）在进度计划上标出检查日期。

（3）将检查收集到的实际进度数据经加工整理后按比例用涂黑的粗线标于计划进度的下方，如图 5.5 所示。

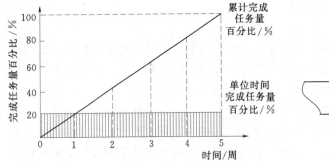

图 5.4 工作匀速进展时任务量与时间关系曲线 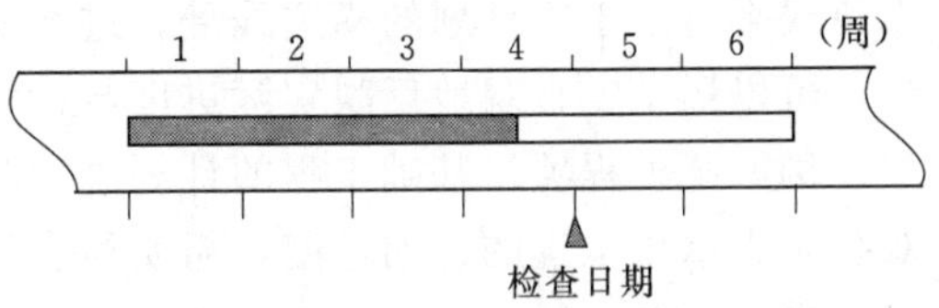　　图 5.5 匀速进展横道图

（4）对比分析实际进度与计划进度：

1）如果涂黑的粗线右端落在检查日期左侧，表明实际进度拖后。

2）如果涂黑的粗线右端落在检查日期右侧，表明实际进度超前。

3）如果涂黑的粗线右端与检查日期重合，表明实际进度与计划进度一致。

必须指出，该方法仅适用于工作从开始到结束的整个过程中，其进展速度均为固定不变的情况。如果工作的进展速度是变化的，则不能采用这种方法进行实际进度与计划进度的比较；否则，会得出错误的结论。

2. 非匀速进展横道图比较法

当工作在不同单位时间里的进展速度不相等时，累计完成的任务量与时间的关系就不可能是线性关系。此时，应采用非匀速进展横道图比较法进行工作实际进度与计划进度的比较。非匀速进展横道图比较法在用涂黑粗线表示工作实际进度的同时，还要标出其对应时刻完成任务量的累计百分比，并将该百分比与其同时刻计划完成任务量的累计百分比相比较，判断工作实际进度与计划进度之间的关系。

采用非匀速进展横道图比较法时，其步骤如下：

（1）编制横道图进度计划。

（2）在横道线上方标出各主要时间工作的计划完成任务量累计百分比。

（3）在横道线下方标出相应时间工作的实际完成任务量累计百分比。

（4）用涂黑粗线标出工作的实际进度，从开始之日标起，同时反映出该工作在实施过程中的连续与间断情况。

（5）通过比较同一时刻实际完成任务量累计百分比和计划完成任务量累计百分比，判断工作实际进度与计划进度之间的关系：

1）如果同一时刻横道线上方累计百分比大于横道线下方累计百分比，表明实际进度拖后，拖欠的任务量为二者之差。

2）如果同一时刻横道线上方累计百分比小于横道线下方累计百分比，表明实际进度超前，超前的任务量为二者之差。

3）如果同一时刻横道线上下方两个累计百分比相等，表明实际进度与计划进度一致。

可以看出，由于工作进展速度是变化的，因此，在图 5.5 中的横道线，无论是计划的还是实际的，只能表示工作的开始时间、完成时间和持续时间，并不表示计划完成的任务量和实际完成的任务量。此外，采用非匀速进展横道图比较法，不仅可以进行某一时刻（如检查日期）实际进度与计划进度的比较，而且还能进行某一时间段实际进度与计划进度的比较。当然，这需要实施部门按规定的时间记录当时的任务完成情况。

横道图比较法虽有记录和比较简单、形象直观、易于掌握、使用方便等优点，但由于其以横道计划为基础，因而带有不可克服的局限性。在横道计划中，各项工作之间的逻辑关系表达不明确，关键工作和关键线路无法确定。一旦某些工作实际进度出现偏差，难以预测其对后续工作和工程总工期的影响，也就难以确定相应的进度计划调整方法。因此，横道图比较法主要用于工程项目中某些工作实际进度与计划进度的局部比较。

5.3.2.2   S 曲线比较法

S 曲线比较法是以横坐标表示时间，纵坐标表示累计完成任务量，绘制一条按计划时间累计完成任务量的 S 曲线。然后将工程项目实施过程中各检查时间实际累计完成任务量的 S 曲线也绘制在同一坐标系中，进行实际进度与计划进度比较的一种方法。

从整个工程项目实际进展全过程看，单位时间投入的资源量一般是开始和结束时较少，中间阶段较多，与其相对应，单位时间完成的任务量也呈同样的变化规律，如图 5.6（a）所示。而随工程进展累计完成的任务量则应呈 S 形变化，如图 5.6（b）所示。由于其形似英文字母"S"，S 曲线因此而得名。

同横道图比较法一样，S 曲线比较法也是在图上进行工程项目实际进度与计划进度的直观比较。在工程项目实施过程中，按照规定时间将检查收集到的实际累计完成任务量绘制在原计划 S 曲线图上，即可得到实际进度 S 曲线，如图 5.7 所示。通过比较实际进度 S 曲线和计划进度 S 曲线，可以获得如下信息：

（1）工程项目实际进展状况：如果工程实际进展点落在计划 S 曲线左侧，表明此时实际进度比计划进度超前，如图 5.7 中的 a 点；如果工程实际进展点落在 S 计划曲线右侧，表明此时实际进度拖后，如图 5.7 中的 b 点；如果工程实际进展点正好落在计划 S 曲线上，则表示此时实际进度与计划进度一致。

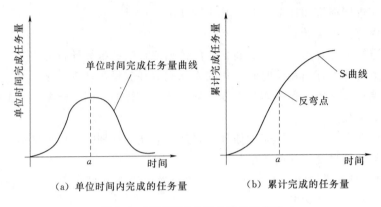

（a）单位时间内完成的任务量　　　（b）累计完成的任务量

图 5.6   时间与完成任务量关系曲线

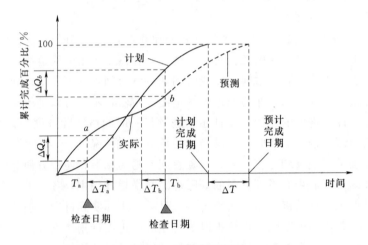

图 5.7   S 曲线比较图

（2）工程项目实际进度超前或拖后的时间在 S 曲线比较图中可以直接读出实际进度比计划进度超前或拖后的时间。如图 5.7 所示，ΔT_a 表示 T_a 时刻实际进度超前的时间；ΔT_b 表示 T_b 时刻实际进度拖后的时间。

（3）工程项目实际超额或拖欠的任务量在 S 曲线比较图中也可直接读出实际进度比计划进度超额或拖欠的任务量。如图 5.7 所示，ΔQ_a 表示 T_a 时刻超额完成的任务量，ΔQ_b 表示 T_b 时刻拖欠的任务量。

（4）后期工程进度预测。如果后期工程按原计划速度进行，则可做出后期工程计划 S 曲线如图 5.7 中虚线所示，从而可以确定工期拖延预测值 ΔT。

5.3.2.3   香蕉曲线比较法

香蕉曲线是由两条 S 曲线组合而成的闭合曲线。由 S 曲线比较法可知，工程项目累计完成的任务量与计划时间的关系，可以用一条 S 曲线表示。对于一个工程项目的网络计划来说，如果以其中各项工作的最早开始时间安排进度而绘制 S 曲线，称为 ES 曲线；如果以其中各项工作的最迟开始时间安排进度而绘制 S 曲线，称为 LS 曲线。两条 S 曲线具有相同的起点和终点，因此，两条曲线是闭合的。在一般情况下，ES 曲线上的其余各点均落在 LS 曲线的相应点的左侧。由于该闭合曲线形似"香蕉"，故称为香蕉曲线，如图 5.8 所示。

1. 香蕉曲线比较法的作用

香蕉曲线比较法能直观地反映工程项目的实际进展情况，并可以获得比 S 曲线更多的信息。其主要作用如下：

（1）合理安排工程项目进度计划。如果工程项目中的各项工作均按其最早开始时间安排进度，将导致项目的投资加大；而如果各项工作都按其最迟开始时间安排进度，则一旦受到进度影响因素的干扰，又将导致工期拖延，使工程进度风险加大。因此，一个科学合理的进度计划优化曲线应处于香蕉曲线所包络的区域之内，如图 5.8 所示的点画线所示。

（2）定期比较工程项目的实际进度与计划进度。在工程项目的实施过程中，根据每次检查收集到的实际完成任务量，绘制出实际进度 S 曲线，便可以与计划进度进行比较。工程项目实施进度的理想状态是任一时刻工程实际进展点应落在香蕉曲线图的范围之内。如果工程实际进展点落在 ES 曲线的左侧，表明此刻实际进度比各项工作按其最早开始时间安排的计划进度超前；如果工程实际进展点落在 LS 曲线的右侧，则表明此刻实际进度比各项工作按其最迟开始时间安排的计划进度拖后。

（3）预测后期工程进展趋势。利用香蕉曲线可以对后期工程的进展情况进行预测。例如在图 5.9 中，该工程项目在检查日实际进度超前。检查日期之后的后期工程进度安排如图中虚线所示，预计该工程项目将提前完成。

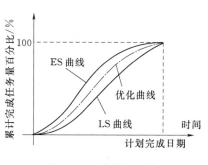

图 5.8　香蕉曲线比较

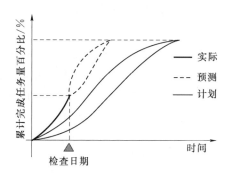

图 5.9　工程进展趋势预测图

2. 香蕉曲线的绘制方法

香蕉曲线的绘制方法与 S 曲线的绘制方法基本相同，所不同之处在于香蕉曲线是以工作按最早开始时间安排进度和按最迟开始时间安排进度分别绘制的两条 S 曲线组合而成。其绘制步骤如下：

（1）以工程项目的网络计划为基础，计算各项工作的最早开始时间和最迟开始时间。

（2）确定各项工作在各单位时间的计划完成任务量，分别按以下情况考虑。

1）根据各项工作按最早开始时间安排的进度计划，确定各项工作在各单位时间的计划完成任务量。

2）根据各项工作按最迟开始时间安排的进度计划，确定各项工作在各单位时间的计划完成任务量。

3）计算工程项目总任务量，即对所有工作在各单位时间计划完成的任务量累加求和。

4）分别根据各项工作按最早开始时间、最迟开始时间安排的进度计划，确定工程项目在各单位时间计划完成的任务量，即将各项工作在某一单位时间内计划完成的任务量求和。

5) 分别根据各项工作按最早开始时间、最迟开始时间安排的进度计划，确定不同时间累计完成的任务量或任务量的百分比。

6) 绘制香蕉曲线。分别根据各项工作按最早开始时间、最迟开始时间安排的进度计划而确定的累计完成任务量或任务量的百分比描绘各点，并连接各点得到 ES 曲线和 LS 曲线，由 ES 曲线和 LS 曲线组成香蕉曲线。

在工程项目实施过程中，根据检查得到的实际累计完成任务量，按同样的方法在原计划香蕉曲线图上绘出实际进度曲线，便可以进行实际进度与计划进度的比较。

5.3.2.4 前锋线比较法

前锋线比较法是通过绘制某检查时刻工程实际进度前锋线，进行工程实际进度与计划进度比较的方法，它主要适用于时标网络计划。前锋线是指在原时标网络计划上，从检查时刻的时标点出发，用点画线依次将各项工作实际进展位置点连接而成的折线。

前锋线比较法就是通过实际进度前锋线与原进度计划中各工作箭线交点的位置来判断工作实际进度与计划进度的偏差，进而判定该偏差对后续工作及总工期影响程度的一种方法。

采用前锋线比较法进行实际进度与计划进度的比较，其步骤如下。

1. 绘制时标网络计划图

工程项目实际进度前锋线是在时标网络计划图上标示，为清楚起见，可在时标网络计划图的上方和下方各设一时间坐标。

2. 绘制实际进度前锋线

一般从时标网络计划图上方时间坐标的检查日期开始绘制，依次连接相邻工作的实际进展位置点，最后与时标网络计划图下方坐标的检查日期相连接。

工作实际进展位置点的标定方法有两种：

（1）按该工作已完任务量比例进行标定。假设工程项目中各项工作均为匀速进展，根据实际进度检查时刻该工作已完任务量占其计划完成总任务量的比例，在工作箭线上从左至右按相同的比例标定其实际进展位置点。

（2）尚需作业时间进行标定。当某些工作的持续时间难以按实物工程量来计算而只能凭经验估算时，可以先估算出检查时刻到该工作全部完成尚需作业的时间，然后在该工作箭线上从右向左逆向标定其实际进展位置点。

3. 进行实际进度与计划进度的比较

前锋线可以直观地反映出检查日期有关工作实际进度与计划进度之间的关系。对某项工作来说，其实际进度与计划进度之间的关系可能存在以下 3 种情况：

（1）工作实际进展位置点落在检查日期的左侧，表明该工作实际进度拖后，拖后的时间为二者之差。

（2）工作实际进展位置点与检查日期重合，表明该工作实际进度与计划进度一致。

（3）工作实际进展位置点落在检查日期的右侧，表明该工作实际进度超前，超前的时间为二者之差。

4. 预测进度偏差对后续工作及总工期的影响

通过实际进度与计划进度的比较确定进度偏差后，还可根据工作的自由时差和总时差预测该进度偏差对后续工作及项目总工期的影响。由此可见，前锋线比较法既适用于工作实际进度与计划进度之间的局部比较，又可用来分析和预测工程项目整体进度状况。

值得注意的是，以上比较是针对匀速进展的工作。对于非匀速进展的工作，比较方法较复杂，此处不赘述。

【例 5.1】 某工程项目时标网络计划如图 5.10 所示。该计划执行到第 6 周末检查实际进度时，发现工作 A 和 B 已经全部完成，工作 D、E 分别完成计划任务量的 20 ％和 50％，工作 C 尚需 3 周完成，试用前锋线法进行实际进度与计划进度的比较。

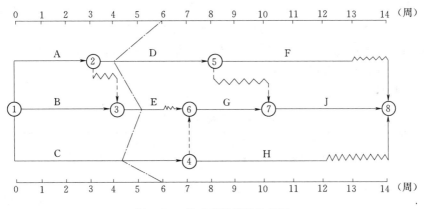

图 5.10 某工程前锋线比较图

解：根据第 6 周末实际进度的检查结果绘制前锋线，如图 5.10 中点画线所示。通过比较可以得出以下结论：

（1）工作 D 实际进度拖后 2 周，将使其后续工作 F 的最早开始时间推迟 2 周，并使总工期延长 1 周。

（2）工作 E 实际进度拖后 1 周，既不影响总工期，也不影响其后续工作的正常进行。

（3）工作 C 实际进度拖后 2 周，将使其后续工作 J、H、G 的最早开始时间推迟 2 周。由于工作 J、G 开始时间的推迟，从而使总工期延长 2 周。

综上所述，如果不采取措施加快进度，该工程项目的总工期将延长 2 周。

5.3.2.5 列表比较法

当工程进度计划用非时标网络图表示时，可以采用列表比较法进行实际进度与计划进度的比较。这种方法是记录检查日期应该进行的工作名称及其已经作业的时间，然后列表计算有关时间参数，并根据工作总时差进行实际进度与计划进度比较的方法。

采用列表比较法进行实际进度与计划进度的比较，其步骤如下：

（1）于实际进度检查日期应该进行的工作，根据已经作业的时间，确定其尚需作业时间。

（2）根据原进度计划计算检查日期应该进行的工作从检查日期到原计划最迟完成时尚余时间。

（3）计算工作尚有总时差，其值等于工作从检查日期到原计划最迟完成时间尚余时间与该工作尚需作业时间之差。

（4）比较实际进度与计划进度，可能有以下几种情况：

1）如果工作尚有总时差与原有总时差相等，说明该工作实际进度与计划进度一致；

2）如果工作尚有总时差大于原有总时差，说明该工作实际进度超前，超前的时间为二者之差；

3）如果工作尚有总时差小于原有总时差，且仍为非负值，说明该工作实际进度拖后，拖后的时间为二者之差，但不影响总工期；

4）如果工作尚有总时差小于原有总时差，且为负值，说明该工作实际进度拖后，拖后的时间为二者之差，此时工作实际进度偏差将影响总工期。

【例 5.2】 某工程项目进度计划如图 5.10 所示。该计划执行到第 10 周末检查实际进度时，发现工作 A、B、C、D、E 已经全部完成，工作 F 已进行 1 周，工作 G 和工作 H 均已进行 2 周，试用列表比较法进行实际进度与计划进度的比较。

解：根据工程项目进度计划及实际进度检查结果，可以计算出检查日期应进行工作的尚需作业时间、原有总时差及尚有总时差等，计算结果见表 5.4。通过比较尚有总时差和原有总时差，即可判断目前工程实际进展状况。

表 5.4 　　　　　　　　　　　　　　工程进度检查比较表

工作代号	工作名称	检查计划时尚需作业周数	到计划最迟完成时尚余周数	原有总时差/周	尚有总时差/周	情 况 判 断
5—8	F	4	4	1	0	拖后 1 周但不影响工期
6—7	G	1	0	0	−1	拖后 1 周影响工期 1 周
4—8	H	3	4	2	1	拖后 1 周但不影响工期

5.3.3 进度计划实施中的调整方法

5.3.3.1 分析进度偏差对后续工作及总工期的影响

在工程项目实施过程中，当通过实际进度与计划进度的比较，发现有进度偏差时，需要分析该偏差对后续工作及总工期的影响，从而采取相应的调整措施对原进度计划进行调整，以确保工期目标的顺利实现。进度偏差的大小及其所处的位置不同，对后续工作和总工期的影响程度是不同的，分析时需要利用网络计划中工作总时差和自由时差的概念进行判断。其分析步骤如下。

1. 分析出现进度偏差的工作是否为关键工作

如果出现进度偏差的工作位于关键线路上，即该工作为关键工作，则无论其偏差有多大，都将对后续工作和总工期产生影响，必须采取相应的调整措施；如果出现偏差的工作是非关键工作，则需要根据进度偏差值与总时差和自由时差的关系作进一步分析。

2. 分析进度偏差是否超过总时差

如果工作的进度偏差大于该工作的总时差，则此进度偏差必将影响其后续工作和总工期，必须采取相应的调整措施；如果工作的进度偏差未超过该工作的总时差，则此进度偏差不影响总工期。至于对后续工作的影响程度，还需要根据偏差值与其自由时差的关系作进一步分析。

3. 分析进度偏差是否超过自由时差

如果工作的进度偏差大于该工作的自由时差，则此进度偏差将对其后续工作产生影响，此时应根据后续工作的限制条件确定调整方法；如果工作的进度偏差未超过该工作的自由时差，则此进度偏差不影响后续工作，因此，原进度计划可以不作调整。

进度偏差的分析判断过程如图 5.11 所示。通过分析，进度控制人员可以根据进度偏差的影响程度，制订相应的纠偏措施进行调整，以获得符合实际进度情况和计划目标的新进度计划。

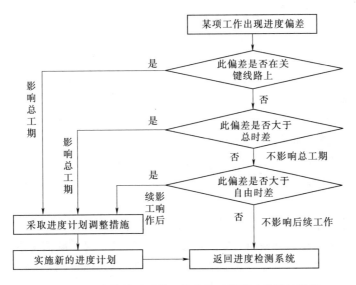

图 5.11　进度偏差对后续工作和总工期影响分析过程图

5.3.3.2　进度计划的调整方法

当实际进度偏差影响到后续工作、总工期而需要调整进度计划时，其调整方法主要有两种。

1. 改变某些工作间的逻辑关系

当工程项目实施中产生的进度偏差影响到总工期，且有关工作的逻辑关系允许改变时，可以改变关键线路和超过计划工期的非关键线路上的有关工作之间的逻辑关系，达到缩短工期的目的。例如，将顺序进行的工作改为平行作业、搭接作业以及分段组织流水作业等，都可以有效地缩短工期。

2. 缩短某些工作的持续时间

这种方法是不改变工程项目中各项工作之间的逻辑关系，而通过采取增加资源投入、提高劳动效率等措施来缩短某些工作的持续时间，使工程进度加快，以保证按计划工期完成该工程项目。这些被压缩持续时间的工作是位于关键线路和超过计划工期的非关键线路上的工作。同时，这些工作又是其持续时间可被压缩的工作。这种调整方法通常可以在网络图上直接进行。其调整方法视限制条件及对其后续工作的影响程度的不同而有所区别，一般可分为以下三种情况：

（1）网络计划中某项工作进度拖延的时间已超过其自由时差但未超过其总时差。如前所述，此时该工作的实际进度不会影响总工期，而只对其后续工作产生影响。因此，在进行调整前，需要确定其后续工作允许拖延的时间限制，并以此作为进度调整的限制条件。该限制条件的确定常常较复杂，尤其是当后续工作由多个平行的承包单位负责实施时更是如此。后续工作如不能按原计划进行，在时间上产生的任何变化都可能使合同不能正常履行，而导致蒙受损失的一方提出索赔。因此，寻求合理的调整方案，把进度拖延对后续工作的影响减少到最低程度，是监理工程师的一项重要工作。

（2）网络计划中某项工作进度拖延的时间超过其总时差。如果网络计划中某项工作进度拖延的时间超过其总时差，则无论该工作是否为关键工作，其实际进度都将对后续工作和总工期产生影响。此时，进度计划的调整方法又可分为以下三种情况：

1）如果项目总工期不允许拖延，工程项目必须按照原计划工期完成，则只能采取缩短关键线路上后续工作持续时间的方法来达到调整计划的目的。这种方法实质上就是工期优化的方法。

2）项目总工期允许拖延。如果项目总工期允许拖延，则此时只需以实际数据取代原计划数据，并重新绘制实际进度检查日期之后的简化网络计划即可。

3）项目总工期允许拖延的时间有限。如果项目总工期允许拖延，但允许拖延的时间有限。则当实际进度拖延的时间超过此限制时，也需要对网络计划进行调整，以便满足要求。

具体的调整方法是以总工期的限制时间作为规定工期，对检查日期之后尚未实施的网络计划进行工期优化，即通过缩短关键线路上后续工作持续时间的方法来使总工期满足规定工期的要求。

以上三种情况均是以总工期为限制条件调整进度计划的。值得注意的是，当某项工作实际进度拖延的时间超过其总时差而需要对进度计划进行调整时，除需考虑总工期的限制条件外，还应考虑网络计划中后续工作的限制条件，特别是对总进度计划的控制更应注意这一点。因为在这类网络计划中，后续工作也许就是一些独立的合同段。时间上的任何变化，都会带来协调上的麻烦或者引起索赔。因此，当网络计划中某些后续工作对时间的拖延有限制时，同样需要以此为条件，按前述方法进行调整。

（3）网络计划中某项工作进度超前。监理工程师对建设工程实施进度控制的任务就是在工程进度计划的执行过程中，采取必要的组织协调和控制措施，以保证建设工程按期完成。在建设工程计划阶段所确定的工期目标，往往是综合考虑了各方面因素而确定的合理工期。因此，时间上的任何变化，无论是进度拖延还是超前，都可能造成其他目标的失控。例如，在一个建设工程施工总进度计划中，由于某项工作的进度超前，致使资源的需求发生变化，而打乱了原计划对人、材、物等资源的合理安排，亦将影响资金计划的使用和安排，特别是当多个平行的承包单位进行施工时，由此引起后续工作时间安排的变化，势必给监理工程师的协调工作带来许多麻烦。因此，如果建设工程实施过程中出现进度超前的情况，进度控制人员必须综合分析进度超前对后续工作产生的影响，并同承包单位协商，提出合理的进度调整方案，以确保工期总目标的顺利实现。

学习情境 5.4　建设工程施工阶段进度控制

【情境描述】　施工阶段是建设工程实体的形成阶段，对其进度实施控制是建设工程进度控制的重点。做好施工进度计划与项目建设总进度计划的衔接，并跟踪检查施工进度计划的执行情况，在必要时对施工进度计划进行调整对于建设工程进度控制总目标的实现具有十分重要的意义。

监理工程师受业主的委托在建设工程施工阶段实施监理时，其进度控制的总任务就是在满足工程项目建设总进度计划要求的基础上，编制或审核施工进度计划，并对其执行情况加以动态控制，以保证工程项目按期竣工交付使用。

5.4.1　施工阶段进度控制目标的确定

5.4.1.1　施工进度控制目标体系

保证工程项目按期建成交付使用，是建设工程施工阶段进度控制的最终目的。为了有效地控制施工进度，首先要将施工进度总目标从不同角度进行层层分解，形成施工进度控制目标体系，从而作为实施进度控制的依据。

建设工程施工进度控制目标体系如图 5.12 所示。

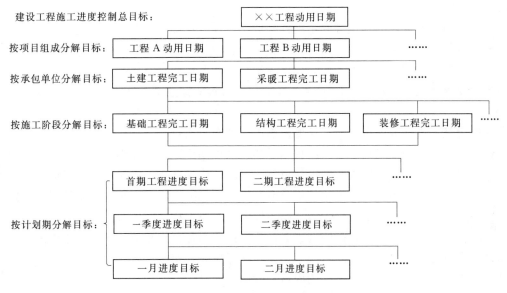

图 5.12　建设工程施工进度目标分解图

从图 5.12 可以看出，建设工程不但要有项目建成交付使用的确切日期这个总目标，还要有各单位工程交工动用的分目标以及按承包单位、施工阶段和不同计划期划分的分目标。各目标之间相互联系，共同构成建设工程施工进度控制目标体系。其中，下级目标受上级目标的制约，下级目标保证上级目标，最终保证施工进度总目标的实现。

1. 按项目组成分解，确定各单位工程开工及动用日期

各单位工程的进度目标在工程项目建设总进度计划及建设工程年度计划中都有体现。在施工阶段应进一步明确各单位工程的开工和交工动用日期，以确保施工总进度目标的实现。

2. 按承包单位分解，明确分工条件和承包责任

在一个单位工程中有多个承包单位参加施工时，应按承包单位将单位工程的进度目标分解，确定出各分包单位的进度目标，列入分包合同，以便落实分包责任，并根据各专业工程交叉施工方案和前后衔接条件，明确不同承包单位工作面交接的条件和时间。

3. 按施工阶段分解，划定进度控制分界点

根据工程项目的特点，应将其施工分成几个阶段，如土建工程可分为基础、结构和内外装修阶段。每一阶段的起止时间都要有明确的标志，特别是不同单位承包的不同施工段之间，更要明确划定时间分界点，以此作为形象进度的控制标志，从而使单位工程动用目标具体化。

4. 按计划期分解，组织综合施工

将工程项目的施工进度控制目标按年度、季度、月（或旬）进行分解，并用实物工程量、货币工作量及形象进度表示，将更有利于监理工程师明确对各承包单位的进度要求。同时，还可以据此监督其实施，检查其完成情况。计划期愈短，进度目标愈细，进度跟踪就愈

及时，发生进度偏差时也就更能有效地采取措施予以纠正。这样，就形成一个有计划、有步骤协调施工、长期目标对短期目标自上而下逐级控制、短期目标对长期目标自下而上逐级保证、逐步趋近进度总目标的局面，最终达到工程项目按期竣工交付使用的目的。

5.4.1.2 施工进度控制目标的确定

为了提高进度计划的预见性和进度控制的主动性，在确定施工进度控制目标时，必须全面细致地分析与建设工程进度有关的各种有利因素和不利因素。只有这样，才能订出一个科学、合理的进度控制目标。确定施工进度控制目标的主要依据有：建设工程总进度目标对施工工期的要求；工期定额、类似工程项目的实际进度；工程难易程度和工程条件的落实情况等。

在确定施工进度分解目标时，还要考虑以下各个方面：

（1）对于大型建设工程项目，应根据尽早提供可动用单元的原则，集中力量分期分批建设，以便尽早投入使用，尽快发挥投资效益。这时，为保证每一动用单元能形成完整的生产能力，就要考虑这些动用单元交付使用时所必需的全部配套项目。因此，要处理好前期动用和后期建设的关系、每期工程中主体工程与辅助及附属工程之间的关系等。

（2）合理安排土建与设备的综合施工。要按照它们各自的特点，合理安排土建施工与设备基础、设备安装的先后顺序及搭接、交叉或平行作业，明确设备工程对土建工程的要求和土建工程为设备工程提供施工条件的内容及时间。

（3）结合本工程的特点，参考同类建设工程的经验来确定施工进度目标。避免只按主观愿望盲目确定进度目标，从而在实施过程中造成进度失控。

（4）做好资金供应能力、施工力量配备、物资（材料、构配件、设备）供应能力与施工进度的平衡工作，确保工程进度目标的要求而不使其落空。

（5）考虑外部协作条件的配合情况，包括施工过程中及项目竣工动用所需的水、电、气、通信、道路及其他社会服务项目的满足程序和满足时间。它们必须与有关项目的进度目标相协调。

（6）考虑工程项目所在地区地形、地质、水文、气象等方面的限制条件。

总之，要想对工程项目的施工进度实施控制，就必须有明确、合理的进度目标（进度总目标和进度分目标）；否则，控制便失去了意义。

5.4.2 施工阶段进度控制的流程及工作内容

5.4.2.1 建设工程施工进度控制工作流程

建设工程施工进度控制工作流程如图 5.13 所示。

5.4.2.2 建设工程施工进度控制工作内容

建设工程施工进度控制工作从审核承包单位提交的施工进度计划开始，直至建设工程保修期满为止，其工作内容主要如下。

1. 编制施工进度控制工作细则

施工进度控制工作细则是在建设工程监理规划的指导下，由项目监理班子中进度控制部门的监理工程师负责编制的更具有实施性和操作性的监理业务文件。其主要内容包括以下几方面：

（1）施工进度控制目标分解图。

（2）施工进度控制的主要工作内容和深度。

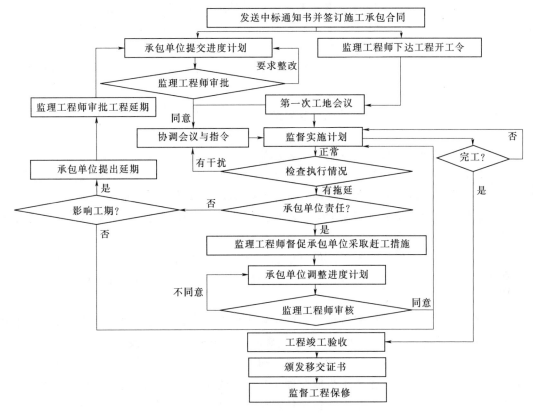

图 5.13　建设工程施工进度控制工作流程图

（3）进度控制人员的职责分工。

（4）与进度控制有关各项工作的时间安排及工作流程。

（5）进度控制的方法（包括进度检查周期、数据采集方式、进度报表格式、统计分析方法等）。

（6）进度控制的具体措施（包括组织措施、技术措施、经济措施、合同措施等）。

（7）施工进度控制目标实现的风险分析。

（8）尚待解决的有关问题。

事实上，施工进度控制工作细则是对建设工程监理规划中有关进度控制内容的进一步深化和补充。如果将建设工程监理规划比作开展监理工作的"初步设计"，施工进度控制工作细则就可以看成是开展建设工程监理工作的"施工图设计"，它对监理工程师的进度控制实务工作起着具体的指导作用。

2. 编制或审核施工进度计划

为了保证建设工程的施工任务按期完成，监理工程师必须审核承包单位提交的施工进度计划。对于大型建设工程，由于单位工程较多、施工工期长，且采取分期分批发包又没有一个负责全部工程的总承包单位时，就需要监理工程师编制施工总进度计划；或者当建设工程由若干个承包单位平行承包时，监理工程师也有必要编制施工总进度计划。施工总进度计划应确定分期分批的项目组成；各批工程项目的开工、竣工顺序及时间安排；全场性准备工程，特别是首批准备工程的内容与进度安排等。

当建设工程有总承包单位时，监理工程师只需对总承包单位提交的施工总进度计划进行审核即可。而对于单位工程施工进度计划，监理工程师只负责审核而不需要编制。

施工进度计划审核的内容主要有以下几点：

（1）进度安排是否符合工程项目建设总进度计划中总目标和分目标的要求，是否符合施工合同中开工、竣工日期的规定。

（2）施工总进度计划中的项目是否有遗漏，分期施工是否满足分批动用的需要和配套动用的要求。

（3）施工顺序的安排是否符合施工工艺的要求。

（4）劳动力、材料、构配件、设备及施工机具、水、电等生产要素的供应计划是否能保证施工进度计划的实现，供应是否均衡，需求高峰期是否有足够能力实现计划供应。

（5）总包、分包单位分别编制的各项单位工程施工进度计划之间是否相协调，专业分工与计划衔接是否明确合理。

（6）对于业主负责提供的施工条件（包括资金、施工图纸、施工场地、采供的物资等），在施工进度计划中安排得是否明确、合理，是否有造成因业主违约而导致工程延期和费用索赔的可能存在。

如果监理工程师在审查施工进度计划的过程中发现问题，应及时向承包单位提出书面修改意见（也称整改通知书），并协助承包单位修改。其中重大问题应及时向业主汇报。

应当说明，编制和实施施工进度计划是承包单位的责任。承包单位之所以将施工进度计划提交给监理工程师审查，是为了听取监理工程师的建设性意见。因此，监理工程师对施工进度计划的审查或批准，并不解除承包单位对施工进度计划的任何责任和义务。此外，对监理工程师来讲，其审查施工进度计划的主要目的是为了防止承包单位计划不当，以及为承包单位保证实现合同规定的进度目标提供帮助。如果强制地干预承包单位的进度安排，或支配施工中所需要劳动力、设备和材料，将是一种错误行为。

尽管承包单位向监理工程师提交施工进度计划是为了听取建设性的意见，但施工进度计划一经监理工程师确认，即应当视为合同文件的一部分，它是以后处理承包单位提出的工程延期或费用索赔的一个重要依据。

3．按年、季、月编制工程综合计划

在按计划期编制的进度计划中，监理工程师应着重解决各承包单位施工进度计划之间、施工进度计划与资源（包括资金、设备、机具、材料及劳动力）保障计划之间及外部协作条件的延伸性计划之间的综合平衡与相互衔接问题，并根据上期计划的完成情况对本期计划作必要的调整，从而作为承包单位近期执行的指令性计划。

4．下达工程开工令

监理工程师应根据承包单位和业主双方关于工程开工的准备情况，选择合适的时机发布工程开工令。工程开工令的发布，要尽可能及时。因为从发布工程开工令之日算起，加上合同工期后即为工程竣工日期。如果开工令发布拖延，就等于推迟了竣工时间，甚至可能引起承包单位的索赔。

为了检查双方的准备情况，监理工程师应参加由业主主持召开的第一次工地会议。业主应按照合同规定，做好征地拆迁工作，及时提供施工用地。同时，还应当完成法律及财务方面的手续，以便能及时向承包单位支付工程预付款。承包单位应当将开工所需要的人力、材料及设备准备好，同时还要按合同规定为监理工程师提供各种条件。

5. 协助承包单位实施进度计划

监理工程师要随时了解施工进度计划执行过程中所存在的问题，并帮助承包单位予以解决，特别是承包单位无力解决的内外关系协调问题。

6. 监督施工进度计划的实施

这是建设工程施工进度控制的经常性工作。监理工程师不仅要及时检查承包单位报送的施工进度报表和分析资料，同时还要进行必要的现场实地检查，核实所报送的已完项目的时间及工程量，杜绝虚报现象。

在对工程实际进度资料进行整理的基础上，监理工程师应将其与计划进度相比较，以判定实际进度是否出现偏差。如果出现进度偏差，监理工程师应进一步分析此偏差对进度控制目标的影响程度及其产生的原因，以便研究对策，提出纠偏措施。必要时还应对后期工程进度计划作适当的调整。

7. 组织现场协调会

监理工程师应每月、每周定期组织召开不同层级的现场协调会议，以解决工程施工过程中的相互协调配合问题。在每月召开的高级协调会上通报工程项目建设的重大变更事项，协商其后果处理，解决各个承包单位之间以及业主与承包单位之间的重大协调配合问题。在每周召开的管理层协调会上，通报各自进度状况、存在的问题及下周的安排，解决施工中的相互协调配合问题。通常包括：各承包单位之间的进度协调问题；工作面交接和阶段成品保护责任问题；场地与公用设施利用中的矛盾问题；某一方面断水、断电、断路、开挖要求对其他方面影响的协调问题以及资源保障、外协条件配合问题等。

在平行、交叉施工单位多，工序交接频繁且工期紧迫的情况下，现场协调会甚至需要每日召开。在会上通报和检查当天的工程进度，确定薄弱环节，部署当天的赶工任务，以便为次日正常施工创造条件。

对于某些未曾预料的突发变故或问题，监理工程师还可以通过发布紧急协调指令，督促有关单位采取应急措施维护施工的正常秩序。

8. 签发工程进度款支付凭证

监理工程师应对承包单位申报的已完分项工程量进行核实，在质量监理人员检查验收后，签发工程进度款支付凭证。

9. 审批工程延期

造成工程进度拖延的原因有两个方面：一是由于承包单位自身的原因；二是由于承包单位以外的原因。前者所造成的进度拖延，称为工程延误；而后者所造成的进度拖延称为工程延期。

（1）工程延误。当出现工程延误时，监理工程师有权要求承包单位采取有效措施加快施工进度。如果经过一段时间后，实际进度没有明显改进，仍然滞后于计划进度，而且显然影响工程按期竣工时，监理工程师应要求承包单位修改进度计划，并提交给监理工程师重新确认。

监理工程师对修改后的施工进度计划的确认，并不是对工程延期的批准，他只是要求承包单位在合理的状态下施工。因此，监理工程师对进度计划的确认，并不能解除承包单位应负的一切责任，承包单位需要承担赶工的全部额外开支和误期损失赔偿。

（2）工程延期。如果由于承包单位以外的原因造成工期拖延，承包单位有权提出延长工期的申请。监理工程师应根据合同规定，审批工程延期时间。经监理工程师核实批准的工程延期时间，应纳入合同工期，作为合同工期的一部分。即新的合同工期应等于原定的合同工期加上监理工程师批准的工程延期时间。

监理工程师对于施工进度的拖延，是否批准为工程延期，对承包单位和业主都十分重要。如果承包单位得到监理工程师批准的工程延期，不仅可以不赔偿由于工期延长而支付的误期损失费，而且还要由业主承担由于工期延长所增加的费用。因此，监理工程师应按照合同的有关规定，公正地区分工程延误和工程延期，并合理地批准工程延期时间。

10．向业主提供进度报告

监理工程师应随时整理进度资料，并做好工程记录，定期向业主提交工程进度报告。

11．督促承包单位整理技术资料

监理工程师要根据工程进展情况，督促承包单位及时整理有关技术资料。

12．签署工程竣工报验单，提交质量评估报告

当单位工程达到竣工验收条件后，承包单位在自行预验的基础上提交工程竣工报验单，申请竣工验收。监理工程师在对竣工资料及工程实体进行全面检查、验收合格后，签署工程竣工报验单，并向业主提出质量评估报告。

13．整理工程进度资料

在工程完工以后，监理工程师应将工程进度资料收集起来，进行归类、编目和建档，以便为今后其他类似工程项目的进度控制提供参考。

14．工程移交

监理工程师应督促承包单位办理工程移交手续，颁发工程移交证书。在工程移交后的保修期内，还要处理验收后质量问题的原因及责任等争议问题，并督促责任单位及时修理。当保修期结束且再无争议时，建设工程进度控制的任务即告完成。

5.4.3　施工进度计划实施中的检查与调整

施工进度计划由承包单位编制完成后，应提交给监理工程师审查，待监理工程师审查确认后即可付诸实施。承包单位在执行施工进度计划的过程中，应接受监理工程师的监督与检查。而监理工程师应定期向业主报告工程进展状况。

5.4.3.1　影响建设工程施工进度的因素

为了对建设工程施工进度进行有效的控制，监理工程师必须在施工进度计划实施之前对影响建设工程施工进度的因素进行分析，进而提出保证施工进度计划实施成功的措施，以实现对建设工程施工进度的主动控制。影响建设工程施工进度的因素有很多，归纳起来，主要有以下几个方面：

1．工程建设相关单位的影响

影响建设工程施工进度的单位不只是施工承包单位。事实上，只要是与工程建设有关的单位（如政府部门、业主、设计单位、物资供应单位、资金贷款单位，以及运输、通信、供电部门等），其工作进度的拖后必将对施工进度产生影响。因此，控制施工进度仅仅考虑施工承包单位是不够的，必须充分发挥监理的作用，协调各相关单位之间的进度关系。而对于那些无法进行协调控制的进度关系，在进度计划的安排中应留有足够的机动时间。

2. 物资供应进度的影响

施工过程中需要的材料、构配件、机具和设备等如果不能按期运抵施工现场或者是运抵施工现场后发现其质量不符合有关标准的要求，都会对施工进度产生影响。因此，监理工程师应严格把关，采取有效的措施控制好物资供应进度。

3. 资金的影响

工程施工的顺利进行必须有足够的资金作保障。一般来说，资金的影响主要来自业主，或者是由于没有及时给足工程预付款，或者是由于拖欠了工程进度款，这些都会影响到承包单位流动资金的周转，进而殃及施工进度。监理工程师应根据业主的资金供应能力，安排好施工进度计划，并督促业主及时拨付工程预付款和工程进度款，以免因资金供应不足拖延进度，导致工期索赔。

4. 设计变更的影响

在施工过程中出现设计变更是难免的，或者是由于原设计有问题需要修改，或者是由于业主提出了新的要求。监理工程师应加强图纸的审查，严格控制随意变更，特别应对业主的变更要求进行制约。

5. 施工条件的影响

在施工过程中一旦遇到气候、水文、地质及周围环境等方面的不利因素，必然会影响到施工进度。此时，承包单位应利用自身的技术组织能力予以克服。监理工程师应积极疏通关系，协助承包单位解决那些自身不能解决的问题。

6. 各种风险因素的影响

风险因素包括政治、经济、技术及自然等方面的各种可预见或不可预见的因素。政治方面的有战争、内乱、罢工、拒付债务、制裁等；经济方面的有延迟付款、汇率浮动、换汇控制、通货膨胀、分包单位违约等；技术方面的有工程事故、试验失败、标准变化等；自然方面的有地震、洪水等。监理工程师必须对各种风险因素进行分析，提出控制风险、减少风险损失及对施工进度影响的措施，并对发生的风险事件给予恰当的处理。

7. 承包单位自身管理水平的影响

施工现场的情况千变万化，如果承包单位的施工方案不当，计划不周，管理不善，解决问题不及时等，都会影响建设工程的施工进度。承包单位应通过分析、总结吸取教训，及时改进。而监理工程师应提供服务，协助承包单位解决问题，以确保施工进度控制目标的实现。正是由于上述因素的影响，才使得施工阶段的进度控制显得非常重要。在施工进度计划的实施过程中，监理工程师一旦掌握了工程的实际进展情况以及产生问题的原因之后，其影响是可以得到控制的。当然，上述某些影响因素，如自然灾害等是无法避免的，但在大多数情况下，其损失是可以通过有效的进度控制而得到弥补的。

5.4.3.2　施工进度的动态检查

在施工进度计划的实施过程中，由于各种因素的影响，常常会打乱原始计划的安排而出现进度偏差。因此，监理工程师必须对施工进度计划的执行情况进行动态检查，并分析进度偏差产生的原因，以便为施工进度计划的调整提供必要的信息。

1. 施工进度的检查方式

在建设工程施工过程中，监理工程师可以通过以下方式获得其实际进展情况：

（1）定期地、经常地收集由承包单位提交的有关进度报表资料。工程施工进度报表资料不仅是监理工程师实施进度控制的依据，同时也是其核对工程进度款的依据。在一般情况下，进度报表格式由监理单位提供给施工承包单位，施工承包单位按时填写完后提交给监理工程师核查。报表的内容根据施工对象及承包方式的不同而有所区别，但一般应包括工作的开始时间、完成时间、持续时间、逻辑关系、实物工程量和工作量，以及工作时差的利用情况等。承包单位若能准确地填报进度报表，监理工程师就能从中了解到建设工程的实际进展情况。

（2）由驻地监理人员现场跟踪检查建设工程的实际进展情况。为了避免施工承包单位超报已完工程量，驻地监理人员有必要进行现场实地检查和监督。至于每隔多长时间检查一次，应视建设工程的类型、规模、监理范围及施工现场的条件等多方面的因素而定。可以每月或每半月检查一次，也可每旬或每周检查一次。如果在某一施工阶段出现不利情况时，甚至需要每天检查。

除上述两种方式外，由监理工程师定期组织现场施工负责人召开现场会议，也是获得建设工程实际进展情况的一种方式。通过这种面对面的交谈，监理工程师可以从中了解到施工过程中的潜在问题，以便及时采取相应的措施加以预防。

2. 施工进度的检查方法

施工进度检查的主要方法是对比法。即利用前面所述的方法将经过整理的实际进度数据与计划进度数据进行比较，从中发现是否出现进度偏差以及进度偏差的大小。通过检查分析，如果进度偏差比较小，应在分析其产生原因的基础上采取有效措施，解决矛盾，排除障碍，继续执行原进度计划。如果经过努力，确实不能按原计划实现时，再考虑对原计划进行必要的调整，即适当延长工期或改变施工速度。计划的调整一般是不可避免的，但应当慎重，尽量减少变更计划性的调整。

5.4.3.3　施工进度计划的调整

通过检查分析，如果发现原有进度计划已不能适应实际情况时，为了确保进度控制目标的实现或需要确定新的计划目标，就必须对原有进度计划进行调整，以形成新的进度计划，作为进度控制的新依据。

施工进度计划的调整方法主要有两种：一是通过缩短某些工作的持续时间来缩短工期；二是通过改变某些工作间的逻辑关系来缩短工期。在实际工作中应根据具体情况选用上述方法进行进度计划的调整。

1. 缩短某些工作的持续时间

这种方法的特点是不改变工作之间的先后顺序关系，通过缩短网络计划中关键线路上工作的持续时间来缩短工期。这时，通常需要采取一定的措施来达到目的。具体措施包括以下几点：

（1）组织措施：

1）增加工作面，组织更多的施工队伍。

2）增加每天的施工时间（如采用三班制等）。

3）增加劳动力和施工机械的数量。

（2）技术措施：

1）改进施工工艺和施工技术，缩短工艺技术间歇时间。

2）采用更先进的施工方法，以减少施工过程的数量（如将现浇框架方案改为预制装配方案）。

3）采用更先进的施工机械。

（3）经济措施：

1）实行包干奖励。

2）提高奖金数额。

3）对所采取的技术措施给予相应的经济补偿。

（4）其他配套措施：

1）改善外部配合条件。

2）改善劳动条件。

3）实施强有力的调度等。

一般来说，不管采取哪种措施，都会增加费用。因此，在调整施工进度计划时，应利用费用优化的原理选择费用增加量最小的关键工作作为压缩对象。

2. 改变某些工作间的逻辑关系

这种方法的特点是不改变工作的持续时间，而只改变工作的开始时间和完成时间。对于大型建设工程，由于其单位工程较多且相互间的制约比较小，可调整的幅度比较大，所以容易采用平行作业的方法来调整施工进度计划。而对于单位工程项目，由于受工作之间工艺关系的限制，可调整的幅度比较小，所以通常采用搭接作业的方法来调整施工进度计划。但不管是搭接作业还是平行作业，建设工程在单位时间内的资源需求量将会增加。

除了分别采用上述两种方法来缩短工期外，有时由于工期拖延得太多，当采用某种方法进行调整，其可调整的幅度又受到限制时，还可以同时利用这两种方法对同一施工进度计划进行调整，以满足工期目标的要求。

5.4.4　工程延期

如前所述，在建设工程施工过程中，其工期的延长分为工程延误和工程延期两种。虽然它们都是使工程拖期，但由于性质不同，因而业主与承包单位所承担的责任也就不同。如果是属于工程延误，则由此造成的一切损失由承包单位承担。同时，业主还有权对承包单位施行误期违约罚款。而如果是属于工程延期，则承包单位不仅有权要求延长工期，而且还有权向业主提出赔偿费用的要求以弥补由此造成的额外损失。因此，监理工程师是否将施工过程中工期的延长批准为工程延期，对业主和承包单位都十分重要。

5.4.4.1　工程延期的申报与审批

1. 申报工程延期的条件

由于以下原因导致工程拖期，承包单位有权提出延长工期的申请，监理工程师应按合同规定，批准工程延期时间。

（1）监理工程师发出工程变更指令而导致工程量增加。

（2）合同所涉及的任何可能造成工程延期的原因，如延期交图、工程暂停、对合格工程的剥离检查及不利的外界条件等。

（3）异常恶劣的气候条件。

（4）由业主造成的任何延误、干扰或障碍，如未及时提供施工场地、未及时付款等。

（5）除承包单位自身以外的其他任何原因。

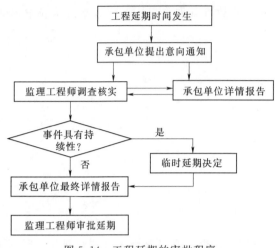

图 5.14　工程延期的审批程序

2. 工程延期的审批程序

工程延期的审批程序如图 5.14 所示。当工程延期事件发生后，承包单位应在合同规定的有效期内以书面形式通知监理工程师（即工程延期意向通知），以便于监理工程师尽早了解所发生的事件，及时作出一些减少延期损失的决定。随后，承包单位应在合同规定的有效期内（或监理工程师可能同意的合理期限内）向监理工程师提交详细的申述报告（延期理由及依据），监理工程师收到该报告后应及时进行调查核实，准确地确定出工程延期时间。当延期事件具有持续性，承包单位在合同规定的有效期内不能提交最终详细的申述报告时，应先向监理工程师提交阶段性的详情报告。监理工程师应在调查核实阶段性报告的基础上，尽快作出延长工期的临时决定。临时决定的延期时间不宜太长，一般不超过最终批准的延期时间。

待延期事件结束后，承包单位应在合同规定的期限内向监理工程师提交最终的详情报告。监理工程师应复查详情报告的全部内容，然后确定该延期事件所需要的延期时间。

如果遇到比较复杂的延期事件，监理工程师可以成立专门小组进行处理。对于一时难以作出结论的延期事件，即使不属于持续性的事件，也可以采用先作出临时延期的决定，然后再作出最后决定的办法。这样既可以保证有充足的时间处理延期事件，又可以避免由于处理不及时而造成的损失。

监理工程师在作出临时工程延期批准或最终工程延期批准之前，均应与业主和承包单位进行协商。

3. 工程延期的审批原则

监理工程师在审批工程延期时应遵循下列原则：

（1）合同条件。监理工程师批准的工程延期必须符合合同条件。也就是说，导致工期拖延的原因确实属于承包单位自身以外的，否则不能批准为工程延期。这是监理工程师审批工程延期的一条根本原则。

（2）影响工期。延期事件的工程部位，无论其是否处在施工进度计划的关键线路上，只有当所延长的时间超过其相应的总时差而影响到工期时，才能批准工程延期。如果延期事件发生在非关键线路上，且延长的时间并未超过总时差时，即使符合批准为工程延期的合同条件，也不能批准工程延期。

应当说明，建设工程施工进度计划中的关键线路并非固定不变，它会随着工程的进展和情况的变化而转移。监理工程师应以承包单位提交的、经自己审核后的施工进度计划（不断调整后）为依据来决定是否批准工程延期。

（3）实际情况。批准的工程延期必须符合实际情况。为此，承包单位应对延期事件发生后的各类有关细节进行详细记载，并及时向监理工程师提交详细报告。与此同时，监理工程师也应对施工现场进行详细考察和分析，并做好有关记录，以便为合理确定工程延期时间提供可靠依据。

【例 5.3】　某建设工程业主与监理单位、施工单位分别签订了监理委托合同和施工合同，合同工期为 18 个月。在工程开工前，施工承包单位在合同约定的时间内向监理工程师提交了施工总进度计划如图 5.15 所示。该计划经监理工程师批准后开始实施，在施工过程中发生以下事件：

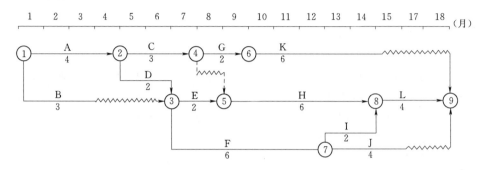

图 5.15　某工程施工总进度计划

1）因业主要求需要修改设计，致使工作 K 停工等待图纸 3.5 个月。

2）部分施工机械由于运输原因未能按时进场，致使工作 H 的实际进度拖后 1 个月。

3）由于施工工艺不符合施工规范要求，发生质量事故而返工，致使工作 F 的实际进度拖后 2 个月。

承包单位在合同规定的有效期内提出工期延长 3.5 个月的要求，监理工程师应批准工程延期多少时间？为什么？

解：由于工作 H 和工作 F 的实际进度拖后均属于承包单位自身原因，只有工作 K 的拖后可以考虑给予工程延期。从图 5.15 可知，工作 K 原有总时差为 3 个月，该工作停工等待图纸 3.5 个月，只影响工期 0.5 个月，故监理工程师应批准工程延期 0.5 个月。

5.4.4.2　工程延期的控制

发生工程延期事件，不仅影响工程的进展，而且会给业主带来损失。因此，监理工程师应做好以下工作，以减少或避免工程延期事件的发生。

1. 选择合适的时机下达工程开工令

监理工程师在下达工程开工令之前，应充分考虑业主的前期准备工作是否充分。特别是征地、拆迁问题是否已解决，设计图纸能否及时提供，以及付款方面有无问题等，以避免由于上述问题缺乏准备而造成工程延期。

2. 提醒业主履行施工承包合同中所规定的职责

在施工过程中，监理工程师应经常提醒业主履行自己的职责，提前做好施工场地及设计图纸的提供工作，并能及时支付工程进度款，以减少或避免由此而造成的工程延期。

3. 妥善处理工程延期事件

当延期事件发生以后，监理工程师应根据合同规定进行妥善处理。既要尽量减少工程延期时间及其损失，又要在详细调查研究的基础上合理批准工程延期时间。

此外，业主在施工过程中应尽量减少干预、多协调，以避免由于业主的干扰和阻碍而导致延期事件的发生。

5.4.4.3　工程延误的处理

如果由于承包单位自身的原因造成工期拖延，而承包单位又未按照监理工程师的指令改变延期状态时，通常可以采用下列手段进行处理。

1. 拒绝签署付款凭证

当承包单位的施工活动不能使监理工程师满意时，监理工程师有权拒绝承包单位的支付申请。因此，当承包单位的施工进度拖后且又不采取积极措施时，监理工程师可以采取拒绝签署付款凭证的手段制约承包单位。

2. 误期损失赔偿

拒绝签署付款凭证一般是监理工程师在施工过程中制约承包单位延误工期的手段，而误期损失赔偿则是当承包单位未能按合同规定的工期完成合同范围内的工作时对其的处罚。如果承包单位未能按合同规定的工期和条件完成整个工程，则应向业主支付投标书附件中规定的金额，作为该项违约的损失赔偿费。

3. 取消承包资格

如果承包单位严重违反合同，又不采取补救措施，则业主为了保证合同工期有权取消其承包资格。例如：承包单位接到监理工程师的开工通知后，无正当理由推迟开工时间，或在施工过程中无任何理由要求延长工期，施工进度缓慢，又无视监理工程师的书面警告等，都有可能受到取消承包资格的处罚。

取消承包资格是对承包单位违约的严厉制裁。因为业主一旦取消了承包单位的承包资格，承包单位不但要被驱逐出施工现场，而且还要承担由此而造成的业主的损失费用。这种惩罚措施一般不轻易采用，而且在作出这项决定前，业主必须事先通知承包单位，并要求其在规定的期限内作好辩护准备。

5.4.5　物资供应进度控制

建设工程物资供应是实现建设工程投资、进度和质量三大目标控制的物质基础。正确的物资供应渠道与合理的供应方式可以降低工程费用，有利于投资目标的实现；完善合理的物资供应计划是实现进度目标的根本保证；严格的物资供应检查制度是实现质量目标的前提。因此，保证建设工程物资及时而合理供应，乃是监理工程师必须重视的问题。

5.4.5.1　物资供应进度控制概述

1. 物资供应进度控制的含义

建设工程物资供应进度控制是指在一定的资源（人力、物力、财力）条件下，为实现工程项目一次性特定目标而对物资的需求进行计划、组织、协调和控制的过程。其中，计划是将建设工程所需物资的供给纳入计划轨道，进行预测、预控，使整个供给有序地进行；组织是划清供给过程中诸方的责任、权力和利益，通过一定的形式和制度，建立高效率的组织保证体系，确保物资供应计划的顺利实施；协调主要是针对供应的不同阶段，沟通不同单位和部门之间的情况，协调其步调，使物资供应的整个过程均衡而有节奏地进行；控制是对物资供应过程的动态管理，需要经常地、定期地将实际供应情况与计划进行对比，发现问题，及时进行调整，使物资供应计划的实施始终处在动态循环控制过程中，以确保建设工程所需物资按时供给，最终实现供应目标。

根据建设工程项目的特点，在物资供应进度控制中应注意以下几个问题：

（1）由于建设工程的特殊性和复杂性，从而使物资的供应存在一定的风险性。因此，要求编制周密的计划并采用科学的管理方法。

（2）由于建设工程项目局部的系统性和整体的局部性，要求对物资的供应建立保证体系，并处理好物资供应与投资、进度、质量之间的关系。

（3）物资的供应涉及众多不同的单位和部门，因而给物资供应管理工作带来一定的复杂性，这就要求与有关的供应部门认真签订合同，明确供求双方的权利和义务，并加强各单位、各部门之间的协调。

2. 物资供应进度控制目标

建设工程物资供应是一个复杂的系统过程，为了确保这个系统过程的顺利实施，必须首先确定这个系统的目标（包括系统的分目标）并为此目标制定不同时期和不同阶段的物资供应计划，用以指导实施。物资供应的总目标就是按照物资需求适时、适地、按质、按量以及成套齐备地提供给使用部门，以保证项目投资目标、进度目标和质量目标的实现。为了总目标的实现，还应确定相应的分目标。目标一经确定，应通过一定的形式落实到各有关的物资供应部门，并以此作为考核和评价其工作的依据。

对物资供应进行控制，必须注意以下几方面：

（1）按照计划所规定的时间供应各种物资。如果供应时间过早，将会增大仓库和施工场地的使用面积；如果供应时间过晚，则会造成停工待料，影响施工进度计划的实施。

（2）按照规定的地点供应物资。对于大中型建设工程，由于单位工程多，施工场地范围大，如果卸货地点不适当，则会造成二次搬运，增加费用。

（3）按规定的质量标准（包括品种与规格）供应物资。特别要避免由于质量、品种及规格不符合标准要求。如果标准低，则会降低工程质量；而标准高则会增加材料费，增大投资额。

（4）按规定的数量供应物资。如果数量过多，则会造成超储积压，占用流动资金；如果数量过少，则会出现停工待料，影响施工进度，延误工期。

（5）按规定的要求使所需物资齐全、配套、零配件齐备，符合工程需要，成套齐备地供应施工机械和设备，充分发挥其生产效率。

事实上，物资供应进度与工程实施进度是相互衔接的。建设工程实施过程中经常遇到的问题，就是由于物资的到货日期推迟而影响施工进度。而且在大多数情况下，引起到货日期推迟的因素是不可避免的，也是难以控制的。但是，如果控制人员随时掌握物资供应的动态信息，并能及时地采取相应的补救措施，就可以避免因到货日期推迟所造成的损失或者把损失减少到最低程度。

为了有效地解决好以上问题，必须认真确定物资供应目标（总目标和分目标）并合理制定物资供应计划。在确定目标和编制计划时，应着重考虑以下因素：

（1）能否按施工进度计划的需要及时供应材料，这是保证建设工程顺利实施的物质基础。

（2）资金能否得到保证。

（3）物资的需求是否超出市场供应能力。

（4）物资可能的供应渠道和供应方式。

（5）物资的供应有无特殊要求。

（6）已建成的同类或相似建设工程的物资供应目标和计划实施情况。

(7) 其他因素，如市场条件、气候条件、运输条件等。

5.4.5.2　物资供应进度控制的工作内容

1. 物资供应计划的编制

建设工程物资供应计划是对建设工程施工及安装所需物资的预测和安排，是指导和组织建设工程物资采购、加工、储备、供货和使用的依据。其根本作用是保障建设工程的物资需要，保证建设工程按照施工进度计划组织施工。

编制物资供应计划的一般程序分为准备阶段和编制阶段。准备阶段主要是调查研究，收集有关资料，进行需求预测和购买决策。编制阶段主要是核算需要、确定储备、优化平衡，审查评价和上报或交付执行。

在编制物资供应计划的准备阶段，监理工程师必须明确物资的供应方式。按供应单位划分，物资供应可分为建设单位采购供应、专门物资采购部门供应、施工单位自行采购或共同协作分头采购供应。

物资供应计划按其内容和用途分类，主要包括物资需求计划、物资供应计划、物资储备计划、申请与订货计划、采购与加工计划和国外进口物资计划。

通常，监理工程师除编制建设单位负责供应的物资计划外，还需对施工单位和专门物资采购供应部门提交的物资供应计划进行审核。因此，负责物资供应的监理人员应具有编制物资供应计划的能力。

2. 物资供应计划实施中的动态控制

物资供应计划经监理工程师审批后便开始执行。在计划执行过程中，应不断将实际供应情况与计划供应情况进行比较，找出差异，及时调整与控制计划的执行。

在物资供应计划执行过程中，内外部条件的变化可能对其产生影响。例如，施工进度的变化（提前或拖延）、设计变更、价格变化、市场各供应部门突然出现的供货中断以及一些意外情况的发生，都会使物资供应的实际情况与计划不符。因此，在物资供应计划的执行过程中，进度控制人员必须经常地、定期地进行检查，认真收集反映物资供应实际状况的数据资料，并将其与计划数据进行比较，一旦发现实际与计划不符，要及时分析产生问题的原因并提出相应的调整措施。

在物资供应计划的执行过程中，当发现物资供应过程的某一环节出现拖延现象时，其调整方法与进度计划的调整方法类似，一般采取以下措施进行处理：

(1) 如果这种拖延不致影响施工进度计划的执行，则可采取措施加快供货过程的有关环节，以减少此拖延对供货过程本身的影响；如果这种拖延对供货过程本身产生的影响不大，则可直接将实际数据代入，并对供应计划作相应的调整，不必采取加快供货进度的措施。

(2) 如果这种拖延将影响施工进度计划的执行，则应首先分析这种拖延是否允许（通常的判别条件是受影响的施工活动是否处在施工进度计划的关键线路上或是否影响到分包合同的执行）。若允许，则可采用 (1) 所述方法进行调整；若不允许，则必须采取措施加快供应速度，尽可能避免此拖延对执行施工进度计划产生的影响。如果采取加快供货速度的措施后，仍不能避免对施工进度的影响，则可考虑同时加快其他工作的施工进度，并尽可能地将此拖延对整个施工进度的影响降低到最低程度。

3. 监理工程师控制物资供应进度的主要工作内容

(1) 编制物资供应计划。监理工程师编制由业主负责（或业主委托监理单位负责）的物资供应计划，并控制其执行。

（2）审核物资供应计划。物资供应单位或施工承包单位编制的物资供应计划必须经监理工程师审核，并得到认可后才能执行。物资供应计划审核的主要内容包括以下几方面：

1）供应计划是否能按建设工程施工进度计划的需要及时供应材料和设备。

2）物资的库存量安排是否经济、合理。

3）物资采购安排在时间上和数量上是否经济、合理。

4）由于物资供应紧张或不足而使施工进度拖延现象发生的可能性。

（3）监督检查订货情况，协助办理有关事宜。

1）监督、检查物资订货情况。

2）协助办理物资的海运、陆运、空运以及进出口许可证等有关事宜。

（4）控制物资供应计划的实施。

1）掌握物资供应全过程的情况。监理工程师要监测从材料、设备订货到材料、设备到达现场的整个过程，及时掌握动态，分析是否存在潜在的问题。

2）采取有效措施保证急需物资的供应。监理工程师对可能导致建设工程拖期的急需材料、设备采取有效措施，促使其及时运到施工现场。

3）审查和签署物资供应情况分析报告。在物资供应过程中，监理工程师要审查和签署物资供应单位的材料设备供应情况分析报告。

4）协调各有关单位的关系。在物资供应过程中，由于某些干扰因素的影响，要进行有关计划的调整。监理工程师要协调涉及的建设、设计、材料供应和施工等单位之间的关系。

学习项目 6 实施施工期日常监理
——工程投资控制

【项目描述】

1. 工程概况

（1）工程名称：×××区废弃矿山土地复垦项目三期工程。

（2）建设地址：×××矿区。

（3）建设单位：×××区水利局。

（4）建设规模：工程主要内容为复垦总面积 587 亩（39.13hm²），工程内容包括荒草地平整、废石清运、土地翻耕、坑塘回填；农田水利工程；道路工程。

（5）项目投资：计划投资约 1393659.00 元。

2. 谈判范围及内容

本工程监理招标范围以设计图纸为准，进行本工程的招标准备、施工及保修阶段全过程监理。

3. 施工工期

计划开工日期为 2011 年 10 月 18 日，竣工日期为 2012 年 6 月 15 日。

4. 工程质量

工程质量要达到国家现行合格标准。

【学习目标】 通过学习，能够掌握投资控制的基本原理，工程总投资的构成及计算；建筑安装工程造价的组成和计算，熟悉建设工程投资的基本概念，了解建设工程投资确定的基本依据，使学生学习后会运用基本理论知识解决实际工作中的投资控制问题。

学习情境 6.1 建设工程投资控制概述

【情境描述】 描述建设工程投资控制的原理和各阶段投资控制的目标，介绍我国现行建设工程投资构成、重点介绍建筑安装工程费用的组成与计算。

6.1.1 建设工程投资控制

6.1.1.1 建设工程投资控制的概念

建设工程投资控制，就是在建设工程的投资决策阶段、设计阶段、施工阶段以及竣工阶段，把建设工程投资控制在批准的投资限额内，随时纠正发生的偏差，以保证项目投资管理目标的实现，以求在建设工程中合理使用人力、物力、财力，取得较好的投资效益和社会效益。

根据委托监理合同所涉及的不同阶段，建设监理投资控制贯穿建设投资的全过程，各个阶段投资控制的内容如下：

（1）决策阶段。决策阶段主要是指项目建议书和可行性研究阶段，在这个阶段监理应按有关规定编制投资估算，经有关部门批准，作为拟建项目列入国家中长期计划和开展前期工作的控制造价。

（2）设计阶段。设计阶段又分为初步设计阶段、技术设计阶段和施工图设计阶段。初步设计和技术设计阶段按有关规定编制初步设计总概算或修正概算，经有关部门批准，作为拟建项目工程造价的最高限额。施工图设计阶段应按规定编制施工图预算，用以核实施工图阶段预算造价是否超过批准的初步设计概算。

（3）招标投标阶段。发包方与承包方确定合同价，对以施工图预算为基础实施招标的工程，合同价是以经济合同形式确定的建筑安装工程造价。

（4）施工阶段。按承包方实际完成的工程量，以合同价为基础，同时考虑因物价变动所引起的造价变更，以及设计中难以预计的而在实施阶段实际发生的工程和费用，合理确定结算价。竣工验收时全面汇集在一起，作为工程建设中发生的实际全部费用，编制竣工结算。

6.1.1.2　建设工程投资的特点

（1）建设工程投资数额巨大。建设工程投资数额巨大，动辄上千万元，乃至数十亿元。建设工程投资数额巨大的特点使它关系到国家、行业或地区的重大经济利益，对国计民生也会产生重大影响。

（2）建设工程投资差异明显。每个建设工程都有其特定的用途、功能、规模，每项工程的结构、空间分割、设备配置和内外装饰都有不同的要求，工程内容和实物形态都有其差异性。同样的工程处于同一地区在人工、材料、机械消耗上也有差异。因此，建设工程投资的差异十分明显。

（3）建设工程投资需就每项工程单独计算其投资。建设工程的实物形态千差万别，再加上不同地区构成投资费用的各种要素的差异，最终导致建设工程投资的千差万别。因此，建设工程只能通过特殊的程序（编制估算、概算、预算、合同价、结算价及最后确定竣工决算等），就每项工程单独计算其投资。

（4）建设工程投资确定依据复杂。建设工程投资的确定依据繁多，关系复杂。在不同的建设阶段有不同的确定依据，且互为基础和指导，互相影响。

（5）建设工程投资需动态跟踪调查。建设工程投资在整个建设期内都属于不确定的，需随时进行动态跟踪、调整，直至竣工决算后才能真正形成建设工程投资。

（6）建设工程投资确定层次繁多。建设工程投资的确定需分别计算分部、分项工程投资，单位工程投资，单项工程投资，最后才形成建设工程投资，可见建设工程投资的确定层次繁多。

6.1.1.3　建设工程投资控制的原则

（1）以设计阶段为重点的建设工程全过程投资控制。工程投资控制的关键在于前期决策和设计阶段，而在项目投资决策完成后，控制工程造价的关键就在设计阶段。

（2）实施主动控制，以取得令人满意的结果。投资控制不仅要反映投资决策，反映设计、发包和施工，被动地控制工程造价，更要能动地影响投资决策。影响设计、发包和施工，主动地控制工程造价。

（3）技术与经济相结合是控制投资最有效的手段。要有效地控制投资，应从组织、技术、经济等多方面采取措施。组织上应明确项目组织结构，明确投资控制者及其任务，明确职能分工；技术上，重视设计多方案选择，严格审查初步设计、技术设计、施工图设计、施工组织设计，深入技术领域研究节约投资的可能性；经济上，动态地比较投资的计划值和实际值，严格审核各项费用支出，采取节约投资奖励措施等。

6.1.1.4 建设工程投资控制的意义和目标

1. 增强目标控制

投资、进度与质量作为建设项目的三大目标相互关联，必须统筹安排，才能保证工程建设的顺利实施。

2. 降低资源消耗

控制投资对资源消耗是一种约束力。投资控制的目的就是对人力、物力资源的节约。投资控制目标的设置，应是随着工程建设实践的不断深入而分段设置目标。有机联系的各个阶段目标相互制约，互相补充，共同组成工程建设投资控制的目标系统，具体内容如下：

(1) 工程建设设计方案选择和进行初步设计阶段的投资控制目标是投资估算。

(2) 技术设计和施工图设计阶段的投资控制目标是设计概算。

(3) 施工阶段的投资控制目标是施工图预算或工程建设承包合同价。

6.1.1.5 建设工程投资偏差控制分析

为了有效地进行投资控制，监理工程师应定期地进行投资计划值和实际值的比较，当实际值偏离计划值时，分析产生偏差的原因，采取适当的纠偏措施，以使投资控制在目标值内。

1. 投资偏差的概念

在投资控制中，把投资的实际值与计划值的差称为投资偏差，即

$$投资偏差＝已完工程实际投资－已完工程计划投资$$

投资偏差的结果为正值，表示投资超支；结果为负值，表示投资节约。

但是进度偏差对投资偏差分析的结果有着重要的影响，因而必须引入进度偏差的概念。进度偏差可以表示为

$$进度偏差 1＝已完工程实际时间－已完工程计划时间$$

为了与投资偏差联系起来，进度偏差又可表示为

$$进度偏差 2＝拟完工程计划投资－已完工程计划投资$$

进度偏差的结果为正值，表示进度拖延；结果为负值，表示进度提前。

另外，在进行投资偏差分析时，还要考虑其偏差程度。偏差程度是指投资实际值计划值的偏离程度，其表达式为

$$投资偏差程度＝已完工程实际投资/已完工程计划投资$$
$$进度偏差程度＝拟完工程计划投资/已完工程计划投资$$

2. 偏差分析的方法

常用的偏差分析法有横道图法、时标网络图法、表格法、曲线法。

(1) 横道图法。用横道图进行投资偏差分析，是用不同的横道线来标志拟完工程计划投资、已完工程计划投资和已完工程实际投资。横道图法的优点是简单直观，便于了解项目的投资概貌，但这种方法的信息量较少，主要反映累计偏差和局部偏差，因而其应用有一定的局限性。

(2) 时标网络图法。时标网络图法，实际投资可以根据实际工作完成情况测得。在时标

网络图上，考虑实际进度前锋线并经过计算，就可以得到每一时间段的已完工程计划投资。实际进度前锋线表示整个项目目前实际完成的工作面情况，将某一确定时点下时标网络图中各个工序的实际进度点相连就可以得到实际进度前锋线。

时标网络图法具有简单、直观的特点，主要用来反映累计偏差和局部偏差，但实际进度前锋线的绘制有时会遇到一定的困难。

（3）表格法。表格法是进行偏差分析最常用的一种方法。它可以根据工程的具体情况、数量来源、投资控制工作的要求等条件来设计表格，因而适用性较强，而且表格的信息量较大，可以反映各种偏差变量和指标，对全面深入地了解项目投资的实际情况非常有益。另外，表格法还便于用计算机辅助管理，提高投资控制工作的效率。

（4）曲线法。曲线法是使用投资—时间曲线进行偏差分析的一种方法。在用曲线法进行偏差分析时，通常有三条投资曲线：已完工程实际投资曲线、已完工程计划投资曲线和拟完工程计划投资曲线。曲线法反映的是累计偏差，而且主要是绝对偏差。用曲线法进行偏差分析，具有形象直观的优点，但不能直接用于定量分析，如果能与表格法结合起来，则会取得较好的效果。

3. 投资偏差原因分析

偏差分析的一个重要目的就是要找出引起偏差的原因，减少或避免相同原因的再次发生。一般来讲，引起投资偏差原因有四个方面原因，即客观原因、业主原因、设计原因和施工原因。

对偏差原因进行分析的目的是为了有针对性地采取纠偏措施，从而实现投资的动态控制和主动控制。

4. 纠偏措施

纠偏首先要确定纠偏的对象。上面介绍的偏差原因，有些是无法避免和控制的，如客观原因，充其量只能对其中少数原因做到防患于未然，力求减少所产生的经济损失。对于施工原因所导致的经济损失通常是由承包商自己承担，从投资控制的角度只能加强合同的管理，避免被承包商索赔。因此，这些偏差原因都不是纠偏的主要对象。纠偏的主要对象是业主原因和设计原因造成的投资偏差。在确定了纠偏的主要对象后，就需要采取有针对性的纠偏措施。纠偏可采用组织措施、经济措施、技术措施和合同措施等。

（1）组织措施：

1）由总监理工程师建立投资控制组织，落实项目投资控制的负责人和具体人员，明确投资控制监理制度。

2）明确投资控制人员的职能和分工，做好投资检查、跟踪、付款核实，签发付款凭证，施工索赔事件，施工投资数据处理审核，施工资金计划与检查分工落实等工作，充分发挥监理工程师的能动性、积极性、创造性实现投资控制的目的。

3）指派有丰富造价管理经验的监理工程师专职负责工程投资控制、计量审核和支付签认。尤其是技术规范中对计量与支付的规定，全体监理人员都应对该工程的投资控制计量签证的有关规定和原则熟悉并了解。

4）计量工程师在承包商进场前，据合同文件及业主计量支付有关管理办法编制投资控制监理实施细则以及分阶段、各单项工程投资控制流程图，并向承包商进行投资控制的工作交底，在每周的监理内部例会上由计量工程师将一周内出现的计量、签证问题指出，并在新的部位开工前将该分项工程计量需注意的问题及预见到可能出现的签证，提出意见供现场监理人员参考，各项原始签证量测记录由计量工程师统一建档以备存查。

5）建立设计交底及图纸会审制度，组织好图纸会审，审查施工图的"错、漏、碰、缺"，尽可能地减少设计变更，并协助做好设计优化，降低工程造价。

6）严格方案报审制度，防止重复工序及费用的发生。

7）严格履行工程量及工程索赔支付审核审批制度。对工程计量及投资控制实行全过程跟踪监控，及时计量、检查、记录，并负责把过程资料输入电脑以便分析、归纳、存档，能快速提供计量数据，实现对计量、投资的动态控制。

8）及时向业主汇报工程计量、投资情况及存在的问题，征求业主意见慎重签发工程计量和工程款支付证明书。

（2）经济措施：

1）按照投资控制监控细则及拟定的分部、分项的工程控制目标，要求承包单位提供"每月资金运用与计划表"，对承包单位资金使用计划进行审查和监控，防止工程款挪作他用，以保证后续工程资金。

2）及时进行工程量复核，控制工程款的支付，编制资金使用计划，并控制执行，将实际投资与计划投资作对比，实施动态管理，出现偏差及时采取措施纠偏，并定期向业主提供投资控制报表。

3）严格履行工程计量及工程索赔支付审核审批制度：

a. 先核实已完工程的质量是否合格，工程是否经过监理验收，"中间合格证书"是否签发，然后再核实工程数量。

b. 除变更工程和新增工程外，所有计量项目均是工程量清单中所列项目。

c. 认真复核计量月报表中的每一个数据，要做到纵横一致，前后一致，并与合同计量规定一致。

d. 对关键性的计量项目，驻地监理到现场参与测量工作，必要时会同业主一起组织计量工作。

4）做好工程竣工结算的审查工作，是工程投资控制的关键之一：

a. 审核资料的完整性，主要包括：工程结算汇总量清单；结算单价与总价；设计变更与新增工程量清单；索赔汇总单；已付工程款情况；工程质量评定表等。

b. 全面核对未付工程量部分的工程数量。

c. 对承包商的竣工结算提出准确合理的审查意见。

d. 在施工过程中进行投资跟踪控制，定期地进行投资实际支出值与计划目标值的比较；发现偏差，分析偏差的原因，采取纠偏措施。

e. 对工程项目造价目标进行风险分析，并制定防范性对策。对工程施工过程中的投资支出做好分析与预测，经常或定期向业提交项目投资控制及其存在的问题的报告。

（3）技术措施：

1）审核承包商编制的施工组织设计，对主要施工方案进行技术经济分析。分析比较不同技术、材料对工程投资的影响，在保证工程质量、进度、安全等要求的前提下，选择适合的施工方案。

2）对设计变更进行技术经济比较，严格控制设计变更。

3）继续寻找通过设计挖潜节约投资的可能性。寻求设计改进和技术挖潜，及时发现可能出现的虚工程量，减少不必要的工程费用。

4）对工程投资控制中容易忽略的辅助工程部分给予重视。这部分容易出现弄虚作假，容易出现不讲施工方案的合理性和优化而随意施工，对这部分的施工方案严格审查，择优实施，对其工程数量认真核实。

5）编制工程计量及支付款程序，建立工程投资控制监理计算机管理系统，并实行动态管理。

（4）合同措施：

1）加强施工合同文件管理，审核合同中有关经济条款。做好工程施工记录，保存各工程文件图纸，特别是注有实际施工变更情况的图纸，注意积累素材，为正确处理可能发生的索赔提供依据。参与处理索赔事宜，严格控制合同条款明确规定索赔事项。

2）严格控制合同外签证，凡发生签证的项目在实施前要求承包商必须以书面形式提出，经现场监理、计量工程师、总监、业主签署统一意见并盖公章后才能实施。

3）对必须变更的工程，要求承包商办理"工程洽商记录"，经业主同意，设计单位审查，并发出相应修改设计图纸和说明后，在合同规定的时间内做好工程量的增加分析，报计量工程师审核。计量工程师审核承包商提出的变更价款是否合理，按照以下原则和顺序进行：

a. 按照工程量清单内的单价和费率。

b. 按照合同内规定的价格计算方法。

c. 按照有关的概预算定额和实际支出证明、协商价格。

d. 采用分别计算工日数和材料用量计算。

妥善处理好有关索赔的管理，以预防为主，尽可能避免造成违约和承包商索赔。

6.1.2 建设工程投资构成及计算

我国现行建设工程总投资的构成见表 6.1，其中，前期工程费是指建设项目设计范围内的场地平整及因建设项目开工实施所需的场外交通、供电、供水等管线的引接、修建的工程费用。

表 6.1 建设工程总投资的构成

建设工程总投资	建设投资	前 期 工 程 费	
		建筑安装工程费	人工费、材料费、施工机具使用费、企业管理费、利润、规费和税金
		设备工器具购置费	设备购置费
			工器具及生产家具购置费
		工程建设其他费	与土地使用有关的其他费用
			与工程建设有关的其他费用
			与未来企业生产经营有关的其他费用
		预备费	基本预备费
			涨价预备费
		建设期贷款利息	
		固定资产投资方向调节税	
	流动资产投资——铺底流动资金		

6.1.2.1　建筑安装工程费构成

关于印发《建筑安装工程费用项目组成》的通知中规定，建筑安装工程费用项目按费用构成要素组成划分为人工费、材料费、施工机具使用费、企业管理费、利润、规费和税金；按工程造价形成的顺序划分为分部、分项工程费，措施项目费，其他项目费，规费和税金。具体费用构成见图 6.1 和图 6.2。

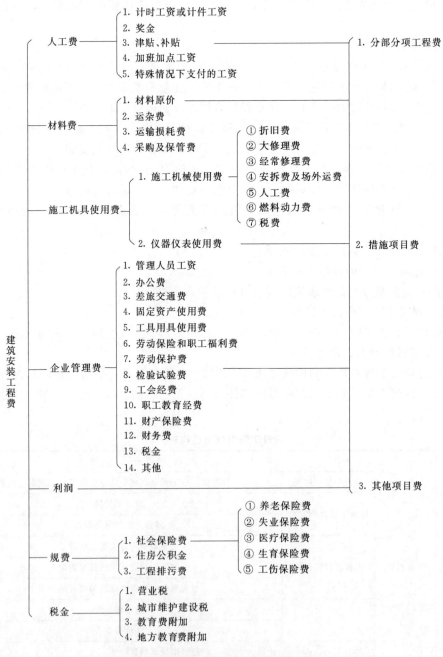

图 6.1　建筑安装工程费用项目组成
（按费用构成要素组成划分）

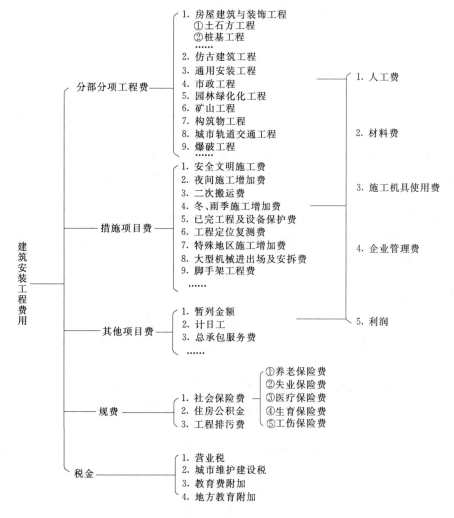

图 6.2　建筑安装工程费用项目组成
（按造价形式划分）

1. 按照费用构成要素划分

按照费用构成要素划分，建筑安装工程费由人工费、材料费、施工机具使用费、企业管理费、利润、规费和税金组成。其中人工费、材料费、施工机具使用费、企业管理费和利润包含在分部、分项工程费，措施项目费，其他项目费中。

（1）人工费。指按工资总额构成规定支付给从事建筑安装工程施工的生产工人和附属生产单位工人的各项费用，内容如下：

1）计时工资或计件工资。指按计时工资标准和工作时间或对已做工作按计件单价支付给个人的劳动报酬。

2）奖金。指对超额劳动和增收节支支付给个人的劳动报酬，如节约奖等。

3）津贴补贴。指为了补偿职工特殊或额外的劳动消耗和因其他特殊原因支付给个人的津贴，以及为了保证职工工资水平不受物价影响支付给个人的物价补贴，如流动施工津贴、高温（寒）作业临时津贴、高空津贴等。

4）加班加点工资。指按规定支付的在法定节假日工作的加班工资和在法定日工作时间外延时工作的加点工资。

　　5）特殊情况下支付的工资。指根据国家法律、法规和政策规定，因病、工伤、产假、计划生育假、婚丧假、事假、探亲假、定期休假、停工学习、执行国家或社会义务等原因按计时工资标准或计时工标准的一定比例支付的工资。

　　（2）材料费。指施工过程中耗费的原材料、辅助材料、构配件、零件，半成品或成品、工程设备的费用。内容包括以下几个方面：

　　1）材料原价。指材料、工程设备的出厂价格或商家供应价格。

　　2）运杂费。指材料、工程设备自来源地运至工地仓库或指定堆放地点所发生的全部费用。

　　3）运输损耗费。指材料在运输装卸过程中不可避免的损耗。

　　4）采购及保管费。指为组织采购、供应和保管材料、工程设备的过程中所需要的各项费用，包括采购费、仓储费、工地保管费、仓储损耗。

　　工程设备是指构成或计划构成永久工程一部分的机电设备、金属结构设备、仪器装置及其他类似的设备和装置。

　　（3）施工机具使用费。指施工作业所发生的施工机械、仪器仪表使用费或租赁费。施工机械使用费，以施工机械台班耗用量×施工机械台班单价表示，施工机械价台班单价应由下列 7 项费用组成：

　　1）折旧费。指施工机械在规定的使用年限内，陆续收回其原值的费用。

　　2）大修理费。指施工机械按规定的大修理间隔台班进行必要的大修理，以恢复其正常功能所需的费用。

　　3）经常修理费。指施工机械除大修理以外的各级保养和临时故障排除所需的费用。包括为保障机械正常运转所需替换设备与随机配备工具附具的摊销和维护费用，机械运转中日常保养所需润滑与擦拭的材料费用及机械停滞期间的维护和保养费用等。

　　4）安拆费及场外运费。安拆费指施工机械（大型机械除外）在现场进行安装与拆卸所需的人工、材料、机械和试运转费用以及机械辅助设施的折旧、搭设、拆除等费用；场外运费指施工机械整体或分体自停放地点运至施工现场或由一施工地点运至另一施工地点的运输、装卸、辅助材料及架线等费用。

　　5）人工费。指机上司机（司炉）和其他操作人员的人工费。

　　6）燃料动力费。指施工机械在运转作业中所消耗的各种燃料及水、电等。

　　7）税费。指施工机械按照国家规定应缴纳的车船使用税、保险费及年检费等。

　　（4）企业管理费。指建筑安装企业组织施工生产和经营管理所需的费用，具体内容如下：

　　1）管理人员工资。指按规定支付给管理人员的计时工资、奖金、津贴补贴、加班工资及特殊情况下支付的工资等。

　　2）办公费。指企业管理办公用的文具、纸张、账表、印刷、邮电、书报、办公软件、现场监控、会议、水电、烧水和集体取暖降温（包括现场临时宿舍取暖降温）等费用。

　　3）差旅交通费。指职工因公出差、调动工作的差旅费、住勤补助费，市内交通费和误餐补助费，职工探亲路费，劳动力招募费，职工退休、退职一次性路费，工伤人员就医路费，工地转移费以及管理部门使用的交通工具的油料、燃料等费用。

4）固定资产使用费。指管理和试验部门及附属生产单位使用的属于固定资产的房屋、设备、仪器等的折旧、大修、维修或租赁费。

5）工具用具使用费。指企业施工生产和管理使用的不属于固定资产的工具、器具、交通工具和检验、试验、测绘、消防用具等的购置、维修和摊销费。

6）劳动保险和职工福利费。指由企业支付的职工退职金、按规定支付给离休干部的经费，集体福利费、夏季防暑降温、冬季取暖补贴、上下班交通补贴等。

7）劳动保护费。指企业按规定发放的劳动保护用品的支出，如工作服、手套、防暑降温饮料以及在有碍身体健康的环境中施工的保健费用等。

8）检验试验费。指施工企业按照有关标准规定，对建筑以及材料、构件和建筑安装物进行一般鉴定、检查所发生的费用，包括自设试验室进行试验所耗用的材料等费用，不包括新结构、新材料的试验费，对构件做破坏性试验及其他特殊要求检验试验的费用和建设单位委托检测机构进行检测的费用，此类检测发生的费用，由建设单位在工程建设其他费用中列支；但对施工企业提供的具有合格证明的材料进行检测不合格的，该检测费用由施工企业支付。

9）工会经费。指企业按《中华人民共和国工会法》规定的全部职工工资总额比例计提的工会经费。

10）职工教育经费。指按职工工资总额的规定比例计提，用于企业为职工进行专业技术和职业技能培训、专业技术人员继续教育、职工职业技能鉴定、职业资格认定以及根据需要对职工进行各类文化教育所发生的费用。

11）财产保险费。指施工管理用财产、车辆等的保险费用。

12）财务费。指企业为施工生产筹集资金或提供预付款担保、履约担保、职工工资支付担保等所发生的各种费用。

13）税金。指企业按规定缴纳的房产税、车船使用税、土地使用税、印花税等。

14）其他。包括技术转让费、技术开发费、投标费、业务招待费、绿化费、广告费、公证费、法律顾问费、审计费、咨询费、保险费等。

（5）利润。指施工企业完成所承包工程获得的盈利。

（6）规费。指按国家法律、法规规定，由省级政府和省级有关权力部门规定必须缴纳或计取的费用。内容包括以下几方面：

1）社会保险费：

a. 养老保险费，指企业按照规定标准为职工缴纳的基本养老保险费。

b. 失业保险费，指企业按照规定标准为职工缴纳的失业保险费。

c. 医疗保险费，指企业按照规定标准为职工缴纳的基本医疗保险费。

d. 生育保险费，指企业按照规定标准为职工缴纳的生育保险费。

e. 工伤保险费，指企业按照规定标准为职工缴纳的工伤保险费。

2）住房公积金，指企业按规定标准为职工缴纳的住房公积金。

3）工程排污费，指按规定缴纳的施工现场工程排污费。

4）其他应列而未列入的规费，按实际发生计取。

（7）税金。指国家税法规定的应计入建筑安装工程造价内的营业税、城市维护建设税、教育费附加以及地方教育附加。

6.1.2.2　按照工程造价形式划分

按照工程造价形式划分，建筑安装工程费由分部、分项工程费，措施项目费，其他项目费，规费，税金组成。分部、分项工程费，措施项目费，其他项目费包含人工费、材料费、施工机具使用费、企业管理费和利润。

（1）分部、分项工程费。指各专业工程的分部、分项工程应予列支的各项费用。

1）专业工程。指按现行国家计量规范划分的房屋建筑与装饰工程、仿古建筑工程、通用安装工程、市政工程、园林绿化工程、矿山工程、构筑物工程、城市轨道交通工程、爆破工程等各类工程。

2）分部、分项工程。指按现行国家计量规范对各专业工程划分的项目，如房屋建筑与装饰工程划分的土石方工程、地基处理与桩基工程、砌筑工程、钢筋及钢筋混凝土工程等。各类专业工程的分部、分项工程划分见现行国家或行业计量规范。

（2）措施项目费。指为完成建设工程施工，发生于该工程施工前和施工过程中的技术、生活、安全、环境保护等方面的费用，内容包括以下方面：

1）安全文明施工费：

a. 环境保护费，指施工现场为达到环保部门要求所需要的各项费用。

b. 文明施工费，指施工现场文明施工所需要的各项费用。

c. 安全施工费，指施工现场安全施工所需要的各项费用。

d. 临时设施费，指施工企业为进行建设工程施工所必须搭设的生活和生产用临时建筑物、构筑物和其他临时设施的费用，包括临时设施的搭设、维修、拆除、清理费或摊销费等。

2）夜间施工增加费。指因夜间施工所发生的夜班补助费、夜间施工降效、夜间施工照明设备摊销及照明用电等费用。

3）二次搬运费。指因施工场地条件限制而发生的材料、构配件、半成品等一次运输不能到达堆放地点，必须进行二次或多次搬运所发生的费用。

4）冬雨季施工增加费。指在冬季或雨季施工需增加的临时设施、防滑、排除雨雪、人工及施工机械效率降低等费用。

5）已完工程及设备保护费。指竣工验收前，对已完工程及设备采取的必要保护措施所发生的费用。

6）工程定位复测费。指工程施工过程中进行全部施工测量放线和复测工作的费用。

7）特殊地区施工增加费。指工程在沙漠或其边缘地区、高海拔、高寒、原始森林等特殊地区施工增加的费用。

8）大型机械设备进出场及安拆费。指机械整体或分体自停放场地运至施工现场或由一个施工地点运至另一个施工地点，所发生的机械进出场运输及转移费用及机械在施工现场进行安装、拆卸所需的人工费、材料费、机械费、试运转费和安装所需的辅助设施的费用。

9）脚手架工程费。指施工需要的各种脚手架搭、拆、运输费用以及脚手架购置费的摊销（或租赁）费用。

措施项目及其包含的内容详见各类专业工程的现行国家或行业计量规范。

（3）其他项目费：

1) 暂列金额。指建设单位在工程量清单中暂定并包括在工程合同价款中的一笔款项。用于施工合同签订时尚未确定或不可预见的所需材料、工程设备，服务的采购，施工中可能发生的工程变更、合同约定调整因素出现时的工程价款调整以及发生的索赔、现场签证确认等的费用。

2) 计日工。指在施工过程中，施工企业完成建设单位提出的施工图纸以外的零星项目或工作所需的费用。

3) 总承包服务费。指总承包人为配合、协调建设单位进行的专业工程发包，对建设单位自行采购的材料、工程设备等进行保管以及施工现场管理、竣工资料汇总整理等服务所需的费用。

(4) 规费。定义见 6.1.2.2 中的内容。

(5) 税金。定义见 6.1.2.2 中的内容。

6.1.2.3 各费用构成要素参考计算方法

1. 人工费

$$人工费 = \sum(工日消耗量 \times 日工资单价) \tag{6.1}$$

$$日工资单价 = \frac{生产工人平均月工资(计时、计件) + 平均月(奖金 + 津贴补贴 + 特殊情况下支付的工资)}{年平均每月法定工作日} \tag{6.2}$$

$$人工费 = \sum(工程工日消耗量 \times 日工资单价) \tag{6.3}$$

式 (6.1) 主要适用于施工企业投标报价时自主确定人工费，也是工程造价管理机构编制计价定额确定定额人工单价或发布人工成本信息的参考依据。

日工资单价是指施工企业平均技术熟练程度的生产工人在每工作日（国家法定工作时间内）按规定从事施工作业应得的日工资总额。

工程造价管理机构确定日工资单价应通过市场调查、根据工程项目的技术要求，参考实物工程量人工单价综合分析确定，最低日工资单价不得低于工程所在地人力资源和社会保障部门所发布的最低工资标准的 1.3 倍（普工）、2 倍（一般技工）、3 倍（高级技工）。

工程计价定额不可只列一个综合工日单价，应根据工程项目技术要求和工种差别适当划分多种日人工单价，确保各分部工程人工费的合理构成。

式 (6.3) 适用于工程造价管理机构编制计价定额时确定定额人工费，是施工企业投标报价的参考依据。

2. 材料费

(1) 材料费：

$$材料费 = \sum(材料消耗量 \times 材料单价) \tag{6.4}$$

$$材料单价 = [(材料原价 + 运杂费) \times (1 + 运输损耗率(\%))] \times [1 + 采购保管费率(\%)] \tag{6.5}$$

(2) 工程设备费：

$$工程设备费 = \sum(工程设备量 \times 工程设备单价) \tag{6.6}$$

$$工程设备单价 = (设备原价 + 运杂费) \times [1 + 采购保管费率(\%)] \tag{6.7}$$

3. 施工机具使用费

(1) 施工机械使用费：

$$施工机械使用费=\sum(施工机械台班消耗量×机械台班单价) \tag{6.8}$$

$$机械台班单价=台班折旧费+台班大修费+台班经常修理费+台班安拆费及场外运费$$
$$+台班人工费+台班燃料动力费+台班车船税费 \tag{6.9}$$

工程造价管理机构在确定计价定额中的施工机械使用费时，应根据《建筑施工机械台班费用计算规则》结合市场调查编制施工机械台班单价。施工企业可以参考工程造价管理机构发布的台班单价，自主确定施工机械使用费的报价，如租赁施工机械。

$$施工机械使用费=\sum(施工机械台班消耗量×机械台班租赁单价) \tag{6.10}$$

（2）仪器仪表使用费：

$$仪器仪表使用费=工程使用的仪器仪表摊销费+维修费$$

4. 企业管理费费率

（1）以分部分项工程费为计算基础：

$$企业管理费费率(\%)=\frac{生产工人年平均管理费}{年有效施工天数×人工单价}×人工费占分部分项工程费比例(\%) \tag{6.11}$$

（2）以人工费和机械费合计为计算基础：

$$企业管理费费率(\%)=\frac{生产工人年平均管理费}{年有效施工天数×(人工单价+每一工日机械使用费)}×100\% \tag{6.12}$$

（3）以人工费为计算基础：

$$企业管理费费率(\%)=\frac{生产工人年平均管理费}{年有效施工天数×人工单价}×100\% \tag{6.13}$$

式（6.11）～式（6.13）适用于施工企业投标报价时自主确定管理费，是工程造价管理机构编制计价定额确定企业管理费的参考依据。

工程造价管理机构在确定计价定额中企业管理费时，应以定额人工费（或定额人工费+定额机械费）作为计算基数，其费率根据历年工程造价积累的资料，辅以调查数据确定，列入分部分项工程和措施项目中。

5. 利润

（1）施工企业根据企业自身需求并结合建筑市场实际自主确定，列入报价中。

（2）工程造价管理机构在确定计价定额中利润时，应以定额人工费（或定额人工费+定额机械费）作为计算基数，其费率根据历年工程造价积累的资料，并结合建筑市场实际确定，以单位（单项）工程测算，利润在税前建筑安装工程费的比重可按不低于5%且不高于7%的费率计算。利润应列入分部分项工程和措施项目中。

6. 规费

（1）社会保险费和住房公积金。社会保险费和住房公积金应以定额人工费为计算基础，根据工程所在地省、自治区、直辖市或行业建设主管部门规定费率计算：

$$社会保险费和住房公积金=\sum(工程定额人工费×社会保险费和住房公积金费率) \tag{6.14}$$

式（6.14）中，社会保险费和住房公积金费率可以每万元发承包价的生产工人人工费和管理人员工资含量与工程所在地规定的缴纳标准综合分析取定。

（2）工程排污费。工程排污费等其他应列而未列入的规费应按工程所在地环境保护等部门规定的标准缴纳，按实计取列入。

7. 税金

税金计算公式为

$$税金＝税前造价×综合税率（\%）\tag{6.15}$$

综合税率按以下几种情况选用：

（1）纳税地点在市区的企业：

$$综合税率（\%）＝\frac{1}{1-3\%-(3\%×7\%)-(3\%×3\%)-(3\%×2\%)}-1\tag{6.16}$$

（2）纳税地点在县城、镇的企业：

$$综合税率（\%）＝\frac{1}{1-3\%-(3\%×5\%)-(3\%×3\%)-(3\%×2\%)}-1\tag{6.17}$$

（3）纳税地点不在市区、县城、镇的企业：

$$综合税率（\%）＝\frac{1}{1-3\%-(3\%×1\%)-(3\%×3\%)-(3\%×2\%)}-1\tag{6.18}$$

（4）实行营业税改增值税的，按纳税地点现行税率计算。

6.1.2.4　建筑安装工程计价参考公式

1. 分部分项工程费

$$分部分项工程费＝\sum（分部分项工程量×综合单价）\tag{6.19}$$

式（6.19）中，综合单价包括人工费、材料费、施工机具使用费、企业管理费和利润以及一定范围的风险费用（下同）。

2. 措施项目费

（1）国家计量规范规定应予计量的措施项目，其计算公式为

$$措施项目费＝\sum（措施项目工程量×综合单价）\tag{6.20}$$

（2）国家计量规范规定不宜计量的措施项目计算方法如下：

1）安全文明施工费：

$$安全文明施工费＝计算基数×安全文明施工费费率（\%）\tag{6.21}$$

计算基数应为定额基价（定额分部分项工程费＋定额中可以计量的措施项目费）、定额人工费（或定额人工费＋定额机械费），其费率由工程造价管理机构根据各专业工程的特点综合确定。

2）夜间施工增加费：

$$夜间施工增加费＝计算基数×夜间施工增加费费率（\%）\tag{6.22}$$

3）二次搬运费：

$$二次搬运费＝计算基数×二次搬运费费率（\%）\tag{6.23}$$

4）冬雨季施工增加费：

$$冬雨季施工增加费＝计算基数×冬雨季施工增加费费率（\%）\tag{6.24}$$

5）已完工程及设备保护费：

$$已完工程及设备保护费＝计算基数×已完工程及设备保护费费率（\%）\tag{6.25}$$

上述2）～5）项措施项目的计费基数应为定额人工费（或定额人工费＋定额机械费），其费率由工程造价管理机构根据各专业工程特点和调查资料综合分析后确定。

3. 其他项目费

(1) 暂列金额由建设单位根据工程特点，按有关计价规定估算，施工过程中由建设单位掌握使用、扣除合同价款调整后如有余额，归建设单位所有。

(2) 计日工由建设单位和施工企业按施工过程中的签证计价。

(3) 总承包服务费由建设单位在招标控制价中根据总包服务范围和有关计价规定编制，施工企业投标时自主报价，施工过程中按签约合同价执行。

4. 规费和税金

建设单位和施工企业均应按照省、自治区、直辖市或行业建设主管部门发布标准计算规费和税金，不得作为竞争性费用。

学习情境6.2　建设工程投资的确定

【情境描述】　介绍建设工程定额的概念，使学生掌握《建设工程工程量清单计价规范》（GB 50500—2015）的主要条款和各组成清单的内容。

6.2.1　建设工程投资

6.2.1.1　建设工程投资确定的依据

(1) 建设工程定额。建设工程定额即额定的消耗量标准，是指按照国家有关的产品标准、设计规范和施工验收规范、质量评定标准，并参考行业、地方标准以及有代表性的工程设计、施工资料确定的工程建设过程中完成规定计量单位产品所消耗的人工、材料、机械等消耗量的标准。

(2) 工程量清单。工程量清单是建设工程招标文件的重要组成部分，是指由建设工程招标人或受其委托具有相应资质的工程造价咨询人，对招标工程的全部项目按统一的项目编码、项目名称、项目特征、计量单位计算规则而编制的表明工程数量的明细清单。

(3) 工程技术文件。工程技术文件反映建设工程项目的规模、内容、标准、功能等。只有根据工程技术文件，才能对工程结构做出分解，得到计算的基本子项。只有依据工程技术文件及其反映的工程内容和尺寸，才能测算或计算出工程实物量，得到分部、分项工程的实物数量。

(4) 要素市场价格信息。构成建设工程投资的要素包括人工、材料、施工机械等，要素价格是影响建设工程投资的关键因素，要素价格是由市场形成的。建设工程投资采用的基本子项所需资源的价格来自市场。随着市场的变化，要素价格亦随之发生变化。因此，建设工程投资必须随时掌握市场价格信息，了解市场价格行情，熟悉市场中各类资源的供求变化及价格动态。

(5) 建设工程所处的环境和条件。工程的环境和条件包括工程地质条件、气象条件、现场环境与周边条件，也包括工程建设的实施方案、组织方案、技术方案等。工程的环境和条件的变化或差异，会导致建设工程投资大小的变化。

(6) 其他。国家和地方政府主管部门对建设工程费用计算的有关规定，按国家税法规定须计取的相关税费等，都构成了建设工程投资确定的依据。

6.2.1.2　工程量清单的概念与作用

1. 工程量清单的概念

工程量清单是指表现拟建工程的分部分项工程项目、措施项目、其他项目名称和相应数量的明细清单，是招标人按照招标要求和施工设计图纸规定将拟建招标工程的全部项目和内容，依据工程量清单计价规范附录中统一的项目编码、项目名称、计量单位和工程量计算规则进行编制，包括分部分项工程量清单、措施项目清单、其他项目清单，是招标文件的重要组成部分。

2. 实行工程量清单计价的作用

(1) 实行工程量清单计价，是工程造价管理深化改革的产物。在计划经济体制下，我国发承包计价、定价以工程预算定额作为主要依据。1992 年，为了适应市场经济对建设市场改革的要求，提出了"控制量、指导价、竞争费"的改革措施。其中对工程预算定额改革的主要思路和原则是：将工程预算定额中的人工、材料、机械的消耗量和相应的单价分离，人、材、机的消耗量是国家根据有关规范、标准以及社会的平均水平来确定的。"控制量"，目的就是保证工程质量，"指导价"，就是要使工程造价逐步走向市场形成价格。但随着建设市场化进程的发展，这种做法仍然难以改变工程预算定额中国家指令性的状况，难以满足招标投标和评标的择优要求。因为，控制量反映的是社会平均消耗水平，特别是现行预算定额未区分施工实物性消耗和施工措施性消耗，在定额消耗量中包含了施工措施项目的消耗量。长期以来，我国的施工措施费用大都考虑的是正常的施工条件和合理的施工组织，反映出来的是一个社会平均消耗量，然后以一定的摊销量或一定比例，按定额规定的统一的计算方法计算后并入工程实体项目，不能准确地反映各个企业的实际消耗量，不能全面地体现企业技术装备水平、管理水平和劳动生产率，不利于施工企业发挥优势，也就不能充分体现市场公平竞争。工程量清单计价提供了一种由市场形成价格的新模式，将改革以工程预算定额为计价依据的计价模式。

(2) 实行工程量清单计价，是规范建设市场秩序，适应社会主义市场经济发展的需要。工程造价是工程建设的核心内容，也是建设市场运行的核心内容，建设市场上存在许多不规范行为，大多与工程造价有关。工程预算定额定价在公开、公平、公正竞争方面，缺乏合理完善的机制。实现建设市场的良性发展，除了法律法规和行政监管以外，发挥市场机制的"竞争"和"价格"作用是治本之策。工程量清单计价是市场形成工程造价的主要形式，它把报价权交给了企业。工程量清单计价有利于发挥企业自主报价的能力，实现从政府定价、指导价到由市场定价的转变；有利于规范业主在招标中的行为，有效改变招标单位在招标中盲目压价的行为，从而真正体现公开、公平、公正的原则，反映出市场经济规律，保障了投资、建设、施工各方的利益。

(3) 实行工程量清单计价，是促进建设市场有序竞争和企业健康发展的需要。采用工程量清单计价模式招标投标，由于工程量清单是招标文件的组成部分，招标单位必须编制出准确的工程量清单，并承担相应的风险，从而促进招标单位提高管理水平。由于工程量清单是公开的，将避免工程招标中的弄虚作假、暗箱操作等不规范行为。采用工程量清单报价，施工企业必须对单位工程成本、利润进行分析，统筹考虑、精心选择施工方案，并根据企业定额合理确定人工、材料、施工机械费要素的投入与配置，优化组合，合理控制现场人、材、机费用和施工技术措施费用，从而确定本企业具有竞争力的投标价。

工程量清单计价的实行，有利于规范建设市场计价行为，规范建设市场秩序，促进建设市场有序竞争；有利于控制建设项目投资，合理利用资源；有利于促进技术进步，提高劳动生产率。

（4）实行工程量清单计价，有利于我国工程造价管理政府职能的转变。按照政府部门真正履行起"经济调节、市场监管、社会管理和公共服务"职能的要求，政府对工程造价管理的模式要相应改变，将推行政府宏观调控、企业自主报价、市场竞争形成价格、社会全面监督的工程造价管理思路。实行工程量清单计价，将会有利于我国工程造价管理政府职能的转变，由过去政府控制的指令性定额转变为制定适应市场经济规律需要的工程量清单计价方法，由过去行政直接干预转变为对工程造价依法监管，有效地强化政府对工程造价的宏观调控。

6.2.2 《建设工程工程量清单计价规范》的主要内容

《建设工程工程量清单计价规范》（GB 50500—2015）是统一工程量清单编制、规范工程量清单计价的国家标准，是调整建设工程工程量清单计价活动中发包人与承包人各种关系的规范文件。

《建设工程工程量清单计价规范》共包括五章和五个附录。第一章总则，第二章术语，第三章工程量清单编制，第四章工程量清单计价，第五章工程量清单及其计价格式。附录A建筑工程工程量清单项目及计算规则，附录B装饰装修工程工程量清单项目及计算规则，附录C安装工程工程量清单项目及计算规则，附录D市政工程工程量清单项目及计算规则，附录E园林绿化工程工程量清单项目及计算规则。

6.2.2.1 《建设工程工程量清单计价规范》总则

总则共计6条，规定了《建设工程工程量清单计价规范》制定的目的、依据、适用范围、工程量清单计价活动应遵循的基本原则以及作为编制工程量清单依据的附录。

（1）制定《建设工程工程量清单计价规范》的目的和依据。我国建设工程招标投标实行"定额"计价，在工程承发包中发挥了很大作用，取得了明显成效，但在这一计价方式的推行过程中，也存在一些突出问题，如不能充分发挥市场竞争机制的作用；定额不能体现企业个别成本；市场中缺乏竞争力；定额约束了企业自主报价，达不到合理低价中标，形不成投标人与招标人双赢结果；当然与国际通用做法也相距很远。随着我国社会主义市场经济的深化，"定额"计价的弊端越来越明显，应予以重视并解决。在认真总结我国工程招标投标实行"定额"计价的基础上，研究借鉴国外招标投标实行工程量清单计价的做法，制定了我国建设工程工程量清单计价规范，确立了我国招标投标实行工程量清单计价应遵守的规则，要求参与招标投标活动的各方必须一致遵循，以保证工程量清单计价方式的顺利实施，充分发挥其在招标投标中的重要作用。

（2）《建设工程工程量清单计价规范》适用于建设工程工程量清单计价活动，就承发包方式而言，主要适用于建设工程招标投标的工程量清单计价活动。工程量清单计价是与现行定额计价方式共存于招标投标计价活动中的另一种计价方式。《建设工程工程量清单计价规范》所称建设工程是指建筑工程、装饰装修工程、安装工程、市政工程和园林绿化工程。凡是建设工程招标投标实行工程量清单计价，不论招标主体是政府机构、国有企事业单位、集体企业、私人企业和外商投资企业，还是资金来源是国有资金、外国政府贷款及援助资金、私人资金等，都应遵守《建设工程工程量清单计价规范》。

《建设工程工程量清单计价规范》还规定了强制实行工程量清单计价的范围，即"全部使用国有资金投资或国有资金投资为主的大中型建设工程应执行本规范"。"国有资金"是指国家财政性的预算内或预算外资金，国家机关、国有企事业单位和社会团体的自有资金及借贷资金，国家通过对内发行政府债券或向外国政府及国际金融机构举借主权外债所筹集的资金也应视为国有资金。"国有资金投资为主"的工程是指国有资金占总投资额 50% 以上或虽不足 50%，但国有资产投资者实质上拥有控股权的工程。

建设工程工程量清单活动应遵循客观、公正、公平的原则，客观、公正、公平也是市场经济活动的基本原则。

6.2.2.2　《建设工程工程量清单计价规范》术语

1. 工程量清单

载明建设工程分部分项工程项目、措施项目、其他项目的名称和相应数量以及规费、税金项目等内容的明细清单。

2. 招标工程量清单

招标人依据国家标准、招标文件、设计文件以及施工现场实际情况编制的，随招标文件发布供投标报价的工程量清单，包括其说明和表格。

3. 已标价工程量清单

构成合同文件组成部分的投标文件中已标明价格，经算术性错误修正（如有）且承包人已确认的工程量清单，包括其说明和表格。

4. 分部分项工程

分部工程是单项或单位工程的组成部分，是按结构部位、路段长度及施工特点或施工任务将单项或单位工程划分为若干分部的工程；分项工程是分部工程的组成部分，是按不同施工方法、材料、工序及路段长度等将分部工程划分为若干个分项或项目的工程。

5. 项目编码

分部分项工程和措施项目清单名称的阿拉伯数字标识。

6. 综合单价

完成一个规定清单项目所需的人工费、材料和工程设备费、施工机具使用费和企业管理费、利润以及一定范围内的风险费用。

7. 风险费用

隐含于已标价工程量清单综合单价中，用于化解发承包双方在工程合同中约定内容和范围内的市场价格波动风险的费用。

8. 工程成本

承包人为实施合同工程并达到质量标准，在确保安全施工的前提下，必须消耗或使用的人工、材料、工程设备、施工机械台班及其管理等方面发生的费用和按规定缴纳的规费和税金。

9. 单价合同

发承包双方约定以工程量清单及其综合单价进行合同价款计算、调整和确认的建设工程施工合同。

10. 总价合同

发承包双方约定以施工图及其预算和有关条件进行合同价款计算、调整和确认的建设工程施工合同。

11. 成本加酬金合同

承包双方约定以施工工程成本再加合同约定酬金进行合同价款计算、调计算、调整和确认的建设工程施工合同。

12. 工程变更

合同工程实施过程中由发包人提出或由承包人提出经发包人批准的合同工程任何一项工作的增、减、取消或施工工艺、顺序、时间的改变；设计图纸的修改；施工条件的改变；招标工程量清单的错、漏从而引起合同条件的改变或工程量的增减变化。

13. 安全文明施工费

在合同履行过程中，承包人按照国家法律、法规、标准等规定，为保证安全施工、文明施工，保护现场内外环境和搭拆临时设施等所采用的措施而发生的费用。

14. 索赔

在工程合同履行过程中，合同当事人一方因非己方的原因而遭受损失，按合同约定或法律法规规定承担责任，从而向对方提出补偿的要求。

15. 现场签证

发包人现场代表（或其授权的监理人、工程造价咨询人）与承包人现场代表就施工过程中涉及的责任事件所作的签认证明。

16. 提前竣工（赶工）费

承包人应发包人的要求而采取加快工程进度措施，使合同工程工期缩短，由此产生的应由发包人支付的费用。

17. 误期赔偿费

承包人未按照合同工程的计划进度施工，导致实际工期超过合同工期（包括经发包人批准的延长工期），承包人应向发包人赔偿损失的费用。

18. 不可抗力

发承包双方在工程合同签订时不能预见的，对其发生的后果不能避免，并且不能克服的自然灾害和社会性突发事件。

19. 缺陷责任期

缺陷责任期指承包人对已交付使用的合同工程承担合同约定的缺陷修复责任的期限。

20. 质量保证金

发承包双方在工程合同中约定，从应付合同价款中预留，用以保证承包人在缺陷责任期内履行缺陷修复义务的金额。

21. 费用

承包人为履行合同所发生或将要发生的所有合理开支，包括管理费和应分摊的其他费用，但不包括利润。

22. 利润

承包人完成合同工程获得的盈利。

23. 发包人

具有工程发包主体资格和支付工程价款能力的当事人以及取得该当事人资格的合法继承人，有时又称招标人。

24. 承包人

被发包人接受的具有工程施工承包主体资格的当事人以及取得该当事人资格的合法继承人，有时又称投标人。

25. 单价项目

工程量清单中以单价计价的项目，即根据合同工程图纸（含设计变更）和相关工程现行国家计量规范规定的工程量计算规则进行计量，与已标价工程量清单相应综合单价进行价款计算的项目。

26. 总价项目

工程量清单中以总价计价的项目，即此类项目在相关工程现行国家计量规范中无工程量计算规则，以总价（或计算基础乘费率）×计算的项目。

27. 工程计量

发承包双方根据合同约定，对承包人完成合同工程的数量进行的计算和确认。

28. 工程结算

发承包双方根据合同约定，对合同工程在实施中、终止时、已完工后进行的合同价款计算、调整和确认。包括期中结算、终止结算、竣工结算。

29. 预付款

在开工前，发包人按照合同约定，预先支付给承包人用于购买合同工程施工所需的材料、工程设备，以及组织施工机械和人员进场等的款项。

30. 进度款

在合同工程施工过程中，发包人按照合同约定对付款周期内承包人完成的合同价款给予支付的款项，也是合同价款期中结算支付。

31. 合同价款调整

在合同价款调整因素出现后，发承包双方根据合同约定，对合同价款进行变动的提出、计算和确认。

32. 竣工结算价

发承包双方依据国家有关法律、法规和标准规定，按照合同约定确定的，包括在履行合同过程中按合同约定进行的合同价款调整，是承包人按合同约定完成了全部承包工作后，发包人应付给承包人的合同总金额。

6.2.3　工程量清单及其计价的编制

6.2.3.1　工程量清单编制

1. 工程量清单的组成

工程量清单应作为招标文件的组成部分。《招标投标法》规定，招标文件应当包括招标项目的技术要求和投标报价要求。工程量清单应体现招标人要求投标完成的工程项目、技术要求及相应工程数量，全面反映投标报价的要求，是投标人进行报价的依据。所以工程量清单应是招标文件不可分割的主要组成部分。

工程量清单应由具有编制招标文件能力的招标人或受其委托具有相应资质的中介机构进行编制。编制工程量清单是一项专业性、综合性很强的工作，完整、准确的工程量清单是保证招标质量的重要条件。

工程量清单应由分部分项工程量清单、措施项目清单、其他项目清单组成。

（1）分部分项工程量清单。分部分项工程量清单为不可调整清单。投标人对招标文件提供的分部分项工程量清单经过认真复核后，必须逐一计价，对清单所列项目和内容不允许作任何更改变动。投标人如果认为清单项目和内容有遗漏或不妥，只能通过质疑的方式由清单编制人作统一的修改更正，并将修正的工程量清单项目或内容作为工程量清单的补充以招标答疑的形式发往所有投标人。

（2）措施项目清单。任何一个工程建设项目成本一般主要包括完成工程实体项目的费用，施工前期和过程中的施工措施费用，以及工程建设过程中发生的经营管理费用。在定额计价体系中，施工措施费用大都以一定的摊销量或一定比例，按定额规定的统一的计算方法计算后并入工程实体定额的消费量中。显然定额所含施工措施消耗量的标准是一个社会平均水平。《建设工程工程量清单计价规范》把非工程实体项目（措施项目）与工程实体项目进行了分离。工程量清单计价规范规定措施项目清单金额应根据拟建工程的施工方案或施工组织设计，由投标人自主报价。这项改革的重要意义是与国际惯例接轨，把施工措施费这一反映施工企业综合实力的费用纳入了市场竞争的范畴。这一费用的竞争将反映施工企业技术与管理的竞争、个别成本的竞争，体现公平和优胜劣汰，将极大调动施工企业以提高施工技术、加强施工管理为手段的降低工程成本的主动性和积极性。

措施项目清单为可调整清单，投标人对招标文件的工程量清单中所列项目和内容，可根据企业自身特点和施工组织设计作变更增减。投标人要对拟建工程可能发生的措施项目和措施费用作通盘考虑，清单计价一经报出，即被认为是包括了所有应该发生的措施项目的全部费用。如果报出的清单中没有列项，且施工中又必须发生的项目，业主有权认为其已经综合在分部分项工程量清单的综合单价中，将来措施项目发生时投标人不得以任何理由提出索赔与调整。

（3）其他项目清单。工程建设标准的高低、工程的复杂程度、工程的工期长短、工程的组成内容等直接影响其他项目清单中的具体内容。《建设工程工程量清单计价规范》提供了两部分四项作为列项的参考，即其他项目清单由招标人部分和投标人部分组成。招标人填写的内容随招标文件发至投标人或标底编制人，其项目、数量、金额等投标人或标底编制人不得随意改动。由投标人填写部分的零星工作项目表中，招标人填写的项目与数量，投标人不得随意更改，且必须进行报价。如果不报价，招标人有权认为投标人就未报价内容将无偿为自己服务。当投标人认为招标人列项不全时，投标人可自行增加列项并确定本项目的工程数量及计价。

2. 分部分项工程量清单的编制

（1）分部分项工程量清单的编制规则。《建设工程工程量清单计价规范》对分部分项工程量清单的编制有以下强制性规定：

1）规范3.2.1条规定，分部分项工程量清单应包括项目编码、项目名称、计量单位和工程数量。规范3.2.2条规定，分部分项工程量清单应根据附录A、附录B、附录C、附录D、附录E规定的统一项目编码、项目名称、计量单位和工程量计算规则进行编制。

2）规范3.2.3条规定，分部分项工程量清单的项目编码，一至九位应按附录A、附录B、附录C、附录D、附录E的规定设置；十至十二位应根据拟建工程的工程量清单项目由其编制人设置，并应自001起顺序编制。例如：01 04 05 001 XXX。

3）规范3.2.4条规定，项目名称应按附录A、附录B、附录C、附录D、附录E的项目名称与项目特征并结合拟建工程的实际确定。工程量清单编制时，以附录中的项目名称为主体，考虑该项目的规格、型号、材质等特征要求，结合拟建工程的实际情况，使其工程量清单项目名称具体化、细化，能够反映影响工程造价的主要因素。例如，在工程量清单的项目名称栏中，除了应写明项目名称外，还应将附录中相应项目的项目特征所载明的项目特点、工程内容及拟建工程的具体要求一一写明，以便投标报价人和标底编制对该项目工程内容有一个非常清楚的了解。

4）规范 3.2.5 条规定，分部分项工程量清单的计量单位应按附录 A、附录 B、附录 C、附录 D、附录 E 中规定的计量单位确定。

5）规范 3.2.6 条规定，工程数量应按附录 A、附录 B、附录 C、附录 D、附录 E 中规定的工程量计算规则计算。

（2）分部分项工程量清单编制依据：①《建设工程工程量清单计价规范》；②招标文件；③设计文件；④相关的工程施工规范与工程验收规范；⑤拟采用的施工组织设计和施工技术方案。

（3）分部分项工程量清单项目的设置与工程量计算。分部分项工程量清单编制依据也就是工程量清单项目的设置与工程量计算的依据。工作范围、工作责任的划分一般是通过招标文件来规定。施工组织设计与施工技术方案可按分部分项工程的施工方法，从而弄清楚其工程内容。工程施工规范及工程验收规范，可供生产工艺对分部分项工程的质量要求，为分部分项工程综合工程内容列项，以及综合工程内容的工程量计算提供数据和参考，也就决定了分部分项工程实施过程中必须要完成工作内容。

6.2.3.2　工程量清单计价编制的规范

《建设工程工程量清单计价规范》中关于工程量清单计价的条文共 10 条，规定了工程量清单计价的工作范围、工程量清单计价价款构成、工程量清单计价单价和标底、报价的编制、工程量调整及其相应单价的确定等。

（1）实行工程量清单计价招标投标的建设工程，其招标标底、投标报价的编制、合同价款确定与调整、工程结算应按规范执行。《建设工程工程量清单计价规范》既规定了工程量清单计价活动的工作内容，同时又强调了工程量清单计价活动应遵循《建设工程工程量清单计价规范》的规定。招标投标实行工程量清单计价，是指招标人公开提供工程量清单，投标人自主报价或招标人编制标底及双方签订合同价款、工程竣工结算等活动，是一种新的计价模式。

（2）工程量清单计价应包括按招标文件规定，完成工程量清单所列项目的全部费用，包括分部分项工程费、措施项目费、其他项目费和规费、税金。《建设工程工程量清单计价规范》规定工程量清单计价价款的内涵有：包括分部分项工程费、措施项目费、其他项目费和规费、税金；包括完成每分项工程所含全部工程内容的费用；包括完成每项工程内容所需的全部费用（规费、税金除外）；包括工程量清单项目中没有体现的，工中又必须发生的工程内容所需的费用；包括考虑风险因素而增加的费用。

（3）工程量清单应采用综合单价计价。这是与国际接轨的做法。综合单价计价应包括完成规定计量单位、合格产品所需的全部费用，考虑我国的现实情况习惯，综合单价包括除规费、税金以外的全部费用。综合单价不但适用于分部分项工程量清单，也适用于措施项目清单、其他项目清单等。

（4）分部分项工程量清单的综合单价，应根据《建设工程工程量清单计价规范》规定的综合单价组成，按设计文件或参照规范的附录 A、附录 B、附录 C、附录 D、附录 E 中的"工程内容"确定。综合单价应全面准确地包括相应分部分项工程量清单项目的工程内容。

由于受各种因素的影响，同一个分项工程可能设计不同，由此所含工程内容会发生差异。附录中"工程内容"栏所列的工程内容没有区别不同设计而逐一列出，就某一个具体工程项目可言，确定综合单价时，附录中的工程内容仅供参考。分部分项工程量清单项目的综合单价，不得包括招标人自行采购材料的价款。

（5）措施项目清单的金额，应根据拟建工程的施工方案或施工组织设计，参照《建设工程工程量清单计价规范》规定的综合单价组成确定。措施项目清单中所列的措施项目均以"一项"提出，所以计价时，首先应详细分析其所含工程内容，然后确定其综合单价。措施项目不同，其综合单价组成内容可能有差异，因此《建设工程工程量清单计价规范》特别强调，确定措施项目综合单价时，《建设工程工程量清单计价规范》规定的综合单价组成仅供参考。

招标人提出的措施项目清单是根据一般情况确定的，没有考虑不同投标人的"个性"，因此投标人在报价时，可以根据本企业的实际情况调整措施项目内容报价。

（6）其他项目清单的金额应按下列规定确定：

1）招标人部分的金额可按估算金额确定。

2）投标人部分的总承包服务费应根据招标人提出要求所发生的费用确定，零星工作项目费应根据"零星工作项目计价表"确定。

3）零星工作项目的综合单位应参照本规范的综合单价组成填写。

其他项目清单中的预留金、材料购置费和零星工作项目费，均为估算、预测数量，虽在投标时计入投标人的报价中，不应视为投标人所有。竣工结算时，应按承包人实际完成的工作内容结算，剩余部分仍归招标人所有。

（7）招标工程如设标底，标底应根据招标文件中的工程量清单和有关要求、施工现场实际情况、合理的施工方法以及按照省、自治区、直辖市建设行政主管部门制定的有关工程造价计价办法进行编制。

《招标投标法》规定，招标工程设有标底的，评标时应参考标底，标底的参考作用，决定了标底的编制要有一定的强制性。这种强制性主要体现在标底的编制应按建设行政主管部门制定的有关工程造价计价办法进行，标底的编制除应遵照《建设工程工程量清单计价规范》规定外，还应符合建设部《建筑工程施工发包与承包计价管理办法》的要求。

（8）投标报价应根据招标文件中的工程量清单和有关要求、施工现场实际情况及拟定工方案或施工组织设计，依据企业定额和市场价格信息，或参照建设行政主管部门发布的社会平均消耗量定额进行编制。工程造价应在政府宏观调控下，由市场竞争形成。在这一原则的指导下，投标人的报价应在满足招标文件要求的前提下采用人工、材料、机械消耗量自定、价格费用自选、全面竞争、自主报价的方式。

（9）合同中综合单价因工程量变更需调整时，除合同另有约定外，应按照下列办法确定：

1）工程量清单漏项或设计变更引起新的工程量清单项目，其相应综合单价由承包人提出，经发包人确认后作为结算的依据。

2）由于工程量清单的工程数量有误或设计变更引起工程量增减，属合约定幅度以内的，应执行原有的综合单价；属合同约定幅度以外的，其增加部分的工程量或减少后剩余部分的工程量的综合单价由承包人提出，经发包人确认后，作为结算的依据。

（10）由于工程量的变更，且实际发生了除以上第 9 条所述情况以外的费用损失，承包人可提出索赔要求，与发包人协商确认后，给予补偿。合同履行过程中，引起索赔的原因很多，工程量清单计价规范强调了上述第 9 条的索赔情况，同时也不否认其他原因发生的索赔或工程发包人可能提出的索赔。

学习情境 6.3　建设工程施工阶段的投资控制

【情境描述】 施工阶段投资控制的基本原理是把计划投资额作为投资控制的目标值，在工程施工过程中定期地进行投资实际值与目标值的比较，分析偏差产生的原因，并采取有效措施加以控制。

6.3.1　建设工程投资控制概述

6.3.1.1　投资控制目标

建设工程投资控制的目标，就是通过有效的投资控制工作和具体的投资控制措施，在满足进度和质量要求的前提下，力求使工程实际投资不超过计划投资。"实际投资不超过计划投资"可能表现为以下几种情况：

（1）在投资目标分解的各个层次上，实际投资均不超过计划投资。这是最理想的情况，是投资控制追求的最高目标。

（2）在投资目标分解的较低层次上，实际投资在有些情况下超过计划投资，在大数情况下不超过计划投资，因而在投资目标分解的较高层次上，实际投资不超过计划投资。

（3）实际总投资未超过计划总投资，在投资目标分解的各个层次上，都出现实际投资超过计划投资的情况，但在大多数情况下实际投资未超过计划投资。

后两种情况虽然存在局部的超投资现象，但建设工程的实际总投资未超过计划总投资，因而仍然是令人满意的结果。何况，出现这种现象，除了投资控制工作和措施存在一定的问题、有待改进和完善之外，还可能是由于投资目标分解不尽合理所造成的，而投资目标分解绝对合理又是很难做到的。

6.3.1.2　投资控制任务

1. 设计阶段

在设计阶段，监理单位投资控制的主要任务是通过收集类似建设工程投资数据和资料，协助建设单位制定建设工程投资目标规划；开展技术经济分析等活动；协调和配合设计单位力求使设计投资合理化；审核概（预）算，提出改进意见；优化设计，最终满足建设单位对建设工程投资的经济性要求。

2. 招投标阶段

建设工程监理施工招标阶段目标控制的主要任务是通过编制施工招标文件、编制投标控制价、做好投标单位资格预审、组织评标和定标、参加合同谈判等工作。根据公开、公正、公平地竞争原则，协助建设单位选择理想的施工承包单位，以期以合理的价格、先进的技术、较高的管理水平、较短的时间、较好的质量来完成工程施工任务。

3. 施工阶段

施工阶段建设工程投资控制的主要任务是通过工程付款控制、工程变更费用控制、预防并处理费用索赔、挖掘节约投资潜力来努力实现实际发生的费用不超过计划投资。

6.3.1.3　投资控制内容

1. **设计准备阶段监理相关服务对投资进行控制的内容**

（1）在可行性研究的基础上，进行项目总投资目标的分析论证。

（2）编制项目总投资分块分解的初步规划。

（3）评价总投资目标实现的风险，制定投资风险控制的初步方案。

（4）编制设计阶段资金使用计划并控制其执行。

2. **设计阶段监理相关服务对投资进行控制的内容**

（1）根据选定的项目方案审核项目总投资估算。

（2）对设计方案提出投资评价建议。

（3）审核项目设计概算，对设计概算作出评价报告和建议。

（4）对设计有关内容进行市场调查分析和技术经济比较论证。

（5）考虑优化设计，进一步挖掘节约投资的潜力。

（6）审核施工图预算。

（7）编制设计资金限额指标。

（8）控制设计变更。

（9）认真监督勘察设计合同的履行。

6.3.1.4　投资控制方法

1. **系统控制**

投资控制是与进度控制和质量控制同时进行的，它是针对整个建设工程目标系统所实施的控制活动的一个组成部分，在实施投资控制的同时需要满足预定的进度目标和质量目标。因此，在投资控制的过程中，要协调好与进度控制和质量控制的关系，做到三大目标控制的有机配合和相互平衡，而不能片面强调投资控制。

目标规划时对投资、进度、质量三大目标进行了反复协调和平衡，力求实现整个目标系统最优。如果在投资控制的过程中破坏了这种平衡，也就破坏了整个目标系统，即使投资控制的效果看起来较好或很好，但其结果肯定不是目标系统最优。

从这个基本思想出发，当采取某项投资控制措施时，如果某项措施会对进度目标和质量目标产生不利的影响，就要考虑是否还有其他更好的措施，要慎重决策。例如，当发现实际投资已经超过计划投资之后，为了控制投资，不能简单地删减工程内容或降低设计标准，即使不得已而这样做，也要慎重选择被删减或降低设计标准的具体工程内容，力求使减少投资对工程质量的影响减少到最低程度。这种协调工作在投资控制过程中是绝对不可缺少的。

简而言之，系统控制的思想就是要实现目标规划与目标控制之间的统一，实现三大目标控制的统一。

2. **全过程控制**

全过程主要是指建设工程实施的全过程，也可以是工程建设的全过程。在建设工程的实施过程中都要进行投资控制，但从投资控制的任务来看，主要集中在设计阶段（含设计准备）、招标阶段和施工阶段。

在建设工程实施过程中，累计投资在设计阶段和招标阶段缓慢增加，进入施工阶段后则迅速增加，到施工后期，累计投资的增加又趋于平缓。另一方面，节约投资的可能性（或影响投资的程度）从设计阶段到施工开始前迅速降低，其后的变化就相当平缓了。

虽然建设工程的实际投资主要发生在施工阶段，但节约投资的可能性却主要在施工以前的阶段，尤其是在设计阶段。当然，所谓节约投资的可能性，是以进行有效的投资控制为前提的，如果投资控制的措施不得力，则变为浪费投资的可能性了。因此，全过程控制要求从设计阶段就开始进行投资控制，并将投资控制工作贯穿于建设工程实施的全过程，直至整个工程建成且延续到保修期结束。

在明确全过程控制的前提下，还要特别强调早期控制的重要性，越早进行控制，投资控制的效果越好，节约投资的可能性越大。如果能实现工程建设全过程投资控制，效果应当更好。

3. 全方位控制

通常，投资目标的全方位控制主要是指对按总投资构成内容分解的各项费用进行控制，即对建筑安装工程费用、设备和工器具购置费用以及工程建设其他费用等都要进行控制。当然，也可以按工程内容分解的各项投资进行控制，即对单项工程、单位工程，乃至分部分项工程的投资进行控制。

在对建设工程投资进行全方位控制时，应注意以下几个问题：

（1）认真分析建设工程及其投资构成的特点，了解各项费用的变化趋势和影响因素。一般来说，工程建设其他费用一般不超过一般投资的 10%。但对于特定建设工程来说，可能远远超过这个比例，如上海南浦大桥的拆迁费用高达 4 亿元人民币，约占总投资的一半。这些费用相对于结构工程费用而言，有较大的节约投资的"空间"。只要思想重视且方法适当，往往能取得较为满意的投资控制效果。

（2）抓主要矛盾、有所侧重。不同建设工程的各项费用占总投资的比例不同，例如，普通民用建筑工程的建筑工程费用占总投资的大部分，工艺复杂的工业项目以设备购置费用为主，智能化大厦的装饰工程费用和设备购置费用占主导地位，都应分别作为该类建设工程投资控制的重点。

（3）根据各项费用的特点选择适当的控制方式。

6.3.1.5 施工阶段投资控制的内容

在建设工程的施工阶段，监理进行投资控制的工作主要有以下内容：

（1）根据所监理建设工程的情况和监理机构人员的组成，明确投资控制负责人及部门的分工，明确投资控制的目标。

（2）编制工程施工阶段各年、各季、各月资金使用计划，并控制其执行。

（3）按照投资分解，建立投资计划值与实际值的动态跟踪控制，定期向业主报告投资的使用、完成、偏差及处理情况，督促业主及时提供工程资金。

（4）对已完实物工程量进行计量、审核确认，并签发相应的工程价款支付凭证。

（5）进行工程变更的审核及由此导致的投资增减量的复核。

（6）处理施工索赔事宜，协调处理业主与承包方在合同执行过程中的纠纷。

（7）审核工程价款结算。

6.3.2 建设工程计量与支付

6.3.2.1 工程计量的控制

工程计量是指专业工程及其项目在具体实施过程中，对于作业组织品质、效率的标识性度量与审计。工程造价的确定，应该以该工程所要完成的工程实体数量为依据并对工程实体的数量作出正确的计算，并用一定的计量单位表述，这就需要进行工程计量，即工程量的计算，以此作为确定工程造价的基础。

1. 工程计量一般步骤

（1）承包方按合同约定的时间（承包方完成的工程分项获得质量验收合格证书后），向监理工程师提交已完工程量报告。

（2）监理工程师接到报告后7天内按设计图纸核实已完成工程量，并在计量前24h通知承包方。

（3）承包方应为计量提供便利条件并派人参加。

若承包方收到通知后不参加计量，则由监理工程师自行进行，计量结果有效。监理工程师在收到承包方报告后7天内未进行计量，从第8天起，承包方报告中开列的工程量即视为已被确认。监理工程师不按约定时间通知承包方，使承包方不能参加计量，计量结果无效。因此，无特殊情况，监理工程师对工程计量不能有任何拖延。

2. 工程计量的注意事项

（1）严格确定计量内容。监理工程师必须根据具体的设计图纸及材料和设备明细表中计算的各项工程的数量，并按照合同中所规定的计量方法、单位进行计量。对承包方超出设计图纸范围或因承包方原因造成返工的工程量，监理工程师不予计量。

（2）加强隐蔽工程的计量。为了切实做好工程计量与复核工作，避免建设单位与承建单位之间引起争议，监理工程师必须对隐蔽工程预先进行计量。计量结果必须经建设单位、承建单位签字认可。

（3）工程计量方法。

1）均摊法。即对清单中某些项目的合同价款按合同工期平均计量。对于每月均有发生的项目，可以采用均摊法计量。

2）凭据法。即按照承包商提供的凭据进行计量支付，如建筑工程险保险费、提供第三方责任险保险费、提供履约保证金等项目，一般按凭据法进行计量支付。

3）估价法。即按合同文件的规定，根据监理工程师估算的已完成的工程价值支付，如为监理工程师提供办公设施和生活设施，为监理工程师提供测量设备、天气记录设备、通信设备等项目。这类清单项目往往要购买几种仪器设备，当承包商对于某一项清单项目中规定购买的仪器设备不能一次购进时，则需采用估价法进行计量支付。其计量过程如下：

a. 按照市场的物价情况，对清单中规定购置的仪器设备分别进行估价。

b. 按下式计量支付金额：

$$F = \frac{AB}{D} \tag{6.26}$$

式中：F为计算支付的金额；A为清单所列该项的合同金额；B为该项实际完成的金额（按估算价格计算）；D为该项全部仪器设备的总估算价格。

从式（6.26）可知该项实际完成金额B必须按估算各种设备的价格计算，它与承包商购进的价格无关，估算的总价与合同工程量清单的款额无关。当然，估价的款额与最终支付的款额无关，最终支付的款额总是合同清单中的款额。

4）断面法。主要用于取土坑或填筑路堤土方的计量。对于填筑土方一程，一般规定计量的体积为原地面线与设计断面所构成的体积。采用这种方法计量，在开工前承包商需测绘出原地形的断面，并需经监理工程师检查，作为计量的依据。

5）图纸法。在工程量清单中，许多项目都采取按照设计图纸所示的尺寸进行计量，如混凝土构筑物的体积、钻孔桩的桩长等。按图纸进行计量的方法，称为图纸法。

6）分解计量法。就是根据工序或部位将一个项目分解为若干子项，对完成的各子项进行计量支付。这种计量方法主要是为了解决一些包干项目或较大的工程项目因支付时间过长而影响承包商资金流动的问题。

6.3.2.2　工程变更的管理

工程变更是指由于施工过程中的实际情况与原签订的合同文件中约定的内容不同，对原合同的任何部分的改变。工程变更会导致工程量的变化，引起承包方的索赔，进而可能使工程投资突破目标投资额，因此要严格控制工程变更。

1. 工程变更的内容与管理

在施工合同管理工作中，存在若两种不同性质的工程变更，即工程范围方面的变更和工程量方面的变更。

（1）工程范围方面的变更。超出合同规定的工程范围，就是与原合同无关的工程，这类工程变更被称为工程范围的变更。每项工程的合同文件中，均有明确的工程范围的规定，即该项施工合同所包括的工程内容。工程范围既是合同的基础，又是双方的合作责任范围。

（2）工程量方面的变更。工程量的变更指属于原合同范围内的工作，只是在其工作数量上有变化，它与工程范围的变更有着本质区别。

2. 工程变更价款的确定方法

（1）采用合同中工程量清单的单价和价格。合同中工程量清单的单价和价格由承包商投标时提供，用于变更工程，容易被业主、承包商及监理工程师所接受，从合同意义上讲也是比较公平的。采用合同中工程量清单的单价或价格有以下几种情况：一是直接套用；二是间接套用，即依据工程量清单，通过换算后采用；三是部分套用，即依据工程量清单，取其价格中的某一部分使用。

（2）协商单价和价格。协商单价和价格是基于合同中没有，或者有但不适合的情况而采取的一种方法。

3. 监理对工程变更的处理程序

（1）设计单位对原设计存在的缺陷提出的工程变更，应编制设计变更文件；建设单位或承包单位提出的工程变更，应提交总监理工程师，由总监理工程师组织专业监理工程师审查，审查同意后，应由建设单位转交原设计单位编制设计变更文件。当变更涉及安全、环保等内容时，应按规定经有关部门审定。

（2）项目监理机构应了解工程实际情况，并收集与工程变更有关的资料。

（3）总监理工程师必须根据实际情况、设计变更文件和其他有关资料，按照施工合同的有关条款，在指定专业监理工程师完成下列工作后，对工程变更的费用和工期做出评估：①确定工程变更项目与原工程项目之间的类似程度和难易程度；②确定工程变更项目的工程量；③确定工程变更的单价和总价。

（4）总监理工程师应就工程变更费用及工期的评估情况与承包方和建设单位进行协调。

（5）总监理工程师签发工程变更单。

(6) 项目监理机构应根据工程变更单监督承包单位实施。

6.3.2.3 工程价款的控制

1. 工程预付款

工程预付款是建设工程施工合同订立后由发包人按照合同约定，在开工前预先支付给承包人的工程款。它是施工企业准备材料、结构构件等所需流动资金的主要来源。影响预付款额度的因素有主要材料占施工产值的比重、材料储备天数、合同工期等。包工包料工程的预付款额度一般为合同金额的 10%～30%；对于大型建筑工程，按年度工程计划逐年预付；对于只包工不包料的工程项目，则可以不支付预付款。

业主支付的工程预付款，应在工程进度款中陆续抵扣。预付款扣回的方式、时间必须由业主与承包商通过洽商在合同中事先约定，不同的工程可视情况允许有一定的变动。

2. 工程进度款

(1) 工程进度款的计算内容。计算本期应支付承包人的工程进度款的款项内容包括以下内容：

1) 经过确认核实的实际工程量对应工程量清单或报价单的相应价格计算应支付的工程款。

2) 设计变更应调整的合同价款。

3) 本期应扣回工程预付款与应扣留的保证金，与工程款（进度款）同期结算。

4) 根据合同允许调整合同价款发生，应补偿承包人的款项和应扣减的款项。

5) 经过工程师批准的承包人索赔款等。

(2) 工程进度款的计算方法与支付。

1) 工程进度款的计算。一是工程量的计算，执行《建设工程工程量清单计价规范》，可参照该规范规定的工程量的计算；二是单价的计算方法，主要根据由发包人和承包人事先约定的工程价格的计价方法确定。

2) 工程进度款的支付：

a. 发包人向承包人支付工程进度款的内容。发包人应扣回的预付款，与工程进度款同时结算抵扣；符合合同约定范围的合同价款的调整、工程变更调整的合同价款及其他条款中约定的追加合同追加条款，应与工程进度款同期调整支付；对于质量保证金从应付的工程款中预留。

b. 关于支付限期。根据确定的工程计量结果，承包人向发包人提出支付工程进度款申请后，14 天内发包人应向承包人支付工程进度款。

c. 违约责任。发包人超过约定的支付时间不支付工程进度款，承包人可向发包人发出要求付款的通知，发包人收到承包人的通知后仍不能按要求付款，可与承包人协商签订延期付款协议，经承包人同意后可延期支付，协议应明确延期支付的时间和从工程计量结果确认后第 15 天起计算应付款的利息。

发包人不按合同约定支付工程进度款，双方又未达成延期付款协议，导致施工无法进行，承包人可停止施工，由发包人承担违约责任。

3. 竣工结算与决算

(1) 竣工结算：竣工结算是承包方将承包工程按照合同规定全部完工验收之后，向发包单位进行的最终价款结算。

1) 竣工结算的一般程序：①承包单位应在合同规定时间内编制完成竣工结算书，并在提交竣工验收报告的同时将其递交给监理工程师。②专业监理工程师应按合同约定的时间审核承包单位报送的竣工结算书，重点审核工程量、价格、支出等。③总监理工程师审定竣工结算书，与建设单位、承包单位协商一致后，签发竣工结算文件和最终的工程价款支付证书，报建设单位。④建设单位应根据确认的竣工结算书在合同约定时间内向承包单位支付工程竣工结算价款。⑤竣工结算办理完毕，建设单位应将竣工结算书报送工程所在地工程造价管理机构备案。竣工结算书作为工程竣工验收备案、交付使用的必备文件。

2）工程款的结算：

a. 预付备料款。预付备料款是指施工企业承包工程储备主要材料、构件所需的流动资金。

预付备料款限额。备料款限额由下列主要因素决定：主要材料占施工产值的比重、材料储备天数、施工工期。

$$备料款限额＝[(年度承包工程总值×主要材料所占比重)/年度施工日历天数]×材料储备天数 \tag{6.27}$$

一般建筑工程备料款不应超过当年建筑工作量（包括水、暖、电）的30％，安装工程按年安装工作量的10％～15％。

备料款的扣回。建设单位拨付给承包单位的备料款属于预支性质，到了工期后期，随着工程所需主要材料储备的减少，应以抵充工程价款的方式陆续扣回。扣款的方法是从未施工工程尚需的主要材料及构件的价值相当于备料款数额时起扣，从每次结算工程价款中，按材料比重扣抵工程价款，竣工前全部扣清。

$$开始扣回预付备料款时的工程价值＝年度承包工程总值－预付备料款/主要材料费比重 \tag{6.28}$$

（2）中间结算。施工企业在工程建设过程中，按月完成的分部分项工程数量计算各项费用，向建设单位办理中间结算手续，即月中预支，月终根据工程月报表和结算单，并通过银行结算。

（3）竣工结算。竣工结算是指工程按合同规定内容全部完工并交工之后，向发包单位进行的最终工程价款结算。如合同价款发生变化，则按规定对合同价款进行调整。

$$竣工结算工程价款＝预算或合同价款＋施工过程中预算或合同价款调整数额$$
$$－预付及已结算工程价款 \tag{6.29}$$

（4）竣工决算。建设工程竣工决算是指建设项目全部完工后，由建设单位所编制的，综合反映竣工工程从项目筹建开始到竣工交付使用为止的全部建设费用、投资效果和财务情况的总结性文件。

1）竣工结算与竣工决算的关系。建设项目竣工决算和竣工结算的主要联系和区别见表6.2。

表 6.2　　　　　　　　　　竣工结算和竣工决算的联系和区别

区别项目	竣　工　结　算	竣　工　决　算
编制单位及部门	施工单位的预算部门	建设单位的财产部门
编制范围	主要针对单位工程	针对建设项目，必须在整个建设项目全部竣工后

续表

区别项目	竣　工　结　算	竣　工　决　算
编制内容	施工单位承包工程的全部费用，最终反映施工单位的施工产值	建设工程从筹建到竣工投产全部建设费用，反映建设工程的投资效益
编制性质和作用	(1) 双方办理工程价款最终结算的依据； (2) 双方签订的施工合同终结的依据； (3) 建设单位编制竣工结算的主要依据	(1) 业主办理支付、验收、动用新增各类资产的依据； (2) 竣工验收报告的重要组成部分

2) 竣工决算的编制依据。建设项目竣工决算的编制依据包括以下几方面：①经批准的可行性研究报告及其投资估算；②经批准的初步设计或扩大设计及其设计概算或修正设计概算；③经批准的施工图设计文件及施工图预算；④设计交底和图纸会审会议记录；⑤招标标底，承包合同及工程结算资料；⑥施工记录或施工签证单及其他施工中发生的费用，如索赔报告和记录等；⑦项目竣工图及各种竣工验收资料；⑧设备、材料调价文件和调价记录；⑨历年基建资料、历年财务决算及批复文件；⑩国家和地方主管部门颁发的有关建设工程竣工决算的文件。

3) 竣工决算编制的程序。项目建设完工后，建设单位应及时按照国家有关规定，编制项目竣工决算，其编制程序一般是：①搜集、整理和分析有关原始资料；②对照、核实工程变动情况，重新核实各单位工程、单项工程造价；③将审定后的待摊投资、设备工器具投资、建筑安装工程投资、工程建设其他投资严格划分和核定后，分别计入相应的建设成本栏目内；④编制竣工财务决算说明书；⑤填报竣工财务决算报表；⑥工程造价对比分析；⑦整理、装订竣工图；⑧按国家规定上报、审批、存档。

3. 工程款计量支付

(1) 工程款计量一般程序。工程款计量的一般程序是承包方按协议条款的时间（承包方完成的工程分项获得质量验收合格证书以后），向监理工程师提交《合同工程月计量申请表》，监理工程师接到申请表后7天内按设计图纸核实已完工程数量，并在计量24小时前通知承包方，承包方必须为监理工程师进行计量提供便利条件并派人参加予以确认。承包方无正当理由不参加计量，由监理工程师自行进行，计量结果仍然有效。根据合同的公正原则，如果监理工程师在收到承包方报告后7天内未进行计量，从第8天起，承包方报告中开列的工程量即视为已被确认。所以，监理工程师对工程计量不能有任何拖延。另外监理工程师在计量时必须按约定时间通知承包方参加，否则计量结果按合同视为无效。

(2) 工程计量的注意事项：①严格确定计量内容；②加强隐蔽工程的计量。

(3) 合同价款的复核与支付。根据国家工商行政管理总局、住房和城乡建设部的文件规定，合同价款在协议条款约定后，任何一方不得擅自改变，协议条件另有约定或发生下列情况之一的可作调整：

1) 法律、行政法规和国家有关政策变化影响合同价。

2) 监理工程师确认可调价的工程量增减、设计变更或工程洽商。

3) 工程造价管理部门公布的价格调整。

4) 一周内非承包方费用原因所致停水、停电、停气造成停工累计超过8小时。

5) 合同约定的其他因素。

(4) 审定竣工结算文件和最终工程款支付证书。工程竣工后，项目监理机构应及时按施工合同的有关规定进行竣工结算，并应对竣工算的价款总额与建设单位和承包单位进行洽商。当无法协商一致时，可由双方提请监理机构进行合同争议调解，或提请仲裁机构进行仲裁。

（5）工程变更价款审查。由于多方面的原因，工程施工中发生工程变更是难免的。发生工程变更，无论是由设计单位或建设单位或承包单位提出的，均应经过建设单位、设计单位、承包单位和监理单位的代表签字，并通过项目总监理工程师下达变更指令后，承包单位方可进行施工。变更合同价款按下列方法进行：

1）合同中已有适用于变更工程的价格，按合同已有的价格变更合同价款。

2）合同中只有类似于变更工程的价格，可以参照类似价格变更合同价款。

3）合同中没有适用或类似于变更工程的价格，由承包人提出适当的变更价格，经监理工程师和建设单位确认后执行。

在建设单位提出工程变更时，填写后由工程项目监理部签发《工程变更单》，必要建设单位应委托设计单位编制设计变更文件并签转项目监理部；承包单位提出工程变更时，填写本表后报送项目监理部，项目监理部同意后转呈建设单位；需要时由建设单位委托设计单位编制设计变更文件，并签转项目监理部，承包商在收到项目监理部签署的《工程变更单》后，方可实施工程变更，工程分包单位的工程变更应通过承包单位办理。

6.3.2.4　工程索赔的管理

1. 索赔的基本概念

工程索赔在国际建筑市场上是承包商保护自身正当权益、弥补工程损失、提高经济效益的重要有效手段。许多国际工程项目，通过成功的索赔能使工程收入的改善达到工程造价的10%～20%，有些工程的索赔额甚至超过了工程合同额本身。"中标靠低标，盈利靠索赔"便是许多国际承包商的经验总结。索赔管理以其本身花费较小、经济效果明显而受到承包商的高度重视。

（1）索赔的含义。索赔一词具有较为广泛的含义，其一般含义是指对某事、某物权利的一种主张、要求、坚持等。建设工程索赔通常是指在工程合同履行过程中，合同当事人一方因非自身因素或对方不履行或未能正确履行合同而受到经济损失或权利损害时，通过一定的合法程序向对方提出经济或时间补偿的要求。索赔是一种正当的权利要求，它是业主方、监理工程师和承包方之间一项正常的、大量发生而且普遍存在的合同管理业务，是一种以法律和合同为依据的、合情合理的行为。

（2）索赔的特征。从索赔的基本定义，可以看出索赔具有以下基本特征：

1）索赔是双向的，不仅承包商可以向业主索赔，业主同样也可以向承包商索赔。由于实践中业主向承包商索赔发生的频率相对较低，而且在索赔处理中，业主始终处于主动和有利地位，他可以直接从应付工程款中扣抵或没收履约保函、扣留保留金甚至留置承包商的材料设备作为抵押等来实现自己的索赔要求。因此在工程实践中，大量发生的、处理比较困难的是承包商向业主的索赔，也是索赔管理的主要对象和重点内容。承包商的索赔范围非常广泛，一般认为只要因非承包商自身责任造成其工期延长或成本增加，都有可能向业主提出索赔。有时业主违反合同，如未及时交付施工图纸、合格施工现场、决策错误等造成工程修改、停工、返工、窝工，未按合同规定支付工程款等，承包商可向业主提出赔偿要求；有时业主未违反合同，而是由于其他原因，如合同范围内的工程变更、恶劣气候条件影响、国家法令、法规修改等造成承包商损失或损害的，也可以向业提出补偿要求。

2）损害是一方提出索赔的一个基本前提条件。有时上述两者同时存在，如业主未及时交付合格的施工现场，既造成承包商的经济损失，又侵犯了承包商的工期权利，因此，承包商既可以要求经济赔偿，又可以要求工期延长，有时两者则可单独存在，如恶劣气候条件影响、不可抗力事件等，承包商根据合同规定或惯例则只能要求工期延长，很难或不能要求经济赔偿。

3）索赔是一种未经对方确认的单方行为。它与我们通常所说的工程签证不同。在施工过程中签证是承发包双方就额外费用补偿或工期延长等达成一致的书面证明材料和补充协议，它可以直接作为工程款结算或最终增减工程造价的依据，而索赔则是单方面行为，对对方尚未形成约束力，这种索赔要求能否得到最终实现，必须要通过确认（如双方协商、谈判、调解或仲裁、诉讼）后才能实现。

（3）索赔与违约责任。我们知道在工程建设合同中有违约责任的规定，那么为什么还可以索赔呢？这实质上涉及两者在法律概念上的异同。索赔与违约责任的区别可归纳为以下几点：

1）索赔事件的发生，不一定在合同文件中有约定；而工程合同的违约责任，则必然是合同所约定的。

2）索赔事件的发生，可以是一定行为造成，也可以是不可抗力事件所引起的；而追究违约责任，必须要有合同不能履行或不能完全履行的违约事实的存在，发生不可抗力可以免除追究当事人的违约责任。

3）索赔事件的发生，可以是合同的当事一方引起，也可以是任何第三方行为引起，而违反合同则是由于当事人一方或双方的过错造成的。一定要有造成损失的结果才能提出索赔，因此索赔具有补偿性；而合同违约不一定要造成损失结果，因为违约具有惩罚性。

4）索赔的损失结果与被索赔人的行为不一定存在法律上的因果关系，如因业主指定分包商原因造成承包商损失的，承包商可以向业主索赔等；而违反合同的行为与违约事实之间存在因果关系。

2．索赔的分类

由于索赔贯穿于工程项目全过程，可能发生的范围比较广泛，其分类随标准、方法不同而不同，主要有以下几种分类方法：

（1）按索赔当事人分类：

1）承包商与业主间的索赔。这类索赔大都是有关工程量计算、变更、工期、质量和价格方面的争议，也有中断或终止合同等其他违约行为的索赔。

2）承包商与分包商间的索赔。其内容与前一种大致相似，但大多数是分包商向总包商索要付款和赔偿及承包商向分包商罚款或扣留支付款等。

以上两种发生在施工过程中的索赔，有时也称为施工索赔。

（2）按索赔的依据分类：

1）合同内索赔。合同内索赔是指索赔所涉及的内容可以在合同条款中找到依据，并可根据合同规定明确划分责任。一般情况下，合同内索赔的处理和解决要顺利一些。

2）合同外索赔。合同外索赔是指索赔的内容和权利难以在合同条款中找到依据，但可从合同引申含义和合同适用法律或政府颁发的有关法规中找到索赔的依据。

3）道义索赔。道义索赔时指承包商在合同内或合同外都找不到可以索赔的合同依据或法律根据，因而没有提出索赔的条件和理由，但承包商认为自己有要求补偿的道义基础，而对其遭受的损失提出具有优惠性质的补偿要求，即道义索赔。道义索赔的主动权在业主手中，业主主要在下面四种情况下，可能会同意并接受这种索赔：第一，若另找其他承包商，费用会更大；第二，为了树立自己的形象；第三，出于对对承包商的同情和信任；第四，谋求与承包商更长久的合作。

（3）按索赔的目标分类：

1）工期索赔，即由于非承包商自身原因造成拖期的，承包商要求业主延长工期，推迟竣工日期，避免违约误期罚款等。

2）费用索赔，即要求业主补偿费用损失，调整合同价格，弥补经济损失。

（4）按索赔事件的性质分类：

1）工程延误索赔。因业主未按合同要求提供施工条件，如未及时交付设计图纸、施工现场、道路等，或因业主指令工程暂停或不可抗力事件等原因造成工期拖延的，承包商对此提出索赔。这是工程中常见的一类索赔。

2）工程变更索赔。由于业主或监理工程师指令增加或减少工程量或增加附加工程、修改设计、变更工程顺序等，造成工期延长和费用增加，承包商对此提出索赔。

3）工程终止索赔。由于业主违约或发生了不可抗力事件等造成工程非正常终止，承包商因蒙受经济损失而提出索赔。

4）工程加速索赔。由于业主或监理工程师指令承包商加快施工速度，缩短工期，引起承包商人、财、物的额外开支而提出的索赔。

5）意外风险和不可预见因素索赔。在工程实施过程中，因人力不可抗拒的自然灾害特殊风险以及一个有经验的商包商通常不能合理预见的不利施工条件或外界障碍，如地下水、地质断层、溶洞、地下障碍物等引起的索赔。

6）其他索赔。如因货币贬值、汇率变化、物价、工资上涨、政策法令变化等原因引起的索赔。

3. 索赔的证据

索赔证据是当事人用来支持其索赔成立或和索赔有关的证明文件和资料。索赔证据作为索赔文件的组成部分，在很大程度上关系到索赔的成功与否。证据不全、不足或没有证据，索赔是不可能获得成功的。作为索赔证据既要真实、全面、及时，又要具有法律证明效力。

在工程项目的实施过程中，会产生大量的工程信息和资料，这些信息和资料是开展索赔的重要依据。如果项目资料不完整，索赔就难以顺利进行。因此在施工过程中应始终做好资料积累工作，建立完善的资料记录和科学管理制度，认真系统地积累和管理施工合同文件、质量、进度及财务收支等方面的资料。对于可能会发生索赔的工程项目，从开始施工时就要有目的地收集证据资料，系统地拍摄施工现场，妥善保管开支收据，有意识地为索赔文件积累所必要的证据材料。在工程项目实施过程中，常见的索赔证据如下：

（1）各种工程合同文件。

（2）施工日志。

（3）工程照片及声像资料。

（4）来往信件、电话记录。

（5）会谈纪要。

（6）气象报告和资料。

（7）工程进度计划。

（8）投标前业主提供的参考资料和现场资料。

（9）工程备忘录及各种签证。

（10）工程结算资料和有关财务报告。

（11）各种检查验收报告和技术鉴定报告。

（12）其他，包括分包合同、订货单、采购单、工资单、官方的物价指数、国家法律、法规等。

4. 索赔工作程序

索赔工作程序是指从索赔事件产生到最终处理全过程所包括的工作内容和工作步骤。由于索赔工作实质上是承包商和业主在分担工程风险方面的重新分配过程，涉及双方的众多经济利益，因而是一项繁琐、细致、耗费精力和时间的过程。因此，合同双方必须严格按照合同规定办事，按合同规定的索赔程序工作，才能获得成功的索赔。

具体工程的索赔工作程序，应根据双方签订的施工合同产生。在工程实践中，比较详细的索赔工作程序一般可分为如下主要步骤：

（1）索赔意向的提出。在工程实施过程中，一旦出现索赔事件，承包商应在合同规定的时间内，及时向业主或工程师书面提出索赔意向通知，亦即向业主或工程师就某一个或若干个索赔事件表示索赔愿望、要求或声明保留索赔的权利。索赔意向的提出是索赔工作程序中的第一步，其关键是抓住索赔机会，及时提出索赔意向。

FIDIC合同条件及我国建设工程施工合同条件都规定：承包商应在索赔事件发生后的28天内，将其索赔意向通知工程师。反之如果承包商没有在合同规定的期限内提出索赔意向或通知，承包商则会丧失在索赔中的主动和有利地位，业主和工程师也有权拒绝承包商的索赔要求，这是索赔成立的有效和必备条件之一。因此在实际工作中，承包商应避免合理的索赔要求由于未能遵守索赔时限的规定而导致无效。

施工合同要求承包商在规定期限内首先提出索赔意向，是基于以下考虑：

1）提醒业主或工程师及时关注索赔事件的发生、发展等全过程。

2）为业主或工程师的索赔管理作准备，如可进行合同分析、收集证据等。

3）如属业主责任引起索赔，业主有机会采取必要的改进措施，防止损失的进一步扩大。

4）对于承包商来讲，意向通知也可以起到保护作用，使承包商避免"因被称为'志愿者'而无权取得补偿"的风险。

在实际的工程承包合同中，对索赔意向提出的时间限制不尽相同，只要双方经过协商达成一致并写入合同条款即可。

（2）索赔资料的准备。从提出索赔意向到提交索赔文件，是属于承包商索赔的内部处理阶段和索赔资料准备阶段。此阶段的主要工作如下：

1）跟踪和调查干扰事件，掌握事件产生的详细经过和前因后果。

2）分析干扰事件产生原因，划清各方责任，确定由谁承担，并分析这些干扰事件是否违反了合同规定，是否在合同规定的赔偿或补偿范围内。

3）损失或损害调查或计算，通过对比实际和计划的施工进度和工程成本，分析经济损失或权利损害的范围和大小，并由此计算出工期索赔和费用索赔值。

4）收集证据，从干扰事件产生、持续直至结束的全过程，都必须保留完整的当时记录，这是索赔能否成功的重要条件。在实际工作中，许多承包商的索赔要求都因没有或缺少书面证据而得不到合理解决，这个问题应引起承包商的高度重视。

从我国建设工程施工合同示范文本来看，合同双方应注意以下资料的积累和准备：①发包人指令书、确认书；②承包人要求、请求、通知书；③发包人提供的水文地质、地下管网资料，施工所需的证件、批件、临时用地占地证明手续、坐标控制点资料、图纸等；④承包人的年、季、月施工计划，施工方案，施工组织设计及工程师批准、认可等；⑤施工规范、质量验收单、隐蔽工程验收单、验收记录；⑥承包人要求预付通知，工程量核实确认单；⑦发包人承包人的材料供应清单、合格证书；⑧竣工验收资料、竣工图；⑨工程结算书、保修单等。

5）起草索赔文件。按照索赔文件的格式和要求，将上述各项内容系统反映在索赔文件中。

（3）赔偿文件的提交。承包商必须在合同规定的索赔时限内向业主或工程师提交正式的书面索赔文件。FIDIC合同条件和我国建设工程施工合同条件都规定，承包商必须在发出索赔意向通知后的28天内或经工程师同意的其他合理时间内，向工程师提交一份详细的索赔文件，如果干扰事件对工程的影响持续时间长，承包商则应按工程师要求的合理间隔，提交中间索赔报告，并在干扰事件影响结束后的28天内提交一份最终索赔报告。

（4）监理工程师对索赔文件的审核。承包商索赔要求的成立必须同时具备以下4个条件：

1）与合同相比较已经造成了实际的额外费用增加或工期损失。

2）造成费用增加或工期损失的原因不是由于承包商自身的过失所造成。

3）这种经济损失或权利损害也不是应由承包商应承担的风险所造成。

4）承包商在合同规定的期限内提交了书面的索赔意向通知和索赔文件。

上述4个条件没有先后主次之分，并且必须同时具备，承包商的索赔才能成立。其后监理工程师对索赔文件的审查重点主要有两步：①重点审查承包商的申请是否有理有据，即承包商的索赔要求是否有合同依据，所受损失确属不应由承包商负责的原因造成，提供的证据是否足以证明索赔要求成立，是否需要提交其他补充材料等；②监理工程师以公正的立场，科学的态度，审查并核算承包商的索赔值计算，分清责任，剔除承包商索赔值计算中的不合理部分，确定索赔金额和工期延长天数。

我国建设工程施工合同条件规定，工程师在收到承包人送交的索赔报告和有关资料后于28天内给予答复，或要求承包人进一步补充索赔理由和证据。工程师在收到承包人送交的索赔报告和有关资料后28天内未予答复或未对承包人作进一步要求，视为该项索赔已经认可。

（5）索赔的处理与解决。工程项目实施中会发生各种各样、大大小小的索赔、争议等问题，应该强调，合同各方应该争取尽量在最早的时间、最低的层次，尽最大可能以友好协商的方式解决索赔问题，不要轻易提交仲裁。因为对工程争议的仲裁往往是非常复杂的，要花费大量的人力、物力、财力和精力，对工程建设也会带来不利，有时甚至是严重的影响。

5. 承包商向业主索赔

承包商向业主索赔的主要内容如下：

(1) 不可预见的自然地质条件变化与非自然物质条件变化引起的索赔。

(2) 工程变更引起的索赔。

(3) 工期延长引起的费用索赔。

(4) 加速施工引起的费用索赔。

(5) 由于业主原因终止工程合同引起的索赔。

(6) 物价上涨引起的索赔。

(7) 业主拖延支付工程款引起的索赔。

(8) 法律、货币及汇率变化引起的索赔。

(9) 业主风险（如工程所在国的战争、叛乱等）引起的索赔。

(10) 不可抗力（如地震、台风或火山活动等）引起的索赔。

6. 业主向承包商的索赔

承包商向业主索赔的主要内容如下：

(1) 对拖延竣工期限的索赔。

(2) 由于施工质量的缺陷引起的索赔。

(3) 对承包商未履行的保险费用的索赔。

(4) 业主合理终止合同或承包商不合理放弃工程的索赔。

7. 工期索赔方法

(1) 网络分析法。承包商提出工期索赔，必须确定干扰事件对工期的影响值，即工期索赔值。工期索赔分析的一般思路是：假设工程一直按原网络计划确定的施工顺序和时间施工，当一个或一些干扰事件发生后，使网络中的某个或某些活动受到干扰而延长施工持续时间。将这些活动受干扰后的新的持续时间代入网络中，重新进行网络分析和计算，即会得到一个新工期。新工期与原工期之差即为干扰事件对总工期的影响，即为承包商的工期索赔值。

网络分析是一种科学、合理的计算方法，它是通过分析干扰事件发生前、后网络计划之差异而计算工期索赔值的，通常可适用于各种干扰事件引起的工期索赔。但对于大型、复杂的工程，手工计算比较困难，需借助计算机来完成。

(2) 比例类推法。在实际工程中，若干扰事件仅影响某些单项工程、单位工程或分部分项工程的工期，要分析动的最迟开始时间，可采用较简单的比例类推法。

(3) 直接法。有时干扰事件直接发生在关键线路上或一次性地发生在一个项目上，造成总工期的延误。这时可通过查看施工日志、变更指令等资料，直接将这些资料中记载的延误时间作为工期索赔值。

8. 索赔费用的构成

(1) 人工费：

1) 完成合同之外的额外工作所花费的人工费用。

2) 由于非承包商责任的工效降低所增加的人工费用。

3) 超过法定工作时间的加班劳动。

4) 法定人工费增长以及非承包商责任工程延误导致的人员窝工费和工资上涨费等。

（2）材料费：

1）由于索赔事项材料实际用量超过计划用量而增加的材料费。

2）由于客观原因材料价格大幅度上涨。

3）由于非承包商责任工程延误导致的材料价格上涨和超期储存费用。

（3）施工机械使用费。施工机械使用费的索赔包括：

1）由于完成额外工作增加的机械使用费。

2）非承包商责任工效降低增加的机械使用费。

3）由于业主或监理工程师原因导致机械停工的窝工费。

（4）分包费。分包费用索赔指的是分包商的索赔费，一般也包括人工、材料、机械使用费的索赔。分包商的索赔应如数列入总承包商的索赔款总额以内。

（5）工地管理费。索赔款中的工地管理费是指承包商完成额外工程、索赔事项工作及工期延长期间的工地管理费，包括管理人员工资，办公、通信、交通费等。

（6）利息。利息的索赔通常发生于下列情况：

1）拖期付款的利息。

2）由于工程变更和工程延期增加投资的利息。

3）索赔款的利息。

4）错误扣款的利息。

（7）总部管理费。索赔款中的总部管理费主要指的是工程延误期间所增加的管理费。

（8）利润。一般来说，由于工程范围的变更、文件有缺陷或技术性错误、业主未能提供现场等引起的索赔，承包商可以列入利润。

9. 索赔费用的计算

（1）实际费用法。实际费用法是索赔计算时最常用的一种方法。这种方法的计算原则是以承包商为某项索赔工作所支付的实际开支为依据，向业主要求费用补偿。其计算式为

$$索赔金额 = 索赔事项直接费 + 间接费 + 利润 \tag{6.31}$$

由于实际费用法所依据的是实际发生的成本记录或单据，在施工过程中，建立系统而准确的记录资料是非常重要的。

（2）总费用法。总费用法即总成本法，就是当发生多次索赔事件后，重新计算该工程的实际费用。其计算式为

$$索赔金额 = 实际总费用 - 投标报价估算总费用 \tag{6.32}$$

由于实际发生的总费用中可能包括了承包商的原因，如施工组织不善而增加的费用，这种方法只有在难以采用实际费用法时才应用。

（3）修正的总费用法。修正的总费用法是对总费用法的改进，即在实际总费用内扣除一些不合理的因素。修正的内容如下：

1）将计算所赔款的时段局限于受到外界影响的时间，而不是整个施工期。

2）仅计算受到影响的时段内某项工作所受影响的损失，而不是计算该时间段内所有工作所受的损失。

3）与该项工作无关的费用不列入总费用中。

4）接受影响时段内该项工作的实际单价进行核算，再乘以实际完成的该项工作的工程量，得出调整后的费用。

$$索赔金额＝某项工作调整后的实际总费用－该项工作的报价费用 \qquad (6.33)$$

修正的总费用法与总费用法相比，其准确程度已接近实际费用法。

6.3.2.5　案例分析

【例6.1】 某施工单位中标一厂房机电安装工程。合同约定，工程费用按工程量清单计价，综合单价固定，工程设备由建设单位采购。中标后，该施工单位组建了项目部，并下达了考核成本。在此基础上，项目部制订了成本计划，重点对占80％的直接工程费用进行了细化安排，各阶段项目成本得以控制，施工单位依据施工合同，施工图、投标时认可的工程量单价如期办理竣工结算。但在实施过程中，曾发生了下列事件：

事件1：当地工程造价管理机构发布了工日单价调增12％，施工单位同步调增了现场生产工人工资水平，经测算该项目人工费增加30万元。

事件2：水泵设备因厂家制造质量问题，施工单位现场施工增加处理费用2万元。

事件3：在给水主干管管道压力试验时，因自购闭路阀门质量问题，出现几处漏水点，施工单位更换新阀门增加费用1万元。

事件4：电气动力照明工程因设计变更，施工增加费用15万元。

问题：

各事件增加的费用，施工单位哪些可得到赔偿，哪些得不到赔偿？分别说明理由。

解：

（1）事件1增加30万元得不到赔偿，施工合同为工程量清单计价，综合单价固定，人工费增加是施工单位责任。

（2）事件2增加费用2万元可得到赔偿，该设备由建设单位采购，设备原因属建设单位责任。

（3）事件3增加费用1万元得不到赔偿，该材料由施工单位自购，阀门更换属施工单位责任。

（4）事件4增加15万元可得到赔偿，属设计变更原因，是建设单位责任。

【例6.2】 某办公楼由12层主楼和3层辅楼组成。施工单位（乙方）与建设单位（甲方）签订了承建该办公楼施工合同，合同工期为41周。合同约定，工期每提前（或拖后）1天奖励（或罚款）2500元。乙方提交了粗略的施工网络进度计划，并得到甲方的批准。

施工过程中发生了下列事件：

事件1：在基坑开挖后，发现局部有软土层，乙方配合地质复查，配合用工10个工日。根据批准的地基处理方案，乙方增加直接费5万元。因地基复查使基础施工工期延长3天，人工窝工15个工日。

事件2：辅楼施工时，因某处设计尺寸不当，甲方要求拆除已施工部分，重新施工，因此造成增加用工30个工日，材料费、机械台班费计2万元，辅楼主体工作工期拖延1周。

事件3：在主楼主体施工中，因施工机械故障，造成工人窝工8个工日，该工作工期延长4天。

事件4：因乙方购买的室外工程管线材料质量不合格，甲方令乙方重新购买，因此造成该项工作多用人工8个工日，该工作工期延长4天，材料损失费1万元。

事件5：鉴于工期较紧，经甲方同意，乙方在装饰装修时采取了加快施工的技术措施，使得该工作工期缩短了1周，该项技术组织措施费为0.6万元。其余各项工作实际作业工期和费用与原计划相符。

问题：

（1）针对上述每一事件，分别简述乙方能否向甲方提出工期及费用索赔的理由。

（2）该工程可得到的工期补偿为多少天，工期奖（罚）款是多少？

（3）合同约定人工费标准是 30 元/工日，窝工人工费补偿标准是 18 元/工日，该工程其他直接费、间接费等综合取费率为 30%。在工程结算时，乙方应得到的索赔款为多少？

解：

（1）事件 1 可提出费用和工期索赔要求。理由：地质条件变化是甲方应承担的责任，产生的费用及关键工作工期延误都可提出索赔。

事件 2 可提出费用索赔。理由：乙方费用的增加是由甲方原因造成的，可提出费用索赔；而该项非关键工作的工期拖延不会影响到整个工期，不必提出工期索赔。

事件 3 不应提出任何索赔。理由：乙方的窝工费及关键工作工期的延误是乙方自身原因造成的。

事件 4 不应提出任何索赔。理由：室外工程管线材料质量不合格是乙方自身原因造成的，产生的费用和工期延误都应由自己承担。

事件 5 不应提出任何索赔。理由：乙方采取的加快施工的技术措施是为了赶工期做出的决策，属于自身原因。

（2）该工程可得到的工期补偿为 3 天。关键工作中，基础工程工期的延误已获得工期索赔，主楼主体工程工期延长 3 天，而装饰装修工程工期缩短了 1 周，其余非关键工作的工期拖延对总工期无影响，总工期缩短了 4 天，故工期奖励对应的天数为 4 天，工期奖励款额为 4 天×2500 元/天＝10000 元。

【例 6.3】　某建设单位与承包商签订了工程施工合同，合同中含甲、乙两个子项工程，甲项估算工程量为 2300m³，合同价为 180 元/m³，乙项估算工程量为 3200m³，合同价为 160 元/m³。施工合同还作了如下规定：

（1）开工前建设单位向承包商支付合同价 20% 的预付款。

（2）建设单位每月从承包商的工程款中，按 5% 的比例扣留质量保证金。

（3）子项工程实际工程量超过估算工程量 10% 以上，可进行调价，调整系数为 0.9。

（4）根据市场预测，价格调整系数平均按 1.2 计算。

（5）监理工程师签发月度付款最低金额为 25 万元。

（6）预付款在最后两个月扣回，每月扣 50%。

承包商每月实际完成并经监理工程师签证确认的工程量如表 6.3 所示：

表 6.3　　　　　　　　　　　　**承包商实际完成工程量表**　　　　　　　　　　　　单位：m³

工程名称	工程量/m³			
	第一个月	第二个月	第三个月	第四个月
甲	500	800	800	600
乙	700	900	800	500

问题：

（1）该工程的预付款是多少？

（2）承包商每月工程量价款是多少？监理工程师应签证的工程款是多少？实际签发的付款凭证金额是多少？

解：

（1）预付款金额为（2300×180＋3200×160）×20％ ＝18.52（万元）。

（2）具体计算过程如下：

第一个月：

工程量价款为 500×180＋700×160＝20.2（万元）。

应签证的工程款为 20.2×1.2×（1－5％）＝23.028（万元）。

由于合同规定监理工程师签发的最低金额为 25 万元，故本月监理工程师不予签发付款凭证。

第二个月：

工程量价款为 800×180＋900×160＝28.8（万元）。

应签证的工程款为 28.8×1.2×0.95＝32.832（万元）。

本月监理工程师实际签发的付款凭证金额为 23.028＋32.832＝55.86（万元）。

第三个月：

工程量价款为 800×180＋800×160＝27.2（万元）。

应签证的工程款为 27.2×1.2×0.95＝31.008（万元）。

应扣预付款为 18.52×50％＝9.26（万元）。

应付款为 31.008－9.26 ＝21.748（万元）。

监理工程师签发月度付款最低金额为 25 万元，所以本月监理工程师不予签发付款凭。

第四个月：

甲项工程累计完成工程量为 2700m³，比原估算工程量 300m³ 超出 400m³，已超过估算工程量的 10％，超出部分其单价应进行调整。

超过估算工程量 10％的工程量为 2700－2300×（1＋10％）＝170（m³）。

这部分工程量单价应调整为 180×0.9 ＝162（元/m³）。

甲项工程工程量价款为（600－170）×180＋170×162＝10.494（万元）。

乙项工程累计完成工程量为 3000m³，比原估算工程量 3200m³ 减少 200m³，不超过估算工程量，其单价不予调整。

乙项工程工程量价款为 600×160＝9.6（万元）。

本月完成甲、乙两项工程量价款合计为 10.494＋9.6＝20.094（万元）。

应签证的工程款为 20.094×1.2×0.95＝22.907（万元）。

本月监理工程师实际签发的付款凭证金额为 21.748＋22.907－18.52×50％＝35.395（万元）。

学习项目7 结束期监理——工程信息管理

【项目描述】 以某施工监理的工程为例，分析监理部如何进行档案资料及监理档案资料的管理，如何收集与整理监理文件档案资料。

1. 工程概要

（1）工程名称：×××道路新建工程工程监理。

（2）建设单位：×××。

（3）建设地点：×××。

（4）设计单位：×××科学研究院股份有限公司。

（5）招标范围：工程项目施工图纸范围内工程施工全过程监理。

（6）工程质量目标：达到国家规定的质量评标标准。

（7）工期要求：总工期180日历天，必须在施工合同工期内完成。

（8）工程规模：×××。

2. 工程内容

（1）×××道路新建工程位于×××，×××以北，起点接规划×××，自西向东在K0+189处跨越大沙沟，在K0+317.1处与规划×××路平交，终点接×××路与×××大道平交。路线全线长737.964m（其中237.964 m已经实施，本次可完全利用）。

（2）全段按城市次干路设计，设计速度30km/h，为单幅路，根据已实施路段断面形式，确定本次设计断面形式为5.5m（人行道）+3.25m（非机动车道）+14.5m（车行道）+3.25m（非机动车道）+5.5m（人行道）=32m。

（3）工程内容主要包括道路工程、桥梁工程、排水工程、照明工程和交通安全等工程。

【学习目标】 通过学习，要求学生初步掌握监理资料的构成和监理规划、监理细则、监理日志、旁站记录、会议纪要、监理月报、工程质量评估报告、监理工作总结等监理资料编写的要点。

学习情境7.1 工程信息管理概述

【情境描述】 描述建设工程信息管理的概念，重点描述监理资料的构成及收尾阶段监理资料如何收集整理。

7.1.1 信息的概念

信息是以数据形式表达的客观事实，它是对数据的解释，反映事物的客观状态和规律。数据是人们用来反映客观世界而记录下来的可鉴别的符号，如数字、字符串等。数据本身是一个符号，只有当它经过处理、解释，并对外界产生影响时才成为信息。

建设工程信息是对参与建设各方主体（如业主、设计单位、施工单位、供货厂商和监理企业等）从事建设工程项目管理（或监理）提供决策支持的一种载体，如项目建议书、可行性研究报告、设计图纸及其说明书、各种建设法规及建设标准等。在现代化建设工程中，能及时、准确、完善地掌握与建设有关的大量信息，处理和管理好各类建设信息，是建设工程项目管理（或监理）的重要内容。

7.1.1.1　建设工程信息的性质

由于建设工程及其技术经济的特点，使建设工程信息具有如下的性质：

（1）真实性。真实性是建设工程信息的最基本性质。如果信息失真，不仅没有任何可利用的价值，反而还会造成决策失误。

（2）时效性。时效性又称适时性。它反映了建设工程信息具有突出的时间性的特点。某一信息对某一建设目标是适用的，但随着建设进程，该信息的价值将逐步降低或完全丧失，因此，信息的时效性是反映信息现实性的关键，对决策的有效性产生重大的影响。

（3）系统性。信息本身需要全面地掌握各方面的数据后才能得到。因此，在工程实际中，不能片面地处理数据，也不能片面地产生和使用信息，信息是系统的组成部分之一，必须用系统的观点来对待各种信息。

（4）不完全性。由于使用数据的人对客观事物认识的局限性，使得信息具有不完全性。

（5）层次性。信息是有不同使用对象之分的，不同的管理需要不同的信息，因此，必须针对不同的信息需求分类提供相应的信息。通常可以将信息分为决策级、管理级、作业级三个层次。

7.1.1.2　建设工程监理的信息分类

不同的监理范畴需要不同的信息，可按照不同的标准将监理信息进行归类划分，来满足不同监理工作的信息需求，并有效地进行管理。监理信息的分类方法通常有以下几种。

1. 按建设监理控制目标分类。

建设工程监理的目的是对工程进行有效的控制，按控制目标将信息进行分类是一种重要的分类方法。按这种方法，可将监理信息划分为以下几个方面：

（1）投资控制信息。它是指与投资控制直接有关的信息。属于这类信息的有与工程投资有关的投资标准，如类似工程造价、物价指数、概算定额、预算定额等；工程项目计划投资的信息，如工程项目投资估算、设计概预算、合同价等；项目进行中产生的实际投资信息，如施工阶段的支付账单、投资调整、原材料价格、机械设备台班费、人工费、运杂费等；还有对以上这些信息进行分析比较得出的信息，如投资分配信息、合同价格与投资分配的对比分析信息、实际投资与计划投资的动态比较信息、实际投资统计信息、项目投资变化预测信息等。

（2）质量控制信息。它指与质量控制直接有关的信息。属于这类信息的有与工程质量有关的标准信息，如国家有关的质量政策、质量法规、质量标准、工程项目建设标准等；与计划工程质量有关的信息，如工程项目的合同标准信息、材料设备的合同质量信息、质量控制工作流程、质量控制的工作制度等；项目进展中实际质量信息，如工程质量检验信息、材料的质量抽样检查信息、设备的质量检验信息、质量和安全事故信息；还有由这些信息加工后得到的信息，如质量目标的分解结果信息、质量控制的风险分析信息、工程质量统计信息、工程实际质量与质量要求及标准的对比分析信息、安全事故统计信息、安全事故预测信息等。

（3）进度控制信息。它指与进度控制直接有关的信息。这类信息有与工程进度有关的标准信息，如工程施工进度定额信息等；与工程计划进度有关的信息，如工程项目总进度计划、进度控制的工作流程、进度控制的工作制度等；项目进展中产生的实际进度信息；还有将上述信息加工后产生的信息，如工程实际进度控制的风险分析、进度目标分解信息、实际进度与计划进度对比分析、实际进度与合同进度对比分析、实际进度统计分析、进度变化预测信息等。

2. 按照工程建设不同阶段分类

（1）项目建设前期的信息。项目建设前期的信息包括可行性研究报告提供的信息、设计任务书提供的信息、勘察与测量的信息、初步设计文件的信息、招投标方面的信息等，其中大量的信息与监理工作有关。

（2）工程施工中的信息。由于施工过程中参与方很多，现场情况复杂，所以工程施工中的信息量最大。其中有来自业主方的信息，业主作为工程项目建设的负责人，对工程建设中的一些重大问题不时要表达意见和看法，下达某些指令；业主对合同规定由其供应的材料、设备，需提供品种、数量、质量、试验报告等资料。有来自承包方的信息，承包方作为施工的主体，必须搜集和掌握施工现场大量的信息，其中包括经常向有关方面发出的各种文件，向监理工程师报送的各种文件、报告等。有来自设计方的信息，如根据设计合同及提供图纸协议发送的施工图纸，在施工中发出的为满足设计意图向施工方提出的各种要求，根据实际情况对设计进行的调查和个性设计等。项目监理内部也会产生许多信息，有直接从施工现场获得的有关投资、质量、进度和合同管理方面的信息，还有经过分析整理后对各种问题的处理意见等。还有来自其他部门如地方政府、环保部门、交通部门等的信息。

（3）工程竣工阶段的信息。在工程竣工阶段，需要大量的竣工验收资料，其中包含了大量的信息，这些信息一部分是在整个施工过程中长期积累形成的，一部分是在竣工验收期间根据积累的资料整理分析形成的。

3. 按照监理信息的来源分类

（1）来自工程项目监理组织的信息，如监理的记录、各种监理报表、工地会议纪要、各种指令、监理试验检测报告等。

（2）来自承包方的信息，如开工申请报告、质量事故报告、形象进度报告、索赔报告等。

（3）来自业主的信息，如业主对各种报告的批复意见等。

（4）来自其他部门的信息，如政府有关文件、市场价格、物价指数、气象资料等。

4. 其他的一些分类方法

（1）按照信息范围的不同，把建设监理信息分为精细的信息和摘要的信息两类。

（2）按照信息时间的不同，把建设监理信息分为历史性的信息和预测性的信息两类。

（3）按照监理阶段的不同，把建设监理信息分为计划的、作业的、核算的及报告的信息。

（4）按照对信息的期待性不同，把建设监理信息分为预知的信息和突发的信息两类。

（5）按照信息的性质不同，把建设监理信息分为生产信息、技术信息、经济信息和资源信息等。

（6）按照信息的稳定程度不同，把建设监理信息分为固定信息和流动信息等。

7.1.2　建设工程监理信息系统

7.1.2.1　建设工程监理信息系统的概念

1. 系统的概念

系统是一个将相互关联的多个要素按照特定的规律集合起来，具有特定功能的有机整体，它又是另一个更大系统的一部分。

2. 信息系统的概念

信息系统是由人和计算机等组成，以系统思想为依据，以计算机为手段，进行数据搜集、传递、处理、存储、分发、加工产生信息，为决策、预测和管理提供依据的系统。

信息系统是一个系统，具有系统的一切特点，信息系统的目的是对数据进行综合处理，进而得到信息，它也是一个更大系统的组成部分。信息系统能够再分多个子系统，与其他子系统有相关性，也与环境有联系。它的对象是数据和信息，通过对数据的加工得到信息，而信息是为决策、预测、管理服务的，是它们的工作依据。

3. 建设工程监理信息系统

监理信息系统是建设工程信息系统的一个组成部分，建设工程信息系统由建设方、勘察设计方、建设行政管理方、建设材料供应方、施工方和监理方各自的信息系统组成，监理信息系统只是监理方的信息系统，是主要为监理工作服务的信息系统。监理信息系统是建设工程信息系统的一个子系统，也是监理单位整个管理系统的一个子系统。作为前者，它必须从建设信息系统中得到政府、建设、施工、设计等各方提供的必需的数据和信息，也必须送出相关单位需要的相关的数据和信息；作为后者，它也从监理单位得到必要的指令以及所需要的数据与信息，向监理单位汇报建设工程项目的信息。

7.1.2.2　建设工程监理信息管理的内容

作为建设工程监理单位，为了达到信息管理的目的，必须把握监理过程中和项目监理工作结束后信息管理的各个环节，包括信息来源、信息分类、建立信息管理系统、正确应用信息管理手段、掌握信息流程等不同环节。建设工程监理信息管理主要由监理项目部内部的信息管理、监理公司对各项目部的信息管理、监理公司内部各管理部门的信息管理等组成。建设工程监理信息管理要做到组织内部职能分工的明确化、日常业务的标准化、报表文件的规范化、数据资料的完整化和代码化。

7.1.2.3　建设工程监理信息管理的方法

在建设工程信息管理中，重点应抓好信息的搜集、信息的传递、信息的加工、信息的存储，以及信息的利用与维护等工作。

1. 信息的搜集

信息的搜集首先应根据项目管理的目标，通过对信息的识别，制定对建设工程信息的需求规划，即确定信息需求类别及各类信息量的大小，再通过调查研究，采用适当的搜集方法来获得所需要的建设工程信息。

2. 信息的传递

信息的传递就是把信息从信息的占有者传送给信息的接收者的过程。为了保证信息传递不至于产生"失真"，在信息传递时，必须要建立科学的信息传递渠道体系，包括信息传递类型及信息量、传递方式、接收方式，以及完善信息传递的保障体系，以防止信息传递产生"失真"和"泄密"，保证信息传递质量。

3. 信息的加工

信息的搜集和信息的传递是数据的获取过程。要使获取的数据能成为具有一定价值且可以作为管理决策依据的信息，还需要对所获取的数据进行必要的加工处理，这种过程称为信息加工。信息加工的方式包括对数据的整理、解释、统计分析以及滤波和浓缩等。不同的管理层次，由于具有不同的职能、职责和工作任务，对信息加工的浓度要求也不尽相同。一般地，高层管理者要求信息浓缩程度大，信息加工浓度也大；基层管理者要求信息的细化程度高，信息加工浓度较小。信息加工总原则是由高层向低层对信息应逐层细化；由低层向高层对信息应逐层浓缩。

4. 信息的存储

信息存储的目的是将信息保存起来以备将来使用。信息存储的基本要求是对信息进行分类，有规律地存储，以便使用者检索。建设工程信息存储方式、存储时间、存储部门或单位等，应根据建设项目管理的目标和参与建设各方的管理体制水平而定。

5. 信息的使用与维护

信息的使用程度取决于信息的价值。信息价值高，使用频率就高，如施工图纸及施工组织设计这类信息。因此，对使用频率高的信息，应保证使用者易于检索，并应充分注意信息的安全性和保密性，防止信息遭受破坏。信息维护是保持信息检索的方便性、信息修正的可扩充性及信息传递的可移植性，以便准确、及时、安全、可靠地为用户提供服务。

7.1.2.4　建设工程监理信息管理的手段

信息管理系统是对建设工程项目过程中信息流动的全过程进行管理的系统，对于大中型的项目，应该采用电子计算机辅助管理，其功能是搜集、传递、处理、存储及分析项目的有关信息，供监理工程师做规划和决策时参考，从而对项目的投资、进度、质量三大目标进行控制。

学习情境 7.2　建设工程监理文件档案资料管理

【情境描述】　建设工程监理文件档案资料，是项目监理部在监理实施过程中直接形成的、具有保存价值的原始记录。监理文件档案资料管理是否规范，是监理公司对项目监理部工作考核的主要内容之一，各项目监理部必须按公司统一要求认真做好此项工作。

7.2.1　建设工程文件档案资料管理概述

7.2.1.1　建设工程文件档案资料的概念

建设工程文件是指在工程建设过程中形成的各种形式的信息记录，包括工程准备阶段文件、监理文件、施工文件、竣工图和竣工验收文件，也可简称为工程文件。

建设工程档案是指在工程建设活动中直接形成的具有归档保存价值的文字、图表、声像等各种形式的历史记录，也可简称为工程档案。

建设工程文件和档案组成建设工程文件档案资料。

7.2.1.2　建设工程文件档案资料的分类与组成

（1）工程准备阶段文件。它是工程开工以前，在立项、审批、征地、勘察、设计、招投标等工程准备阶段形成的文件。

（2）监理文件。它是监理单位在工程设计、施工等阶段监理过程中形成的文件。

（3）施工文件。它是施工单位在工程施工过程中形成的文件。

（4）竣工图。它是工程竣工验收后，真实反映建设工程项目施工结果的图样。

（5）竣工验收文件。它是建设工程项目竣工验收活动中形成的文件。

7.2.1.3　建设工程文件档案资料归档

对与工程建设有关的重要活动、记载工程建设主要过程和现状、具有保存价值的各种载体的文件，均应搜集齐全、整理立卷后归档。

工程文件的具体归档范围应符合《建设工程文件归档整理规范》（GB/T 50328—2001）中附录 A 的要求。

7.2.1.4　建设工程文件档案资料组卷

立卷应遵循工程文件的自然形成规律，保持卷内文件的有机联系，便于档案的保管和利用。一个建设工程由多个单位工程组成时，工程文件应按单位工程组卷。

工程文件可按建设程序划分为工程准备阶段文件、监理文件、施工文件、竣工图、竣工验收文件五部分：

（1）工程准备阶段文件可按建设程序、专业、形成单位等组卷。

（2）监理文件可按单位工程、分部工程、专业、阶段等组卷。

（3）施工文件可按单位工程、分部工程、专业、阶段等组卷。

（4）竣工图可按单位工程、专业等组卷。

（5）竣工验收文件按单位工程、专业等组卷。

7.2.1.5　建设工程档案验收与移交

列入城建档案馆（室）档案接收范围的工程，建设单位在组织工程竣工验收前，应提请城建档案管理机构对工程档案进行预验收。建设单位未取得城建档案馆管理机构出具的认可文件，不得组织工程竣工验收。

城建档案管理部门在进行工程档案预验收时，重点验收以下内容：

（1）工程档案齐全、系统、完整。

（2）工程档案的内容真实，准确地反映工程建设活动和工程实际状况。

（3）工程档案已整理立卷，立卷符合《建设工程文件归档整理规范》的规定。

（4）竣工图绘制方法、图式及规格等符合专业技术要求，图面整洁，盖有竣工图章。

（5）文件的形成、来源符合实际，要求单位或个人签章的文件，其签章手续完备。

（6）文件材质、幅面、书写、绘图、用墨、托裱等符合要求。

（7）列入城建档案馆（室）接收范围的工程，建设单位在工程竣工验收后 3 个月内，必须向城建档案馆（室）移交一套符合规定的工程档案。

（8）停建、缓建建设工程的档案，暂由建设单位保管。

（9）对改建、扩建和维修工程，建设单位应当组织设计、施工单位据实修改、补充和完善原工程档案，对改变的部位，应当重新编制工程档案，并在工程竣工验收后 3 个月内向城建档案馆（室）移交。

（10）建设单位向城建档案馆（室）移交工程档案时，应办理移交手续，填写移交目录，双方签字、盖章后交接。

7.2.1.6　建设工程文件档案资料管理职责

建设工程档案资料的管理涉及建设单位、监理单位、施工单位等以及地方城建档案管理部门。对于一个建设工程而言，归档有三方面含义：

（1）建设、勘察、设计、施工、监理等单位将本单位在工程建设过程中形成的文件向本单位档案管理机构移交。

（2）勘察、设计、施工、监理等单位将本单位在工程建设过程中形成的文件向建设单位档案管理机构移交。

（3）建设单位按照现行《建设工程文件归档整理规范》（GB/T 50328—2001）要求，将汇总的该建设工程文件档案向地方城建档案管理部门移交。

1. 通用职责

（1）工程各参建单位填写的建设工程档案应以施工及验收规范、工程合同、设计文件、工程施工质量验收统一标准等为依据。

（2）工程档案资料应随工程进度及时搜集、整理，并应按专业归类，认真书写，字迹清楚，项目齐全、准确、真实，无未了事项。表格应采用统一表格，特殊要求需增加的表格应统一归类。

（3）工程档案资料进行分级管理，建设工程项目各单位技术负责人负责本单位工程档案资料的全过程组织工作并负责审核，备相关单位档案管理员负责工程档案资料的搜集、整理工作。

（4）对工程档案资料进行涂改、伪造、随意抽撤或损毁、丢失等，应按有关规定予以处罚，情节严重的，应依法追究法律责任。

2. 监理单位职责

（1）应设专人负责监理资料的搜集、整理和归档工作，在项目监理部，监理资料的管理应由总监理工程师负责，并指定专人具体实施，监理资料应在各阶段监理工作结束后及时整理归档。

（2）监理资料必须及时整理、真实完整、分类有序。在设计阶段，对勘察、测绘、设计单位的工程文件的形成、积累和立卷归档进行监督、检查；在施工阶段，对施工单位的工程文件的形成、积累、立卷归档进行监督、检查。

（3）可以按照委托监理合同的约定，接受建设单位的委托，监督、检查工程文件的形成积累和立卷归档工作。

（4）编制的监理文件的套数、提交内容、提交时间，应按照现行《建设工程文件归档整理规范》（GB/T 50328—2001）和各地城建档案管理部门的要求，编制移交清单，双方签字、盖章后，及时移交建设单位，由建设单位搜集和汇总。监理公司档案部门需要的监理档案，按照《建设工程监理规范》（GB 50319—2013）的要求，及时提供给项目监理部。

7.2.2 建设工程监理文件档案资料管理

7.2.2.1 监理资料的内容构成相关规定

建设工程监理文件档案资料，是项目监理部在监理实施过程中直接形成的、具有保存价值的原始记录。监理文件档案资料管理是否规范，是监理公司对项目监理部工作考核的主要内容之一，各项目监理部必须按公司统一要求认真做好此项工作。日常管理中监理资料具体包括以下内容：

（1）合同文件。合同文件即监理合同（包括招投标文件）。

（2）监理文件，具体包括：①监理大纲；②监理规划；③监理实施细则；④会议纪要（例会纪要、专题会议纪要、其他与工程监理相关的会议纪要）；⑤监理阶段性总结报告；⑥监理月报；⑦监理日志/日记；⑧监理旁站记录；⑨监理工作联系单、监理工程师通知单；⑩监理工作总结。

根据《建设工程文件归档整理规范》（GB/T 50328—2001），监理文件归档和保管期限见表7.1。

表7.1　　　　　　　　　　　　　　　监理文件归档和保管期限

序号	归 档 文 件	保存单位和保管期限				
		建设单位	施工单位	设计单位	监理单位	城建档案馆
1	监理规划					
（1）	监理规划	长期			短期	√
（2）	监理实施细则	长期			短期	√
（3）	监理部总控制计划等	长期			短期	
2	监理月报中的有关质量问题	长期			长期	√
3	监理会议纪要中的有关质量问题	长期			长期	√
4	进度控制					
（1）	工程开工/复工审批表	长期			长期	√
（2）	工程开工/复工暂停令	长期			长期	√
5	质量控制					
（1）	不合格项目通知	长期			长期	√
（2）	质量事故报告及处理意见	长期			长期	√
6	造价控制					
（1）	预付款报审与支付	短期				
（2）	月付款报审与支付	短期				
（3）	设计变更、洽商费用报审与签认	长期				
（4）	工程竣工决算审核意见书	长期				√
7	分包资质					
（1）	分包单位资质材料	长期				
（2）	供货单位资质材料	长期				
（3）	试验等单位资质材料	长期				
8	监理通知					
（1）	有关进度控制的监理通知	长期			长期	
（2）	有关质量控制的监理通知	长期			长期	
（3）	有关造价控制的监理通知	长期			长期	
9	合同与其他事项管理					
（1）	工程延期报告及审批	永久			长期	√
（2）	费用索赔报告及审批	长期			长期	
（3）	合同争议、违约报告及处理意见	永久			长期	√

序号	归　档　文　件	保存单位和保管期限				
		建设单位	施工单位	设计单位	监理单位	城建档案馆
(4)	合同变更材料	长期			长期	√
10	监理工作总结					
(1)	专题总结	长期			短期	
(2)	月报总结	长期			短期	
(3)	工程竣工总结	长期			长期	√
(4)	质量评价意见报告	长期			长期	√

7.2.2.2　监理资料管理的工作内容

对监理资料作科学系统的管理，能使工程项目实施过程规范化、正规化，提高监理工作的效率，并保证项目归档文件材料的完整性和可靠性。

资料管理是一项具体的工作，主要包括文件资料传递流程的确定；文件资料登录和编码系统的建立；文件资料的搜集积累、加工整理、检索保管、归档保存和提供利用服务等。

1. 监理资料的传递流程

确定监理资料的传递流程是要研究文件资料的流转通道及方向，研究资料的来源、使用者和保存节点，规定传输方向和目标。监理班子中的信息管理人员应是文件资料传递渠道的中枢。所有文件资料都应统一归口传递至信息管理者，进行集中收发和管理，以避免散乱和丢失。信息管理人将接收到的文件资料经过加工整理、归类保存后，再按信息规划规定的传递渠道传递给文件资料的接收者，同时，信息管理人员也应按照文件资料的内容，有目的地把有关信息传递给其他相关的接收者。当然，项目管理人员根据需要随时都可自行查阅经整理分类后的文件资料。

作为负责监理资料管理的人员，必须熟悉监理的各项业务，通过研究分析监理资料的特点和规律对其进行科学管理，使监理资料在工程项目实施中得到充分利用，提供有效服务。除此之外，信息管理人员还应全面了解和掌握工程项目建设的进展情况和监理工作开展的实际情况，结合对文件资料的整理分析，对重要信息资料进行摘要综述，编制相关工程报告。

2. 监理资料的登录和编码

信息分类和编码是对监理资料进行科学管理的重要手段。任何接收或发送的文件资料均应予以登记，建立监理资料的完整记录。对监理资料进行登录，这样在开展监理工作时就有据可查，并且便于归类、加工和整理。

为便于登录和归类，利用计算机对监理资料进行管理，需要对文件资料进行统一编码，建立编码系统，确定分类归档存放的基本框架结构。给文件资料赋予独特的识别符号，如字符和数字等，就可给出监理资料的编码，编码结构要能够表示和区别文件资料的种类和内容，使文件得以科学归类；另外，编码结构应尽可能的简单、逻辑性强、直观性好，并且编码结构应具备可扩容性，在文件资料不断增加充实时，有扩展余地，不致发生紊乱。

3. 监理资料的存放

为使监理资料在工程项目建设中得到有效的利用和传递，需要采用科学的方法将文件资料存放与排列。随着工程建设的进程，信息资料逐步积累，监理资料的数量会越来越多，如果随意存放，需要时必然查找困难，且极易丢失。存放与排列可以把编码结构的层次编码作为标志，将文件资料一件件、一本本地排列在书架上，位置应明显，易于查找。

为做好监理资料的管理工作，全面、完整地反映工程项目建设和监理工作的活动和成果，应将文件资料整理归档、立卷、装订成册。监理资料经过科学系统地组合与排列，才能成为系统的、完整的文档。

7.2.3　建设工程监理文件档案资料的编写

7.2.3.1　监理文件与档案资料的编写要求

监理文件编制与填写的基本要求是内容真实可靠、完整齐全，用词专业、规范、严谨，编制及时，审批、签认手续齐备。

7.2.3.2　监理工作基本表式的使用及填写

1. 监理工作基本表式的使用

根据《建设工程监理规范》（GB 50319—2013），基本表式有三类：A 类表共 8 个表（A.0.1～A.0.8），为监理单位用表，是监理单位与承包单位之间的联系表，由监理单位填写，向承包单位发出的指令或批复。B 类表共 14 个表（B.0.1～B.0.14），为承包单位用表，是承包单位与监理单位之间的联系表，由承包单位填写，向监理单位提交申请或回复。C 类表共 3 个表（C.0.1～C.0.3），为各方通用表，是工程项目监理单位、承包单位、建设单位等各有关单位之间的联系表。对于基本表式所涉及的有关工程质量方面的附表，由于各行业、各部门的专业要求不同，各类工程的质量验收应按相关专业验收规范及相关表式的要求办理。如果没有相应的表式，工程开工前，项目监理机构应与建设单位、承包单位根据工程特点、质量要求、竣工及归档组卷要求进行协商，确定质量验收标准并制定相应的表式，并就其使用要求在第一次工地会议时或采用前通知有关各方。

2. 监理工作基本表式的填写

监理工程师填写工作基本表式时应注意以下几点：

（1）基本表式应采用碳素墨水、蓝黑墨水书写或黑色碳素印墨打印。

（2）填写基本表式应使用规范的语言，法定计量单位，公历年、月、日，签署人签名应采用惯用笔迹亲笔手签。

（3）各表申报或报审应当遵循合同、规范所规定的程序，且该程序应在监理规划中明确。

（4）各表中项目监理机构意见只有总监理工程师和专业监理工程师才能签署。若表中标明总监理工程师签字，则必须由总监理工程师综合专业监理工程师意见后签署；若表中标明总/专业监理工程师签字，则由总监理工程师或专业监理工程师签署；若表中标明专业监理工程师签字，则可由专业监理工程师签署；各类表中总监理工程师均有权签字确认。总监理工程师代表在总监理工程师授权范围内，可行使相应的签字权。

（5）基本表式中"□"表示可选择项，被选中的栏目以"√"表示。

7.2.3.3　监理规划

监理规划是指导项目监理机构全面开展监理工作的纲领性文件。监理规划应在签订建设工程监理合同及收到工程设计文件后编制，由总监理工程师组织专业监理工程师编制，总监理工程师签字后由工程监理单位技术负责人审批，并在召开第一次工地会议前报送建设单位。监理规划作为工程监理单位的技术文件，应经过工程监理单位技术负责人的审核批准，并在工程监理单位存档。监理规划主要内容如下：

（1）工程概况。

（2）监理工作的范围、内容、目标。

（3）监理工作依据。

（4）监理组织形式、人员配备及进场计划、监理人员岗位职责。

（5）工程质量控制。

（6）工程造价控制。

（7）工程进度控制。

（8）合同与信息管理。

（9）组织协调。

（10）安全生产管理职责。

（11）监理工作制度。

（12）监理工作设施。

7.2.3.4　监理实施细则

监理实施细则是指导项目监理机构具体开展专项监理工作的操作性文件，应体现项目监理机构对于建设工程在专业技术、目标控制方面的工作要点、方法和措施，做到详细、具体、明确。采用新材料、新工艺、新技术、新设备的工程，以及专业性较强、危险性较大的分部分项工程，应编制监理实施细则。监理实施细则应在相应工程施工开始前由专业监理工程师编制，并报总监理工程师审批。在监理工作实施过程中，监理实施细则可根据实际情况进行补充、修改，经总监理工程师批准后实施。

监理实施细则编制依据：监理规划、相关标准、工程设计文件、施工组织设计、专项施工方案。

监理实施细则主要内容如下：

（1）专业工程特点。

（2）监理工作流程。

（3）监理工作控制要点及目标值。

（4）监理工作方法及措施。

7.2.3.5　监理日志

专业监理工程师有填写监理日志职责，监理员有记录施工现场监理工作情况的职责，监理日志是项目监理机构在实施建设工程监理过程中形成的文件，不能等同于监理人员的个人日记。监理人员应在监理日志中及时记录监理工作实施情况和发现的质量安全问题及处理情况。

专业监理工程师可以从专业的角度进行记录；监理人员可以从负责的单位工程、分部工程、分项工程的具体部位施工情况进行记录，侧重点不同，记录的内容、范围也不同。总监理工程师应定期审阅监理日志，全面了解监理工作情况，项目监理日志的主要内容包括如下内容。

1. 天气和施工环境情况

记录本为直接在文具店购买的监理日志本。监理日志本的页码需连续编号，且中间不能缺页，根据实际情况依次填入相应内容，"天气"一栏需要填入：日期、气温、天气情况。

施工环境包括施工作业环境，施工质量管理环境，施工现场自然环境。

需要注意的是，如果施工当天没有工作，也必须要填写施工日志，保持其连续性，不可后补，也不可修正。

2. 施工进展及现场相关参与方的沟通协调情况

监理人员要如实记录施工进展情况，如有必要还可以以图形、表格、图片、图像等形式记录。在施工过程中，监理工程师要参与处理并编写各有关问题的处理意见及工地例会、各种专题会议、碰头会等会议的会议纪要。协调工作时，要奉行"业主至上，质量第一"的宗旨，坚持监理工作的科学性、公正性、服务性的原则，既要考虑外部环境因素（地形、地貌、气候、业主利益），又要考虑内部环境等因素（承包商资质、设备、管理），严格监控、热情服务、实事求是，及时、客观、准确地解决矛盾，合情合理地处理问题，使各参与方都能以工程建设为大局，求大同、存小异，使工程建设整个过程始终处于团结、和谐的气氛中，高效、优质、安全圆满地完成任务。

监理工程师要做好施工进展情况的记录，同时做好现场各参与方的协调和记录。协调按参与方的不同可分为业主与施工单位的协调，业主与勘察设计单位的协调，业主或施工单位与设备、材料供应单位的协调。

3. 监理工作情况

监理工作情况包括旁站、巡视、见证取样、平行检验等情况。

旁站监理人员的主要职责是：检查施工企业现场质检人员到岗、特殊工种人员持证上岗情况以及施工机械、建筑材料的准备情况；在现场跟班监督关键部位、关键工序执行施工方案以及工程建设强制性标准情况；核查进场建筑材料、建筑构配件、设备和商品混凝土的质量检验报告等，并可在现场监督施工企业进行检验或者委托具有资格的第三方进行复验；做好旁站监理记录和撰写监理日志，保存旁站监理原始资料。

巡视指监理人员在施工现场进行的定期或不定期的监督检查活动。项目监理部各级监理人员，按本人职责范围、专业分工，定期或不定期到工程现场进行巡视检查，并且要逐级督促检查，在监理日志中做巡视检查记录。总监理工程师除对关键部位、重要工序亲自巡视检查外，还负责检查各专业监理人员现场巡视检查的执行情况；专业监理工程师除对本专业工程每天要进行重要施工项目巡视检查外，还负责检查监理现场巡视检查的执行情况；监理员负责分管工程项目的日常巡视检查。

巡视的主要内容：工程进展与计划安排有无偏差；施工人员是否按规程、规范、标准、设计图纸的要求和已批准的施工技术方案、措施进行施工；施工现场的安全防护设施是否齐全，施工人员是否按安全工作规程进行作业；须持证上岗的工种是否有上岗证件；已通知停工整改的施工项目是否进行整改；施工单位的质量保证体系是否正常运作；在机组分部试运和整套启动试运时，检查试运条件和试运状况，对主要技术参数和发现的缺陷进行记录。

各级监理人员应将现场巡视检查情况和发现的问题，及时记录在监理日志中；现场巡视检查发现较为严重的违规、重大安全隐患，要及时向上报告，并在监理日志中记录。

见证取样指项目监理机构对施工单位进行的涉及结构安全的试块、试件及工程材料进行现场取样、封样、送检工作的监督活动。开工前监理单位以书面形式向质量监督站和检测单位递交"见证取样和人员授权书"，并通知施工单位。施工中施工单位按计划在见证人员旁站见证下由取样人员在现场进行原材料取样和试块制作。见证人员对试样进行监护，并和施工单位取样人员一起将试件送至检测单位或采取有效的封样措施送样。检测单位在接受委托任务时，需由送样单位填写委托单，见证人应在检验委托单上签名。表 7.2 为骨料见证取样、送样委托单。

表 7.2　　　　　　　　　　　**骨料见证取样、送样委托单**

委托编号：

工程名称				工程地点			
委托单位				施工单位			
建设单位				监理单位			
见证单位（盖章）				见证人（签字）		送样人（签字）	
样品来源	见证取样	委托日期			联系电话		
检验编号	样品名称	规格	产地	送样数量	代表批量	使用部位	
检验项目	例：砂，表观密度、堆积密度、紧密密度、含泥量、泥块含量、有机物含量、云母含量、轻物质含量、SO_2 含量、吸水率、坚固性。 石，表观密度、堆积密度、紧密密度、含泥量、泥块含量、有机物含量、针片状含量、坚固性、压碎指标、SO_2 含量、吸水率、软弱颗粒含量						
收样日期	年　月　日	收样人		预定取报告日期	年　月　日	付款方式	
说明	1. 见证单位为建设单位或监理单位，见证人为其单位具有初级以上技术职称或具有建筑施工专业知识的持证人员。 2. 见证人员及取样人员对试样的代表性和真实性负有法定责任。 3. 见证人员有责任对试样进行监护，并和送样人一起将试样送到检测试验机构，然后在委托单上签字。否则，所引起的责任由见证人员负责。 4. 检测试验报告上应注明见证单位和见证人，否则，其报告一律无效						

第一联：存档（黑）　　第二联：交试验室（绿）　　第三联：委托单位取报告凭证（黄）　　第四联：交见证单位（红）

见证取样和送检的范围是：用于承重结构的混凝土试块；用于承重墙体的砌筑砂浆试块；用于承重结构的钢筋及连接接头试件；用于承重墙的混凝土小型砌块；用于拌制混凝土和砌筑砂浆的水泥；用于承重结构的混凝土中使用的掺加剂；地下、屋面、厕浴间使用的防水材料；国家规定必须实行见证取样和送检的其他试块、试件和材料。

平行检验指项目监理机构在施工单位对工程质量自检的基础上，按照有关规定或建设工程监理合同约定独立进行的检测试验活动，是对承包单位的设备材料和半成品、工序检验、专业工序间交接检验、隐蔽工程、检验批、分部分项工程的质量进行验收的工作。平行检验的实施由项目监理机构进行，开工前，项目监理机构应会同建设单位、施工单位依据国家现行标准、规范、设计文件要求，制订"平行检验方案"并明确实施的范围、程序，经总监理工程师审批后实施。平行检验由项目监理机构专业监理工程师等人员实施，并将检验过程如实使用"平行检查记录表"（表 7.3）进行记录。

4. 存在的问题及协调解决情况

各级监理人员应将现场监理情况和发现的问题，及时记录在监理日志中；若发现较为严重的违规或重大安全隐患，要及时向上级报告，并在监理日志中记录。

表 7.3　　　　　　　　　　　　平 行 检 验 记 录 表

编号：

工程名称		检查地点	
检查时间	年　月　日	检查方法	
检查部位			

检查依据：

检查记录：

检查结论：
　　经检查□是/□否符合设计和验收规范要求

处理记录：

　　　　　　　　　　　　　　　　　　　　　　　　　项目监理机构（章）＿＿＿＿＿＿＿＿＿
　　　　　　　　　　　　　　　　　　　　　　　　　监理工程师/监理员＿＿＿＿＿＿＿＿＿
　　　　　　　　　　　　　　　　　　　　　　　　　日　　　期＿＿＿＿＿＿＿＿＿

　　5. 其他有关事项（略）

7.2.3.6　旁站记录

　　监理人员应对施工过程进行巡视，并对关键部位、关键工序的施工过程进行旁站，填写旁站记录表。旁站记录表应符合《建设工程监理规范》（GB 50319—2013）附录 A.0.6 表（表 7.4）的格式。关键部位或关键工序应在旁站方案中确定，得到业主和总监理工程师批准后，由监理人员实施。

表 7.4　　　　　　　　　　旁 站 记 录 表

工程名称：　　　　　　　　　　　　　　　　　　　　　　　　　　　编号：

施工单位	
旁站的关键部位、关键工序	
旁站开始时间	年　月　日　时　分　　旁站结束时间　　年　月　日　时　分

旁站的关键部位、关键工序施工情况：

旁站的情况：

意见和建议：

旁站监理人员（签字）_____

年　月　日

注：本表一式一份，项目监理机构暂存。

　　房屋建筑工程的关键部位、关键工序，在基础工程方面包括土方回填，混凝土灌注桩浇筑，地下连续墙、土钉墙、后浇带及其他结构混凝土、防水混凝土浇筑，卷材防水层细部构造处理，钢结构安装。在主体结构工程方面包括梁柱节点钢筋隐蔽过程、混凝土浇筑、预应力张拉、装配式结构安装、钢结构安装、网架结构安装、索膜安装。

　　旁站记录表的填写要求如下：

　　（1）旁站记录是监理人员对关键部位、关键工序的施工质量，进行全过程现场跟踪监督活动的实时记录。

　　（2）旁站记录表中的施工单位是指负责旁站部位的具体作业班组。

　　（3）旁站记录表中的施工情况是指旁站部位的施工作业内容，主要施工机械、材料、人员和完成的工程数量等的记录。

　　（4）旁站记录表中的监理情况是指监理人员检查旁站部位施工质量的情况，包括施工单位项目经理、技术负责人、质量及安全人员到岗情况，特殊工种人员持证情况以及施工机械、材料准备及关键部位、关键工序的施工是否按（专项）施工方案及工程建设强制性标准

269

执行等情况。

7.2.3.7　会议纪要

会议纪要包括第一次工地会议纪要、监理例会会议纪要、专题会议纪要等。

1. 第一次工地会议纪要

工程开工前，总监理工程师及有关监理人员应参加由建设单位主持召开的第一次工地会议，会议纪要由项目监理机构负责整理，与会各方代表会签。其主要内容有以下几点：

（1）建设单位、施工单位和工程监理单位分别介绍各自驻现场的组织机构、人员及其分工。

（2）建设单位介绍工程开工准备情况和已具备的资料，包括建设工程规划许可证（包括附件）；建设工程开工审查表；建设工程施工许可证；规划部门签发的建筑红线验线通知书；在指定监督机构办理的具体监督业务手续；经建设行政主管部门审查批准的设计图纸及设计文件；建筑工程施工图审查备案证书；图纸会审纪要；施工承包合同（副本）；水准点、坐标点等原始资料；工程地质勘察报告、水文地质资料；建设单位驻工地代表授权书；建设单位与相关部门签订的协议书等。

（3）施工单位介绍施工准备情况，内容包括以下方面：

1）劳动组织准备，包括建立工程项目的领导机构；建立健全各项管理制度；向施工队组、工人进行施工组织设计、计划和技术交底等。

2）施工现场准备，包括施工场地的控制网测量；三通一平；施工现场的补充勘探；建造临时设施；安装、调试施工机具；建筑构（配）件、制品和材料的储存和堆放；冬、雨季施工安排；新技术项目的试制和试验；消防、保安设施的设置等。

3）施工的场外准备，包括材料的加工和订货；分包工作和分包合同的签订；向上级提交开工申请报告；编制施工准备工作计划等。

（4）建设单位代表和总监理工程师对施工准备情况提出意见和要求。

（5）总监理工程师向施工单位介绍监理程序和控制要点。因为施工单位接触同种结构的工程比较多，并且各监理单位的要求也不同，容易造成施工单位按照以前的模式工作，所以在第一次工地会议上，总监理工程师一定要明确监理的程序及控制要点，具体如下：

1）强调报验程序。总监理工程师应重点介绍进度计划报验、施工方案报验、检验批及分部分项工程报验、材料设备报验、进度款报审等程序要求，对关键点控制及旁站部位也应做出明确指定。

2）强调工程资料的规范化与完整性。上级主管部门对一个工程评价的优劣及奖惩，其中一个重要依据就是工程资料。在实际工作中，经常发生施工资料报验不及时、签署不规范、内容不完整、没有闭合性，甚至出现在工程将竣工时，施工单位集中补资料的情况。若该工程出现了质量或安全问题，监理单位将难逃罪责。所以总监理工程师在第一次工地会议上应对施工资料的真实性、完整性、闭合性、时效性向施工单位提出明确要求。

3）强调监理例会会议纪要的执行和效力。很多施工单位会后未能落实会上承诺的一个重要原因是会议纪要没有发挥效力，所以在第一次工地会议上，有必要在事先取得业主单位支持的情况下，对会议纪要的效力作出规定。若日后发生索赔等问题，会议纪要也可作为一个书面依据。

（6）建立监理例会制度，包括监理例会召开的时间、地点、主要参会人员及主要议题。

在第一次工地会议上应明确今后例会的时间、地点。主要参会人员：业主单位，业主现场负责人（业主方代表）、现场技术负责人；监理单位，包括总监理工程师、专业监理工程师、监理员；施工单位，包括项目负责人、项目技术负责人、分包单位项目负责人。遇重大问题需要处理时，还可邀请质监站、设计单位、勘察单位参加，主要议题根据当时情况确定。同时监理单位要严格会议纪律，对违反纪律人员采取必要的处罚措施。

（7）其他有关事项。

2．监理例会会议纪要

监理例会由总监理工程师或其授权的专业监理工程师主持。监理例会的程序和内容主要有以下几个方面：

（1）检查上次例会议定事项的落实情况，分析未完成事项的原因。

（2）检查分析工程项目进度计划完成情况，提出下一阶段进度目标及落实措施，具体如下：

1）进度计划是否符合计划周期的规定。

2）总包、分包单位分别编制的各单项工程进度计划之间是否相协调。

3）施工顺序的安排是否符合施工工艺的要求。

4）劳动力、材料、构配件、设备及施工机具、水、电等生产要素供应计划是否能保证施工进度计划的需要，供应是否均衡。

5）对由建设单位提供的施工条件（资金、施工图纸、施工场地、采购的物资等），承包单位在施工进度计划中所提出的供应时间和数量是否明确、合理，是否有造成建设单位违约而导致工期延误和费用索赔的可能。

（3）检查分析工程项目质量状况，针对存在的质量问题提出改进措施：

1）是否按照设计文件、施工规范和批准的施工方案施工。

2）是否使用了合格的材料、构配件和设备。

3）施工现场管理人员，尤其是质检人员是否到岗到位。

4）施工操作人员的技术水平是否满足工艺操作要求，特种操作人员是否持证上岗。

5）施工环境是否对工程质量产生不利影响。

6）已施工部位是否存在质量缺陷。

（4）检查工程量核定及工程款支付情况：

1）分析工程造价最易突破的部分以及最易发生费用索赔的原因和部位，制订防范性对策。

2）对发生的工程变更，是否经过建设单位、设计单位、总包单位和监理单位的代表签认。

3）承包单位报送工程款支付申请时，检查现场实际完成情况的计量是否准确，手续是否齐全。

（5）检查工程安全状况，对存在的安全问题提出改进措施。

（6）解决需要协调的有关事项有：①工程暂停及复工；②费用索赔的处理；③工期延期及工程延误的处理。

（7）项目监理部负责起草会议纪要，并经与会各方代表会签。

3. 专题（专项）会议纪要

专题（专项）会议是由总监理工程师或其授权的专业监理工程师主持或参加的，为解决监理过程中的工程专题问题而不定期召开的会议，如安全专题会议等。专题会议纪要的内容包括会议主要议题、会议内容、与会单位、参加人员及召开时间等。总监理工程师与有关单位协商，取得一致意见后，由总监理工程师签发召开专题工地会议的书面通知，与会各方应认真做好会签准备。

7.2.3.8　监理月报

监理月报的内容、编制组织、签认人、报送对象、报送时间方面的规定。监理月报由项目总监理工程师组织编写，由总监理工程师签认，报送建设单位和本监理单位，报送时间由监理单位和建设单位协商确定。监理月报的内容包括以下几个方面的内容。

1. 本月工程实施概况

（1）工程进展情况。它包括实际进度与计划进度的比较；施工单位人、机、料进场及使用情况；本期在施工部位的工程照片。

（2）工程质量情况。它包括分项分部工程验收情况；材料、构配件、设备进场检验情况；主要施工试验情况；本期工程质量分析。

（3）施工单位安全生产管理工作的评述。

（4）已完工程量与已付工程款的统计及说明。

2. 本月监理工作情况

（1）工程进度控制方面的工作情况。

（2）工程质量控制方面的工作情况。

（3）安全生产管理方面的工作情况。

（4）工程计量与工程款支付方面的工作情况。

（5）合同其他事项的管理工作情况。

（6）监理工作统计及工作照片。

3. 本月工程实施的主要问题分析及处理情况

（1）工程进度控制方面的主要问题分析及处理情况。

（2）工程质量控制方面的主要问题分析及处理情况。

（3）施工单位安全生产管理方面的主要问题分析及处理情况。

（4）工程计量与工程款支付方面的主要问题分析及处理情况。

（5）合同其他事项管理方面的主要问题分析及处理情况。

4. 下月监理工作重点

（1）在工程管理方面的监理工作重点。

（2）在项目监理机构内部管理方面的工作重点。

7.2.3.9　工程质量评估报告

工程竣工预验收合格后，项目监理机构应编写工程质量评估报告，经总监理工程师和工程监理单位技术负责人审核签字后报建设单位。总监理工程师组织编写工程质量评估报告。它是监理工程师对工程质量的真实的评价，是监理资料的重要内容之一，也是质量监督站核验质量等级的重要基础资料。工程质量评估报告的主要内容包括以下几个方面的内容。

（1）工程概况。包括工程名称、规模、建筑面积、工程地址、结构类型、开工和竣工时间及施工许可证号。

（2）工程各参建单位。包括建设单位、勘查单位、设计单位、施工单位、监理单位以及上述单位的资质等级。

（3）工程质量验收情况。《建筑工程施工质量验收统一标准》（GB 50300—2013）将单位工程划分为：地基及基础（含土方、地下防水、混凝土基础子分部等），主体结构（含混凝土结构、砌体结构子分部等），建筑屋面（含卷材防水屋面子分部等），建筑装饰装修（含地面、门、隔墙、饰面、吊顶、软包、细部子分部等），建筑给排水及采暖（含室内给水系统、室内排水系统、卫生洁具子分部等），建筑电气（含变配电室、电气动力及照明、不间断电源、防雷及接地安装子分部等），通风与空调（含送排风系统、防排烟系统、空调风系统、制冷设备安装、空调水系统、系统调试子分部等），电梯（含电力驱动的曳引式电梯安装等）和建筑智能（含设备监控、火灾报警及消防联动、公用广播系统子分部等）九个分部。子分部和子分项根据各工程具体内容统计，并将各验收项次和合格率统计写明，逐一对每一个分部（子分部）工程的验收情况进行说明，得出整个单体工程所含分部（子分部）工程是否合格的结论。目前普遍采用表格形式描述。

（4）工程质量事故及其处理情况。施工过程中出现质量问题是难免的。有些问题在过程控制中已经解决，有些则未能解决。对于这些未能解决的问题应当在质量评估报告中提出来。此外，如果在预验收过程中发现的质量问题不能立即解决，则监理单位应当在竣工验收会上将这些问题提出来，向验收组报告，并对如何解决这些问题提出相应的意见。

（5）竣工资料审查情况。工程技术资料及管理资料可以按照《建筑工程文件归档整理规范》分成工程准备阶段文件、监理文件、施工文件、竣工图和竣工验收文件五册进行整理。在城建档案馆将资料预验收完成，对存在的问题整改完毕之后，即可按工程质量控制资料核查、工程安全和功能检验资料及主要功能抽查、工程观感质量检查三类，分别汇总填写相应的核查表。

（6）工程质量评估结论。工程质量评估结论的编写应简明扼要，阐明预验收的工程项目是否按设计文件与施工合同的内容全部施工结束、工程的施工质量是否符合有关验收标准，施工质量验收规范及国家强制性标准等要求，并达到合格质量等级的标准，同时还应汇总预验收小组各方的意见和评价，真实表述预验收小组各方的意见。预验收检查发现或预验收遗留未整改完成的问题，以及商定的解决办法应制成表格，作为评估结论的补充说明。

7.2.3.10 监理工作总结

总监理工程师组织编写监理工作总结，监理工作总结经总监理工程师签字后报工程监理单位。

监理工作总结有工程竣工总结、专题总结、月报总结三类，按照《建设工程文件归档整理规范》的要求，三类总结在建设单位都属于需要长期保存的归档文件，专题总结和月报总结在监理单位是短期保存的归档文件，而工程竣工总结属于要报送城建档案管理部门的监理归档文件。监理工作总结内容包括：①工程概况；②项目监理机构；③建设工程监理合同履行情况；④监理工作成效；⑤监理工作中发现的问题及其处理情况；⑥说明和建议。

建设工程监理相关表格见表 7.5～表 7.11。

表 7.5　　　　　　　　　　　　　　**总监理工程师任命书**

工程名称：　　　　　　　　　　　　　　　　　　　　　　　　　　　　　编号：

致：＿＿＿＿＿＿＿＿＿＿＿＿＿＿＿＿＿＿＿＿＿（建设单位）

　　兹任命＿＿＿＿＿＿（注册监理工程师注册号：＿＿＿＿＿＿＿＿＿＿＿＿）为我单位项目总监理工程师，负责履行建设工程监理合同、主持项目监理机构工作。

工程监理单位（盖章）＿＿＿＿＿＿＿

法定代表人（签字）＿＿＿＿＿＿＿

年　　　月　　　日

注：本表一式三份，项目监理机构、建设单位、施工单位各一份。

表 7.6　　　　　　　　　　　　　　**开　工　令**

工程名称：　　　　　　　　　　　　　　　　　　　　　　　　　　　　　编号：

致：＿＿＿＿＿＿＿＿＿＿＿＿＿＿＿＿＿＿＿＿＿（施工单位）

　　经审查，本工程已具备约定的开工条件，现同意你方开始施工，开工日期为：＿＿＿＿＿＿年＿＿＿月＿＿＿日。

　　附件：开工报审表

项目监理机构（盖章）＿＿＿＿＿＿＿

总监理工程师（签字、加盖执业印章）＿＿＿＿＿＿＿

年　　　月　　　日

注：本表一式三份，项目监理机构、建设单位、施工单位各一份。

表 7.7　　　　　　　　　　　　　　**监 理 通 知 单**

工程名称：　　　　　　　　　　　　　　　　　　　　　　　　　　编号：

致：＿＿＿＿＿＿＿＿＿＿＿＿（施工单位）

事由：＿＿＿＿＿＿＿＿＿＿＿＿＿＿＿＿＿＿＿＿＿＿＿＿＿＿＿＿＿＿＿＿＿＿＿＿＿

＿＿＿

＿＿＿

内容：＿＿＿＿＿＿＿＿＿＿＿＿＿＿＿＿＿＿＿＿＿＿＿＿＿＿＿＿＿＿＿＿＿＿＿＿＿

＿＿＿

　　　　　　　　　　　　　　　　　　　　　　　项目监理机构（盖章）＿＿＿＿＿＿＿＿

　　　　　　　　　　　　　　　　　　　　　　　总/专业监理工程师（签字）＿＿＿＿＿＿

　　　　　　　　　　　　　　　　　　　　　　　　　　　　　年　　　月　　　日

注：本表一式三份，项目监理机构、建设单位、施工单位各一份。

表 7.8　　　　　　　　　　　　　　**工 程 暂 停 令**

工程名称：　　　　　　　　　　　　　　　　　　　　　　　　　　编号：

致：＿＿＿＿＿＿＿＿＿＿（施工单位）

　　由于：＿＿＿＿＿＿＿＿＿＿＿＿＿＿＿＿＿＿＿＿＿＿＿＿原因，现通知你方于＿＿＿＿＿＿年＿＿＿月＿＿＿日＿＿＿时起，暂停＿＿＿＿＿＿＿＿部位（工序）施工，并按下述要求做好后续工作。

要求：

　　暂停＿＿＿，待＿＿＿有效控制后再报工程复工报审表申请复工。

　　　　　　　　　　　　　　　　　　　　　　　项目监理机构（盖章）＿＿＿＿＿＿＿＿

　　　　　　　　　　　　　　　　　　　总监理工程师（签字、加盖执业印章）＿＿＿＿＿＿

　　　　　　　　　　　　　　　　　　　　　　　　　　　　　年　　　月　　　日

注：本表一式三份，项目监理机构、建设单位、施工单位各一份。

表 7.9　　　　　　　　　　　监 理 报 告

工程名称：　　　　　　　　　　　　　　　　　　　　　　　　　　编号：

致：＿＿＿＿＿＿＿＿＿＿＿＿质监站（主管部门）

　　由：＿＿＿＿＿＿＿＿＿＿（施工单位）施工的＿＿＿＿＿＿＿＿＿＿＿（工程部位）存在安全事故隐患。我方已于___年___月___日发出编号___的《监理通知单》或《工程暂停令》，但施工单位未（整改或停工）。

特此报告。

　　附件：□监理通知单

　　　　　□工程暂停令

　　　　　□其他

项目监理机构（盖章）＿＿＿＿＿＿＿

总监理工程师（签字）＿＿＿＿＿＿＿

年　　月　　日

注：本表一式四份，主管部门、建设单位、工程监理单位、项目监理机构各一份。

表 7.10　　　　　　　　　　　工 程 复 工 令

工程名称：　　　　　　　　　　　　　　　　　　　　　　　　　　编号：

致：＿＿＿＿＿＿＿＿＿＿＿＿＿＿＿＿＿＿（施工项目经理部）

　　我方发出的编号为：＿＿＿＿＿＿《工程暂停令》，要求暂停＿＿＿＿＿＿（工序）施工，经查已具备复工条件。经建设单位同意，现通知你方于___年___月___日起恢复施工。

　　附件：复工报审表

项目监理机构（盖章）＿＿＿＿＿＿＿

总监理工程师（签字、加盖执业印章）＿＿＿＿＿＿＿

年　　月　　日

注：本表一式三份，项目监理机构、建设单位、施工单位各一份。

表 7.10　　　　　　　　　　　　**工 程 款 支 付 证 书**

工程名称：　　　　　　　　　　　　　　　　　　　　　　　　　　　　　编号：

致：＿＿＿＿＿＿＿＿＿＿＿＿＿＿＿＿＿＿＿＿＿＿＿（施工单位）

　　根据施工合同约定，经审核编号为＿＿＿＿＿＿工程款支付报审表，扣除有关款项后，同意支付该款项共计（大写）

＿＿＿＿＿＿＿＿＿＿＿＿＿＿＿＿＿（小写：＿＿＿＿＿）。

　　其中：

　　1. 施工单位申报款为：　　　　　　　元；

　　2. 经审核施工单位应得款为：　　　　元；

　　3. 本期应扣款为：　　　　　　　　　元；

　　4. 本期应付款为：　　　　　　　　　元。

　　附件：工程款支付报审表（编号：　　　）及附件

　　　　　　　　　　　　　　　　　　　　　　　　　项目监理机构（盖章）＿＿＿＿＿＿

　　　　　　　　　　　　　　　　　　　　　　　总监理工程师（签字、加盖执业印章）＿＿＿＿＿＿

　　　　　　　　　　　　　　　　　　　　　　　　　　　　年　　　月　　　日

注：本表一式三份，项目监理机构、建设单位、施工单位各一份。

学习项目 8　建设工程安全监理

【项目描述】　以某建设工程监理项目安全监督管理为项目载体，介绍工程安全监理的相关概念及其重要性，安全监理的任务就是贯彻落实各项安全技术措施，实现工程安全。

【学习目标】　通过学习，掌握建设工程安全监理的职责，了解安全监理的工作内容、程序及方法，能够对现场安全生产事故进行检查并对存在的安全隐患及时进行纠正，能够对安全事故进行处理。

学习情境 8.1　建筑工程安全监理概念及相关知识

【情境描述】　工程安全监理是工程监理的重要组成部分，是指工程监理单位受建设单位（或业主）的委托，依据国家有关的法律、法规和工程建设强制性标准及合同文件，对工程安全生产实施的监督管理。

8.1.1　建设工程安全监理的概念

建设工程安全监理是指具有相应资质的工程监理企业受建设单位的委托，依据国家有关法律、法规、规定和建设工程委托监理合同，对建设工程施工全过程的安全生产所实施的监督管理。

建设工程安全监理的监督对象应包含以下施工行为：

（1）施工现场人员的不安全行为。

（2）施工设施及机械设备的不安全状态。

（3）施工环境的防护。

建设工程安全监理的目标是制止施工行为的冒险性、盲目性和随意性，落实各项施工安全技术措施，有效地消除安全隐患，杜绝和减少各类伤亡事故，实现建设工程安全生产。

建设工程安全监理的模式，既可以是"三控、两管、一协调"工程监理服务工作的拓展，也可以是专业化的社会安全监理企业单独从事安全监理咨询服务工作。

8.1.2　建设工程安全监理的依据

建设工程安全监理工作的依据如下：

（1）建设工程项目文件，主要包括批准的建设工程项目设计施工图及其说明，建设单位提供的施工现场及毗邻区域的有关资料。

（2）有关建设工程安全监理的法规、规章、规定和有关施工安全的工程建设标准、规范。

（3）建设工程委托监理合同和建设工程施工安全协议文件。

8.1.3　建设工程安全监理的特点

1. 安全监理的推行具有强制性

安全监理是建设单位委托工程监理企业进行的，这种委托属于自愿的市场行为。由于现阶段我国工程监理还离不开行政、法律手段的引导，社会各方对安全监理的认识尚待深化，安全监理市场有待培育。因此，现阶段推行安全监理必然像当初推行工程质量监理的过程那样，由政府部门制定安全监理法规，通过强制推行逐步培育安全监理市场。

2. 安全监理具有监督性

我国的工程监理单位与建设单位是委托与被委托的关系，而监理单位与施工承包单位的关系则是监督与被监督的关系。国务院《建设工程安全生产管理条例》明确规定，监理单位应该对施工中的安全隐患进行监理，并有整改指令权和向有关部门的报告权。安全监理工作的重点是从管理程序上监督施工承包单位落实施工安全管理工作，并从技术上监督施工承包单位遵照工程建设强制性标准组织施工。

3. 安全监理必须坚持预防性和经常性

施工安全监理也和建设工程质量、工期、造价等目标控制一样，要坚持预防为主的方针，做好危险源的预控，从源头上消除不安全因素。所不同的是，安全监理的预控对象和范围更广泛，涉及施工过程中的人员、材料、机械、设施、施工环境等各项因素。

安全监理工作还必须坚持经常性，注意长效管理，即监控不安全因素的时间，要贯穿建设工程施工的全过程。实践证明：安全监理工作要月月抓、天天抓、时时抓、反复抓，这样才能减少和避免事故的发生。

8.1.4　我国建设工程安全监理的现状

1. 不注重法律、法规的学习

有不少监理人员以施工现场监理工作太忙为由，对发下去的大部分文件不阅读，甚至长期放在文件柜中无人问津。个别总监长期不组织安排项目部人员学习，对安全生产监理应承担什么责任、如何进行安全监理一知半解，知之甚少，思想意识上始终停留在"三控制两管理一协调"上，安全监理工作的开展更无从谈起。

2. 风险意识差

工程监理的生产活动场所总存在安全隐患，随时都有可能发生安全事故，给国家、集体和个人带来生命财产损失。监理面对这样的高风险认识不到，麻木不仁，有的抱着侥幸心理，总以为不至于出安全事故，即使出了事故，归根到底是施工单位的事，对监理来说大不了做个检查了事。

3. 监理人员的安全知识和经验不足

很多监理人员没有从事过施工安全管理工作，也没有参加过安全知识的专门学习培训，存在对安全生产法规、各种安全操作规程不熟悉，缺少安全生产管理实际经验，尤其是刚参加工作的新员工，安全监理工作更是一片空白。在这种情况下，监理人员在施工现场日常监理工作中，就很难做到及时、准确地发现和消除安全隐患，在他们的眼中一切平安无事，一旦酿成安全事故，才恍然大悟，为时已晚。

4. 不尽职、不作为

在安全监理工作中，不按法规、规范、监理规划和监理细则认真尽职尽责地对施工过程各环节进行安全检查或旁站，对安全隐患不严格地监督施工单位整改，对施工单位的特殊工种上岗资质、施工组织设计中有关安全措施、专项安全施工方案、安全管理体系、规章制度和大型施工机械备案情况等，没有认真进行审查；对施工现场中存在的安全隐患，有的只口头上跟现场工人随便说一下，事后就不再过问。

学习情境8.2　建设工程监理安全责任及主要工作职责

【情境描述】　工程监理单位和监理工程师应当按照法律、法规和工程建设强制性标准实施监理，并对建设工程安全生产承担监理责任。

8.2.1　法律法规对监理安全责任的规定

我国推行工程监理制度的实践表明：由法规先导，谨慎起步，使得工程监理开端良好，健康发展。现在，又扩展了建设工程安全监理，同样由法规先导，国家和地方根据工程建设发展和安全管理的需要，从实际情况出发，首先订有有关安全监理的法规和规范性文件，引导安全监理工作逐步深入开展。法律法规是开展监理工作的依据，工程监理从业人员必须学习掌握好。

建设工程安全监理相关的法规文件大体分两类：一类是直接涉及安全监理的法规文件，这类文件大都是近期颁布的，数量不多；另一类是一段时期以来，国家和地方颁发的建设工程安全生产法规规章，主要是针对施工过程安全管理的。这类文件数量多，作为安全监理从业人员，也必须了解，才能正确行使监督和管理的职能。此外，有关建设工程安全生产的工程建设标准也是安全监理从业人员必须掌握的，特别是其中的强制性标准，必须严格执行。

1.《建设工程安全生产管理条例》

第十四条规定，工程监理单位应当审查施工组织设计中的安全技术措施或者专项施工方案是否符合工程建设强制性标准。工程监理单位在实施监理过程中，发现存在安全事故隐患的，应当要求施工单位整改；情况严重的，应当要求施工单位暂时停止施工，并及时报告建设单位。施工单位拒不整改或者不停止施工的，工程监理单位应当及时向有关主管部门报告。

工程监理单位和监理工程师应当按照法律、法规和工程建设强制性标准实施监理，并对建设工程安全生产承担监理责任。

第五十七条规定，工程监理单位有下列行为之一的，责令限期改正；逾期未改正的，责令停业整顿，并处10万元以上30万元以下的罚款；情节严重的，降低资质等级，直至吊销资质证书；造成重大安全事故，构成犯罪的，对直接责任人员，依照刑法有关规定追究刑事责任；造成损失的，依法承担赔偿责任：

(1) 未对施工组织设计中的安全技术措施或者专项施工方案进行审查的。

(2) 发现安全事故隐患未及时要求施工单位整改或者暂时停止施工的。

(3) 施工单位拒不整改或者不停止施工，未及时向有关主管部门报告的。

(4) 未依照法律、法规和工程建设强制性标准实施监理的。

第五十八条规定，注册执业人员未执行法律、法规和工程建设强制性标准的，责令停止执业3个月以上1年以下；情节严重的，吊销执业资格证书，5年内不予注册；造成重大安全事故的，终身不予注册；构成犯罪的，依照刑法有关规定追究刑事责任。

2.《中华人民共和国刑法》

第一百三十七条规定，建设单位、设计单位、施工单位、工程监理单位违反国家规定，降低工程质量标准，造成重大安全事故的，对直接责任人，处五年以下有期徒刑或拘役，并处罚金；后果特别严重的，处五年以上十年以下有期徒刑，并处罚金。

3.《建设工程监理规范》

5.5.1条款中规定，项目监理机构应根据法律法规、工程建设强制性标准，履行建设工程安全生产管理的监理职责；并应将安全生产管理的监理工作内容、方法和措施纳入监理规划及监理实施细则。

5.5.2条款中规定，项目监理机构应审查施工单位现场安全生产规章制度的建立和实施情况，并应审查施工单位安全生产许可证及施工单位项目经理、专职安全生产管理人员和特种作业人员的资格，同时应核查施工机械和设施的安全许可验收手续。

5.5.3条款中规定，项目监理机构应审查施工单位报审的专项施工方案，符合要求的，应由总监理工程师签认后报建设单位。超过一定规模的危险性较大的分部分项工程的专项施工方案，应检查施工单位组织专家进行论证、审查的情况，以及是否附具安全验算结果。项目监理机构应要求施工单位按已批准的专项施工方案组织施工。专项施工方案需要调整时，施工单位应按程序重新提交项目监理机构审查。专项施工方案审查应包括下列基本内容：

（1）编审程序应符合相关规定。

（2）安全技术措施应符合工程建设强制性标准。

5.5.5条款中规定，项目监理机构应巡视检查危险性较大的分部分项工程专项施工方案实施情况。发现未按专项施工方案实施时，应签发监理通知单，要求施工单位按专项施工方案实施。

5.5.6条款中规定，项目监理机构在实施监理过程中，发现工程存在安全事故隐患时，应签发监理通知单，要求施工单位整改；情况严重时，应签发工程暂停令，并应及时报告建设单位。施工单位拒不整改或不停止施工时，项目监理机构应及时向有关主管部门报送监理报告。

8.2.2　工程监理单位的安全监理责任

监理企业必须建立本企业安全监理责任规章制度，在各级岗位中落实安全监理责任制，并明确考核办法，企业法定代表人为企业安全监理工作的第一责任人，而各监理项目部总监理工程师为该项目安全监理工作的第一责任人。安全监理工作只有全员参与、齐抓共管，真正将目标分解到人、细化到人，才能保证安全生产监督责任的落实。

8.2.2.1　监理单位领导的安全监理责任

1. 公司安全管理委员会

公司安全管理委员会主要承担以下安全监理责任：

（1）根据国家和地、市的安全生产方针、政策和法规，同意部署、组织、协调和指导公司的安全管理工作。

（2）组织研究、解决在监理工作中的重大安全生产问题。

（3）负责对安全监理工作进行管理和考核工作，督促检查项目安全监理工作总监责任制的落实情况。

（4）负责组织和领导贯彻公司安全管理体系建设，推进公司安全管理体系的管理及各项活动的系统和规范化。

2. 总经理

总经理主要承担以下安全监理责任：

（1）在企业内贯彻执行国家、地方关于安全监理工作方面的法律、法规和有关规定。领导公司安全管理委员会的工作，掌握公司的安全监理工作动态，对安全监理工作负全面领导责任。

（2）把安全监理工作列入公司的主要议事日程，建立健全安全监理责任制度和安全监理保证体系和考核制度、奖惩规定，使安全监理工作有计划、有目标、有检查、有考核、有奖惩。

（3）确定公司的安全管理方针和安全管理目标，对安全管理体系的建立、完善、运行和持续改进进行决策，保证管理体系的实施所需必要资源的提供。

（4）任命公司安全管理体系的管理者代表，批准公司安全管理体系的《管理手册》《程序文件》的颁布、修改。

（5）负责组织监理、适时地持续改进公司安全管理体系，主持公司安全管理体系的管理评审，确保公司安全管理体系的适宜性和有效性。

（6）组织研究、解决在安全监理工作中的重大问题。

3. 主管副总经理

主管副总经理主要承担以下安全监理责任：

（1）贯彻执行国家、地方有关安全监理工作方面的法律、法规和有关规定。在总经理的领导下，对安全监理工作负直接领导责任。

（2）开展安全管理委员会日常工作及对公司安全监理人员的管理，贯彻落实各级安全监理责任及各项安全监理工作制度。

（3）向公司安全管理委员会汇报相关工作情况及改进需求。通过会议等多种方式进行信息沟通、传递及反馈。

（4）领导组织安全监理部门的各咨询部、监理部和项目监理部安全监理工作的检查，督促消除重大事故隐患。

（5）具体组织安全监理系统各级管理人员的培训、教育、评比工作，组织学习推广安全监理工作的先进经验。

（6）具体领导组织对公司各部门和人员在安全监理工作方面的评比和考核工作，并根据评比和考核结果，按规定实行奖励与处罚。

（7）负责追踪监理项目部生产安全事故的调查，依据"四不放过"的原则分析安全监理方面的责任，并追究相关人员的责任，制定防止重复发生的预防措施。

4. 经营副总经理

经营副总经理主要承担以下安全监理责任：

（1）组织落实公司经营工作的安全监理责任，负责与外部相关方有关职业健康安全方面协议的签订。

（2）对安全管理体系的建立、完善、运行和持续改进在本部门进行贯彻和落实。

（3）做好信息传递工作。及时将相关方对公司安全监理工作的信息传递到公司相关部门，做好安全信息工作的上传下达；向相关方传递公司环境、职业健康安全管理体系的方针、目标和体系建设情况。

5. 其他副总经理

其他副总经理主要承担以下安全监理责任：

（1）在自己负责范围内督促落实公司的各项安全工作制度。

（2）贯彻执行国家、地方和有关主管部门的安全技术措施费、劳动保护用品费、防暑降温等费用的规定，保证经费到位，专款专用。

（3）组织落实公司生产过程的安全监理工作责任，配合对安全监理工作进行的评比和考核工作，执行安全监理奖惩规定，保证奖惩资金的及时兑付和管理。

（4）在与所属各部签订经济合同时，要明确安全监理工作方面的职责。

6. 总工、副总工

总工、副总工主要承担以下安全监理责任：

（1）从技术上把握国家和地方有关安全监理方面的法规、技术规范、工艺标准的有效版本，对公司的安全监理工作负技术领导责任。

（2）编制和持续改进公司的安全管理体系的《管理手册》《程序文件》和公司的《安全监理作业指导书》。

（3）检查职业健康安全管理体系的日常运转工作；做好体系内审活动的策划、职责、协调工作，并跟踪与验证各项纠正、预防措施。

（4）收集各职能部门及各项目监理部按照管理体系要求执行情况的记录，协助最高管理者做好管理评审工作。

（5）为危险源的识别与控制提供技术支持。

（6）审查重大工程的施工组织设计中的安全技术措施或专项施工方案是否符合工程建设强制性标准。

（7）协助人力资源部门编制培训计划、实施岗前培训。

7. 安全监理主管部门

安全监理主管部门主要承担以下安全监理责任：

（1）负责及时了解国家和地方对安全生产工作的重要指示和相关文件精神，并进行相关信息的收集整理。

（2）贯彻公司领导班子和安全管理委员会关于安全生产监理工作的决定，承担安全监理业务管理工作，并及时汇报安全生产监理工作的有关情况。

（3）组织拟定、编写和修改公司关于安全监理工作的指导文件和规章制度，做好安全监理的宣传教育和管理工作，总结交流，推广先进经验。

（4）组织对各监理项目的安全监理工作进行综合检查和考核，掌握安全监理情况，调查研究监理中的不安全问题，提出改进和措施。

（5）安全监理人员在巡视中制止违章指挥和违章作业，遇有严重险情，有权暂停生产，并报告领导处理。对违反安全生产和劳动保护法规的行为，经说服劝阻无效时，有权越级上报。

（6）负责各项目监理部与公司之间的协调与沟通；负责接收相关方的意见及投诉，并组织相关部门及时回复。

（7）指导各级项目监理部开展对危险源的辨识和风险性评价工作，制定公司的《危险源清单》和《重大危险源名录》，并出台《管理方案》。

（8）发生生产安全事故后，组织或配合事故的调查处理，组织制定并落实防范措施，将相关资料进行整理和归档。

8.2.2.2　项目监理部的安全监理责任

1. 项目总监、总监代表

项目总监、总监代表主要承担以下安全监理责任：

（1）按照法律、法规和工程建设和工程建设强制性标准实施监理，落实项目安全总监负责制，按照《建设工程安全生产管理条例》要求承担安全监理责任。

（2）明确各管理岗位、各职能人员的安全监理责任和考核指标，领导并支持安全监理人员的工作。

（3）结合本项目的实际情况，组织编制本项目的《项目安全监理方案》和《安全监理实施细则》。

（4）审查施工组织设计中的安全技术措施或者专项施工方案是否符合工程建设强制性标准。

（5）严格对进入施工现场单位的资格审查工作，严格对其营业执照、资质证书、安全生产许可证发放和管理工作，审查安全管理组织机构、项目经理、工长、安全管理人员、特种作业人员配备的人员数量及安全资格培训上岗情况。

（6）审查施工单位的安全生产责任制，安全管理规章制度、安全操作规程的制订情况。

（7）审查施工单位的起重机械设备、施工机具和电气设备是否符合规范要求，审查对大型机械设备投入使用前的验收手续。

（8）审查施工单位的事故应急救援预案的制定情况。

（9）审查施工单位冬季、雨季等季节性施工方案的制订情况。

（10）审查施工总平面图是否合理，办公区、宿舍、食堂等临时设施的设置以及施工场地、道路、排污、排水、防火措施是否符合规范要求。

（11）审查对危险源项目如土方开挖、模板工程、起重吊装、脚手架、拆除和爆破等专项方案及审批情况和需要提供的专家论证、审查的书面资料。

（12）审查总包与建设方，总、分包单位的安全、消防、临时用电安全协议。

（13）加强安全巡视，及时下发《安全监理通知》。发现事故隐患及时要求施工单位整改；情况严重的应要求施工单位暂停施工，并及时报告建设单位。施工单位拒不整改或者不停止施工的，工程监理单位应及时向有关主管部门报告。

2. 项目安全监理人员

项目安全监理人员主要承担以下安全监理责任：

（1）宣传、贯彻国家及地方以及上级单位关于安全监理工作的方针、政策、文件和要求。

（2）制定项目监理部的年度安全监理工作计划。

（3）根据公司《建设工程施工安全监理作业指导书》实施项目的安全监理工作，监督检查施工单位安全生产管理工作及安全生产责任落实情况。

（4）安全巡视过程中检查安全防护、临时用电、机械安全、消防安全等标准化执行情况，配合对脚手架搭设与各项防护措施方案的审核。

（5）实行安全跟踪管理，组织定期安全巡视对各类安全隐患问题提出整改要求并检查落实情况，制止违章指挥和违章作业人员。

（6）抽查施工单位安全防护用品的合格情况，要求提供产品合格证、产品检测证明、政府颁发的相应证书。

（7）抽查特种作业人员持有效证件上岗情况。

（8）遇有严重险情，有权停止作业并上报项目总监或总监代表。

3. 项目土建监理人员

项目土建监理人员主要承担以下安全监理责任：

（1）在土建监理工作中严格执行公司的《安全监理指导书》，根据安全技术措施和安全操作规程进行安全巡视。

（2）严格按照施工组织设计（方案）、工艺和安全技术角度进行安全监理工作。

（3）对所监理范围内的一切安全防护措施负安全巡视责任。对重点部位或特种部位要跟踪到位，保证安全措施的实施。

（4）在进行验收签字过程中，对"四口"、"五临边"、模板工程、隐蔽工程等重点工程和部位加强巡视和监督力度。

4. 项目电气监理人员

项目电气监理人员主要承担如下安全监理责任：

（1）在机电监理中严格执行公司的《安全监理指导书》，根据安全技术措施和安全操作规程进行安全巡视。

（2）对施工单位现场和生活区暂时用电的电闸箱、电缆和其他用电设备等完好性负责，加强临时用电的安全巡视。

（3）要求施工单位配备合格的临时用电管理人员和电工，加强对临时用电的安全监理工作，确保临时用电安全。

（4）加强对大型机械设备安全监理。从租赁、安装、设备自身资质把关，加强对安全协议签订、现场安全交底、产权单位的自检、设备完好性等方面做好监理。

5. 项目水暖监理人员

项目水暖监理人员主要承担如下安全监理责任：

（1）在水暖监理工作中严格执行公司的《安全监理指导书》，根据安全技术措施和安全操作规程进行安全巡视。

（2）对施工现场的临时消防的消防泵、消防水箱、消防管线和竖管、水龙带等消防设备完好性、有效性要加强安全巡视。

（3）要求施工单位配备合格的消防安全管理人员，加强对本专业现场动火的安全监理工作，对电气焊工持证上岗、用火证和看火措施工作进行抽查，确保消防安全。

6. 项目资料员

项目资料员主要承担如下安全监理责任：

（1）对施工单位上报的方案和安全措施等及时转给相关责任人并处理完后及时归档。

（2）对建设单位、施工单位签发的会议纪要及时转给相关负责人并在处理完后及时归档。

（3）及时对其他有关的安全监理资料进行存档。

8.2.3　安全监理责任的类型

在工程建设实施过程中，由于主客观原因，会导致工程安全事故或问题的发生。监理工程师最关心的问题是工程安全出了问题应由谁来负责，这也是业内人士所关注的焦点。监理的过程行为是界定监理是否负责任的依据，即监理承担责任的前提条件是监理自身行为有过错，并且过错的行为导致了安全事故或问题的发生。监理的安全监理责任大体上可分为以下5种类型。

1. 过失责任

监理在责任期内，因缺乏应有的谨慎或自身的过失而导致安全事故的发生，监理应承担过失责任，并应按合同约定予以赔偿。监理在为业主提供服务的过程中，必须恪守职责，认真负责，在工作中不能出现失误，一旦出现失误，就有可能承担赔偿责任。而这种失误从某种意义上讲，是客观存在的，甚至是不可避免的，无论监理制度如何健全，也无论监理人员如何努力，仍然存在过失的可能。例如：施工单位申报的专项方案存在错误，监理也进行了审核，但未发现问题，并由此引发安全事故；在检查和巡视过程中，由于监理人员的能力和水平有限，对工程中存在的安全隐患未发现，此隐患导致了安全事故的发生；监理人员发出了错误的指令或做出了错误的判断，造成安全事故的发生；违反监理职业道德引起的后果等。为此，就要求监理人员必须具有较强的专业技术能力，广泛的专业知识，良好的职业道德，高超的组织协调能力，工作中勤奋努力、谨慎行事。

2. 渎职责任

监理人员在执行监理任务时不尽职，违反了法律法规的规定，造成了安全事故的发生。渎职行为在主观上存在过错且具有违法性，所以应承担制裁性法律后果。如将不合格的建设工程、建筑材料、建筑构配件和设备按照合格签字，造成工程质量事故，由此引发安全事故；与建设单位或施工企业串通，弄虚作假、降低工程质量，从而引发安全事故；因非法转让监理业务，造成安全事故等。这就要求监理做事必须遵纪守法、诚实信用、严格监理。

3. 违约责任

即违反监理合同规定的责任，是指监理不履行合同义务或者履行合同义务不符合合同约定所应承担的法律责任。如监理单位未按照监理合同的要求配备安全监理人员；监理投标书中的安全监理目标因监理原因未能实现；监理人员没有认真履行安全监理职责违反合同规定等。在这种情况下，监理应当承担继续履行监理合同、采取补救措施或者赔偿业主损失等违约责任。虽然现行建设工程监理合同、施工合同示范文本中没有专门针对安全监理的条款，但随着《建筑工程安全生产管理条例》的颁布实施，大部分业主已将安全监理纳入了监理合同中，明确了安全监理的工作职责和工作权利，安全监理已经成为监理合同的一项重要内容。

4. 不作为责任

当发生上述除人力不可抗拒的情况时，监理应及时向施工单位以书面形式提出劝告、警告、通知、下达工程暂停令等监理意见，并按照法律法规和《建设工程监理规范》的规定及时报告建设单位和有关主管部门，提出咨询、劝阻意见，反映现场实际情况。如果监理没有做到这一点，发生了责任事件，则不论何种理由，监理应承担不作为责任。例如：监理对施工组织设计中的安全技术措施或专项施工方案是否符合工程建设强制性标准未进行审查，就批准施工单位进行施工；监理在巡视检查过程中，发现存在安全隐患，未要求施工单位进行整改或停止施工；施工单位拒不整改或者不停止施工，监理未及时向有关主管部门报告；监理发现施工单位未按照法律、法规和工程强制性标准施工，未要求其进行整改，或者在无法制止上述行为时又未及时向有关主管部门报告等。这就要求监理人员要恪尽职守，科学监理，做事周到，该阻止的要阻止，该报告的要报告。

5. 不承担责任

当发生的安全事件并非监理方原因时，监理不承担责任。这种情况是经常发生的，一般有以下 5 种情况：

（1）施工组织设计中的安全技术措施或者专项施工方案未经监理审查批准，施工单位擅自施工，监理及时下达书面指令予以制止，并将情况及时书面报告建设单位；施工单位违背监理指令，继续施工后发生安全事故的，监理不承担责任，由施工单位承担相应的法律责任。

（2）监理在巡视检查过程中，发现存在安全隐患，监理按照法律、法规和《建设工程监理规范》的有关规定，及时下达书面指令要求施工单位整改或停止施工，同时将此情况及时报告了建设单位，施工单位违背监理指令，继续施工后发生安全事故的，监理不应承担责任。

（3）如果施工单位拒不整改或者不停止施工的，监理虽及时向有关主管部门报告，但施工单位的行为仍不能有效制止，从而造成安全事故的，监理不应承担责任。

（4）监理发现施工单位未按照法律、法规和工程建设强制性标准施工，及时要求施工单位进行整改，或者制止不了其违规行为时，及时向有关主管部门报告，但施工单位的违规行为仍不能得到有效制止，从而造成安全事故的，监理不应承担责任。

（5）凡发生上述四种情况之一的，监理已要求施工单位停止施工，并及时报告建设单位，可建设单位要求施工单位继续施工，从而造成安全事故的，监理不应承担责任。

8.2.4　防范和规避监理责任的措施

随着《建筑工程安全生产管理条例》的颁布实施，监理单位在建设工程中所要承担的安全责任已法制化。监理人员要认真学习《建筑工程安全生产管理条例》的有关内容，正确认识安全监理责任的性质，制定防范和规避监理责任的措施。这不仅是维护监理单位自身正当权益的需要，也是促进整个建筑市场健康发展的需要。因此要加强以下几方面的工作：

（1）监理单位应加强监理从业人员的安全生产教育工作，牢固树立监理人员的安全责任防范意识，提高法制观念和合同管理意识。要正确理解《建筑工程安全生产管理条例》中规定的职责、职权和责任范围，分析可能存在的风险，制定各项措施，防止安全事故的发生。

（2）项目监理机构应根据《建筑工程安全生产管理条例》的规定，按照工程建设的强制性标准和监理规范的要求，编制包括安全生产监理方案的项目监理规划和监理实施细则，并明确安全生产监理工作的内容、程序、制度、方法和措施。对于施工安全风险较大的基坑支护与降水、土方开挖、模板、起重吊装、脚手架、拆除与爆破、其他危险性较大的几类工程，应单独编制安全监理实施细则。对于深基坑、地下暗挖、高大模板，30m 以上及高空作业、大江大河中深水作业、城市房屋拆除爆破和其他土石方爆破、施工安全难度较大的起重吊装工程，应当根据专家组论证的意见完善安全监理实施细则，督促施工单位按照专家组意见完善施工方案，并予以审核签认。

（3）总监要根据工程的具体特点，确定安全管理的监理人员，明确其职责，做到安全管理落到实处。

（4）监理单位在审查勘察、设计文件时，发现有不满足有关法律、法规和强制性标准规定，或存在较大施工安全风险时，要及时向建设单位、勘察设计单位提出，以共同做好防范安全事故的发生。

（5）监理要严格对施工单位的安全保证体系进行审查，包括项目经理和专职安全员是否考核合格，是否按规定配备专职安全员，施工单位的企业资质和安全生产许可证是否合格，电工、焊工、架子工、起重机械工、塔吊司机及指挥人员、爆破工等特种作业人员是否经过专业培训并取得操作资格证书；项目部的安全保证体系、安全技术措施、安全生产制度是否健全，安全防护器材是否配备，施工许可证是否办理等。上述内容审查若不合格，监理应明确表明不同意开工，并应提出书面意见，必要时向有关部门报告。

（6）监理要认真审查施工单位编制的施工组织设计的安全技术措施、施工现场临时用电方案和危险性较大的分部分项工程专项施工方案，重点审查其内容是否符合工程建设强制性标准要求，企业技术负责人是否签字确认。一般情况下，监理应有书面审查意见。

（7）监理要加强现场的巡视和检查。监督施工单位严格按照法律、法规、工程建设强制性标准和审查批准的专项施工方案组织施工，制止违规施工作业，督促施工单位安全保证体系的正常运行；发现存在安全事故隐患的，要及时要求施工单位进行整改，并对整改结果进行复查；情况严重的，总监应以书面形式要求施工单位暂停施工，并及时报告建设单位；施工单位拒不整改或不停止施工的，应及时向有关主管部门报告。

（8）监理单位和监理人员要特别重视安全监理资料的收集，整理和保存，以便维护监理的合法权益。安全监理资料必须真实、完整，能够反映监理单位及监理人员依法履行安全监理职责的全貌。安全监理资料应包括监理日记、监理月报、音像资料及事故处理资料等。监理人员在监理日记中应当记录当天施工现场安全生产和安全管理工作情况，记录发现和处理的安全问题。监理月报应包含安全监理的内容，对当月施工现场的安全施工状况和安全管理工作作出评述，并及时报送建设单位，必要时报送有关主管部门。安全监理资料的整理要及时、规范。

学习情境8.3 安全监理的工作内容、程序和方法

【情境描述】 安全监理的工作贯穿于整个工程的施工准备阶段、施工阶段，监理单位和监理工程师需熟悉安全监理的日常工作程序及工作方法。

8.3.1 安全监理工作内容

8.3.1.1 施工准备阶段

1. 施工准备阶段安全监理工作内容

（1）设计交底与施工图纸的现场核对。施工图纸和设计说明文件是施工生产工作的依据。因此，总监理工程师应组织监理人员认真参加由建设单位主持的设计交底工作，以透彻地了解设计思想、原则及安全、质量要求；同时，认真做好施工图纸审核工作，对于审图过程中发现的问题，及时以书面形式报告建设单位。

1）参加设计交底要了解的主要内容包括：①有关地形、地貌、气象、工程地质及水文地质等自然条件方面；②政府主管部门，如规划、环保、交通、消防等对本工程的要求；③设计意图方面，如设计思想、设计方案、基础开挖及基础处理方案图、施工进度安排等；④施工安全应注意事项方面，如基础施工安全的要求、主体工程设计中采用新结构或新材料或新工艺对施工安全提出的要求、对实现进度安排而采用的施工组织的安全技术与安全管理措施等；⑤设计单位采用的主要设计规范等。

2）施工图纸的现场核对。施工图纸是工程施工和安全监理工作的直接依据。为充分了解工程特点、设计要求，减少图纸的差错，确保工程施工安全、质量，减少工程变更，预防

安全事故发生，监理工程师应做好施工图的现场核对工作。施工图纸现场核对主要包括以下几方面：①施工图纸合法性的认定：施工图纸是否符合政府有关批准的规定，是否经设计单位正式签署等；②施工图纸与设计说明文件是否齐全；③地下管线、地下工程是否探明并标注清楚；④施工图纸中有无遗漏差错或相互矛盾之处，图纸的表示方法是否清楚和符合标准等；⑤地质及水文地质等基础资料是否充分、可靠，地形地貌与现场实际情况是否相符；⑥新材料、新技术的采用能否保证施工安全要求等。

（2）施工平面布置的控制。为了保证施工承包单位能够顺利地施工，有利于施工过程的安全生产，监理工程师应督促建设单位按照合同约定并结合施工承包单位施工需要，事先划定并提供给施工承包单位占有和使用现场有关部分的范围。当在现场的某一区域内需要不同的施工单位同时先后施工、使用，就应根据施工总进度计划的安排，规定他们各自占用的时间和先后顺序，并在施工总平面图中详细注明各工作区的位置及占用顺序，从而保证安全施工。

监理工程师要检查施工现场总体布置是否合理，是否有利于保证施工的正常进行、安全施工，应充分重视安全、防火、防爆、防污染等因素，施工平面布置应做到分区明确，合理定位。

（3）安全物资采购和进场验证的控制。安全生产设施条件的安全状况，很大程度上取决于所使用的材料、设备和防护用品等安全物资的质量。为了防止假冒、伪劣或存在质量缺陷的安全物资流入施工现场，造成安全事故，监理工程师应检查并督促施工单位建立安全物资供应单位的管理制度。

施工单位应对安全物资供应单位的评价和选择、供货合同条款约定和进场安全物资的验收的管理要求、职责权限、工作程序等内容做出具体规定和要求，并组织实施。施工单位应通过供货合同约定安全物资的产品质量和验收要求。供货合同签订前应按规定程序进行审核审批。施工单位应对进场安全物资进行验收，并形成记录。未经验收或验收不合格的安全物资应做好标识并清退出场。

监理工程师应对材料、设备和防护用品等安全物资进行核查，核查其质量合格证明和质量检验报告，通过外观检查和规格检查看实物质量，按规定抽样复试，并形成记录。

（4）施工机械、设备进场的控制。监理工程师对施工机械、设备进场的控制内容包括以下几方面：

1）施工机械设备的选择应考虑影响施工安全的施工机械的技术性能、工作效率、安全、质量、可靠性及维修难易等方面，还要注意设备形式应与施工对象的特点及施工安全要求相适应。在选择机械性能参数方面，也要与施工对象特点及安全要求相适应。例如，选择起重机进行吊装施工时，其起重量、起重高度及起重半径均应满足吊装安全要求。

2）检查所需的施工机械设备，是否按已批准的施工组织设计准备妥当；所准备的机械设备是否与施工组织设计所列者相一致；所准备的施工机械设备是否都处于完好的可用状态等。对于与批准的施工组织设计中所列施工机械不一致，或机械设备的类型、规格、性能不能保证施工安全的，及时维护修理，不能保证良好的可用状态者，不准使用。

（5）分包单位资格的审查确认。分包单位的安全保证，是保证建设工程施工安全的一个重要环节和前提。因此，监理工程师应对分包单位资格（资质和安全生产许可证等）进行严格控制。

1) 分包单位提交《分包单位资格（含安全生产许可证）报审表》。总承包单位选定分包单位后，应向监理工程师提交《分包单位资格（含安全生产许可证）报审表》，其内容一般应包括以下几方面：①拟分包工程情况，包括拟分包工程名称（部位）、工程数量、拟分包工程合同额、分包工程占全部工程比例；②分包单位的基本情况，包括该分包单位的企业简介、资质材料、安全生产许可证材料、技术实力、过去的工程经验与企业业绩、施工人员的技术素质和条件、企业的财务状况等；③分包协议草案，包括总承包单位与分包单位之间责、权、利，分包项目的施工工艺，分包单位设备的到场时间、材料供应，总包单位的管理责任等；④总分包安全生产协议草案，包括总承包单位与分包单位安全生产的责、权、利，总分包单位的安全生产奖惩制度等。

2) 监理工程师审查总承包单位的《分包单位资格（含安全生产许可证）报表》。监理工程师进行审查的主要内容是：承包合同是否允许分包，分包的范围和工程部位是否可进行分包，分包单位是否具有按工程承包合同规定的条件完成分包工程任务的能力等。如果监理工程师认为该分包单位不具有分包条件则不予以批准。若监理工程师认为该分包单位基本具备分包条件，则应在进一步调查后由总监理工程师予以书面确认。监理工程师进行审查的重点是：分包单位施工管理者的资格（资质和安全生产许可证），安全、质量管理水平，特殊专业工种和关键施工工艺或新技术、新工艺、新材料等应用方面操作者的素质与能力等。

3) 对分包单位进行调查。监理工程师对分包单位进行调查的目的是核实施工总承包单位申报的分包单位情况是否属实。如果监理工程师对调查结果满意，则总监理工程师应以书面形式批准该分包单位承担分包任务。施工总承包单位收到监理工程师的批准通知后，应尽快与分包单位签订分包协议及安全生产协议书，并将分包协议及安全生产协议书副本报送监理工程师备案。

（6）施工现场环境的控制：

1) 施工作业环境的控制。施工作业环境条件主要是指水、电、气、热、施工照明、安全防护设备、道路交通条件和施工场地空间条件等。这些条件是否良好，直接影响到施工安全，例如当同一个施工现场有多个施工承包单位或多个工种同时施工或平行立交叉作业时，更应注意避免它们在空间的相互干扰，影响施工安全。监理工程师应检查施工承包单位对作业环境方面的有关准备工作是否做好安排和准备妥当，当准备工作可靠、有效后方能同意其进行施工。

2) 施工安全管理环境的控制。施工安全管理环境，主要是指施工承包单位的安全管理体系和安全自检系统是否处于良好的状态；安全管理制度、安全管理机构和人员配备等方面是否落实等。

3) 现场自然环境因素的控制。监理工程师应检查施工承包单位对于未来的施工期间，自然环境因素可能出现对施工作业安全的不利影响时，是否事先已做好充足的准备和采取了有效措施与对策以保证建设工程施工安全，如严寒季节的防冻，夏季的高温、高地下水位的影响，邻近是否有易爆、有毒气体等危险源，或邻近地区有高层、超高层建筑，深基础施工安全保证难度大，有无应对方案及针对性的保证安全施工的措施等。

（7）危险源的控制。

1) 危险源。危险源是可能导致死亡、伤害、职业病、财产损失、工作环境破坏或这些情况组合的根源或状态。按危险源在事故发展过程中的作用分为第一类危险源和第二类危险源。

　　a. 第一类危险源。把生产过程中存在的、可能发生意外释放的能量（能源或能量载体）或危险物质称作第一类危险源。第一类危险源产生的根源是能量与有害物质。当系统具有的能量越大，存在的有害物质数量越多，系统的潜在危险性也越大。施工现场生产的危险源是客观存在的，这是因为在施工过程中，需要相应的能量和物质。施工现场中所有能产生、供给能量的能源和载体在一定条件下都可能释放能量造成危险，是根本的危险源。现场中有害物质在一定条件下能损伤人体的生理机能和新陈代谢功能，破坏设备和物品的效能，也是根本的危险源。

　　为了防止第一类危险源导致事故，必须采取措施约束、限制能量或危险物质，控制危险源。正常情况下，生产过程中的能量或危险物质受到约束或限制，不会发生意外释放，即不会发生事故。但是，一旦这些约束、限制能量或危险物质的措施受到破坏或失效（故障），则将发生事故。

　　b. 导致能量或危险物质约束或限制措施破坏或失效的各种因素称作第二类危险源。第二类危险源主要包括物的故障、人的失误和环境因素：

　　（ⅰ）物的故障。物包括机械设备、设施、装置、工具、用具、物质、材料等。根据物在事故发生中的作用，可分起因物和致害物两种。起因物是指导致事故发生的物体或物质，致害物是指直接引起伤害及中毒的物体或物质。

　　（ⅱ）人的失误。人的失误是指人的行为结果偏离了被要求的标准，即没有完成规定功能的现象。人的不安全行为也属于人的失误。人的失误会造成能量或危险物质控制系统故障，使之屏蔽破坏或失效，从而导致事故发生。广义的屏蔽是指约束、限制能量，防止人体与能量接触的措施。

　　（ⅲ）环境因素。人和物存在的环境，即施工生产作业环境中的温度、湿度、噪声、振动、照明或通风换气方面的问题，会促使人的失误或物的故障产生。

　　2）危险源控制措施。监理工程师应检查并督促施工承包单位进行危险源识别、评价、控制等，并建立档案。

　　施工承包单位应根据本企业的施工特点，依据建设工程项目的类型、特征、规模及自身管理水平等情况，识别出危险源，列出清单，并对危险源进行评价，将其中导致事故发生可能性较大，且事故发生造成严重后果的危险源定义为重大危险源。同时，施工承包单位应建立管理档案，其内容包括危险源识别、评价结果和清单。针对重大危险源可能出现伤害的范围、性质和时效性，施工承包单位应制定消除或控制措施，且纳入安全管理制度、安全教育培训、安全操作规程或安全技术措施中。

　　承包工程的工程变更或施工条件等内外条件发生变化，都会引起重大危险源的改变，因此，施工承包单位应对重大危险源的识别及时更新。监理工程师应检查、督促施工承包单位对重大危险源的识别及时更新。

　　检查并督促施工承包单位对重大危险源制定应急救援预案。监理工程师应检查并督促施工承包单位对可能出现高处坠落、物体打击、坍塌、触电、中毒以及其他群体伤害事故的重大危险源应制定应急救援预案，应急救援预案必须包括有针对性的安全技术措施、控制措施、检测方法，应急人员的组织，应急材料、器具、设备的配备等。

　　施工承包单位应按应急救援预案的要求，编制符合工程项目特点的、具体的、细化的、应急救援预案，指导施工现场的具体操作。施工承包单位项目经理部的应急救援预案应上报企业审批。

监理工程师应检查施工承包单位项目经理部预案编制是否有较强的针对性和实用性，是否细致全面、操作简单易行，以及应急救援预案是否经上级企业审批。

总监理工程师对于与拟开工工程有关的现场各项施工准备工作进行检查，并认为合格后，方可发布书面的开工指令。

2. 施工准备阶段安全监理的手段

(1) 审核技术文件、报告和报表。审核技术文件、报告和报表时监理工程师对建设工程施工安全进行全面监督、检查和控制的重要手段，其具体内容如下：

1) 审查进入施工现场的分包单位的资质证明文件和安全生产许可证证明文件，以及分包单位的施工安全能力。

2) 审批施工单位的开工申请书，检查、核实与控制其施工准备的安全工作。

3) 审查施工单位提交的施工组织设计（安全计划）、专项施工方案或施工计划，确保工程施工既安全又可靠的技术保障措施。

4) 审批施工单位提交的有关原材料、半成品和构配件质量证明文件，确保工程质量和安全有可靠的物质基础。

5) 核查施工单位提交的有关安全物资的检验、实验报告，以确保安全物资的质量和安全。

6) 审核有关应用新技术、新工艺、新材料、新结构等的技术鉴定书，审核其应用申请报告，确保新技术应用的安全、质量。

(2) 实施工程合约化管理，签订安全生产合同或协议书。施工总承包单位在与分包单位签订分包合同时，必须有安全生产的具体指标和要求，同时要签订安全生产合同或协议书。

监理工程师还应检查督促总、分包单位签订安全生产合同或协议书，通过制定相互监督执行的合约管理可以使双方执行安全生产、劳动保护等法律法规，强化安全生产管理，逐步落实安全生产责任制，依法从严治理施工现场，确保项目施工人员的安全与健康，促使施工生产的顺利进行。

总、分包单位在合约的管理目标、用工制度、安全生产要求、现场文明施工及其人员行为的管理、争议的处理、合约生效与终止等方面的具体条件约束下认真履行双方的责任和义务，为工程项目安全管理的具体实施提供可靠的合约保障。

8.3.1.2 施工阶段

1. 对施工单位安全生产保证体系的监督

《建筑工程安全生产管理条例》规定：施工单位应当建立工程项目安全保障体系。在项目施工中，施工单位必须执行国家有关安全生产和劳动保护的法规，建立安全生产责任制。在施工现场安全监理中，监理工程师首先应审查施工单位安全生产保证体系的完备性和可行性并监督其实施。

(1) 督促施工单位建立安全生产责任制：

1) 项目施工中，施工单位的项目部应当建立以项目经理为核心的分级负责的安全生产责任制。项目经理作为项目安全生产的第一负责人，对本项目的安全生产全面负责。项目部的安全生产保证体系按照各自不同的工作职责，分为决策层、管理层、操作层三个不同层次。项目经理、总工程师、项目副经理等为决策层；安全管理部、设备物资部、技术部门、质量部门、计划部门、经营财务部门、党群工会等部门为管理层；工段（作业队、车间）为操作层。

2）施工单位应建立工会组织、专职安全监督检查组（员）等安全生产的监督系统，形成强有力的安全管理与群众监督体系。

（2）督促施工单位进行安全技术交底。现场施工中，监理工程师应督促施工单位进行安全交底、安全教育和安全宣传，严格执行安全技术方案。特别是对从事特种作业的人员，项目施工前，施工单位应当进行安全技术交底，被交底人员应当在书面交底上签字，并在施工中接受安全管理人员的监督检查。

2. 审查施工现场平面布置

施工现场场地布置是工程施工过程中的重要组成部分。它对施工安全、质量、进度的影响相当大。因此，监理工程师在审查施工单位的施工组织设计时，必须考虑从安全的角度审查施工现场平面图设计的合理性和符合性。

（1）施工现场的生活生产房屋、变电所、发电机房、临时油库等均应设在干燥地基上，并应符合防火、防洪、防风、防爆、防震的要求。

（2）施工现场要设置足够的消防设备，施工人员应熟悉消防设备的性能和使用方法，并应组织一支经过训练的义务消防队伍。

（3）生产生活房屋应按规定保持必需的安全净距，一般情况下活动板房不小于 7m，铁皮板房不小于 5m，临时的锅炉房、发电机房、变电室、铁工房、厨房等与其他房屋的间距不小于 15m。

（4）易燃易爆的仓库、发电机房、变电所，应采取必要的安全防护措施，严禁用易燃材料修建。炸药库的设置应符合国家有关规定，工地的小型油库应远离生活区 50m 以外，并外设围栏。

（5）工地上较高的建（构）筑物、临时设施及重要库房，如炸药房、油库、发（变）电房、塔架、龙门吊架等，均应加设避雷装置。

（6）对环境有污染的设施和材料应设置在远离人员居住的空旷的地点，污染严重的工程场所应配有防污染的设施。

（7）场内道路应经常维护，保持畅通。载重车辆通过较多的道路，其弯道半径一般不小于 15m，特殊情况不得小于 10m。手推车道路的宽度不小于 1.5m。急弯与陡坡地段应设置明显交通标志。与铁路交叉处应有专人照管，并设信号装置和落杆。靠近河流和陡壁处的道路，应设置护栏和明显的警告标志。场内行驶斗车、平车的轨道应平坦顺直，纵坡不得大于 3%。车辆应装制动闸，铁路终点应设置倒坡和车挡。

（8）施工现场的临时设施，必须避开泥沼、悬崖、陡坡、泥石流、雪崩等危险区域，选在水文、地质良好的地段。施工现场内的各种运输道路、生产生活房屋、易燃易爆仓库、材料堆放，以及动力通讯线路和其他临时工程，应按照有关安全的规定制定出合理的平面布置图。

3. 施工现场安全防护

（1）安全防护设施：

1）监督施工单位作业人员遵守建设工程安全标准、操作规程和规章制度，检查施工单位进入施工现场人员正确使用合格的安全防护用具及机械设备的情况。

2）督促施工单位对施工现场实行封闭管理，并要求施工单位根据不同施工阶段和周围环境及天气条件的变化，采取相应的安全防护措施。

3）督促施工单位在施工现场的显著或危险部位设置符合国家标准的安全警示标牌。

4）检查施工现场内的坑、沟、水塘等边缘安全护栏的设置情况。要求施工单位在场地狭小、行人和运输繁忙的地段应设专人指挥交通。

5）督促施工单位对施工现场的各种安全设施和劳动保护器具，定期进行检查和维护，及时消除隐患，保证其安全有效。

（2）有关保护工作：

1）当施工单位进行地下工程或者基础工程施工发现文物、古化石、危险品及其他可疑物品（如爆炸物）、地下构造物（如电缆、管道等）等，监理工程师应当要求施工单位暂停施工，保护好现场，并及时向有关部门报告，在按照有关规定处理后，方可继续施工。

2）施工中需要架设临时电网、移动电缆等，施工单位应当向有关主管部门提出申请，经批准后在有关专业技术人员指导下进行。

3）当施工中可能导致损害的毗邻建筑物、构筑物和特殊设施时，监理工程师应督促施工单位做好专项防护工作。

4. 施工机械使用的安全监督

监理工程师应检查施工单位施工机械的合格证、检测、验收、准用手续（须持原件），对手续不完备的不准投入使用。

（1）施工单位必须采购具有生产许可证、产品合格证的安全防护用具及机械设备，该用具和设备进场使用之前必须经过检查，检查不合格的，不得投入使用。

（2）施工现场的安全防护用具及机械设备必须由专人管理，按照标准规范定期进行检查、维修和保养，并建立相应的资料档案。进入施工现场的垂直运输和吊装、提升机械设备应当经检测检验机构检测检验合格后方可投入使用。外脚手架、提升井架等必须有施工单位质安部门验收证明。

（3）施工单位应当建立安全防护用具及机械设备的采购、使用、定期检查、维修和保养责任制度。

（4）施工机械应当按照施工总平面布置图规定的位置和线路设置，不得任意侵占场内道路。施工机械进场的须经过安全检查，经检查合格的方能使用。施工机械操作人员必须建立机组责任制，并依照有关规定持证上岗，禁止无证人员操作。

5. 施工现场临时用电的监督

施工现场的用电线路、用电设施的安装和使用必须符合安装规范和安全操作规程，并按照施工组织设计进行架设，严禁任意拉线接电。

（1）场内架设的电线应绝缘良好，悬挂高度及线间距必须符合电力部门的安全规定。

（2）现场架设的临时线路必须用绝缘物支持，不得将电线缠绕在钢筋、树木或脚手架上。

（3）各种电器设备应配有专用开关，室外使用的开关、插座应外装防水箱并加锁，在操作处加设绝缘垫层。

（4）在三相四线制中性点接地供电系统中，电气设备的金属外壳，应做接零保护；在非三相四线制供电系统中，电气设备的金属外壳应做接地保护，其接地电阻不大于4Ω，并不得在同一供电系统上有的接地，有的接零。

（5）工地安装变电器必须符合电业部门的要求，并设专人管理，施工用电尽量保持三相平衡。

（6）现场变（配）电设备处，必须有灭火器材和高压安全用具。非电工人员严禁接近带电设备。

（7）遇有雷雨天气不得爬杆带电作业，在室外无特殊防护装置时必须使用绝缘拉杆拉闸。

（8）能产生大量蒸汽、气体、粉尘等工作场所，应使用密闭式电气设备。有爆炸危险的工作场所应使用防爆型电气设备。

（9）大型桥梁施工现场，隧道和预制场地，应有自备电源，以免因电网停电造成工程损失和出现事故。自备电源和电网之间，要有联锁保护。

（10）施工现场必须设有保证施工安全要求的夜间照明；危险潮湿场所的照明以及手持照明灯具，必须采用符合安全要求的电压。

6．高危作业的安全监督

（1）对高危作业，易发生安全事故源和薄弱环节等作为安全监理工作重点，宜采取旁站监理、跟踪检查和平行检验等手段，加大监督力度。

（2）监督施工单位做好"四口""五临边"、高处作业等危险部位的安全防护工作，并设置明显的安全警示标志；检查施工单位对现场的防洪、防雷、防滑坡、坠落物等的有效控制，建立良好的工作环境。

7．重大事故的处理

发生重大安全事故或突发性事件时，由总监理工程师下达工程暂停令，并督促施工单位立即向当地建设行政主管部门（安全监督部门）和有关部门报告；配合有关单位做好应急救援和现场保护工作；协助有关部门对事故进行调查处理。

8．其他

（1）安全施工措施费用的监督使用。监理工程师应督促施工单位按安全文明施工措施费用规定正确使用该项费用，及时投入并必须用于安全措施上，对未按照规定使用该费用的或挪作他用的，总监理工程师应予以制止，并向建设单位报告。

（2）施工现场临时停工时的安全监督。施工现场暂时停工时，监理工程师应督促施工单位做好现场安全保护工作。

8.3.2　安全监理工作实施程序

建设工程项目监理合同一旦确定，根据对工程前期的策划，应着手安全监理的具体实施，按照策划内容组建项目监理机构、安全监理工作准备会、设备与设施的准备，熟悉施工图纸和设计说明文件，熟悉和分析监理合同及其他建设工程合同，编制安全监理规划及安全监理实施细则，制定和实施安全监理程序，辨识和评价现场可能的危险源，安全监理资料的移交和总结等整个安全监理工作实施程序。

8.3.2.1　组建项目监理机构

工程监理单位实施监理时，应在施工现场派驻项目监理机构。项目监理机构的组织形式和规模，可根据建设工程监理合同约定的服务内容、服务期限，以及工程特点、规模、技术复杂程度、环境等因素确定。

项目监理机构的监理人员应由总监理工程师、专业监理工程师和监理员组成，且专业配套、数量应满足建设工程监理工作需要，必要时可设总监理工程师代表。项目监理机构组成人员一般不应少于3人，并应满足安全监理各专业的要求。

（1）项目监理机构的总监理工程师由公司负责人任命并书面授权。总监理工程师的任职应考虑资格，业务、技术水平，综合组织协调能力。总监理工程师代表可根据工程项目需要配置由总监理工程师提名，经公司负责人批准后任命。总监理工程师应以书面的授权委托书明确委托总监理工程师代表办理的监理工作。总监理工程师在项目监理过程中应保持稳定，必须调整时，应征得建设单位同意；项目监理机构人员也宜保持稳定，但可根据工程进展的需要进行调整，并书面通知建设单位和施工承包单位。

（2）项目监理机构人员组成及职责、分工应于委托监理合同签订后在约定时间内书面通知建设单位。项目监理机构内部的职务分工应明确职责，可由项目监理机构成员兼任。所有从事现场安全监理工作的人员均宜通过正式安全监理培训并持证上岗。

8.3.2.2　安全监理工作准备会

项目监理机构建立后应及时召开安全监理工作准备会。会议由工程监理单位分管负责人主持，宣读总监理工程师授权书，介绍工程的概况和介绍单位对安全监理工作的要求，由总监理工程师组织监理人员学习监理人员岗位责任制和监理工作人员守则，明确项目监理机构各监理人员的职务分工及岗位职责。

8.3.2.3　监理设施与设备的准备

按《建设工程监理规范》（GB 50319—2013）的规定，建设单位应提供委托监理合同约定的满足监理工作需要的办公、交通、通信、生活实施，项目监理机构应妥善保管与使用建设单位提供的设施。项目监理部应配置满足监理工作需要的常规的建设工程安全检查测试工具，总监理工程师应指定专人予以管理。

8.3.2.4　熟悉施工图纸和设计说明文件

施工图纸和设计说明文件是实施建设工程安全监理工作的重要依据之一。总监理工程师应及时组织各专业监理工程师熟悉施工图纸和设计说明文件，预先了解工程特点及安全要求，及早发现和解决图纸中的矛盾和缺陷，并做好记录，将施工图纸中发现的问题以书面形式汇总，报建设单位提交给设计单位，必要时应提出合理的建议，并与有关各方协商研究，统一意见。

熟悉施工图纸时应核查的主要内容如下：

（1）施工图纸审批签认手续是否齐全，是否符合政府有关批文要求。

（2）施工图纸和设计说明文件是否完整，是否与图纸目录相符。

（3）施工图纸中所用的新材料、新技术、新工艺，有无主管部门签字和确认的批准文件；设计说明文件是否说明施工中应注意事项。

（4）施工图纸中规定的施工工艺是否符合规范、流程的规定，是否符合实际，是否存在不易保证工程施工安全的问题。

（5）施工图纸中有无遗漏、差错或相互矛盾之处。

（6）各专业的设计图纸是否符合现行劳动保护、环保、消防、人防等法律的规定。

（7）施工图纸的设计深度是否满足施工需要等。

8.3.2.5 熟悉和分析监理合同及其他建设工程合同

为发挥合同管理的作用，有效地进行建设工程安全监理，总监理工程师应组织监理人员在工程建设施工前对建设工程合同文件，包括施工合同、监理合同、勘察设计合同、材料设备供应合同等进行全面熟悉、分析。合同管理是项目监理机构的一项核心工作，总监理工程师应指定专人负责本工程项目的合同管理工作。

总监理工程师应组织项目监理机构人员对监理合同进行分析，应了解和熟悉的主要内容：监理工作的范围；监理工作的期限；双方的权利、义务和责任；违约的处理条款；监理酬金的支付办法；其他有关事项。

总监理工程师应组织项目监理机构人员对施工合同进行分析，应了解和熟悉的主要内容：承包方式与合同总价；适用的建设工程施工安全标准规范；与项目监理工作有关的条款；安全风险与责任分析；违约的处理条款；其他有关事项。

项目监理机构应根据对建设工程合同的分析结果，提出相应的对策，制定在整个安全监理过程中对有关部门合同的管理、检查反馈制度，并在建设工程中安全监理规划中作出具体规定。

8.3.2.6 编制安全监理规划及安全监理实施细则

安全监理规划是工程监理单位接收建设单位（或业主）委托并签订委托监理合同之后，在项目总监理工程师的主持下，由专业监理工程师参加，根据委托监理合同，在安全监理大纲的基础上，结合工程的具体实际情况，广泛收集工程信息和资料的情况下编制并经工程监理单位技术负责人批准，用来指导项目监理机构全面开展监理工程的指导性文件。监理规划应包括下列主要内容：①工程概况；②监理工作的范围、内容、目标；③监理工作依据；④监理组织形式、人员配备及进退场计划、监理人员岗位职责；⑤监理工作制度；⑥工程质量控制；⑦工程造价控制；⑧工程进度控制；⑨安全生产管理的监理工作；⑩合同与信息管理。⑪组织协调。⑫监理工作设施。

安全监理实施细则是在安全监理规划的基础上，由项目监理机构的专业监理工程师针对建设工程中中型及以上或危险性大、技术复杂、专业性较强的工程项目而编写的，并经总监理工程师审批实施的操作性文件。安全监理实施细则的作用是指导本专业或本子项目具体监理业务的开展。

监理实施细则应包括下列主要内容：①专业工程特点；②安全监理工作流程；③安全监理工作要点；④安全监理工作方法及措施。

安全监理规划和安全监理实施细则的编制应满足《建设工程监理规范》中监理规划、监理实施细则的要求。

8.3.2.7 制定和实施安全监理程序

监理工程师在对建设工程施工安全进行严格控制时，要严格按照工艺流程、作业活动等制定一套相应的科学的安全监理程序，对不同结构的施工工艺、作业活动等制定出相应的检查、验收核查方法。在施工过程中，监理人员应对建设工程施工项目做详尽的记录和填写表格。

根据安全监理规划（安全计划）以及安全监理实施细则，监理人员对建设工程实施安全监理，开展集体的监理工作。在实施过程中，应加强规范化工作，具体内容如下：

（1）工作程序的规范化。指各项监理工作按一定的顺序、程序先后展开，从而使监理工作有序地达到目标。

（2）职责分工的规范化。建设工程安全监理是由不同专业、不同层次的专家群体共同完成的，他们之间的职责分工是协调进行安全监理工作的前提和实现安全监理目标的重要保证。因此，职责分工必须要明确、严密的、规范的。

（3）工作目标的规范化。在职责分工的基础上，每一项监理工作的具体目标都应是确定的，完成的时间也应有时限规定，检查和考核也应有明确要求，从而实现工作目标的制定、实施、检查、考核的规范化。

8.3.2.8　辨识、评价现场可能的危险源

在施工开始之前，监理工程师应了解现场的环境、障碍等不利因素，以便掌握不利因素的有关资料，及早提出防范措施。不利因素包括以图纸表示的地下结构，地下管线及施工现场毗邻的建筑物、构筑物、地下管线等，以及建设单位需解决的用地范围内地表以上的电线、电杆、房屋及其他影响安全施工的构筑物。

8.3.2.9　掌握新技术、新材料、新工艺和新标准

施工中采用的新技术、新材料、新工艺，应有相应的技术标准和使用规范。监理人员根据工作需要与可能，对新技术、新材料的应用进行必要的走访与调查，以防止施工中发生的安全事故，并作出相应对策。

8.3.2.10　参与验收，签署建设工程监理意见

工程监理单位应参加建设单位（或业主）组织的工程竣工验收，签署工程监理单位意见。

8.3.2.11　安全监理资料的移交

安全监理资料是反映被监理的建设工程项目在安全监理方面所做的工作以及这些工作的质量和水平，同时也是保护自身的重要证据，是自身工作价值的具体表现。施工现场的安全监理资料必须反映安全监理工作的实际情况，且必须真实、及时、完整，具有可追溯性。

安全监理资料可分为四类：

（1）安全监理依据性文件，如安全生产法律、法规、条例、规程、规范、规定、建设工程强制性标准条文等。

（2）项目监理部在工作过程中内部独立生成的文件和记录，如安全监理方案、安全监理实施细则、安全监理规章制度、安全监理作业指导书、危险辨识与风险评价、应急预案、监理工程师通知单、安全监理日志、月报、安全检查、巡视、旁站监理记录、安全教育培训记录、会议记录等。

（3）上级及相关方文件经过转化形成的资料，如安全协议、各类报审（验）表及其附件等。

（4）声像资料及电子文档，如监理在巡视、旁站、检查或事故处理过程中生成的声像资料和电子文档。

建设工程安全监理工作完成后，工程监理单位应按委托监理合同的约定向建设单位（或业主）提交监理档案资料，如在合同没有做出明确规定监理单位一般应提交工程变更、监理指令性文件、各种签证资料等档案资料。

8.3.2.12　安全监理工作总结

安全监理工作完成后，项目监理机构应及时就以下两方面进行安全监理工作总结：

（1）向建设单位（或业业）提交的安全监理工作总结，其主要内容包括：委托监理合同履行情况概述，安全监理任务或监理目标完成情况的评价，由建设单位（或业主）提供的供监理活动使用的办公用房、车辆、设施等的清单，表明监理工作终结的说明等。

（2）向工程监理单位提交的安全监理工作总结，其主要内容包括：安全监理工作的经验和工作中存在的问题及改进的建议。其中，安全监理工作的经验，如采用某种技术、方法的经验，采用某种经济措施、组织措施的经验，以及委托监理合同执行方面的经验，如何处理好与建设单位（或业主）、施工承包单位关系的经验等。

8.3.3 安全监理工作方法

8.3.3.1 安全监理基本工作方法和手段

1. 审查核验

（1）项目监理机构应督促施工单位报送相关安全生产管理文件和资料，并填写相关报审核验表。

（2）项目监理机构应对施工单位报送的相关安全生产管理工作文件和资料及时审查核验。提出监理意见，对不符合要求的应要求施工单位完善后再次报审。

2. 巡视检查

（1）项目监理机构对施工现场的巡视检查应包括下列内容：

1）施工单位专职安全生产管理人员到岗工作情况。

2）施工现场与施工组织设计中的安全技术措施、专项施工方案和安全防护措施费用使用计划的相符情况。

3）施工现场存在的安全隐患，以及按照项目监理机构的指令整改实施的情况。

4）项目监理机构签发的工程暂停令实施情况。

（2）危险性较大工程作业情况应加强巡视检查，根据作业进展情况，安排巡视次数，但每日不得少于一次，并填写危险性较大工程巡视检查记录。

（3）对施工总包单位组织的安全生产检查每月抽查一次，节假日、季节性、灾害性天气期间以及有关主管部门有规定要求时应增加抽查次数，并填写安全监理巡视检查记录。

（4）参加建设单位组织的安全生产专项检查，并应保留相应记录。

3. 告知

（1）项目监理机构宜以监理工作联系单形式告知建设单位在安全生产方面的义务、责任以及相关事宜。

（2）项目监理机构宜以监理工作联系单形式告知施工总包单位在安全监理工作要求、对施工总包单位安全生产管理的提示和建议以及相关事宜。

4. 通知

（1）项目监理机构在巡视检查中发现安全事故隐患，或违反现行法律、法规、规章和工程建设强制性标准，未按照施工组织设计中的安全技术措施和专项施工方案组织施工的，应及时签发监理工程师通知单，指令限期整改。

（2）监理工程师通知单应发送施工总包单位并报送建设单位。

（3）施工单位针对项目监理机构指令整改后应填写监理工程师通知回复单，项目监理机构应复查整改结果。

5. 停工

（1）项目监理机构发现施工现场安全事故隐患情况严重的以及施工现场发生重大险情或

安全事故的应签发工程暂停令，并按实际情况指令局部停工或全面停工。

（2）《工程暂停令》应发送至施工总包单位并报送建设单位。

（3）施工单位针对项目监理机构指令整改后应填写《工程复工报审表》，项目监理机构应复查整改结果。

6. 会议

（1）总监理工程师应在第一次工地会议上介绍安全监理方案的主要内容，安全监理人员应参加第一次工地会议。

（2）项目监理机构应定期组织召开工地例会，工地例会应包括以下安全监理工作内容。

1）施工单位安全生产管理工作和施工现场安全现状。

2）安全问题的分析，改进措施的研究。

3）下一步安全监理工作打算。

（3）项目监理机构宜通过各种会议及时传达有关主管部门的文件和规定，研究贯彻落实的方法。

（4）必要时可召开安全生产专题会议。

（5）各类会议应形成会议纪要，并经到会各方代表会签。

7. 报告

（1）施工现场发生安全事故，项目监理机构应立即向本单位负责人报告，情况紧急时可直接向有关主管部门报告。

（2）对施工单位不执行项目监理机构指令，对施工现场存在的安全事故隐患拒不整改或不停工整改的，项目监理机构应及时报告有关主管部门，以电话形式报告的应有通话记录，并及时补充书面报告。

（3）项目监理机构应将月度安全监理工作情况以安全监理工作月报形式向本单位、建设单位和安全监督部门报告。

（4）针对某项具体的安全生产问题，项目监理机构可以专题报告形式向本单位、建设单位和安全监督部门报告。

8. 安全监理日记

（1）项目监理机构应在监理日记中记录安全监理工作情况。

（2）监理日记中的安全监理工作记录应包括以下内容：①当日施工现场安全现状；②当日安全监理的主要工作；③当日有关安全生产方面存在的问题及处理情况。

9. 安全监理工作月报

（1）项目监理机构应按月编制安全监理工作月报。

（2）安全监理工作月报应包括以下内容：①当月危险性较大工程作业和施工现场安全现状及分析（必要时附影像资料）；②当月安全监理的主要工作、措施和效果；③当月签发的安全监理文件和指令；④下月安全监理工作计划。

学习情境 8.4　施工现场安全生产事故隐患的检查

【情境描述】　了解安全事故种类，熟悉安全事故的排查方法并对施工现场安全生产事故隐患进行检查，同时对有安全隐患的部位进行处理。

安全生产事故隐患是指尚未被识别或未采取必要防护措施的可能导致安全事故的危险源或不利环境因素。存在安全隐患就具有发生事故的可能，就存在对人身或健康构成伤害、对环境或财产造成损失的潜在威胁。

　　《企业职工伤亡事故分类标准》（GB 6441—86）中，将事故类别划分为20类，具体分类如下：

　　（1）物体打击，指失控物体的惯性力造成的人身伤害事故。如落物、滚石、锤击、碎裂、崩块、砸伤等造成的伤害，不包括爆炸而引起的物体打击。

　　（2）车辆伤害，指本企业机动车辆引起的机械伤害事故。如机动车辆在行驶中的挤、压、撞车或倾覆等事故，在行驶中上下车、搭乘矿车或放飞车所引起的事故，以及车辆运输挂钩、跑车事故。

　　（3）机械伤害，指机械设备与工具引起的绞、辗、碰、割、戳、切等伤害。如工件或刀具飞出伤人，切屑伤人，手或身体被卷入，手或其他部位被刀具碰伤，被转动的机构缠压住等，但属于车辆起重设备的情况除外。

　　（4）起重伤害，指从事起重业时引起的机械伤害事故。包括各种起重作业引起的机械伤害，但不包括触电、检修时制动失灵引起的伤害，上下驾驶室时引起的跌倒。

　　（5）触电，指电流流经人体，造成生理伤害的事故。适用于触电、雷击伤害。如人体接触带电的设备金属外壳或裸露的临时线，漏电的手持电动工具；起重设备误触高压线或感应带电；雷击伤害；触电伤害等事故。

　　（6）淹溺，指因大量水经口、鼻进入肺内，造成呼吸道阻塞，发生急性缺氧而窒息死亡的事故。适用于船舶、排筏、设施在航行、停泊、作业时发生的落水事故。

　　（7）灼烫，指强酸、强碱溅到身体引起的伤，或因火焰引起的烧伤，高温物体引起的烫伤，放射线引起的皮肤损伤等事故。适用于烧伤、烫伤、化学灼伤、放射性皮肤损伤等伤害。不包括电烧伤以及火灾事故引起的烧伤。

　　（8）火灾，指造成人身伤亡的企业火灾事故。不适用于非企业原因造成的火灾。比如，居民火灾蔓延到企业，此类事故属于消防部门统计的事故。

　　（9）高处坠落，指由于危险重力势能差引起的伤害事故。适用于脚手架、平台、陡壁施工等高于地面的坠落，也适用于由地面踏空失足坠入洞、坑、沟、升降口、漏斗等情况。但排除以其他类别为诱发条件的坠落，如高处作业时，因触电失足坠落应定为触电事故，不能按高处坠落划分。

　　（10）坍塌，指建筑物、构筑物、堆置物等的倒塌以及土石塌方引起的事故。适用于因设计或施工不合理而造成的倒塌，以及土方、岩石发生的塌陷事故。如建筑物倒塌，脚手架倒塌，挖掘沟、坑洞时土石的塌方等情况。不适用于矿山冒顶片帮事故，或因爆炸引起的坍塌事故。

　　（11）冒顶片帮，指矿井工作面、巷道侧壁由于支护不当、压力过大造成的坍塌，称为片帮；顶板垮落为冒顶。二者常同时发生，简称为冒顶片帮。适用于矿山、地下开采、掘进及其他坑道作业发生的坍塌事故。

　　（12）透水，指矿山、地下开采或其他坑道作业时，意外水源带来的伤亡事故。适用于井巷与含水岩层、地下含水带、溶洞或与被淹巷道、地面水域相通时，涌水成灾的事故。不适用于地面水害事故。

（13）放炮，指放炮作业施工时造成的伤亡事故。适用于各种爆破作业。如采石、采矿、采煤、开山、修路、拆除建筑物等工程进行的放炮作业引起的伤亡事故。

（14）瓦斯爆炸，指可燃性气体瓦斯、煤尘与空气混合形成了达到燃烧极限的混合物，接触火源时，引起的化学性爆炸事故。主要适用于煤矿，同时也适用于空气不流通，瓦斯、煤尘积聚的场合。

（15）火药爆炸，指火药与炸药在生产、运输、贮藏的过程中发生的爆炸事故。适用于火药与炸药生产在配料、运输、贮藏、加工过程中，由于振动、明火、摩擦、静电作用，或因炸药的热分解作用，贮藏时间过长或因存药过多发生的化学性爆炸事故，以及熔炼金属时，废料处理不净，残存火药或炸药引起的爆炸事故。

（16）锅炉爆炸，指锅炉发生的物理性爆炸事故。适用于使用工作压力大于0.07MPa、以水为介质的蒸汽锅炉（以下简称锅炉），但不适用于铁路机车、船舶上的锅炉以及列车电站和船舶电站的锅炉。

（17）容器爆炸，容器（压力容器的简称）是指比较容易发生事故，且事故危害性较大的承受压力载荷的密闭装置。容器爆炸是压力容器破裂引起的气体爆炸，即物理性爆炸，包括容器内盛装的可燃性液化气在容器破裂后，立即蒸发，与周围的空气混合形成爆炸性气体混合物。遇到火源时产生的化学爆炸，也称容器的二次爆炸。

（18）其他爆炸，凡不属于上述爆炸的事故均列为其他爆炸事故，具体内容如下：

1）可燃性气体如煤气、乙炔等与空气混合形成的爆炸。

2）可燃蒸气与空气混合形成的爆炸性气体混合物，如汽油挥发气引起的爆炸。

3）可燃性粉尘以及可燃性纤维与空气相混合形成爆炸性气体混合物引起的爆炸。

4）间接形成的可燃气体与空气相混合（如可燃固体、自燃物品，当其受热、水、氧化剂的作用迅速反应，分解出可燃气体或蒸汽与空气混合形成爆炸性气体），遇火源爆炸的事故。

炉膛爆炸，钢水包、亚麻粉尘的爆炸，都属于上述爆炸方面的，亦均属于其他爆炸。

（19）中毒和窒息，指人接触有毒物质，如误吃有毒食物或呼吸有毒气体引起的人体急性中毒事故，或在废弃的坑道、暗井、涵洞、地下管道等不通风的地方工作，因为氧气缺乏，有时会发生突然晕倒，甚至死亡的事故称为窒息。两种现象合为一体，称为中毒和窒息事故。不适用于病理变化导致的中毒和窒息事故，也不适用于慢性中毒的职业病导致的死亡。

（20）其他伤害，凡不属于上述伤害的事故均称为其他伤害，如扭伤、跌伤、冻伤、野兽咬伤、钉子扎伤等。

建筑施工现场主要存在上述分类中的物体打击、机械伤害、起重伤害、触电、火灾、高处坠落、坍塌等伤害类别，而高处坠落、坍塌、物体打击、机械伤害、触电被称为建筑施工的"五大杀手"，这些伤害事故易发生的主要部位就是建筑施工的危险源。正在施工的这些主要部位，如果没有必要的防护或防护措施不到位，就是安全隐患。

8.4.1 施工现场安全生产事故隐患的排查治理

监理通过隐患排查治理工作，进一步强化安全管理工作，落实各方的责任，加大安全生产投入，提高施工现场安全防护水平，切实搞好施工现场安全生产工作环境，增强施工作业人员特别是农民工的安全生产意识和自我保护意识，做好技术交底、严格操作规程；及时消除安全隐患，有效预防和遏制重、特大安全事故的发生，促进安全生产整体水平的不断提高，全面完成年度安全目标和任务。

监理单位隐患排查治理的内容主要有以下几方面：

（1）建筑施工安全法规、标准规范和规章制度的贯彻执行情况。

（2）各在建工程项目的安全生产责任制和责任追究制的建立和落实。

（3）安全生产费用的提取和使用。

（4）危险性较大工程特别是深基坑工程、高大模板工程、建筑起重机械设备以及脚手架工程等安全专项方案的编制、专家论证和实施情况。

（5）安全培训教育情况，特别是农民工、特种作业人员培训教育和"三类人员"的培训考核及持证上岗。

（6）应急救援预案的制定、演练以及有关物资、设备配备和维护情况。

（7）建筑施工企业、项目部和班组安全隐患定期巡查记录和自查、自改和销案的有关情况。

（8）事故报告和处理，及对有关责任单位和责任人的追究和处理情况。

工程项目在施工过程中，各个阶段、各个专业、各个部位的危险程度不同，安全风险不同，有可能存在多个不同的危险源。监理机构要关注不同时期危险源的变化，加强对重大危险源的检查和巡查。

8.4.1.1 高处坠落事故隐患排查治理的主要内容及要求

（1）凡高处作业人员，上岗前必须经过高处作业安全知识的教育和培训，特种高处作业人员（架子工等）必须持证上岗、并保证证件有效。

（2）施工单位必须为作业人员提供合格的安全帽、安全带等必备的安全防护用具，"三证"（生产许可证、出厂检验合格证、安全鉴定证）要齐全，作业人员应按规定正确佩戴和使用（安全带应垂直悬挂、高出低挂、不得有打结，不应将钩直接挂在不牢固物体和直接挂在非金属绳上）。

（3）重视悬空作业的安全防护。施工现场，周边临空，高度在2m及以上的状态下进行的作业，属于悬空高处作业。这种情况下，必须搭建操作平台、脚手架或吊篮等，建立牢靠的立足点，方可施工。凡作业所用的索具、脚手架、吊篮、吊笼、平台、搭架等设施、设备，均须经过技术鉴定的合格产品或经过技术部门鉴定合格后，方可采用。

8.4.1.2 坍塌事故隐患排查治理的重点及要求

（1）施工现场围栏的材质必须使用砖砌或钢制，必须保证稳固、美观。职工宿舍、食堂、厕所等临时设施必须坚固，符合规范要求。装配式活动板必须有生产许可证、出厂合格证，必须按使用说明书安装、使用安装后要进行验收，合格后方可使用。

（2）地基分包施工单位必须有专业资质证书。深基坑（槽）（指开挖深度超过5m或深度虽未超过5m，但地质情况或周围环境复杂）施工必须要编制专项方案并进行专家论证，严格执行。开挖施工过程中，要设专人对临时建筑物、道路、管线的沉降和位移情况进行监测，并密切注意基坑支护的变形情况，发现问题及时处理。

（3）模板工程应按相关规定编制专项安全施工方案，并严格按审批程序经过审批，现场监理验收签字后认真执行；模板搭设完毕后，工程项目负责人应组织现场监理、技术员、安全员等有关人员验收，经验收合格签字后，方可作业，模板及其支撑体系的施工荷载应均匀堆置，并不得超过设计计算要求。对超高、超重、大跨度模板支撑系统（指高度超过 8m、或施工总荷载大于 $10kN/m^2$、或集中线荷载大于 $15kN/m$、或跨度超过 18m）的施工方案必须进行专家论证。

（4）脚手架应按相关规定编制专项安全施工方案，并严格按审批程序经过审批，项目部严格按照批准后的方案搭设。搭设完毕，项目分管负责人组织有关部门验收，经验收合格签字后，方可作业。脚手架、脚手板的材质必须符合要求，搭设要符合规范要求，登高作业人员必须持证上岗，佩戴安全防护用品。现场要设专人巡视和检查，验收、检查记录要齐全。

8.4.1.3　机械伤害事故隐患排查治理的重点及要求

（1）特种机械设备必须具备生产许可证、产品合格证、使用说明书，并经过备案。安装、拆卸起重设备的单位要具备相应的安拆资质。

（2）塔吊、施工外用电梯、物料提升机应有专项的安装、拆除安全方案，安装完毕后，由安装单位与施工单位共同进行验收合格，并经验收检测机构合格后方可作业。

（3）物料提升机应有完好的停层装置、断绳保护装置、超高限位装置，通道口、走道口板应满铺并固定牢靠，两侧边须设置符合临边防护要求的防护栏杆和挡脚板，并用密目式安全网封闭两侧，"四门"必须齐全且符合安全使用要求，物料提升机严禁乘人。

（4）塔吊、施工外用电梯各种限位装置应灵活可靠。外用电梯楼层门应采取防止人员和物料坠落的措施，严禁超载。

（5）各种维修保养记录填写完整、明确。特种作业人员须是经专业培训、取得主管部门颁发的特种作业操作证的人员。

（6）使用租赁的特种设备的单位或个人，必须依照相关法律、法规，与出租方签订有法律效力的包含安全协议的租赁合同。

（7）使用特种设备的单位必须定期检修、维护，施工现场停工六个月以上的特种设备，使用前必须进行检测验收。

8.4.1.4　火灾伤害事故隐患排查治理的重点及要求

（1）项目部是否根据施工作业条件订立了消防制度或消防措施，落实专人负责。工程实行施工总承包管理的，总分包单位是否明确各自消防安全职责。

（2）项目部是否编制消防设施布置平面图，在施工现场显要位置张挂防火警示标志；施工现场是否设置消防通道并保持畅通；施工现场是否设有足够的消防水源、消防器材；消防给水管道、蓄水池、消防器材是否布置合理，方便使用。

（3）项目部施工现场动火是否履行动火审批手续；电焊、气焊等作业人员是否持有效特种作业资格证上岗，并按照相关操作规程进行施工；明火作业前，是否已消除周围可燃物，落实明火作业监护人员和措施，并合理配备灭火器材。动火作业必须履行专职安全员审批制度。

（4）现场生活区、办公区和作业区是否按有关规定严格分开；工地食堂的防火措施是否符合要求；工人宿舍是否存在私拉乱接电线，使用大功率电器，安装影响逃生的铁窗、铁栅栏问题；生活照明是否采用安全电压。

（5）在工人宿舍、木工间、油漆仓库、配电房等重点防火部位是否配置合格、有效、数量充足的灭火器材，并专人负责定期检查、维护、保养，保证正常使用。

（6）施工现场电气线路的安全管理以及电气设备检修、维护情况是否符合有关要求，防止因电气线路和设备老化短路漏电诱发火灾。

（7）民用建筑外墙保温材料是否符合《民用建筑外保温系统及外墙装饰防火暂行规定》；临时建筑的墙体、屋顶等构件防火性能及室内装修装饰材料是否符合有关规定要求。

（8）气焊作业、焊割作业区与气瓶距离，与易燃易爆物品距离，乙炔发生器与氧气瓶距离都应大于安全规定距离，焊割设备上的安全附件要保证完整有效，作业前应有书面防火交底，作业时备有灭火器材，作业后清理燃物，切断电源、气源。

8.4.1.5　触电伤害事故隐患排查治理的重点及要求

根据安全用电"装得安全、拆得彻底、用得正确、修得及时"的基本要求，为防止发生触电事故，在日常施工（生产）用电中要严格执行有关用电的安全要求。

（1）施工现场临时用电应制定独立的施工组织设计，并经企业技术负责人审批。必须按施工组织设计进行敷设施工，竣工后办理验收手续后方可使用。

（2）一切线路敷设必须按技术规程进行，按规范保持安全距离，距离不足时，应采取有效措施进行隔离防护。

（3）非电工严禁接拆电气线路、插头、插座、电气设备、电灯等。

（4）根据不同的环境，正确选用相应额定值的安全电压作为供电电压。安全电压必须由双绕组变压器降压获得。

（5）带电体之间、带电体与地面之间、带电体与其他设施之间、工作人员与带电体之间必须保持足够的安全距离，距离不足时，应采取有效措施进行隔离防护。

（6）在有触电危险的处所或容易产生误判断、误操作的地方，以及存在不安全因素的现场，设置醒目的文字或图形标志，提醒相关人员识别、警惕危险因素。

（7）采取适当的绝缘防护措施将带电导体封护或隔离起来，使电气设备及线路能正常工作，防止人身触电。

（8）采用适当的保护接地措施，将电气装置中平时不带电，但可能因绝缘损坏而带上危险的对地电压的外露导电部分（设备的金属外壳或金属结构）与大地作电气连接，减轻触电的危险。

（9）施工现场供电必须采用 TN-S 的三相五线的保护接零系统，把工作零线和保护零线区分开，通过保护接零作为防止间接触电的安全技术措施，同一工地不能同时存在 TN-S 或 TT 等两个供电系统。注意事项如下：

1）在同一台变压器供电的系统中，不得将一部分设备做保护接零，而将另一部分设备做保护接地。

2）采用保护接零的系统，总电房配电柜两侧做重复接地，配电箱（二级）及开关箱（三级）均应做重复接地。其工作接地装置必须可靠，接地电阻值不大于 4Ω。

3）所有振动设备的重复接地必须有两个接地点。

4）保护接零必须有灵敏可靠的短路保护装置配合。

5）电动设备和机具实行一机一闸一漏电一保护，严禁一闸多机，闸刀开关选用合格的熔丝，严禁用铜丝或铁丝代替保险熔丝。按规定选用合格的漏电保护装置并定期进行检查。

6）电源线必须通过漏电开关，开关箱漏电开关控制电源线长度不大于 30m。

8.4.1.6　物体打击伤害事故隐患排查治理的重点及要求

（1）员工进入生产作业现场必须按规定配戴安全帽。生产作业人员按生产作业安全要求在规定的安全通道内上下出入通行，不准在非规定的通道位置处通行走动。

（2）安全通道上方应搭设防护设施，防护设施使用的材料要能防止高空坠落物穿透。

（3）钢架、生产用人货梯等出入口位置应搭设防护设施。

（4）需要在分解炉、预热器内作业的人员配戴安全帽，交叉作业时上方要用木板加保护网，向上下提运物料时，在作业时、应有监护人员进行监护。

（5）检修、生产作业中使用的绳索、滑轮、钩子等应牢固无损坏，防止物件坠落伤人。

（6）临时建筑的设施盖顶不得使用石棉瓦、玻璃钢纤维瓦作盖顶。用石棉瓦、玻璃钢纤维瓦、彩钢板搭建防雨棚不得随意上人行走，行走时必须铺设木板，防止人员坠落。

（7）高处作业点的下方必须设置安全警戒线。以防物料坠落伤人。

（8）拆除、拆卸作业时四周必须有明确的安全标志，配备一定的人员指挥警戒。拆卸过程中凡属影响厂房、设备、人员通道部位的需安全封闭、加固防护设施、做到安全可靠；钢管、管扣、螺栓、配件、工具等严禁往下抛掷，必须往下传递和用机具吊运回地面，吊运时绑扎装载必须牢固安全。

（9）施工作业平台上堆放物料，应不超过平台的容许承载力。防止因平台承载力不足或物料叠垛倾斜而倒塌伤人。

（10）高处拆除作业时，对拆卸下的物料，要及时清理和运走，不得在走道上任意乱放或向下丢弃。

（11）"四口"（楼梯口、电梯井口、垃圾口、通道口）的外侧边等必须设置不少于1.2m高的双层围栏或搭设安全网，边长小于或等于250mm的洞口必须用坚实的盖板封闭。

（12）生产作业过程中一般常用的工具必须放在工具袋内，物料传递不准往下或向上乱抛材料和工具等物件，所有物料应堆放平稳，不得放在临边及洞口附近，并不可妨碍通行。

（13）吊运物料都必须由持有司索工上岗证人员进行绑扎，吊运散料应用吊篮装置好后才能起吊。

（14）高空安装起重设备或垂直运输机具，要注意零部件落下伤人。

（15）工作平台外侧应设置护身栏，踢脚板。

8.4.2　施工现场安全生产事故隐患的检查类型

8.4.2.1　定期安全生产检查

通过有计划、有组织、有目的地对施工现场进行检查，能及时发现并解决问题。

8.4.2.2　经常性安全生产检查

每月采取个别的、日常的巡视方式对现场生产过程进行经常性的预防检查，能及时发现隐患并及时消除，保证生产正常进行。

8.4.2.3　季节性及节假日前后安全生产检查

根据季节变化，按事故发生的规律对潜在危险重点进行季节检查，如冬季防冻保温、防火、防爆；夏季防暑降温、防汛、防雷电等检查。由于节假日（特别是重大节日，如元旦、春节、国庆节）前后，职工的注意力在过节上，容易发生事故，因而应在节假日前后进行有针对性的安全检查。

8.4.2.4　专业（专项）安全生产检查

对某个专业（项）问题或在生产中存在的普遍性安全问题进行的单项定性或定量检查。如对危险较大的在用设备、设施，作业场所环境条件的管理性或监督性定量检测检验则属专业（项）安全检查。专业（项）检查具有较强的针对性和专业要求，用于检查难度较大的项目。通过检查，发现潜在问题，研究整改对策，及时消除隐患，进行技术改造。

8.4.2.5 综合性安全生产检查

全面综合性检查的内容可涵盖消防安全、用电安全、环境卫生、安全技术操作等。

8.4.3 施工现场安全生产事故隐患检查工作的要求

（1）由总监理工程师负责，成立专项检查小组，从组织上落实专项整治措施。

1）要注重落实责任，重点解决安全生产工作中的一些重点、难点问题；总监负责组织、指挥、协调、落实各专业、各岗位、各人员的安全生产管理职责。要做到深入研究问题、提出有效对策，注重整治实效。要求施工项目部成立专项安全排查监督机构，负责督促落实专项整治的各项措施在施工现场落到实处。

2）制定严密的安全生产专项整治监理细则。要结合本地区、本工程实际，研究制定专项整治工作方案。工作方案要有针对性、操作性，有重点、分步骤地加以推进。

3）依法严格落实责任。要认真履行安全生产法定义务，把各项安全生产职责落实到人。要建立完善的安全生产考核机制，实施定期考核、评价，对贯彻安全生产法律法规不力，存在违法违规行为，安全责任不落实，行为不规范的，要给予一定的警告，对施工单位执行不力的，及时上报建设主管部门。

（2）实施综合治理，加强对各分包、材料供应商、检测单位、设备租赁、供应商相应的资质的审检，协助业主做好对各招投标程序的合法性进行检查，提出合理建议和整改要求。

要着力强化对施工现场的监管。保障大型机械运营安全。要切实加强对大型机械安全管理，加强对操作人员持证上岗情况的检查，要特别加强对安装、拆卸等关键工序的监督，实施严格的管理。所有大型垂直运输机械，在安装、拆卸前三天，都必须报当地建筑施工安全生产监督机构。对安装、拆卸的专项方案、单位资质、人员资格要进行严格审查，要做到资质证书与实际单位一致、个人证书与本人一致，对不符合规定的，不得准予实施。安装、拆卸活动开始时，要到场进行再次核实并现场监督，并报请施工安全监督机构要组织到现场抽查、巡查。

（3）要切实加强对企业和相关"三类人员"的动态管理。要把现场存在的各类安全生产隐患和问题，提高到企业是否满足安全生产法定条件的高度，对不符合条件、降低安全生产条件的企业要限期责令改正，不整改或整改不到位的，及时上报建设主管部门。

（4）坚持实物和行为并举。要加强对施工现场安全防护设施的监督检查。要结合工程特点，确定重大危险源，并制定明确的安全生产技术措施和防护措施。要求施工单位加大安全生产投入，严格按规定发放和使用劳动保护用品；要严格按规定配备和设置安全防护设施，做到预防在先、预防为主。

在强化现场监督检查的同时，加大对企业安全生产行为的督查力度。要督促企业自觉履行安全生产法定义务。在当前阶段，要着力规范企业的用工行为。各地安全生产监督机构，在日常监督检查中，要强化对企业用工情况的检查；坚决遏止项目部、班组私招滥雇，坚决遏止小包头临时招人，层层转包；要严肃持证上岗制度，对不符合上岗条件的坚决予以制止。

（5）要求实行班组安全员巡检、项目安全员日检、项目经理和总监理工程师联合周检制度。要履行检查人员签字手续，对检查以及整改落实情况负责。所有检查均应做好书面记录，作为考核的依据。对项目部各项安全生产制度的执行情况、安全生产责任落实情况、专项施工方案的编制情况、施工现场的安全技术措施落实情况和各类安全防护措施的到位情况进行严格检查。发现问题或安全隐患的，要及时督促项目进行整改，确保所属施工现场安全生产始终做到有序、规范，符合各项安全生产条件。

8.4.4 事故隐患的治理原则与处理方法

8.4.4.1 事故隐患治理原则

（1）冗余安全度原则。例如，道路上有一个坑，既要设防护栏及警示牌，又要设照明及夜间警示红灯。

（2）单项隐患综合治理原则。人的隐患，既要治人也要治机具及生产环境。一件单项隐患问题的整改需综合（多角度）治理。例如某工地发生触电事故，一方面要进行人的安全用电操作教育，同时现场也要设置漏电开关，对配电箱、用电电路进行防护改造，还要严禁非专业电工乱接乱拉电线。

（3）事故直接隐患与间接隐患并治原则。对人、机、环境系统进行安全治理，同时还需治理安全管理措施。

（4）预防与减灾并重治理原则。治理事故隐患时，需尽可能减少事故的可能性，如果不能完全控制事故的发生，也要设法将事故等级减低。但是不论预防措施如何完善，都不能保证事故绝对不会发生，还必须对事故减灾做充分准备，研究应急技术操作规范。如应急时切断供料及切断能源的操作方法；应急时降压、降温、降速以及停止运行的方法；应急时排放毒物的方法；应急时疏散及抢救方法；应急时请求救援的方法等。还应定期组织训练和演习，使该生产环境中每名干部及工人都真正掌握这些减灾技术。

（5）重点治理原则。按对隐患的分析评价结果实行危险点分级治理，也可以用安全检查表打分对隐患危险程度分级。

（6）动态治理原则。动态治理就是对生产过程进行动态随机安全化治理，生产过程中发现问题及时治理，既可以及时消除隐患，又可以避免小的隐患发展成大的隐患。

8.4.4.2 监理人员对发现的事故隐患的处理方法

（1）发现一般的隐患应要求施工单位整改。监理人员发现安全隐患后，应以书面形式向施工单位提出对安全隐患的治理要求，应标本兼治，治标要急，治本要彻底。监理人员应按照上述事故隐患的治理原则对所发现的安全事故隐患进行综合治理。治理的方法视隐患的特征而定，一般应包括消除危险源、隔离不利的环境因素、加强防护措施、进行安全教育与安全交底和记录有关过程以引起今后的警戒和重视。

（2）安全隐患紧急或情况严重，应书面要求施工单位暂时停工。安全隐患情况紧急或情况严重，其特征是随时有可能发生安全事故，此时有必要停工以隔离作业人员，并消除安全隐患。根据《建筑工程安全管理条例》要求，监理人员应向总监理工程师汇报，由总监理工程师发出书面的停工指令。如果安全隐患的影响范围是局部的，总监理工程师的停工指令应要求局部停工，如果安全隐患的影响范围是全局性的，停工指令应要求全面停工。总监理工程师发出停工指令后应及时向建设单位报告有关情况。

（3）如果施工单位拒绝整改或停工，监理机构应该向行政部门报告。施工企业常年从事施工作业，当安全意识较差时可能对安全隐患视而不见，甚至对监理人员提出的整改要求不以为然，这在目前的监理工作中较为常见。

监理人员发出安全隐患治理要求以后，如果施工单位整改不力或拒绝整改，则表明施工单位的安全意识较差或安全管理机制出现了问题，此时的安全事故隐患仍然存在，随时有发生事故的危险，监理机构应该采取进一步措施。

当情况不紧急时可再次通过某种形式要求施工单位整改以消除安全隐患，也可以签发停工指令要求施工单位暂时停工以消除安全隐患，也可以直接通过建设单位或监理企业向安全行政管理部门书面报告。

当情况紧急，施工单位又拒绝整改或停工，随时可能发生安全事故时，监理机构应直接向建设行政管理部门或安全行政管理部门电话报告，请求行政管理部门出面干预，以达到消除事故的目的，事后再通过书面形式报告。

学习情境 8.5　安全事故处理

【情境描述】　了解安全事故种类，掌握安全事故的处理程序及安全事故报告的内容。

安全生产事故，是指在工程建设过程中由于参建单位责任过失造成工程倒塌或报废、机械设备毁坏和安全设施失当造成人员伤亡或者直接经济损失的事故。发生安全生产事故后，监理机构具有双重身份：一是作为负有安全生产监管义务的监理方要督促施工单位立即停止施工、排除险情、抢救伤员并防止事态扩大；二是作为本身也承担建设工程安全生产责任的建设工程参与单位要接受责任调查，当存在违反《建筑工程安全管理条例》有关条款规定时，还要接受处理或处罚。这里主要介绍监理机构作为安全生产监管一方需执行的程序。

8.5.1　安全事故等级

根据生产安全事故（以下简称事故）造成的人员伤亡或者直接经济损失，事故一般分为以下等级：

（1）特别重大事故，是指造成 30 人以上死亡，或者 100 人以上重伤（包括急性工业中毒，下同），或者 1 亿元以上直接经济损失的事故。

（2）重大事故，是指造成 10 人以上 30 人以下死亡，或者 50 人以上 100 人以下重伤，或者 5000 万元以上 1 亿元以下直接经济损失的事故。

（3）较大事故，是指造成 3 人以上 10 人以下死亡，或者 10 人以上 50 人以下重伤，或者 1000 万元以上 5000 万元以下直接经济损失的事故。

（4）一般事故，是指造成 3 人以下死亡，或者 10 人以下重伤，或者 1000 万元以下直接经济损失的事故。

国务院安全生产监督管理部门可以会同国务院有关部门，制定事故等级划分的补充性规定。所称的"以上"包括本数，所称的"以下"不包括本数。

8.5.2　安全事故处理程序

处理建设工程安全事故的原则，即"四不放过"的原则：安全事故原因未查清不放过，职工和事故责任人受不到教育不放过，事故隐患不整改不放过，事故责任人不处理不放过。

建设工程安全事故发生后，监理工程师一般按以下程序进行处理。

（1）建设工程安全事故发生后，总监理工程师应签发《工程暂停令》，并要求施工单位按照已经编制的现场安全事故紧急救援预案，采取必要措施排除险情，防止事故扩大，并做好标识，保护好现场。工程安全事故发生后，总监理工程师应该在 2 小时之内上报本公司主要负责人，并应坚持在现场组织善后工作，不得请假离开。同时，要求安全事故发生单位迅速按安全事故类别和等级向相应的政府主管部门上报，并于24小时内写出书面报告。工程安全事故报告应包括以下主要内容：

1）事故发生的时间、详细地点、工程项目名称及所属企业名称。

2）事故类别、事故严重程度。

3）事故的简要经过、伤亡人数和直接经济损失的初步估计。

4）事故发生原因的初步判断。

5）抢救措施及事故控制情况。

6）报告人情况和联系电话。

（2）相关部门根据有关程序和规定组建事故调查组，工程项目监理机构在事故调查组展开工作后，应积极协助并客观地提供相应证据，若监理方无责任，工程项目监理机构可应邀参加调查组，参与事故调查；若监理方有责任，则应予以回避，但应配合调查组做好以下工作：

1）查明事故发生的原因、人员伤亡及财产损失情况。

2）查明事故的性质和责任。

3）提出事故的处理及防止类似事故再次发生所应采取措施的建议。

4）提出对事故责任者的处理建议。

5）检查控制事故的应急措施是否得当和落实。

6）写出事故调查报告。

（3）监理工程师接到安全事故调查组提出的处理意见涉及技术处理时，可组织相关单位研究，并要求相关单位完成技术处理方案，必要时应征求设计单位的意见。技术处理方案必须依据充分，应在安全事故的部位、原因全部查清的基础上进行，必要时应组织专家进行论证，以保证技术处理方案可靠、可行，保证施工安全。

（4）技术处理方案核签后，监理工程师应要求施工单位制定详细的施工方案，必要时，监理工程师应编制监理实施细则，对工程安全事故技术处理的施工过程进行重点监控，对于关键部位和关键工序应派专人进行监控。

（5）施工单位完工自检后，监理工程师应组织相关各方进行检查验收，必要时进行处理结果鉴定。要求事故单位整理编写安全事故处理报告，并审核签认，进行资料归档。建设工程安全事故处理报告主要包括以下内容：

1）职工重伤、死亡事故调查报告书。

2）现场调查资料（记录、图纸、照片）。

3）技术鉴定和试验报告。

4）物证、人证调查材料。

5）间接和直接经济损失。

6）医疗部门对伤亡者的诊断结论及相关资料影印件。

7）企业或其主管部门对该事故所做的结案报告。

8）处分决定和受处理人员的检查材料。

9）有关部门对事故的结案批复等。

10）事故调查人员的姓名、职务，并签字。

(6) 事故结案后,施工单位填报《工程复工报审表》,安全生产监督管理人员进行核查,由总监理工程师签批,签发复工令,恢复正常施工。

　(7) 安全生产事故的处理程序如图 8.1 所示。

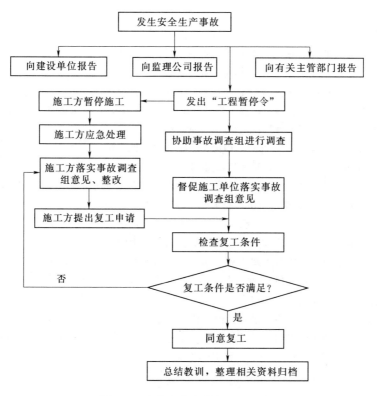

图 8.1　安全生产事故的处理程序

参 考 文 献

［1］ 钟汉华. 工程建设监理 ［M］. 郑州：黄河水利出版社，2013.

［2］ 张守民. 建设工程监理实务 ［M］. 郑州：黄河水利出版社，2013.

［3］ 闫超君. 建设工程进度控制 ［M］. 合肥：合肥工业大学出版社，2009.

［4］ 全国监理工程师培训考试教材. 建设工程进度控制 ［M］. 北京：中国建筑工业出版社，2015.

［5］ 杨会东，徐霞. 建设工程监理概论 ［M］. 北京：冶金工业出版社，2014.

［6］ 李清立. 建设工程监理 ［M］. 北京：中国建筑工业出版社，2013.

［7］ 李启明. 工程建设合同与索赔管理 ［M］. 北京：科学出版社，2001.

［8］ GB 50500—2013 建设工程工程量清单计价规范 ［S］. 北京：中国计划出版社，2014.

［9］ 张迪. 项目管理 ［M］. 北京：中国水利水电出版社，2009.

［10］ 吴伟民，刘在今. 建筑工程施工组织与管理 ［M］. 北京：中国水利水电出版社，2007.

［11］ 危道军，刘志强. 工程项目管理 ［M］. 武汉：武汉理工大学出版社，2004.

［12］ 胡慨. 建筑钢结构施工组织与管理 ［M］. 北京：中国水利水电出版社，2013.

［13］ 李峰. 建筑工程质量控制 ［M］. 北京：中国建筑工业出版社，2006.

［14］ 李云峰. 建筑工程质量与安全管理 ［M］. 北京：化学工业出版社，2009.

［15］ 全国监理工程师培训考试教材. 建设工程质量控制 ［M］. 北京：中国建筑工业出版社，2015.

［16］ 全国监理工程师培训考试教材. 建设工程监理概论 ［M］. 北京：中国建筑工业出版社，2015.

［17］ 关群. 建设工程监理 ［M］. 武汉：武汉大学出版社，2013.

［18］ GB 50319—2013 建设工程监理规范 ［S］. 北京：中国建筑工业出版社出版，2013.